研 究 生 教 学 用 书

交流伺服电机及其控制

寇宝泉　程树康　编著

机 械 工 业 出 版 社

本书全面、系统、深入地阐述了交流伺服系统的工作原理、组成及设计方法。

本书第 1 章介绍了伺服系统的概念、发展过程以及交流伺服系统的构成、分类、性能指标、发展趋势；第 2 章介绍了感应电机伺服控制系统；第 3 章介绍了永磁同步电机伺服控制系统；第 4 章介绍了交流伺服控制系统功率变换电路；第 5 章介绍了伺服系统常用传感器的工作原理；第 6 章介绍了交流伺服系统常用的控制策略；第 7 章介绍了直接驱动交流伺服系统；第 8 章介绍了直线交流伺服系统。

本书可供高等院校电气工程及其自动化专业本科生、研究生作为教材或参考书使用，也可供科研院所、厂矿企业从事自动化技术的科技工作者参考使用。

图书在版编目（CIP）数据

交流伺服电机及其控制/寇宝泉，程树康编著. —北京：机械工业出版社，2008.9（2023.7 重印）

研究生教学用书

ISBN 978-7-111-24828-6

Ⅰ. 交…　Ⅱ. ①寇…②程…　Ⅲ. 交流电机：伺服电机-控制系统　Ⅳ. TM383.401.2

中国版本图书馆 CIP 数据核字（2008）第 121791 号

机械工业出版社（北京市百万庄大街 22 号　邮政编码 100037）

策划编辑：于苏华

责任编辑：于苏华 蔡家伦　版式设计：张世琴　责任校对：魏俊云

封面设计：陈　沛　责任印制：郜　敏

北京富资园科技发展有限公司

2023 年 7 月第 1 版 · 第 9 次印刷

169mm×239mm · 17.25 印张 · 332 千字

标准书号：ISBN 978-7-111-24828-6

定价：45.00 元

电话服务

客服电话：010-88361066

010-88379833

010-68326294

封底无防伪标均为盗版

网络服务

机 工 官 网：www.cmpbook.com

机 工 官 博：weibo.com/cmp1952

金 书 网：www.golden-book.com

机工教育服务网：www.cmpedu.com

前　　言

自20世纪80年代以来，随着现代电机技术、材料技术、传感器技术、电力电子技术、微电子技术、控制技术以及计算机技术等支撑技术的快速发展，伺服控制技术取得了巨大的进步。尤其是矢量控制技术的发展，使得交流电机高动态响应的转矩控制得以实现，极大地提高了交流伺服系统的性能，从而使得交流伺服系统的电机控制复杂、控制特性差等问题的解决取得了突破性的进展。交流伺服系统在各种应用领域充分展现了高精度、高动态性能、高可靠性、高效率、体积小、重量轻等突出的优势。随着交流伺服系统性能的日益提高，价格日趋合理，交流伺服取代直流伺服、数字控制取代模拟控制、软件控制取代硬件控制成了现代电气伺服驱动系统的一个发展趋势，伺服控制技术步入了一个全新的发展阶段。

为了全面展现伺服系统的最新技术，适应学科发展的需要，结合研究生培养与课程教学，我们编写了《交流伺服电机及其控制》一书。本书的编写原则是既要保证理论体系完整，又要反映本领域内取得的最新理论研究成果与技术发展。本书介绍了伺服系统的基本概念、发展过程，交流伺服系统的构成、分类与发展趋势；详细介绍了感应型与永磁同步型矢量控制系统的构成，交流伺服系统的重要组成部分——功率变换电路、传感器与控制策略；同时还系统地介绍了两种快速发展的新型伺服系统——直接驱动交流伺服系统与直线交流伺服系统。

鉴于上述情况，本书适合作为理工科院校的电气工程及其自动化专业本科生、研究生教材使用，也适合各科研院所从事电机控制相关工作的工程技术人员和科研工作者参考、自学之用。

本书由寇宝泉负责统筹、规划，并完成了第1~3章、第5~8章的撰写；第4章由寇宝泉和曹海川共同编写；曹海川对全书的主要图表进行了绘制；程树康负责全书内容的审阅、修改和完善。

本书的内容参考了较多的国内外相关论文、论著，主要的都已经列在参考文献中，如有个别遗漏，深表歉意并请见谅，同时在此向所有文献的作者们表示深深的谢意。

在本书的编写过程中，得到了作者家人、朋友、同事不同方式的支持和帮助，在此一并表示感谢！

由于本书涉及的技术领域范围广，作者学识有限，加之时间仓促，难免会有疏漏或不当之处，恳请广大读者批评指正。

编　者

2008年5月于哈尔滨工业大学

目　　录

第1章　伺服系统概述

伺服系统是以机械参数为控制对象的自动控制系统。在伺服系统中，输出量能够自动、快速、准确地跟随输入量的变化，因此又称之为随动系统或自动跟踪系统。机械参数主要包括位移、角度、力、转矩、速度和加速度。

近年来，随着微电子技术、电力电子技术、计算机技术、现代控制技术、材料技术的快速发展以及电机制造工艺水平的逐步提高，伺服技术已迎来了新的发展机遇，伺服系统由传统的步进伺服、直流伺服发展到以永磁同步电机、感应电机为伺服电机的新一代交流伺服系统。

目前，伺服控制系统不仅在工农业生产以及日常生活中得到了非常广泛的应用，而且在许多高科技领域，如激光加工、机器人、数控机床、大规模集成电路制造、办公自动化设备、卫星姿态控制、雷达和各种军用武器随动系统、柔性制造系统（Flexible Manufacturing System，FMS）以及自动化生产线等领域中的应用也迅速发展。

1.1　伺服系统的基本概念

1.1.1　伺服系统的定义

“伺服系统”是指执行机构按照控制信号的要求而动作，即控制信号到来之前，被控对象是静止不动的；接收到控制信号后，被控对象则按要求动作；控制信号消失之后，被控对象应自行停止。

伺服系统的主要任务是按照控制命令要求，对信号进行变换、调控和功率放大等处理，使驱动装置输出的转矩、速度及位置都能得到灵活方便的控制。

1.1.2　伺服系统的组成

伺服系统是具有反馈的闭环自动控制系统。它由检测部分、误差放大部分、执行部分及被控对象组成。

1.1.3　伺服系统性能的基本要求

1）精度高。伺服系统的精度是指输出量能复现输入量的精确程度。

2）稳定性好。稳定是指系统在给定输入或外界干扰的作用下，能在短暂的调节过程后，达到新的或者恢复到原来的平衡状态。

3）快速响应。响应速度是伺服系统动态品质的重要指标，它反映了系统的跟踪精度。

4）调速范围宽。调速范围是指生产机械要求电机能提供的最高转速和最低转速之比。

5）低速大转矩。在伺服控制系统中，通常要求在低速时为恒转矩控制，电机能够提供较大的输出转矩；在高速时为恒功率控制，具有足够大的输出功率。

6）能够频繁地起动、制动以及正反转切换。

1.1.4 伺服系统的种类

伺服系统按照伺服驱动机的不同可分为电气式、液压式和气动式三种；按照功能的不同可分为计量伺服和功率伺服系统，模拟伺服和功率伺服系统，位置伺服、速度伺服和加速度伺服系统等。

电气伺服系统根据电气信号可分为直流伺服系统和交流伺服系统两大类。交流伺服系统又有感应电机伺服系统和永磁同步电机伺服系统两种。

1.2 伺服系统的发展过程

伺服系统的发展经历了由液压到电气的过程，电气伺服系统的发展则与伺服电机的不同发展阶段具有紧密的联系，伺服电机至今已有50多年的发展历史，经历了三个主要发展阶段。

第一个发展阶段（20世纪60年代以前）：此阶段是以步进电动机驱动的液压伺服马达或以功率步进电动机直接驱动为中心的时代，伺服系统的位置控制多为开环系统。这一时期是液压伺服系统的全盛期。液压伺服系统能够传递巨大的转矩，控制简单，可靠性高，在整个速度范围内保持恒定的转矩输出，主要应用在重型设备和一些关键场合，比如机场设备。但它也存在一些缺点，例如发热大、效率低、易污染环境、不易维修等。

第二个发展阶段（20世纪60~70年代）：这一阶段是直流伺服电机的诞生和全盛发展的时代，由于直流电机具有优良的调速性能，很多高性能驱动装置采用了直流电机，伺服系统的位置控制也由开环系统发展成为闭环系统。但是，直流伺服电机存在机械结构复杂、维护工作量大等缺点，在运行过程中转子容易发热，影响了与其连接的其他机械设备的精度，难以应用到高速及大容量的场合，换向器成为直流伺服驱动技术发展的瓶颈。由于人们通过材料和工艺的改进来尽量提高直流伺服的生命力，因此直流伺服电机仍将在相当长的时间内得到应用，只是市场份额预计会持续下降。

第三个发展阶段（20 世纪 80 年代至今）：这一阶段是以机电一体化时代作为背景的。由于伺服电机结构及永磁材料、半导体功率器件技术、控制技术的突破性进展，出现了无刷直流伺服电机（方波驱动）、交流伺服电机（正弦波驱动）、矢量控制的感应电机和开关磁阻电机等新型电机。尤其是 80 年代以来，矢量控制技术的不断成熟，极大地推动了交流伺服驱动技术的发展，使交流伺服驱动系统的性能可以与直流伺服系统媲美。伺服驱动装置经历了模拟式—数字模拟混合式—全数字化的发展。伺服系统控制器的实现方式在数字控制中也在由硬件方式向着软件方式发展；在软件方式中也是从伺服系统的外环向内环、进而向接近电动机环路的更深层发展。

交流伺服电机克服了直流伺服电机存在的电刷、换向器等机械部件所带来的各种缺点，过载能力强和转动惯量低体现出了交流伺服系统的优越性。交流伺服系统采用以微处理器为基础的系统级芯片和智能化功率器件，很好地克服了伺服系统中模型参数变化和非线性等不确定因素，提高了系统的鲁棒性和容错性，成功实现了高精度伺服控制。特别是控制理论的新发展及智能控制的兴起和不断成熟，加之计算机技术、微电子技术的迅猛发展，使基于智能控制理论的先进控制策略和基于传统控制理论的传统控制策略完美结合，为交流伺服系统的实际应用奠定了坚实的基础。

1.3　交流伺服系统的构成

交流伺服系统如图 1-1 所示，通常由交流伺服电机，功率变换器，速度、位置传感器及位置、速度、电流控制器构成。

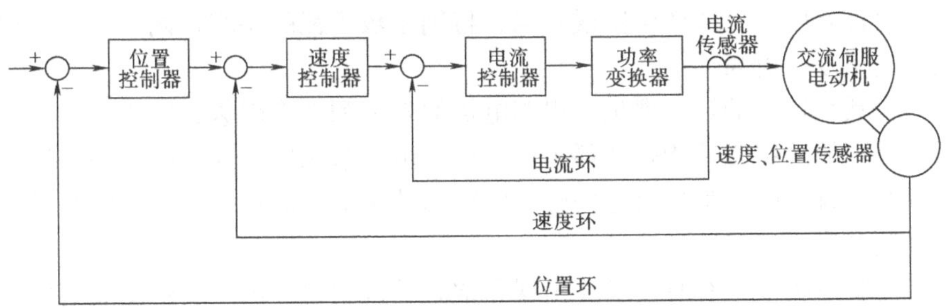

图 1-1　交流伺服系统

交流伺服系统具有电流反馈、速度反馈和位置反馈的三闭环结构形式，其中电流环和速度环为内环（局部环），位置环为外环（主环）。电流环的作用是使电机绕组电流实时、准确地跟踪电流指令信号，限制电枢电流在动态过程中不超过最大值，使系统具有足够大的加速转矩，提高系统的快速性。速度环的作用是增强系统抗负载扰动的能力，抑制速度波动，实现稳态无静差。位置环的作用是保证系统静态精度和动态跟踪的性能，这直接关系到交流伺服系统的稳定性和能否高性能运行，是设计的关键所在。

当传感器检测的是输出轴的速度、位置时，系统称为半闭环系统；当检测的是负载的速度、位置时，称为闭环系统；当同时检测输出轴和负载的速度、位置时，称为多重反馈闭环系统。

1.3.1 交流伺服电机

交流伺服电机的电机本体为三相永磁同步电机或三相笼型感应电机，其功率变换器采用三相电压型 PWM 逆变器。在数十瓦的小容量交流伺服系统中，也有采用电压控制两相高阻值笼型感应电机作为执行元件的，这种系统称为两相交流伺服系统。

采用三相永磁同步电机的交流伺服系统，相当于把直流电机的电刷和换向器置换成由功率半导体器件构成的开关，因此很多时候称之为无刷直流伺服电机；有时交流伺服电机单指采用了三相笼型感应电机的伺服电机，当把两者一同叫做交流伺服电机时，通常称前者为同步型交流伺服电机，称后者为感应型交流伺服电机。

1. 同步型交流伺服电机（无刷直流伺服电机）

交流伺服电机中最为普及的是同步型交流伺服电机，其励磁磁场由转子上的永磁体产生，通过控制三相电枢电流，使其合成电流矢量与励磁磁场正交而产生转矩。由于只需控制电枢电流就可以控制转矩，因此比感应型交流伺服电机控制简单。而且利用永磁体产生励磁磁场，特别是数千瓦的小容量同步型交流伺服电机比感应型效率更高。

为了减小转子的转动惯量、提高电机的效率和功率因数，同步型交流伺服电机的励磁一般采用磁性能好的稀土永磁体。由于永磁体存在去磁问题，如果电枢电流过大，就可能产生不可逆去磁，电机的转矩就不能正常输出，因此必须限制最大电枢电流。

在伺服系统中，有时要求在出现异常时进行制动，由于同步型交流伺服电机的转子上有永磁体，故用接触器和电阻把电枢绕组短路，就可以实现制动。

2. 感应型交流伺服电机

近年来，随着电力电子技术、微处理器技术与磁场定向控制技术的快速发展，使感应电机可以达到与他励式直流电机相同的转矩控制特性，再加上感应电机本身价格低廉、结构坚固及维护简单，因此感应电机逐渐在高精密速度及位置控制系统中得到越来越广泛的应用。

感应电机的定子电流包含相当于直流电机励磁电流与电枢电流两个成分，把这两个成分分解成正交矢量进行控制的新型控制理论——矢量控制理论出现之后，感应电机作为伺服电机才开始实用化。

感应型交流伺服电机的转矩控制比同步型复杂，但是电机本身具有很多优点，作为伺服电机主要应用于较大容量的伺服系统中。

感应型交流伺服电机在空载状态也需要励磁电流，这点与同步型不同。异常时的制动需要通过机械式制动或由预先准备好的直流电源进行直流制动。

3. 两种交流伺服电机的比较

（1）同步型交流伺服电机

1）正弦波电流控制稍复杂，转矩波动小。

2）方波电流控制较为简单，转矩波动较大。

3）采用稀土永磁体励磁，功率密度高。

4）电子换相，不需维护，散热好，惯量小，峰值转矩大。

5）弱磁控制难，不适合恒功率运行。

6）要注意高温及大电流可能引起的永磁体去磁。

（2）感应型交流伺服电机

1）采用磁场定向控制，转矩控制原理类似直流伺服。

2）需要无功的励磁电流，损耗稍大。

3）设计上要减小漏感及磁路饱和的影响。

4）利用弱磁控制，适合高速及恒功率运行。

5）结构简单、坚固，适合大功率应用。

6）控制复杂，参数易受转子温升影响。

1.3.2　功率变换器

交流伺服系统功率变换器的主要功能是根据控制电路的指令，将电源单元提供的直流电能转变为伺服电机电枢绕组中的三相交流电流，以产生所需要的电磁转矩。功率变换器主要包括控制电路、驱动电路、功率变换主电路等。

功率变换主电路主要由整流电路、滤波电路和逆变电路三部分组成。为了保证逆变电路的功率开关器件能够安全、可靠地工作，对于高压、大功率的交流伺服系统，有时需要有抑制电压、电流尖峰的“缓冲电路”。另外，对于频繁运行于快速正反转状态的伺服系统，还需要有消耗多余再生能量的“制动电路”。

控制电路主要由运算电路、PWM 生成电路、检测信号处理电路、输入输出电路、保护电路等构成，其主要作用是完成对功率变换主电路的控制和实现各种保护功能等。

驱动电路的主要作用是根据控制信号对功率半导体开关器件进行驱动，并为器件提供保护，主要包括开关器件的前级驱动电路和辅助开关电源电路等。

值得一提的是集驱动电路、保护电路和功率变换主电路于一体的智能功率模块，改变了伺服系统逆变电路的传统设计方式，实现了功率开关器件的优化驱动和实时保护，提高了逆变电路的性能，是逆变电路的一个发展方向。

1.3.3 传感器

在伺服系统中，需要对伺服电机的绕组电流及转子速度、位置进行检测，以构成电流环、速度环和位置环，因此需要相应的传感器及其信号变换电路。

电流检测通常采用电阻隔离检测或霍尔电流传感器。直流伺服电机只需一个电流环，而交流伺服电机（两相交流伺服电机除外）则需要两个或三个。其构成方法也有两种：一种是交流电流直接闭环；另一种是把三相交流变换为旋转正交双轴上的矢量之后再闭环，这就需要把电流传感器的输出信号进行坐标变换的接口电路。

速度检测可采用无刷测速发电机、增量式光电编码器、磁编码器或无刷旋转变压器。位置检测通常采用绝对式光电编码器或无刷旋转变压器，也可采用增量式光电编码器进行位置检测。由于无刷旋转变压器具有既能进行转速检测又能进行绝对位置检测的优点，且抗机械冲击性能好，可在恶劣环境下工作，在交流伺服系统中的应用日趋广泛。

1.3.4 控制器

在交流电机伺服系统中，控制器的设计直接影响着伺服电机的运行状态，从而在很大程度上决定了整个系统的性能。

交流电机伺服系统通常有两类，一类是速度伺服系统；另一类为位置伺服系统。前者的伺服控制器主要包括电流（转矩）控制器和速度控制器，后者还要增加位置控制器。其中电流（转矩）控制器是最关键的环节，因为无论是速度控制还是位置控制，最终都将转化为对电机的电流（转矩）控制。电流环的响应速度要远远大于速度环和位置环。为了保证电机定子电流响应的快速性，电流控制器的实现不应太复杂，这就要求其设计方案必须恰当，使其能有效地发挥作用。对于速度和位置控制，由于其时间常数较大，因此可借助计算机技术实现许多较复杂的基于现代控制理论的控制策略，从而提高伺服系统的性能。

1. 电流控制器

电流环由电流控制器和逆变器组成，其作用是使电机绕组电流实时、准确地跟踪电流指令信号。为了能够快速、精确地控制伺服电机的电磁转矩，在交流伺服系统中，需要分别对永磁同步电机（或感应电机）的 d、q 轴（或 M、T 轴）电流进行控制。q 轴（或 T 轴）电流指令来自于速度环的输出；d 轴（或 M 轴）

电流指令直接给定，或者由磁链控制器给出。将电机的三相反馈电流进行 3/2 旋转变换，得到 d、q 轴（或 M、T 轴）的反馈电流。d、q 轴（或 M、T 轴）的给定电流和反馈电流的差值，通过电流控制器得到给定电压，再根据 PWM 算法产生 PWM 信号（详见第 4 章）。

2. 速度控制器

速度环的作用是保证电机的转速与速度指令值一致，消除负载转矩扰动等因素对电机转速的影响。速度指令与反馈的电机实际转速相比较，其差值通过速度控制器直接产生 q 轴（或 T 轴）指令电流，并进一步与 d 轴（或 M 轴）电流指令共同作用，控制电机加速、减速或匀速旋转，使电机的实际转速与指令值保持一致。速度控制器通常采用的是 PI 控制方式，对于动态响应、速度恢复能力要求特别高的系统，可以考虑采用变结构（滑模）控制方式或自适应控制方式等。

3. 位置控制器

位置环的作用是产生电机的速度指令并使电机准确定位和跟踪。通过比较设定的目标位置与电机的实际位置，利用其偏差通过位置控制器来产生电机的速度指令，当电机起动后在大偏差区域，产生最大速度指令，使电机加速运行后以最大速度恒速运行；在小偏差区域，产生逐次递减的速度指令，使电机减速运行直至最终定位。为避免超调，位置环的控制器通常设计为单纯的比例（P）调节器。为了系统能实现准确的等速跟踪，位置环还应设置前馈环节。

1.4　交流伺服系统的分类

1.4.1　按伺服系统控制信号的处理方法分类

1. 模拟控制方式

模拟控制交流伺服系统的显著标志是其调节器及各主要功能单元由模拟电子器件构成，偏差的运算及伺服电机的位置信号、速度信号均用模拟信号来控制。系统中的输入指令信号、输出控制信号及转速和电流检测信号都是连续变化的模拟量，因此控制作用是连续施加于伺服电机上的。

模拟控制方式的特点是：

1）控制系统的响应速度快，调速范围宽。

2）易于与常见的输出模拟速度指令的 CNC（Computerized Numerical Control）接口。

3）系统状态及信号变化易于观测。

4）系统功能由硬件实现，易于掌握，有利于使用者进行维护、调整。

5）模拟器件的温漂和分散性对系统的性能影响较大，系统的抗干扰能力较差。

6）难以实现较复杂的控制算法，系统缺少柔性。

2. 数字控制方式

数字控制交流伺服系统的明显标志是其调节器由数字电子器件构成，目前普遍采用的是微处理器、数字信号处理器（DSP）及专用 ASIC（Application specific Integrated Circuit）芯片。系统中的模拟信号（如电流反馈信号和旋转变压器输出的转角信号）需经过离散化（采用 A/D 转换和 R/D（Resolver-to-Digital）转换）后，以数字量的形式参与控制。以微处理器技术为基础的数字控制方式的特点是：

1）系统的集成度较高，具有较好的柔性，可实现软件伺服。

2）温度变化对系统的性能影响小，系统的重复性好。

3）易于应用现代控制理论，实现较复杂的控制策略。

4）易于实现智能化的故障诊断和保护，系统具有较高的可靠性。

5）易于与采用计算机控制的系统相接。

3. 数字-模拟混合控制方式

由于数字控制方式的响应速度由微处理器的运算速度决定，在现有技术条件下，要实现包括电流调节器在内的全数字控制，就必须采用 DSP 等高性能微处理器芯片，这导致全数字控制系统结构复杂、成本较高。为满足电流调节快速性的要求，全数字控制永磁交流伺服系统产品中，电流调节器虽已数字化，但其控制策略一般仍采用 PID 调节方式。同时，考虑到系统中模拟传感器（如电流传感器）的温漂和信号噪声的干扰及其数字化时引入的误差的影响，全数字化控制在性价比上并没有明显的优势。

目前永磁交流伺服系统产品中常用的是数模混合式控制方式，即伺服系统的内环调节器（如电流调节器）采用模拟控制，外环调节器（如速度调节器和位置调节器）采用数字控制。数模混合式控制兼有数字控制的高精度、高柔性和模拟控制的快速性、低成本的优点，成为现有技术条件下满足机电一体化产品发展对高性能伺服驱动系统需求的一种较理想的伺服控制方式，在数控机床和工业机器人等机电一体化装置中得到了较为广泛的应用。

4. 软件伺服控制方式

位置与速度反馈环的运算处理全部由微处理器进行处理的伺服控制，称为软件伺服控制。

伺服控制时，脉冲编码器、测速发电机检测到的电机转角和速度信号输入到微处理器内，微处理器中的运算程序对上述信号按照采样周期进行运算处理后发出伺服电机的驱动信号，对系统实施伺服控制。这种伺服控制方法不但硬件结构简单，而且软件可以灵活地对伺服系统做各种补偿。但是，因为微处理器的运算程序直接插入到伺服系统中，所以若采样周期过长，对伺服系统的特性就有影响，不但使控制性能变差，还使得伺服系统变得不稳定。这就要求微处理器具有高速运算和高速处理的能力。

基于微处理器的全数字伺服（软件伺服）控制器与模拟伺服控制器相比，具有以下优点：

1）控制器硬件体积小、成本低。随着高性能、多功能微处理器的不断涌现，伺服系统的硬件成本变得越来越低。体积小、重量轻、耗能少是数字类伺服控制器的共同优点。

2）控制系统的可靠性高。集成电路和大规模集成电路的平均无故障时间（MTBF）远比分立元件电子电路要长；在电路集成过程中采用有效的屏蔽措施，可以避免主电路中过大的瞬态电流、电压引起的电磁干扰问题。

3）系统的稳定性好、控制精度高。数字电路温漂小，也不存在参数的影响。

4）硬件电路标准化容易。可以设计统一的硬件电路，软件采用模块化设计，组合构成适用于各种应用对象的控制算法，以满足不同的用途。软件模块可以方便地增加、更改、删减，或者当实际系统变化时彻底更新。

5）系统控制的灵活性好，智能化程度高。高性能微处理器的广泛应用，使信息的双向传递能力大大增强，容易和上位机联网运行，可随时改变控制参数；提高了信息监控、通信、诊断、存储及分级控制的能力，使伺服系统趋于智能化。

6）控制策略的更新、升级能力强。随着微处理器芯片运算速度和存储器容量的不断提高，性能优异但算法复杂的控制策略有了实现的基础，为高性能伺服控制策略的实现提供了可能性。

1.4.2　按伺服系统的控制方式分类

1. 开环伺服系统

开环伺服系统没有速度及位置测量元件，伺服驱动元件为步进电机或电液脉冲马达。控制系统发出的指令脉冲，经驱动电路放大后，送给步进电机或电液脉冲马达，使其转动相应的步距角度，再经传动机构，最终转换成控制对象的移动。由此可以看出，控制对象的移动量与控制系统发出的脉冲数量成正比。

由于这种控制方式对传动机构或控制对象的运动情况不进行检测与反馈，输出量与输入量之间只有前向作用，没有反向联系，故称为开环伺服系统。

显然开环伺服系统的定位精度完全依赖于步进电机或电液脉冲马达的步距精

度及传动机构的精度。与闭环伺服系统相比，由于开环伺服系统没有采取位移检测和校正误差的措施，对某些类型的数控机床，特别是大型精密数控机床，往往不能满足其定位精度的要求。此外，系统中使用的步进电机、电液脉冲马达等部件还存在着温升高、噪声大、效率低、加减速性能差，在低频段有共振区、容易失步等缺点。尽管如此，因为这种伺服系统结构简单，容易掌握，调试、维修方便，造价低，所以在数控机床的发展中仍占有一定的地位。

2. 闭环伺服系统

在闭环伺服系统中，速度、位移测量元件不断地检测控制对象的运动状态。

当控制系统发出指令后，伺服电机转动，速度信号通过速度测量元件反馈到速度控制电路，被控对象的实际位移量通过位置测量元件反馈给位置比较电路，并与控制系统命令的位移量相比较，把两者的差值放大，命令伺服电机带动控制对象作附加移动，如此反复直到测量值与指令值的差值为零为止。

闭环伺服系统的输出量不仅受输入量（指令）的控制，还受反馈信号的控制。输出量与输入量之间既有前向作用，又有反向联系，所以称其为闭环控制或反馈控制。由于系统是利用输出量与输入量之间的差值进行控制的，故又称其为负反馈控制。

从理论上讲，闭环伺服系统的定位精度取决于测量元件的精度，但这并不意味着可降低对传动机构的精度要求。传动副间隙等非线性因素也会造成系统调试困难，严重时还会使系统的性能下降，甚至引起振荡。

3. 半闭环伺服系统

半闭环伺服系统不对控制对象的实际位置进行检测，而是用安装在伺服电机轴端上的速度、角位移测量元件测量伺服电机的转动，间接地测量控制对象的位移，角位移测量元件测出的位移量反馈回来，与输入指令比较，利用差值校正伺服电机的转动位置。因此，半闭环伺服系统的实际控制量是伺服电机的转动(角位移)。由于传动机构不在控制回路中，故这部分的精度完全由传动机构的传动精度来保证。

显然，半闭环伺服系统的定位精度介于闭环伺服系统和开环伺服系统之间。其优点：由于惯性较大的控制对象在控制回路之外，故系统稳定性较好，调试较容易，角位移测量元件比线位移测量元件简单，价格低廉。

1.5 交流伺服系统的常用性能指标

(1) 调速范围 D

将伺服系统在额定负载时所提供的最高转速 n_{max} 与最低转速 n_{min} 之比称为调速范围

$$D=\frac{n_{\max}}{n_{\min}}$$

(2) 转矩脉动系数 K_{Tr}

额定负载下，转矩波动的峰峰值 ΔT 与平均转矩 T_{avg} 之比，常用百分数表示

$$K_{Tr}=\frac{\Delta T}{T_{avg}}\times 100\%$$

(3) 稳速精度

伺服系统在最高转速、额定负载条件下，令电源电压变化、环境温度变化，或电源电压与环境温度都不变，连续运行若干小时，系统电机的转速变化与最高转速的百分比分别称为电压变化、温度变化和时间变化的稳速精度。

(4) 超调量

伺服系统输入单位阶跃信号，时间响应曲线上超出稳态转速（终值）的最大转速值（瞬态超调）对稳态转速（终值）的百分比称为转速上升时的超调量。伺服系统运行在稳态转速，输入的信号骤降至零，时间响应曲线上超出零转速的反向转速的最大转速值（瞬态超调）对稳态转速的百分比称为速度下降时的超调量。

(5) 转矩变化的时间响应

伺服系统正常运行时，对电机突然施加转矩负载和突然卸去转矩负载，电机转速的最大瞬态偏差及重新建立稳态的时间称为伺服系统对转矩变化的时间响应。

(6) 转速响应时间

伺服系统在零转速下，从输入对应 n_e 的阶跃信号开始，至转速第一次达到 $0.95n_e$ 的时间。

(7) 静态刚度 K

伺服系统处于空载零速工作状态，对电机轴端的正转方向或反转方向施加连续转矩 T_L，测量出转角的偏移量 $\Delta\theta_{rm}$，则

$$K=\left|\frac{T_L}{\Delta\theta_{rm}}\right|$$

(8) 定位精度和稳态跟踪误差

伺服系统的最终定位与指令目标值之间的静止误差定义为系统的定位精度，对于一个位置伺服系统，最低限度也应能对其指令输入的最小设定单位——1 个脉冲做出响应。当伺服系统对输入信号的瞬态响应过程结束以后，稳定运行时机械实际位置与指令目标值之间的误差定义为系统的稳态位置跟踪误差。位置伺服系统的稳态位置跟踪误差不仅与系统本身的结构有关，还取决于系统的输入指令形式。

1.6 伺服系统的发展趋势

从前面的分析可以看出，数字化交流伺服系统的应用越来越广，用户对伺服驱动技术的要求越来越高。总的来说，伺服系统的发展趋势可以概括为以下几个方面：

（1）交流化

伺服技术的发展将继续快速地推进直流伺服系统向交流伺服系统的转型。从目前国际市场的情况看，几乎所有的新产品都是交流伺服系统。在工业发达国家，交流伺服电机的市场占有率已经超过80%。在国内生产交流伺服电机的厂家也越来越多，正在逐步地超过生产直流伺服电机的厂家。可以预见，在不远的将来，除了在某些微型电机领域之外，交流伺服电机将完全取代直流伺服电机。

（2）全数字化

采用新型高速微处理器和专用DSP的伺服控制单元将全面代替以模拟电子器件为主的伺服控制单元，从而实现完全数字化的伺服系统。全数字化的实现，将原有的硬件伺服控制变成了软件伺服控制，从而使在伺服系统中应用现代控制理论的先进算法（如速度前馈、加速度前馈、最优控制、人工智能、模糊控制、神经元网络等）成为可能，同时还大大简化了硬件，降低了成本，提高了系统的控制精度和可靠性。

全数字化是未来伺服驱动技术发展的必然趋势。全数字化不仅包括伺服驱动内部控制的数字化，伺服驱动到数控系统接口的数字化，而且还应该包括测量单元的数字化。因此伺服驱动单元位置环、速度环、电流环的全数字化，现场总线连接接口、编码器到伺服驱动的数字化连接接口，是全数字化的重要标志。

（3）高性能化

伺服控制系统的功率器件越来越多地采用金属氧化物半导体场效应晶体管（MOSFET）和绝缘栅双极型晶体管（IGBT）等高速功率半导体器件。这些先进器件的应用显著地降低了伺服系统逆变电路的功耗，提高了系统的响应速度和平稳性，降低了运行噪声。

通过采用分数槽绕组以及电机优化设计减小永磁同步电机的定位转矩，提高反电动势的正弦度，减少转矩波动，降低振动和损耗。铁损和温度变化对感应电机的转矩控制精度有很大的影响，尤其是低速运行时更为突出，通过定量解析感应电机的磁滞损耗和涡流损耗，并采用先进的补偿技术，可以有效地提高转矩的控制精度，提高伺服系统的调速范围。

采用直接驱动技术是提高伺服系统性能的重要方法之一。直接驱动系统包括大推力直线伺服驱动系统、大转矩直接驱动伺服系统。与传统的“电机+减速器”传动方式相比，直接驱动技术的最大特点是取消了电机到移动/转动工作台之间的所有机械传动环节，实现了电机与负载的刚性耦合。这种“零传动”方式带来了螺旋传动方式无法达到的性能指标，如加速度可达 $3g(g=9.8\mathrm{m/s^2})$ 以上，为传统驱动装置的 10～20 倍，进给速度是传统方式的 4～5 倍。

高性能控制策略广泛应用于交流伺服系统。由于交流伺服电机是一个非线性多变量系统，难以确定其精确的数学模型，按照近似模型得到的最优控制在实际上往往不能保证真正最优，受建模动态、非线性及其他一些不可预见参数变化的影响，有时甚至会引起控制品质严重下降，鲁棒性得不到保证。高性能控制策略通过改变传统的 PI 调节器设计，将现代控制理论、人工智能、模糊控制、滑模控制等新成果应用于交流伺服系统中，可以弥补这些缺陷和不足。

（4） 多功能化

最新数字化的伺服控制系统具有越来越丰富的功能：首先，具有参数记忆功能，系统的所有运行参数都可以通过人机对话的方式由软件来设置，保存在伺服单元内部，甚至可以在运行途中由上位计算机加以修改，应用十分方便。其次，能提供十分丰富的故障自诊断、保护、显示与分析功能。无论什么时候，只要系统出现故障，就会将故障的类型以及可能引起故障的原因，通过用户界面清楚地显示出来。除此之外，有的伺服系统还具有参数自整定的功能，可以通过自学习得到伺服系统的各项参数；还有一些高性能伺服系统具有振动抑制功能。例如当伺服电机用于驱动机器人手臂时，由于被控对象的刚度较小，有时手臂会产生持续振动，通过采用振动控制技术，可有效缩短定位时间，提高位置控制精度。

（5） 低成本化

采用新型控制技术实现无位置传感器运行，即设计有效的观测器，通过电机电压和电流的检测获得电机转角信息，以取代价格较高的位置传感器及信号解调电路。采用信号重构技术，通过检测直流母线电流获取电机相电流信息，减少电流传感器的数量，降低成本。通过采用专用微处理器及智能功率电路，提高控制器的集成度，简化控制电路，提高系统的可靠性。通过合理的设计及加工工艺，将伺服控制器与永磁交流伺服电机加工成为一个整体，使整个伺服系统体积小，应用简便。

（6） 小型化和集成化

新的伺服系统产品改变了将伺服系统划分为速度伺服单元和位置伺服单元两个模块的做法，取而代之的是单一的、高度集成化的、多功能的控制单元。同一个控制单元，只要通过软件设置系统参数，就可以改变其性能，既可以使用电机本身配置的传感器构成半闭环调节系统，也可以通过接口与外部的位置或转速传感器构成高精度的全闭环调节系统。高度的集成化还显著地缩小了整个控制系统的体积，使得伺服系统的安装与调试工作都得到了简化。

控制处理功能的软件化，微处理器及大规模集成电路（LSIC）的多功能化、高度集成化，促进了伺服系统控制电路的小型化。通过采用表面贴装元器件和多层印制电路板（PCB）也大大减小了控制电路板的体积。另外，通过采用把未封装的IC芯片直接安装于印制电路板的技术（Chip On Board，COB），可以实现微处理器和模拟IC周边电路的高密度安装，而且还降低了安装高度，有效地实现了控制电路的小型化。

伺服系统的主电路大约占整个系统体积的30%～50%，因此提高了主电路元器件的安装密度，是实现系统的小型化的有效手段。但由此也给主电路的发热量和冷却效率提出了很高的要求。通过采用高速的MOSFET和第四代IGBT可以有效降低逆变电路的开关损耗。通过采用热阻小的金属基板以及具有不同特性绝缘层的复合金属基板，可以提高主电路的冷却效率。

新型的伺服控制系统已经开始使用智能功率模块（Intelligent Power Modules，IPM）。IPM将输入隔离、能耗制动、过温、过电压、过电流保护及故障诊断等功能全部集成于一个模块中。通过采用高压电平移位技术及自举技术，可以实现IPM栅极的非绝缘驱动，减少了控制电源输出的路数。IPM的输入逻辑电平与TTL信号完全兼容，与微处理器的输出可以直接接口。它的应用显著地简化了伺服单元的设计，并实现了伺服系统的小型化和微型化。

（7）模块化和网络化

在国外，以工业局域网技术为基础的工厂自动化（Factory Automation，FA）工程技术在最近10年来得到了长足的发展，并显示出良好的发展势头。为适应这一发展趋势，最新的伺服系统都配置了标准的串行通信接口（如RS-232、RS-422等）和专用的局域网接口。这些接口的设置，显著地增强了伺服单元与其他控制设备间的互连能力，从而简化了与CNC系统的连接，只需要一根电缆或光缆，就可以将数台，甚至数十台伺服单元与上位计算机连接成一个数控系统，也可以通过串行接口，与可编程序控制器（PLC）的数控模块相连。

第 2 章 感应电机伺服控制系统

感应电机具有制造简单、结构坚固、维护方便、成本低、可靠性高等优点；而 20 世纪 70 年代初提出的矢量控制理论解决了交流电动机的动态转矩控制问题；同时，电力电子技术、微电子技术、计算机技术以及自动控制理论的发展，为矢量控制理论的实用化奠定了良好的基础，因而这些相关技术的进步使得感应电动机伺服系统获得了与直流伺服系统相同甚至更为优良的动态性能，并在大功率伺服控制领域得到了广泛应用。

2.1 感应电机伺服控制系统的构成

感应电机伺服控制系统的构成如图 2-1 所示。系统由三相感应电机、电压型 PWM 逆变器、电流传感器、速度传感器、电流控制器等部分构成，如果需要进行速度和位置控制，还需要速度控制器以及位置控制器。

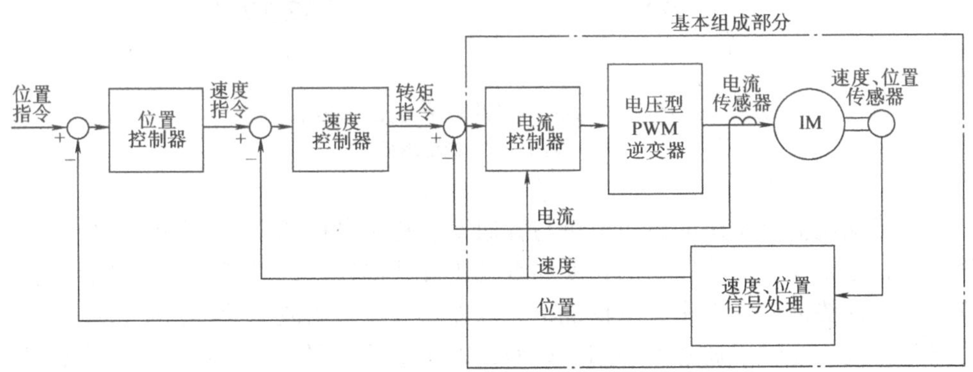

图 2-1 感应电机伺服控制系统的构成

用于伺服系统的感应电机与普通的感应电机结构基本相同，主要由定子、转子、端盖三大部件组成。

定子由定子铁心、电枢绕组和机座三部分组成。定子铁心是主磁路的一部分，由硅钢片叠成。小型定子铁心用硅钢片叠装、压紧成为一个整体后，固定在机座内；中、大型定子铁心由扇形冲片拼成。在定子铁心内圆，均匀地冲有许多形状相同的槽，用以嵌放三相对称电枢绕组。

转子由转子铁心、转子绕组和转轴组成。转子铁心也是主磁路的一部分，由硅钢片叠成，铁心固定在转轴或转子支架上。整个转子的外表呈圆柱形（见图2-2a）。用于伺服控制的感应电机的转子绕组采用笼型绕组。笼型绕组为自行闭合的对称三相绕组，它由转子槽中的导条和两端的环形端环构成，一根导条代表一相。如果去掉铁心，整个绕组外形就像一个“圆笼”，因此称为笼型绕组（见图2-2b）。为节约用铜并提高生产率，小型感应电机一般都用铸铝转子，这种转子的导条和端环是一次铸出的。对中、大型感应电机，由于铸铝质量难以保证，都采用铜条插入转子槽内、再在两端焊上端环的结构。感应电机结构简单、制造方便、经济耐用，故在大容量的伺服系统中应用广泛。

a)

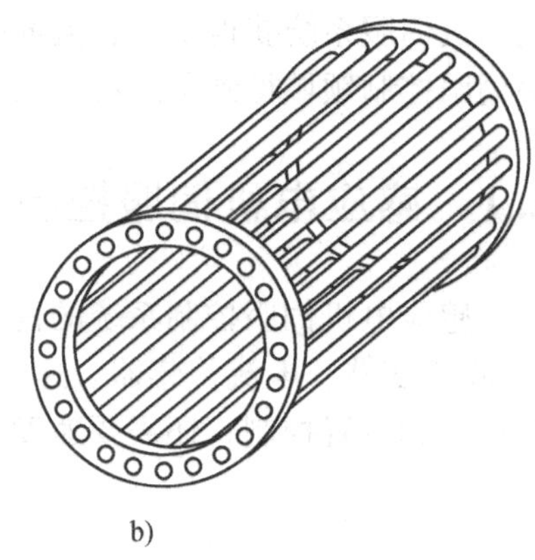

b)

图2-2 感应电机的转子与笼型绕组

a）转子 b）笼型绕组

用于交流伺服系统的感应电机与普通笼型感应电机的主要区别体现在电机的设计上，主要是：①将转子的长度和直径比设计得较大，以减小转动惯量；②通常采用磁动势谐波含量小的电枢绕组，以提高气隙磁场波形的正弦度，抑制谐波磁场的影响；③转子通常不采用闭口槽，以减小转子漏磁，提高电机的功率因数和过载能力；④采用优化的转子槽形，以减小转子电阻和转子槽漏磁，提高电机的效率和最大转矩等。

感应电机是利用电磁感应原理，通过定子的三相电流产生旋转磁场，并与转子绕组中的感应电流相互作用产生电磁转矩，以进行能量转换。

（1）感应电机的电动运行

当转子转速低于旋转磁场的转速时（$n_s > n > 0$），转差率 $0 < s < 1$。设定子三相电流所产生的气隙旋转磁场为逆时针方向，按右手定则，即可确定转子导体“切割”气隙磁场后感应电动势的方向。由于转子绕组是短路的，转子导条中便有电流流过。转子感应电流与气隙磁场相互作用，将产生电磁力和电磁转矩；按

左手定则，电磁转矩的方向与转子转向相同，即电磁转矩为驱动性质的转矩。此时电机从逆变器输入功率，通过电磁感应，由转子输出机械功率，电机处于电动机状态。

（2）感应电机的发电制动

当需要伺服系统减速时，可以调整逆变器的输出频率，使定子产生的旋转磁场转速低于转子转速（$n > n_s$），则转差率 $s < 0$。此时转子导条中的感应电动势以及电流的有功分量与电动机状态时相反，因此电磁转矩的方向将与旋转磁场和转子转向两者相反，即电磁转矩为制动性质的转矩。为了得到适当的制动转矩，必须不断调整逆变器的输出频率，使转差率保持一定。此时转子的动能变成电能回馈到逆变器，再由逆变器回馈到电网或在制动电阻上消耗掉。

2.2　感应电机的数学模型与坐标变换

感应电机伺服控制系统的核心是对感应电机电磁转矩的快速控制，而只有矢量控制技术出现之后，才真正实现了交流电机转矩的动态控制，因此本章以矢量控制为中心来说明。

矢量控制，也称磁场定向控制。它是 20 世纪 70 年代初由西德 F. Blasschke 等人首先提出，以直流电动机和交流电动机比较的方法分析阐述了这一原理，由此开创了交流电动机等效直流电动机控制的先河。它使人们看到交流电动机尽管控制复杂，但同样可以实现转矩、磁场独立控制的内在本质。

2.2.1　矢量控制的基本思路

由电机学中感应电机的运行原理可知，只要能实现对感应电机定子各相电流（i_A、i_B、i_C）的瞬时控制，就能够实现对感应电机转矩的瞬时控制。

采用矢量变换控制方式如何实现对感应电机定子电流的瞬时控制呢?

感应电机三相对称定子绕组中，通入对称的三相正弦交流电流 i_A、i_B、i_C 时，会形成三相基波合成旋转磁动势，并由它建立相应的旋转磁场，其旋转角速度等于定子电流的角频率 ω。但是，产生旋转磁场不一定非要三相绕组不可，除单相外任意的多相对称绕组，通入多相对称正弦电流，均能产生旋转磁场。如果在空间位置互差 90°的两相定子绕组 α、β，当通入两相对称正弦电流 i_α、i_β 时，其产生旋转磁场的大小、转速、转向与三相交流绕组 A、B、C 所产生旋转磁场的大小、转速、转向完全相同，则可认为这两套交流绕组等效。由此可知，处于三相静止坐标系上的三相固定对称交流绕组，以产生相同的旋转磁场为准则，可以等效为静止两相直角坐标系上的两相固定对称交流绕组。

从直流电动机的结构来看，励磁绕组是在空间上固定的直流绕组，而电枢绕组是在空间旋转的绕组，虽然电枢绕组本身在旋转，但是电枢磁动势在空间上却有固定不变的方向，通常称这种绕组为“伪静止绕组”，这样从磁效应的意义上讲，可以把直流电机的电枢绕组当成在空间上固定的直流绕组。因而直流电机的励磁绕组和电枢绕组就可以用两个在空间位置上互差90°的直流绕组M和T来等效，M绕组是等效的励磁绕组，T绕组是等效的电枢绕组，M绕组中的直流电流 i_M 称为励磁电流分量，T绕组中的直流电流 i_T 称为转矩电流分量。

设 Φ_{MT} 为M绕组和T绕组分别通入直流电流 i_M 和 i_T 时产生的合成磁通，且在空间固定不动。如果人为地使这两个绕组旋转起来，则 Φ_{MT} 也自然地随着旋转。当观察者站在M-T绕组上与其一起旋转，在他看来，仍是两个通入直流电流的固定绕组。若使 Φ_{MT} 的大小、转速、转向与两相固定对称交流绕组所产生的旋转磁场 $\Phi_{\alpha\beta}$ 以及三相固定对称交流绕组所产生的旋转磁场 Φ_{ABC} 相同，则M-T直流绕组与 α-β 交流绕组及A-B-C交流绕组等效。显而易见，使固定的M-T绕组旋转起来，只不过是一种物理概念上的假设，然而实际上这种旋转的实现可以通过矢量坐标变换的方法来完成。

通过上面的分析可知，由于M-T直流绕组中的电流 i_M、i_T 与A-B-C三相绕组中的电流 i_A、i_B、i_C 之间必然存在着确定关系，因此通过控制 i_M、i_T 就可以实现对 i_A、i_B、i_C 的瞬时控制。

2.2.2 在三相静止坐标系下感应电机的数学模型

伺服控制系统动态性能的好坏取决于在动态变化过程中能否迅速而精确地控制电机的电磁转矩。交流电机的物理结构决定了其数学模型具有多变量、非线性、强耦合的性质，其电磁转矩是定转子电流、定转子磁链以及定转子电磁参数间的复杂函数，因此，难以控制。但是采用坐标变换与磁场定向等方法对交流电机的数学模型进行降阶处理以后，所得到的等效模型就比较容易控制了。这就是研究交流电机等效数学模型的主要目的。

为分析简单起见，在下面的感应电机动态数学模型分析中做如下假设条件：

1）忽略空间谐波，设三相绕组对称，在空间互差120°电角度，所产生的磁动势沿气隙周围按正弦规律分布。

2）忽略磁路饱和，各绕组的自感和互感都是恒定的。

3）忽略铁心损耗。

4）不考虑频率变化和温度变化对绕组电阻的影响。

无论电机转子是绕线型还是笼型的，都将它等效成三相绕线型转子，并折算到定子侧，折算后的定子和转子绕组匝数都相等。图2-3为三相静止坐标系下的三相笼型感应电机的物理模型，定子三相绕组用 A、B、C 表示，转子三相绕组用 a、b、c 表示。

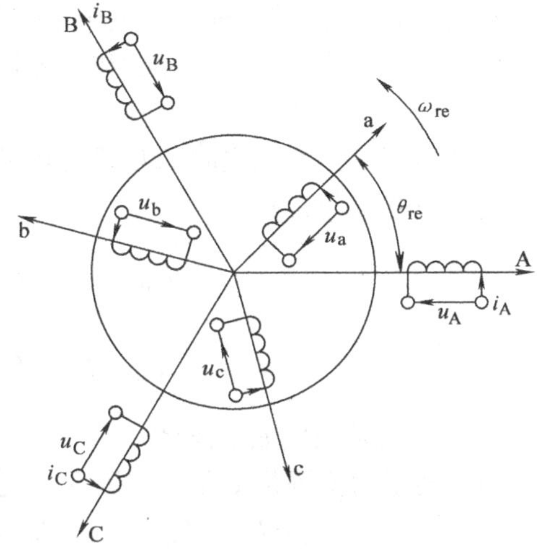

图 2-3　三相静止坐标系下的三相笼型感应电机的物理模型

定子三相绕组轴线 A、B、C 在空间是固定的，以 A 轴为参考，转子绕组轴线 a、b、c 随转子旋转，转子 a 轴和定子 A 轴间的角度 θ_{re} 为空间角位移变量。各绕组电压、电流及磁链的正方向符合电动机惯例和右手螺旋法则。感应电机的数学模型有磁链方程、电压方程、转矩方程和运动方程。

1. 磁链方程

每相绕组的磁链包括自感磁链（本绕组的主自感磁链与漏磁链之和）与其他绕组对它的互感磁链之和，而磁链又可表示成相应的电感与电流的乘积。因此，感应电动机定、转子三相绕组的磁链可表示为

$$\begin{bmatrix}\psi_A\\ \psi_B\\ \psi_C\\ \psi_a\\ \psi_b\\ \psi_c\end{bmatrix}=\begin{bmatrix}L_{AA} & L_{AB} & L_{AC} & L_{Aa} & L_{Ab} & L_{Ac}\\ L_{BA} & L_{BB} & L_{BC} & L_{Ba} & L_{Bb} & L_{Bc}\\ L_{CA} & L_{CB} & L_{CC} & L_{Ca} & L_{Cb} & L_{Cc}\\ L_{aA} & L_{aB} & L_{aC} & L_{aa} & L_{ab} & L_{ac}\\ L_{bA} & L_{bB} & L_{bC} & L_{ba} & L_{bb} & L_{bc}\\ L_{cA} & L_{cB} & L_{cC} & L_{ca} & L_{cb} & L_{cc}\end{bmatrix}\begin{bmatrix}i_A\\ i_B\\ i_C\\ i_a\\ i_b\\ i_c\end{bmatrix} \tag{2-1}$$

式中　ψ_A，ψ_B，ψ_C，ψ_a，ψ_b，ψ_c——各相绕组的总磁链；

L_{AA}，L_{BB}，L_{CC}，L_{aa}，L_{bb}，L_{cc}——相应绕组的自感；

i_A，i_B，i_C，i_a，i_b，i_c——定子、转子相电流的瞬时值。

根据三相绕组对称的假设条件，对于定子，有

$$L_{AA}=L_{BB}=L_{CC}=l_{1\sigma}+L_{11} \tag{2-2}$$

式中　$l_{1\sigma}$——定子单相绕组的漏感；

L_{11}——定子单相绕组的主自感。

对于转子，有

$$L_{aa}=L_{bb}=L_{cc}=l_{2\sigma}+L_{22} \tag{2-3}$$

式中　$l_{2\sigma}$——转子单相绕组的漏感；

L_{22}——转子单相绕组的主自感。

由于折算后定、转子绕组匝数相等，且各绕组间互感磁通都通过气隙，磁阻

相同，故可认为 $L_{11}=L_{22}$。

在式（2-1）磁链方程中，电感矩阵除对角线元素是自感以外，其他皆为互感。而互感又可分为互感为常数和互感是角度 θ_{re} 的函数这两种情况。

（1）互感为常数

例如定子三相彼此之间的互感及转子三相彼此之间的互感，由于彼此位置是固定的，故互感为常数

$$L_{AB}=L_{BC}=L_{CA}=-\frac{1}{2}L_{11} \tag{2-4}$$

$$L_{ab}=L_{bc}=L_{ca}=-\frac{1}{2}L_{22} \tag{2-5}$$

（2）互感是角度 θ_{re} 的函数

由于转子的位置是变化的，因此，定、转子之间的互感是角度 θ_{re} 的函数

$$\begin{cases} L_{Aa}=L_{aA}=L_{Bb}=L_{bB}=L_{Cc}=L_{cC}=L_{12}\cos\theta_{re} \\ L_{Ab}=L_{bA}=L_{Bc}=L_{cB}=L_{Ca}=L_{aC}=L_{12}\cos(\theta_{re}-120°) \\ L_{Ac}=L_{cA}=L_{Ba}=L_{aB}=L_{Cb}=L_{bC}=L_{12}\cos(\theta_{re}-240°) \end{cases} \tag{2-6}$$

式中　L_{12}——定子、转子两相绕组轴线一致时的互感。

将式(2-2)~式(2-6)代入式(2-1)便可得到磁链方程式。矩阵形式为

$$\begin{bmatrix} \boldsymbol{\psi}_s \\ \boldsymbol{\psi}_r \end{bmatrix}=\begin{bmatrix} \boldsymbol{L}_{ss} & \boldsymbol{L}_{sr} \\ \boldsymbol{L}_{rs} & \boldsymbol{L}_{rr} \end{bmatrix}\begin{bmatrix} \boldsymbol{i}_s \\ \boldsymbol{i}_r \end{bmatrix} \tag{2-7}$$

式中　$\boldsymbol{\psi}_s=[\psi_A \quad \psi_B \quad \psi_C]^T$——定子磁链；

$\boldsymbol{\psi}_r=[\psi_a \quad \psi_b \quad \psi_c]^T$——转子磁链；

$\boldsymbol{i}_s=[i_A \quad i_B \quad i_C]^T$——定子电流；

$\boldsymbol{i}_r=[i_a \quad i_b \quad i_c]^T$——转子电流；

$$\boldsymbol{L}_{ss}=\begin{bmatrix} L_{11}+l_{1\sigma} & -\frac{1}{2}L_{11} & -\frac{1}{2}L_{11} \\ -\frac{1}{2}L_{11} & L_{11}+l_{1\sigma} & -\frac{1}{2}L_{11} \\ -\frac{1}{2}L_{11} & -\frac{1}{2}L_{11} & L_{11}+l_{1\sigma} \end{bmatrix}$$——定子自感矩阵；

$$\boldsymbol{L}_{rr}=\begin{bmatrix} L_{22}+l_{2\sigma} & -\frac{1}{2}L_{22} & -\frac{1}{2}L_{22} \\ -\frac{1}{2}L_{22} & L_{22}+l_{2\sigma} & -\frac{1}{2}L_{22} \\ -\frac{1}{2}L_{22} & -\frac{1}{2}L_{22} & L_{22}+l_{2\sigma} \end{bmatrix}$$——转子自感矩阵；

$$L_{rs}=L_{sr}^{T}=L_{12}\begin{bmatrix}\cos\theta_{re} & \cos(\theta_{re}-240°) & \cos(\theta_{re}-120°)\\ \cos(\theta_{re}-120°) & \cos\theta_{re} & \cos(\theta_{re}-240°)\\ \cos(\theta_{re}-240°) & \cos(\theta_{re}-120°) & \cos\theta_{re}\end{bmatrix}$$——定、转子之间的互感矩阵。

式（2-7）还可写成

$$\boldsymbol{\psi}=\boldsymbol{L}\boldsymbol{i} \tag{2-8}$$

2. 电压方程

将三相定、转子绕组的电压平衡方程写成矩阵方程形式，并以微分算子 P 代替微分运算符号 $\mathrm{d}/\mathrm{d}t$，则

$$\begin{bmatrix}u_A\\u_B\\u_C\\u_a\\u_b\\u_c\end{bmatrix}=\begin{bmatrix}R_s&&&&&\\&R_s&&&&\\&&R_s&&&\\&&&R_r&&\\&&&&R_r&\\&&&&&R_r\end{bmatrix}\begin{bmatrix}i_A\\i_B\\i_C\\i_a\\i_b\\i_c\end{bmatrix}+P\begin{bmatrix}\psi_A\\\psi_B\\\psi_C\\\psi_a\\\psi_b\\\psi_c\end{bmatrix} \tag{2-9}$$

式中　u_A，u_B，u_C，u_a，u_b，u_c——定、转子相电压的瞬时值；

i_A，i_B，i_C，i_a，i_b，i_c——定、转子相电流的瞬时值；

R_s，R_r——定、转子绕组电阻。

或简写成

$$\boldsymbol{u}=\boldsymbol{R}\boldsymbol{i}+P\boldsymbol{\psi} \tag{2-10}$$

将式(2-8)代入式(2-10)，经运算得

$$\boldsymbol{u}=\boldsymbol{R}\boldsymbol{i}+\boldsymbol{L}P\boldsymbol{i}+\omega_{re}\frac{\mathrm{d}L}{\mathrm{d}\theta_{re}}\boldsymbol{i} \tag{2-11}$$

式中　$\boldsymbol{L}=\begin{bmatrix}L_{ss}&L_{sr}\\L_{rs}&L_{rr}\end{bmatrix}$——电感矩阵；

$\omega_{re}=\dfrac{\mathrm{d}\theta_{re}}{\mathrm{d}t}$——转子旋转的角速度（电角度），$\omega_{re}=p_n\omega_{rm}$，$\omega_{rm}$为转子旋转的机械角速度。

式（2-11）中等号右边第一项 Ri 为绕组电压降；第二项 LPi 是由电流变化引起的变压器电动势；第三项 $\omega_{re}\frac{dL}{d\theta_{re}}i$ 是旋转电动势矩阵，由转子旋转产生，与转子转速成正比。

3. 电磁转矩方程

电磁转矩方程为：

$$\begin{aligned} T_e &= -\frac{1}{2}p_n\left[i_r^T\frac{\partial L_{rs}}{\partial\theta_{re}}i_s+i_s^T\frac{\partial L_{sr}}{\partial\theta_{re}}i_r\right] \\ &= -p_nL_{12}[(i_Ai_a+i_Bi_b+i_Ci_c)\sin\theta_{re} \\ &\quad +(i_Ai_b+i_Bi_c+i_Ci_a)\sin(\theta_{re}-240°) \\ &\quad +(i_Ai_c+i_Bi_a+i_Ci_b)\sin(\theta_{re}-120°)] \end{aligned} \tag{2-12}$$

式中 p_n——电机的极对数。

4. 运动方程

作用在电动机轴上的转矩与电动机速度变化之间的关系可以用运动方程来表达，一般为

$$T_e=T_L+\frac{J}{p_n}\frac{d\omega_{re}}{dt} \tag{2-13}$$

式中 T_L——负载转矩；

J——转子与负载的转动惯量之和。

式(2-8)、式(2-11) ~ 式(2-13)便组成了 A-B-C 三相坐标系中感应电动机的数学模型。通过上述分析可以看出，三相感应电动机的动态数学模型是一个高阶、非线性、强耦合的多变量系统，其强耦合性主要表现在磁链和转矩方程中，既有三相绕组之间的耦合，又有定、转子绕组之间的耦合，还存在转矩方程中磁场与定、转子电流之间的相互影响，其根源在于它有一个很复杂的电感矩阵。要想使其具有直流电机那样的数学模型，必须用坐标变换的方法进行处理。

2.2.3 坐标变换

1. 静止三相/两相坐标变换

如果将前面的 A-B-C 三相坐标系下感应电机数学模型的系数矩阵乘以某一变换矩阵，通过适当的变换，一来可以降低电感矩阵的阶数，二来可使其变成常数阵和对角阵（两相坐标系中电机定、转子的两相绕组互相垂直，不存在互感），将使分析大大简化。改变对电机的观察角度，需要改变观察坐标系，用一组新变量（如电压、电流等）代替基本方程中的实际变量，这种变量变换就是

坐标变换。先考虑第一种变换，即在三相静止绕组 A、B、C 和两相静止绕组 α、β 之间的变换。

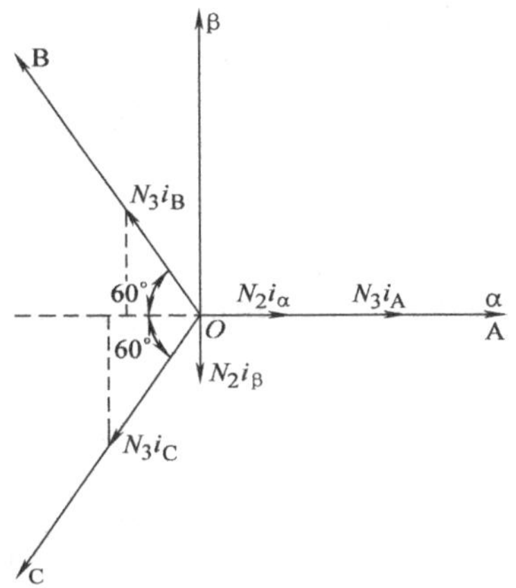

图 2-4　静止三相/两相坐标系与绕组磁动势的空间矢量

电机是电磁能量传递、机电能量转换的物理实体，为了不改变坐标变换前后电机的物理特性，在进行变换时必须遵循一定的原则，首先要保证在不同的坐标系下产生的磁动势相同，其次要保证功率不变。

静止三相/两相两个坐标系与绕组磁动势的空间矢量如图 2-4 所示。取两相坐标系中的 α 轴和三相坐标系中的 A 轴重合，并设每相绕组的磁动势为正弦分布；三相系统每相绕组的有效匝数为 N_3，两相系统每相绕组的有效匝数为 N_2；当进行三相/两相坐标变换时，三相总磁动势应该和两相总磁动势相等，两套绕组瞬时总磁动势在 α、β 轴上的投影得到的磁动势应相等，即

$$\begin{cases} N_2 i_\alpha = N_3 i_A - N_3 i_B \cos\dfrac{\pi}{3} - N_3 i_C \cos\dfrac{\pi}{3} = N_3\left(i_A - \dfrac{1}{2}i_B - \dfrac{1}{2}i_C\right) \\ N_2 i_\beta = N_3 i_B \sin\dfrac{\pi}{3} - N_3 i_C \sin\dfrac{\pi}{3} = \dfrac{\sqrt{3}}{2}N_3(i_B - i_C) \end{cases} \tag{2-14}$$

为了便于利用功率不变条件下的坐标变换矩阵，需将变换阵变为方阵，因此，增设零轴磁动势 $N_2 i_0$，定义为

$$N_2 i_0 = KN_3(i_A + i_B + i_C) \tag{2-15}$$

将式（2-14）及式（2-15）写成矩阵形式为

$$\begin{bmatrix} i_\alpha \\ i_\beta \\ i_0 \end{bmatrix} = \frac{N_3}{N_2}\begin{bmatrix} 1 & -\dfrac{1}{2} & \dfrac{1}{2} \\ 0 & \dfrac{\sqrt{3}}{2} & -\dfrac{\sqrt{3}}{2} \\ K & K & K \end{bmatrix}\begin{bmatrix} i_A \\ i_B \\ i_C \end{bmatrix} \tag{2-16}$$

在进行坐标变换时，一般都保持变换前后功率不变，这种变换叫做绝对变换，用于该变换的矩阵叫做正交矩阵。即变换矩阵 C 必须满足条件

$$\boldsymbol{C}^{-1} = \boldsymbol{C}^{\mathrm{T}} \tag{2-17}$$

把式（2-16）的变换矩阵代入式（2-17），可得$\dfrac{N_3}{N_2} = \sqrt{\dfrac{2}{3}}$、$K = \dfrac{\sqrt{2}}{2}$，从而静止三相/两相坐标变换的变换矩阵为

$$C_{3s/2s}=\sqrt{\frac{2}{3}}\begin{bmatrix}1 & -\frac{1}{2} & -\frac{1}{2}\\ 0 & \frac{\sqrt{3}}{2} & -\frac{\sqrt{3}}{2}\\ \frac{\sqrt{2}}{2} & \frac{\sqrt{2}}{2} & \frac{\sqrt{2}}{2}\end{bmatrix} \tag{2-18}$$

静止两相/三相坐标变换的变换矩阵为

$$C_{2s/3s}=\sqrt{\frac{2}{3}}\begin{bmatrix}1 & 0 & \frac{\sqrt{2}}{2}\\ -\frac{1}{2} & \frac{\sqrt{3}}{2} & \frac{\sqrt{2}}{2}\\ -\frac{1}{2} & -\frac{\sqrt{3}}{2} & \frac{\sqrt{2}}{2}\end{bmatrix} \tag{2-19}$$

在实际的交流电机中并没有零轴电流，因此实际的三相静止坐标系与两相静止坐标系之间的变换矩阵 $\widetilde{C}_{3s/2s}$ 和反变换矩阵 $\widetilde{C}_{2s/3s}$ 为

$$\widetilde{C}_{3s/2s}=\sqrt{\frac{2}{3}}\begin{bmatrix}1 & -\frac{1}{2} & -\frac{1}{2}\\ 0 & \frac{\sqrt{3}}{2} & -\frac{\sqrt{3}}{2}\end{bmatrix} \tag{2-20}$$

$$\widetilde{C}_{2s/3s}=\sqrt{\frac{2}{3}}\begin{bmatrix}1 & 0\\ -\frac{1}{2} & \frac{\sqrt{3}}{2}\\ -\frac{1}{2} & -\frac{\sqrt{3}}{2}\end{bmatrix} \tag{2-21}$$

利用式（2-20）的变换矩阵，对式（2-9）的电压方程式进行变换，可得式（2-22）所示的两相静止坐标系下的电压方程

$$\begin{bmatrix}u_{s\alpha}\\ u_{s\beta}\\ u_{r\alpha}\\ u_{r\beta}\end{bmatrix}=\begin{bmatrix}R_s+PL_s & 0 & PL_m & 0\\ 0 & R_s+PL_s & 0 & PL_m\\ PL_m & \omega_{re}L_m & R_r+PL_r & \omega_{re}L_r\\ -\omega_{re}L_m & PL_m & -\omega_{re}L_r & R_r+PL_r\end{bmatrix}\begin{bmatrix}i_{s\alpha}\\ i_{s\beta}\\ i_{r\alpha}\\ i_{r\beta}\end{bmatrix} \tag{2-22}$$

式中 $u_{s\alpha}$、$u_{s\beta}$——α、β 相定子电压；

$i_{s\alpha}$、$i_{s\beta}$——α、β 相定子电流；

$u_{r\alpha}$、$u_{r\beta}$——α、β 相转子电压；

$i_{r\alpha}$、$i_{r\beta}$——α、β 相转子电流；

L_s、L_r——定、转子绕组自感，$L_s = l_{1\sigma} + \frac{3}{2}L_{11}$，$L_r = l_{2\sigma} + \frac{3}{2}L_{22}$；

L_m——定、转子绕组间的互感，$L_m = \frac{3}{2}L_{12}$。

磁链方程

$$\begin{bmatrix} \psi_{s\alpha} \\ \psi_{s\beta} \\ \psi_{r\alpha} \\ \psi_{r\beta} \end{bmatrix} = \begin{bmatrix} L_s & 0 & L_m & 0 \\ 0 & L_s & 0 & L_m \\ L_m & 0 & L_r & 0 \\ 0 & L_m & 0 & L_r \end{bmatrix} \begin{bmatrix} i_{s\alpha} \\ i_{s\beta} \\ i_{r\alpha} \\ i_{r\beta} \end{bmatrix} \tag{2-23}$$

转矩方程

$$T_e = p_n L_m (i_{s\beta} i_{r\alpha} - i_{s\alpha} i_{r\beta}) \tag{2-24}$$

由于笼型转子感应电机的转子是自行短路的，因此，$u_{r\alpha} = u_{r\beta} = 0$。由于 α-β 两相坐标系上的定、转子等效绕组相互垂直，两相绕组之间没有磁耦合，消除了三相感应电机在三相静止坐标系数学模型中的一个非线性根源。

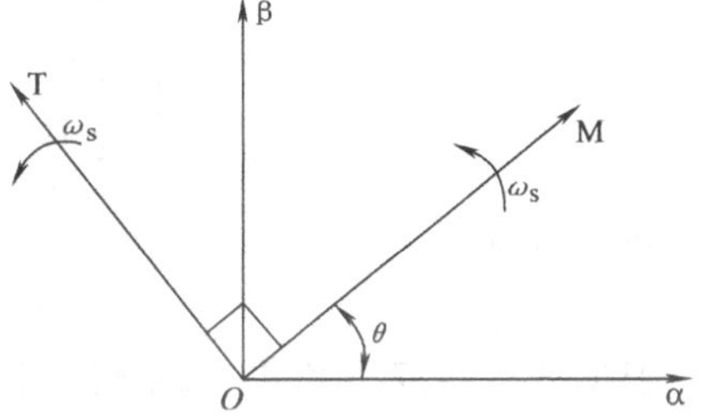

图 2-5　两相静止和旋转坐标系与磁动势空间矢量图

2. 静止/旋转两相坐标变换

三相感应电机在两相静止坐标系上的数学模型仍存在非线性因素并具有强耦合性质，因此需要进一步进行简化处理。

两相静止坐标系 α-β 与两相旋转坐标系 M-T 之间的变换称为静止/旋转两相变换。图 2-5 为两相静止和旋转坐标系与磁动势空间矢量图，坐标系 M-T 以同步转速 ω_s 旋转。

根据磁动势不变的原则，同样可以导出从两相静止坐标系到两相旋转坐标系的变换矩阵

$$\boldsymbol{C}_{2s/2r} = \boldsymbol{C}_{\alpha\beta/MT} = \begin{bmatrix} \cos\theta & \sin\theta \\ -\sin\theta & \cos\theta \end{bmatrix} \tag{2-25}$$

式中　θ——α 轴与 M 轴之间的夹角。

同理可得从两相旋转坐标系到两相静止坐标系的变换矩阵

$$\boldsymbol{C}_{2r/2s} = \boldsymbol{C}_{MT/\alpha\beta} = \begin{bmatrix} \cos\theta & -\sin\theta \\ \sin\theta & \cos\theta \end{bmatrix} \tag{2-26}$$

利用式（2-25）的变换矩阵，对式（2-22）进行变换，可得到在同步旋转坐标系下感应电机的电压方程

$$\begin{bmatrix} u_M \\ u_T \\ 0 \\ 0 \end{bmatrix} = \begin{bmatrix} R_s + PL_s & -\omega_s L_s & PL_m & -\omega_s L_m \\ \omega_s L_s & R_s + PL_s & \omega_s L_m & PL_m \\ PL_m & -(\omega_s - \omega_{re})L_m & R_r + PL_r & -(\omega_s - \omega_{re})L_r \\ (\omega_s - \omega_{re})L_m & PL_m & (\omega_s - \omega_{re})L_r & R_r + PL_r \end{bmatrix} \begin{bmatrix} i_M \\ i_T \\ i_m \\ i_t \end{bmatrix} \tag{2-27}$$

式中 u_M、u_T——M、T 轴定子电压；

i_M、i_T——M、T 轴定子电流；

i_m、i_t——M、T 轴转子电流。

磁链方程

$$\begin{bmatrix} \psi_M \\ \psi_T \\ \psi_m \\ \psi_t \end{bmatrix} = \begin{bmatrix} L_s & 0 & L_m & 0 \\ 0 & L_s & 0 & L_m \\ L_m & 0 & L_r & 0 \\ 0 & L_m & 0 & L_r \end{bmatrix} \begin{bmatrix} i_M \\ i_T \\ i_m \\ i_t \end{bmatrix} \tag{2-28}$$

转矩方程

$$T_e = p_n L_m (i_T i_m - i_M i_t) \tag{2-29}$$

根据式（2-27）和式（2-28）可得如下的状态方程式

$$P\begin{bmatrix} i_M \\ i_T \\ \psi_m \\ \psi_t \end{bmatrix} = \begin{bmatrix} -\frac{R_s}{\sigma L_s} - \frac{R_r(1-\sigma)}{\sigma L_r} & \omega_s & \frac{L_m R_r}{\sigma L_s L_r^2} & \frac{\omega_{re} L_m}{\sigma L_s L_r} \\ -\omega_s & -\frac{R_s}{\sigma L_s} - \frac{R_r(1-\sigma)}{\sigma L_r} & -\frac{\omega_{re} L_m}{\sigma L_s L_r} & \frac{L_m R_r}{\sigma L_s L_r^2} \\ \frac{L_m R_r}{L_r} & 0 & -\frac{R_r}{L_r} & \omega_s - \omega_{re} \\ 0 & \frac{L_m R_r}{L_r} & -(\omega_s - \omega_{re}) & -\frac{R_r}{L_r} \end{bmatrix} \times$$

$$\begin{bmatrix} i_M \\ i_T \\ \psi_m \\ \psi_t \end{bmatrix} + \frac{1}{\sigma L_s}\begin{bmatrix} u_M \\ u_T \\ 0 \\ 0 \end{bmatrix} \tag{2-30}$$

式中 σ——漏磁系数，$\sigma = 1 - L_m^2 / L_s L_r$。

根据式（2-29）、式（2-30）与式（2-13）可以得到图 2-6 所示的 M-T 坐标系下感应电机的框图。

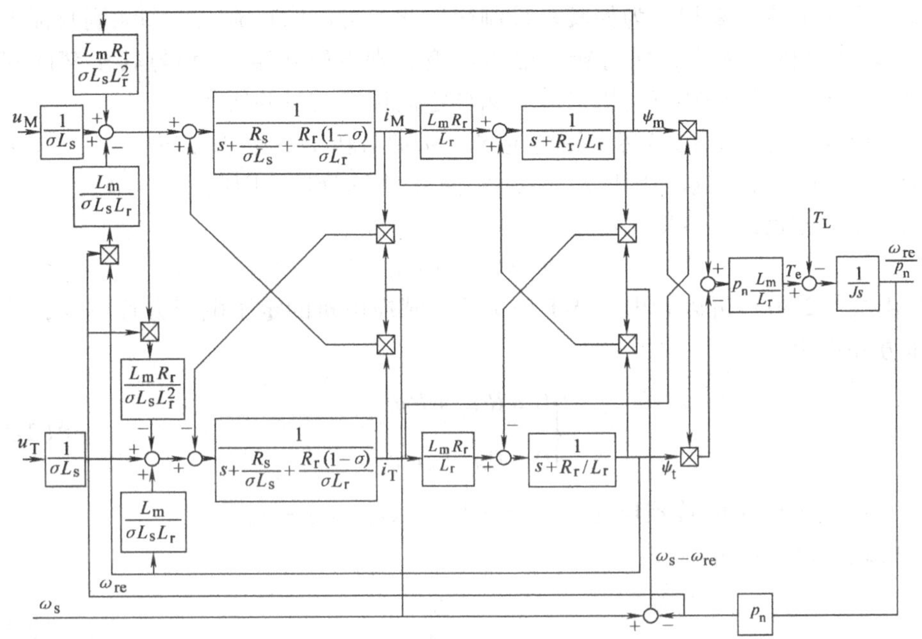

图 2-6　M-T 坐标系下感应电机的框图

2.3　感应电机的矢量控制

2.3.1　转子磁场定向 M-T 坐标系中的基本方程

式（2-27）为感应电机两相同步旋转坐标系数学模型的电压方程式，式右边的 4 行×4 列系数矩阵每一项都是占满了的，也就是说，系统仍是强耦合的。根据前面的分析可知，对于所用的两相同步旋转坐标系我们只规定了 M、T 两轴的垂直关系和旋转速度，并未规定两轴与电机旋转磁场的相对位置关系。如果让 M-T 坐标系与旋转磁场都以同步转速旋转，并规定 M 轴沿转子磁链的方向，而 T 轴逆时针转 90°，即垂直于转子磁链方向，则感应电机的电压方程（2-27）变为

$$\begin{bmatrix} u_M \\ u_T \\ 0 \\ 0 \end{bmatrix} = \begin{bmatrix} R_s + PL_s & -\omega_s L_s & PL_m & -\omega_s L_m \\ \omega_s L_s & R_s + PL_s & \omega_s L_m & PL_m \\ PL_m & 0 & R_r + PL_r & 0 \\ (\omega_s - \omega_{re}) L_m & 0 & (\omega_s - \omega_{re}) L_r & R_r + PL_r \end{bmatrix} \begin{bmatrix} i_M \\ i_T \\ i_m \\ i_t \end{bmatrix} \tag{2-31}$$

感应电机的转子上没有永磁体，必须在定子绕组中流过电流，才能产生与转子交链的磁链。由式（2-29）可知，感应电机的电磁转矩 T_e 为转子磁链和与其正交的定子电流的乘积，为使转矩控制简单化，可以像直流电机和无刷直流电机（永磁同步电机）那样，保持转子磁链不变，则电磁转矩 T_e 和与其正交的定子电流成正比，这便是感应电机沿转子磁场定向控制的目的所在。

如果 M-T 坐标系已沿转子磁场定向，M 轴与转子磁链 ψ_r 方向一致，即满足 $\psi_t=0$ 的约束条件。这时由于 $\psi_t=0$，ψ_r 仅有 M 轴分量，因此，$\psi_r=\psi_m$。

由磁链方程式（2-28）可得

$$0=L_m i_T+L_r i_t \tag{2-32}$$

由式（2-30）可以看出，M-T 坐标系下感应电机的定子电压方程不变，转子电压方程变为

$$\begin{cases}0=R_r i_m+P\psi_m\\0=R_r i_t+\omega_{se}\psi_m\end{cases} \tag{2-33}$$

式中 ω_{se}——转子的转差角速度（电角度），$\omega_{se}=\omega_s-\omega_{re}$。

由式（2-32）可得

$$i_T=-\frac{L_r}{L_m}i_t \tag{2-34}$$

该方程反映了定子磁动势转矩分量与转子磁动势的平衡关系，实际上是磁场定向后的磁动势平衡方程式。

由式（2-33）可得

$$i_m=-\frac{P\psi_m}{R_r}=-\frac{P\psi_r}{R_r} \tag{2-35}$$

由于 $\psi_t=0$，M 轴和 T 轴绕组是解耦的，即 T 轴绕组对 M 轴绕组没有影响，所以只有与 M 轴绕组交链的磁链 ψ_m 发生变化时，才会有 i_m 存在。如果磁链 ψ_m 保持恒定，则 i_m 应为零。此时，ψ_m 仅由定子电流 i_M 产生，即有

$$\psi_m=\psi_r=L_m i_M \tag{2-36}$$

或者

$$i_M=\frac{\psi_m}{L_m}=\frac{\psi_r}{L_m} \tag{2-37}$$

应注意，式（2-36）和式（2-37）只有在转子磁链 ψ_r 保持不变的条件下才成立。这说明，在 ψ_r 恒定的情况下，转子绕组中仅存在产生转矩的有功电流分量 i_t。

但是，在动态情况下，情形有所不同。

由于

$$\psi_r = L_m i_M + L_r i_m = L_m \left(i_M + \frac{L_r}{L_m} i_m \right) \tag{2-38}$$

于是有

$$i_{Mm} = \frac{\psi_r}{L_m} = i_M + \frac{L_r}{L_m} i_m \tag{2-39}$$

式中　i_{Mm}——产生转子磁链 ψ_r 的等效励磁电流。

这说明在动态情况下，ψ_r 是由 i_M 和 i_m 共同产生的，i_{Mm}反映了这种共同作用的结果。在稳态时，$i_{Mm} = i_M$。

将式（2-35）代入式（2-23）可得

$$\psi_r = \psi_m = L_m \frac{i_M}{1 + T_r P} \tag{2-40}$$

式中　T_r——转子时间常数。

$$T_r = \frac{L_r}{R_r} \tag{2-41}$$

式（2-40）是一个一阶滞后环节。该式表明，在动态情况下，当 i_M 从一个稳态值变化到另一稳态值时，磁链 ψ_m 不会立即跟踪电流 i_M 的变化。这主要是因为 ψ_m 的变化将会感生转子电流 i_m，i_m 反过来阻碍磁链 ψ_m 的变化。随着转子电流 i_m 按转子时间常数 T_r 的指数规律衰减，磁链也相应地从原有的稳态值按同一指数规律变化，当 $i_m = 0$ 时，ψ_m 才会达到新的稳态值。无论何种原因，只要使转子磁链 ψ_r 发生变化，就会感生出瞬态电流 i_m，反过来 i_m 又阻碍磁链 ψ_r 的变化，这是由短路的转子回路固有特性决定的。

如果是由于 i_m 变化引起磁链变化，那么根据式（2-23）和式（2-35）则有

$$i_m = -\frac{L_m}{R_r} \frac{P i_M}{1 + T_r P} \tag{2-42}$$

可以看出，当定子励磁电流分量 i_M 发生变化时，一般会引起转子磁链 ψ_r 和转子电流 i_m 的变化，会产生一个瞬态过程，这期间容易引起转矩振荡。为使转矩恒定，应保持 ψ_r 恒定，也就是要控制 i_{Mm}不变，这实际上是一种动态控制过程。在动态控制过程中可以控制 ψ_r 不变，这也是转子磁通矢量控制优于传统控制方法的一个方面。

与 M 轴不同的是，T 轴上定子电流 i_T 和转子电流 i_t 即使在动态情况下，仍

然满足方程式（2-34）。即当 i_T 或 i_t 突然发生变化时，另一方能立即跟踪其变化，这是因为此时 T 轴上不存在转子磁链的缘故。

由式（2-33）和式（2-36）可得

$$i_t = -\frac{1}{R_r}\psi_r\omega_{se} \tag{2-43}$$

上式中，$\psi_r\omega_{se}$实质上是绕组 T 在转子磁链下产生的旋转电动势，它完全被转子电阻压降所平衡。当转子磁链恒定时，旋转电动势的大小与转差角频率成正比。

将式（2-43）代入式（2-34）可得

$$i_T = \frac{T_r}{L_m}\psi_r\omega_{se} \tag{2-44}$$

将式（2-40）改写成

$$i_M = \frac{(1 + T_r P)}{L_m}\psi_r \tag{2-45}$$

式（2-44）和式（2-45）是动态情况下，M、T 轴定子电流与转子磁链的关系式，它们常被作为矢量控制系统的控制方程。

在磁场定向的情况下，式（2-29）变为

$$T_e = p_n\frac{L_m}{L_r}\psi_r i_T \tag{2-46}$$

将式（2-45）代入式（2-46）得

$$T_e = p_n\frac{L_m^2}{L_r}\left(\frac{i_M}{1 + T_r P}\right)i_T \tag{2-47}$$

对比式（2-39）和式（2-40）可得

$$\frac{i_M}{1 + T_r P} = i_{Mm} \tag{2-48}$$

将式（2-48）代入式（2-47）得

$$T_e = p_n\frac{L_m^2}{L_r}i_{Mm}i_T \tag{2-49}$$

2.3.2 转差频率控制

那么，如何控制才能保证 T 轴转子磁链 ψ_t 为 0 呢？由式（2-31）的后两行可得

$$P\begin{bmatrix}\psi_m\\ \psi_t\end{bmatrix}=\begin{bmatrix}-\dfrac{R_r}{L_r} & \omega_s-\omega_{re}\\ -(\omega_s-\omega_{re}) & -\dfrac{R_r}{L_r}\end{bmatrix}\begin{bmatrix}\psi_m\\ \psi_t\end{bmatrix}+\frac{L_mR_r}{L_r}\begin{bmatrix}i_M\\ i_T\end{bmatrix} \tag{2-50}$$

在这里，对转差频率根据下式进行控制

$$\omega_{se}=\omega_s-\omega_{re}=\frac{L_mR_r}{L_r}\frac{i_T}{\hat{\psi}_m} \tag{2-51}$$

式中

$$P\hat{\psi}_m=-\frac{R_r}{L_r}\hat{\psi}_m+\frac{L_mR_r}{L_r}i_M \tag{2-52}$$

式中　$\hat{\psi}_m$——M 轴转子磁链 ψ_m 的初始给定值。

由式（2-50）~式（2-52）可得如下的微分方程式

$$P\begin{bmatrix}\psi_m-\hat{\psi}_m\\ \psi_t\end{bmatrix}=\begin{bmatrix}-\dfrac{R_r}{L_r} & \dfrac{L_mR_r}{L_r}\dfrac{i_T}{\hat{\psi}_m}\\ -\dfrac{L_mR_r}{L_r}\dfrac{i_T}{\hat{\psi}_m} & -\dfrac{R_r}{L_r}\end{bmatrix}\begin{bmatrix}\psi_m-\hat{\psi}_m\\ \psi_t\end{bmatrix} \tag{2-53}$$

式（2-53）表明，$\psi_m-\hat{\psi}_m$ 和 ψ_t 从任意的初始值都会以转子时间常数 L_r/R_r 收敛到 0。从而，只要按照式（2-51）来控制转差频率，就可以把 T 轴转子磁链 ψ_t 控制为 0。这时，M 轴转子磁链 ψ_m 就可以与 $\hat{\psi}_m$ 保持一致。

图 2-7 为式（2-51）和式（2-52）的框图表示。i_M 通过一阶滞后滤波变为 $\hat{\psi}_m$，再利用除法器就可以计算出转差频率。电源频率 ω_s 为传感器检测出的转子旋转角速度与转差频率的和。计算过程中需要感应电动机的参数——转子时间常数 L_r/R_r 和互感 L_m。从式（2-51）解出 $L_m\dfrac{R_r}{L_r}$，并代入式（2-52）便可以消去互感 L_m，只需要转子时间常数 L_r/R_r，这时简化后的电源频率 ω_s 的计算框图如图 2-8 所示。图中的 x_M 为中间变量。

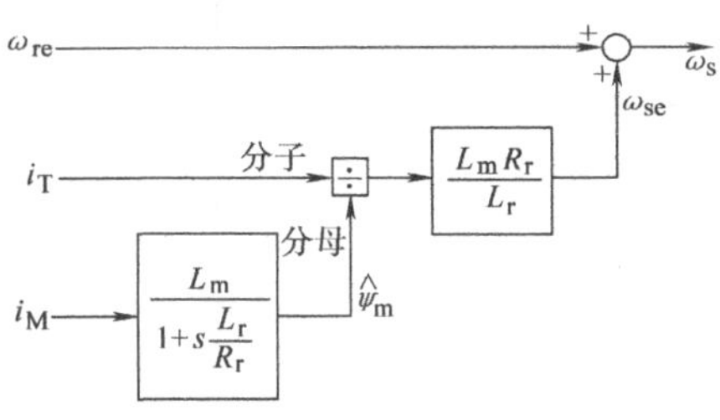

图 2-7　电源频率 ω_s 的计算框图

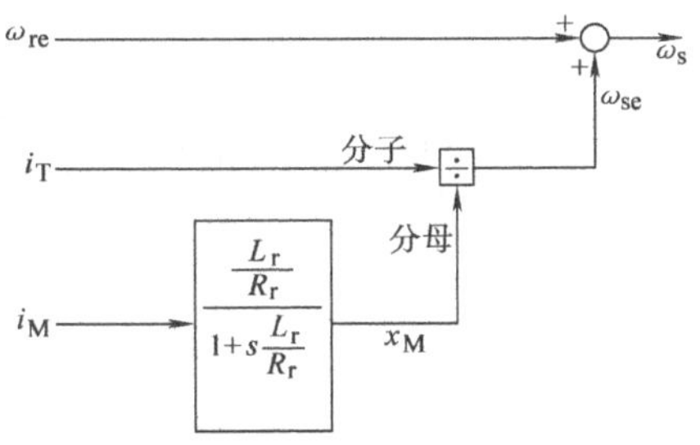

图 2-8　电源频率 ω_s 的简化计算方法

在伺服控制系统中，通常都保持励磁磁场恒定，使电机具有恒转矩特性，这时，由于要控制 i_M 为一定值，从而一阶滞后环节就可以省略，可以由图 2-9 所示得出 ω_s。图中的 x'_M 也为中间变量。

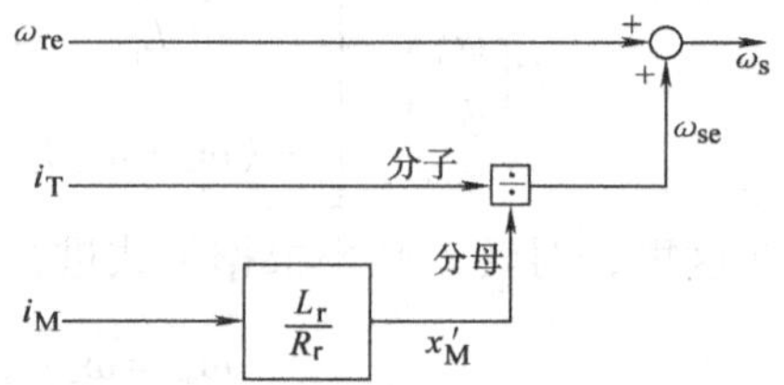

图 2-9 励磁电流恒定时的电源频率计算方法

2.3.3 解耦控制

通过前面的分析可知，在 M-T 坐标系上，通过控制转差频率能够把 T 轴转子磁链 ψ_t 控制为 0。这时的系统状态方程式为

$$P\begin{bmatrix} i_M \\ i_T \\ \psi_m \end{bmatrix} = \begin{bmatrix} -\frac{R_s}{\sigma L_s}-\frac{R_r(1-\sigma)}{\sigma L_r} & \omega_s & \frac{L_m R_r}{\sigma L_s L_r^2} \\ -\omega_s & -\frac{R_s}{\sigma L_s}-\frac{R_r(1-\sigma)}{\sigma L_r} & -\frac{\omega_{re} L_m}{\sigma L_s L_r} \\ \frac{L_m R_r}{L_r} & 0 & -\frac{R_r}{L_r} \end{bmatrix} \begin{bmatrix} i_M \\ i_T \\ \psi_m \end{bmatrix} + \frac{1}{\sigma L_s}\begin{bmatrix} u_M \\ u_T \\ 0 \end{bmatrix} \tag{2-54}$$

若把该状态方程式用框图表示，则如图 2-10 所示。

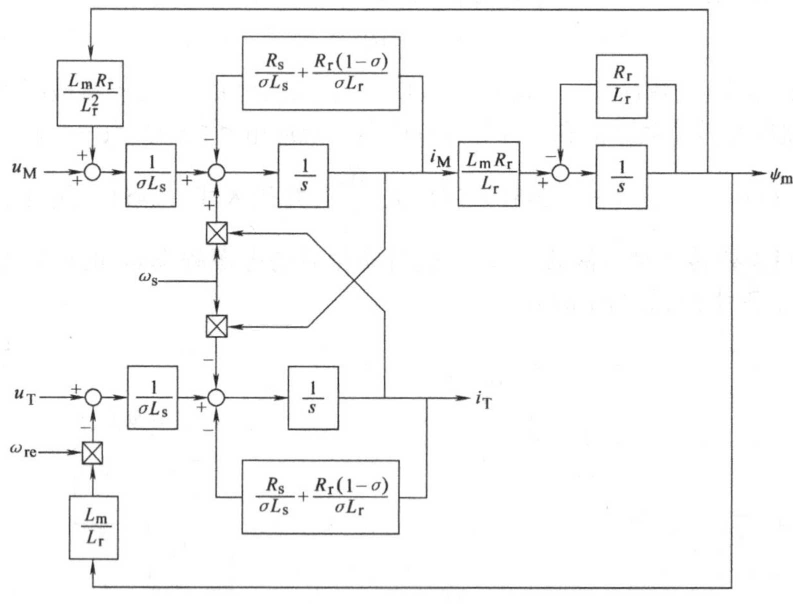

图 2-10 转子磁场定向控制感应电动机的系统框图

为了能够像直流电动机那样来控制感应电动机的瞬时电磁转矩，我们希望能够单独用 u_M 来控制 i_M，单独用 u_T 来控制 i_T。但是从图 2-10 可以看出，M 轴的量和 T 轴的量之间存在耦合，单纯地通过电流反馈，把耦合量看成干扰，会使控制性能恶化。

可以通过提高系统电流控制环的增益来抑制耦合成分对控制性能的影响，更为行之有效的方法是推测耦合量，并通过控制把其抵消掉，即采用解耦控制来提高系统性能。如果电机参数已知，通过检测电流可以推算耦合量，然后把其加到电压上，就可以补偿耦合量的影响。这时的 u_M、u_T 变化如下：

$$u_M = u'_M - \omega_s \sigma L_s i_T \tag{2-55}$$

$$\begin{aligned} u_T &= u'_T + \omega_s \sigma L_s i_M + \frac{L_m}{L_r}\psi_m \left(\omega_{re} + \frac{\frac{L_m R_r}{L_r}}{\psi_m} i_T \right) \\ &= u'_T + \omega_s \left(\sigma L_s i_M + \frac{L_m}{L_r}\psi_m \right) \end{aligned} \tag{2-56}$$

这时式（2-54）变为

$$P\begin{bmatrix} i_M \\ i_T \\ \psi_m \end{bmatrix} = \begin{bmatrix} -\frac{R_s}{\sigma L_s} - \frac{R_r(1-\sigma)}{\sigma L_r} & 0 & \frac{L_m R_r}{\sigma L_s L_r^2} \\ 0 & -\frac{R_s}{\sigma L_s} & 0 \\ \frac{L_m R_r}{L_r} & 0 & -\frac{R_r}{L_r} \end{bmatrix} \begin{bmatrix} i_M \\ i_T \\ \psi_m \end{bmatrix} + \frac{1}{\sigma L_s}\begin{bmatrix} u'_M \\ u'_T \\ 0 \end{bmatrix} \tag{2-57}$$

从而 M 轴上的变量和 T 轴上的变量可以独立控制。此时的感应电动机的系统框图如图 2-11 所示，图中同时给出了式（2-13）和式（2-46）的控制框图。

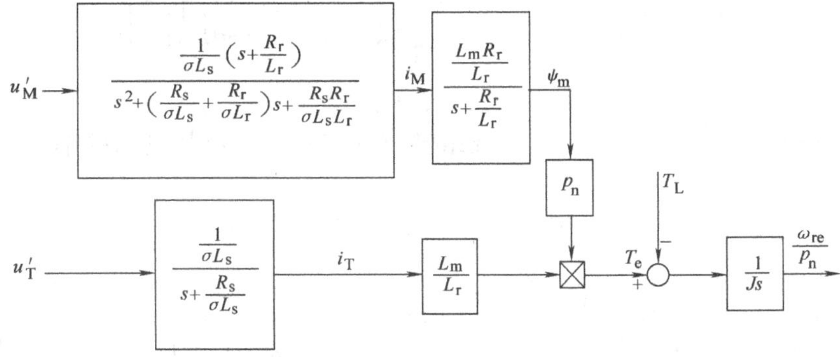

图 2-11　解耦控制的感应电动机的系统框图

2.3.4 磁通与电流控制

永磁同步电机的励磁磁场由转子永磁体建立，只需控制电枢电流即可控制其电磁转矩；而感应电机的励磁磁场由定子电流建立，因此运行时必须先给电机通入励磁电流分量，使磁场建立起来，即需要对磁通进行控制。

图2-12为包含磁通控制器和电流控制器的感应电机伺服系统的控制框图。u'_{M}、u'_{T}可以从以传递函数 $G_{\mathrm{iM}}(s)$、$G_{\mathrm{iT}}(s)$表示的 i_{M}、i_{T} 电流控制器的输出得到。

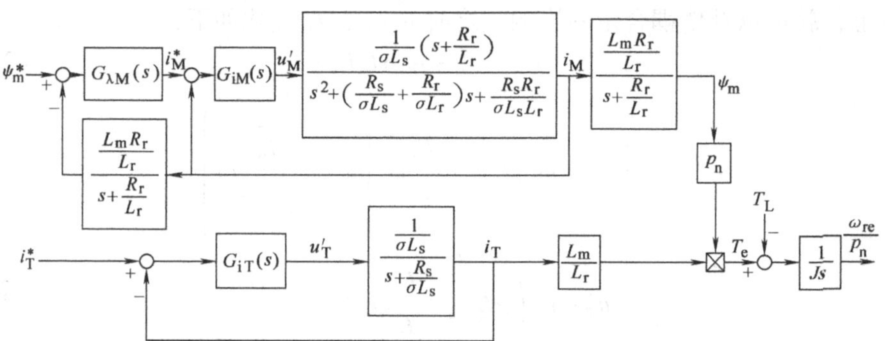

图2-12 含有磁通、电流控制器的感应电机伺服系统的控制框图

2.3.5 坐标变换的实现

前面的分析中所涉及到的电压、电流等都是M-T坐标系中的直流量，而实际感应电机的电压、电流是三相交流量，因此需要三相静止坐标系和M-T坐标系之间的变换。式（2-58）是把M轴和T轴上的直流电压指令变换为三相交流的变换式。

$$\begin{bmatrix} u_A^* \\ u_B^* \\ u_C^* \end{bmatrix} = \sqrt{\frac{2}{3}} \begin{bmatrix} 1 & 0 \\ -\frac{1}{2} & \frac{\sqrt{3}}{2} \\ -\frac{1}{2} & -\frac{\sqrt{3}}{2} \end{bmatrix} \begin{bmatrix} \cos\theta & -\sin\theta \\ \sin\theta & \cos\theta \end{bmatrix} \begin{bmatrix} u_M^* \\ u_T^* \end{bmatrix} \tag{2-58}$$

式中 θ——M轴与电机A相定子绕组轴线的夹角，可以从电源频率 ω_s 的积分得到。

由于 $u_A^*+u_B^*+u_C^*=0$，因此式（2-58）可以简化为

$$\begin{bmatrix} u_A^* \\ u_B^* \end{bmatrix} = \begin{bmatrix} \sqrt{\frac{2}{3}} & 0 \\ -\frac{1}{\sqrt{6}} & \frac{1}{\sqrt{2}} \end{bmatrix} \begin{bmatrix} \cos\theta & -\sin\theta \\ \sin\theta & \cos\theta \end{bmatrix} \begin{bmatrix} u_M^* \\ u_T^* \end{bmatrix} \tag{2-59}$$

图 2-13 为式（2-59）的实现框图。

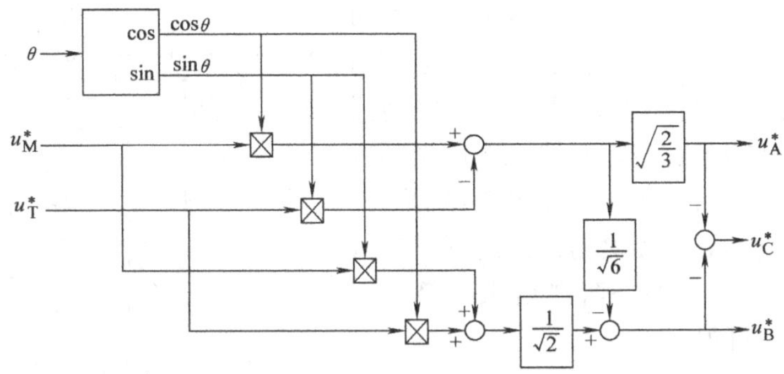

图 2-13　从 u_M^*、u_T^* 到 u_A^*、u_B^*、u_C^* 的实现框图

为了进行解耦控制以及电流反馈，需要把检测到的三相交流电流变换为 M 轴和 T 轴上的量，式（2-60）即为变换式。

$$\begin{bmatrix} i_M \\ i_T \end{bmatrix} = \begin{bmatrix} \cos\theta & \sin\theta \\ -\sin\theta & \cos\theta \end{bmatrix} \sqrt{\frac{2}{3}} \begin{bmatrix} 1 & -\frac{1}{2} & -\frac{1}{2} \\ 0 & \frac{\sqrt{3}}{2} & -\frac{\sqrt{3}}{2} \end{bmatrix} \begin{bmatrix} i_A \\ i_B \\ i_C \end{bmatrix} \tag{2-60}$$

由于三相交流电流之和为零，因此式（2-60）可以简化为

$$\begin{bmatrix} i_M \\ i_T \end{bmatrix} = \begin{bmatrix} \cos\theta & \sin\theta \\ -\sin\theta & \cos\theta \end{bmatrix} \begin{bmatrix} \sqrt{\frac{3}{2}} & 0 \\ \frac{1}{\sqrt{2}} & \sqrt{2} \end{bmatrix} \begin{bmatrix} i_A \\ i_B \end{bmatrix} \tag{2-61}$$

图 2-14 为式（2-61）的实现框图。

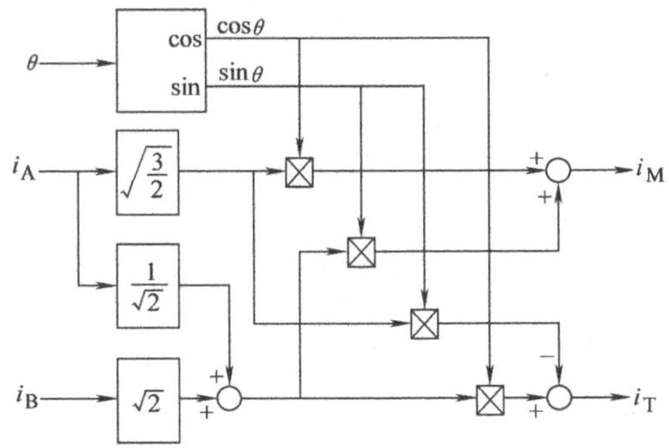

图 2-14　从 i_A、i_B 到 i_M、i_T 的实现框图

2.3.6　弱磁控制

通常伺服电机都运行于恒转矩区域，因此只要控制转子磁链为定值就可以。

可是随着交流伺服电机应用领域的扩大，有些场合需要电机运行于恒功率区域，恒功率特性的实现对于感应电机来说，相对比较容易实现，只要控制转子磁链，使其与电机转速成反比地减小即可。为了控制磁链，需要设计转子磁链控制器，来控制励磁电流。转子磁链的控制框图如图 2-15 所示。

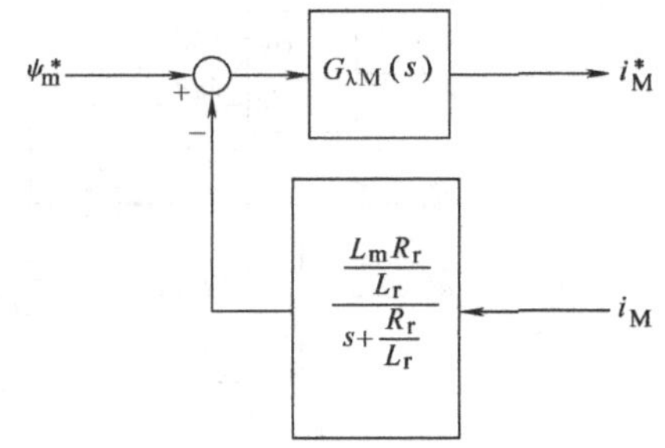

图 2-15 转子磁链的控制框图

转子磁链不能直接检测，但是可以通过矢量控制，利用 i_M 的一阶滞后来推算，即由式（2-45）可得

$$\hat{\psi}_m(s)=\frac{L_m}{1+s\frac{L_r}{R_r}}i_M(s) \tag{2-62}$$

由于从磁链控制器的输出 i_M^* 到 $\hat{\psi}_m$ 的传递函数内部包含电流控制器，因此比较复杂，可是大多都把磁链控制的交叉角频率设计为数十到数百 rad/s，如果电流控制的交叉角频率达到数千 rad/s，则在磁链控制的交叉角频率附近可以认为 $i_M^*=i_M$，即

$$\hat{\psi}_m(s)=\frac{L_m}{1+s\frac{L_r}{R_r}}i_M^*(s) \tag{2-63}$$

这也是一阶滞后控制系统。

如果采用 PI 控制来控制磁链，则

$$i_M^*=K_\psi\left(1+\frac{1}{T_\psi s}\right)(\psi_m^*-\hat{\psi}_m) \tag{2-64}$$

增益 K_ψ、T_ψ 设计为

$$\begin{cases}K_\psi=L_m\frac{L_r}{R_r}\omega_c\\T_\psi=\frac{L_r}{R_r}\end{cases} \tag{2-65}$$

式中 ω_c——磁链控制器的交叉角频率。

磁链控制不仅能够实现伺服系统的恒功率特性输出，还对电源投入时磁通的建立有影响。如果控制励磁电流一定，则磁链以电流的一阶滞后速度上升。可是在电源投入瞬间，还来不及建立磁链，如果希望电机马上以恒转矩运行，就会出现转矩电流过大，或者转矩不足、不能驱动负载的现象，这时，通过磁链控制，可以使磁链快速建立起来，能够在电源投入后迅速驱动负载。

2.3.7　M-T 坐标系下感应电机矢量控制伺服系统的构成

图 2-16 所示的 M-T 坐标系下感应电机矢量控制伺服系统主要由以下 4 部分组成：

1）位置环、速度环、电流环控制单元、磁链控制单元、解耦控制单元。

2）电机转子位置、转速检测及信号处理计算单元。

3）坐标变换单元。

4）三相逆变单元。

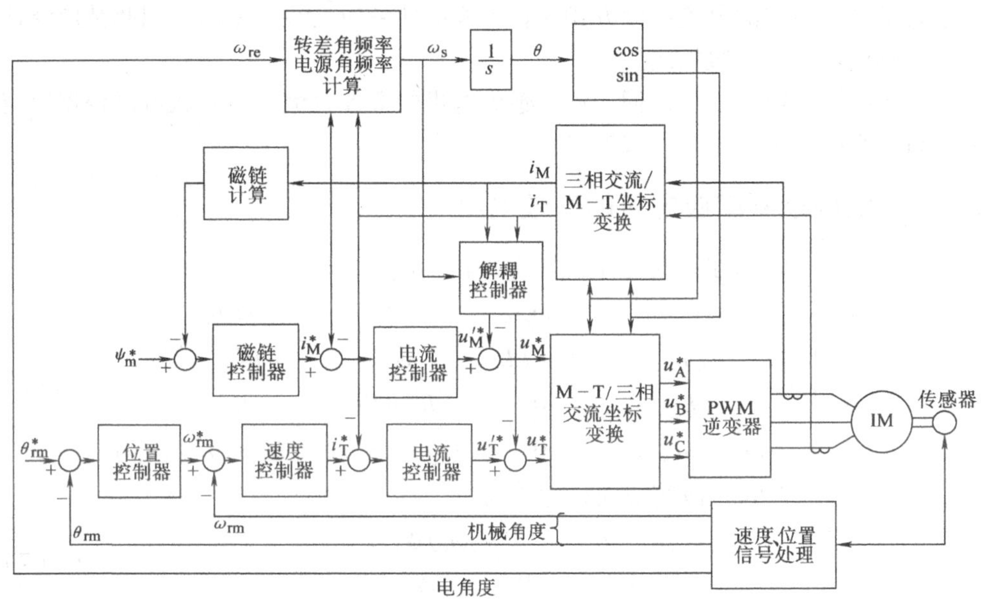

图 2-16　M-T 坐标系下感应电机矢量控制伺服系统

整个系统的控制过程：比较位置指令值和位置传感器检测到的电机实际转子位置值，经过位置环控制器，输出速度控制的转速指令信号。通过比较速度指令和电机当前的转速，经过速度环控制器，输出电磁转矩指令值。通过电磁转矩方程，求得 T 轴电流 i_T 的指令值 i_T^*。同时，磁链指令值与磁链观测计算值相比较，经过磁链控制器，输出 M 轴电流 i_M 的指令值 i_M^*。检测输入到感应电机三相绕组中的电流，利用三相到两相的坐标变换式变换得到 M、T 轴上的电流 i_T、i_M，将其同 M、T 轴电流的指令值相比较，通过各自的电流控制器，利用 M、T 轴下的电压方程式和解耦控制器的输出得到 M、T 轴电压指令值 u_M^*、u_T^*。最后，通过两相到三相的坐标变换，将变换后得到的三相电压瞬时值指令 u_A^*、u_B^* 和 u_C^* 通过六路 PWM 信号输入到三相逆变器中，产生三相正弦电流并输入到感应电机的定子绕组中，实现对感应电机的伺服控制。

2.4 伺服控制感应电机的等效直流电机常数

感应电机的伺服控制可以分为利用气隙磁场检测的磁场定向控制和利用电机转速的转差频率控制两种方式。由于前者需要安装有气隙磁场检测传感器的特殊感应电机，因此缺乏实用性，虽然可以通过检测电压然后积分来求磁链，但是在低速区该方法的磁链检测精度变差，所以还不能用于伺服控制。后者的转差频率控制又可以分为转子磁链恒定的电流控制方式和定子磁链恒定的电压控制方式，由于转子磁链恒定的电流控制方式的转矩响应性好以及线性度高，因此被广泛地应用于感应电机的伺服控制。

转子磁链恒定条件下，伺服控制感应电机的等效直流电机常数可以根据感应电动机的空间向量电压方程式求得。

2.4.1 伺服控制感应电机的等效电路

转子磁场定向 M-T 坐标系下感应电动机的电压方程式为

$$\begin{bmatrix} u_M \\ u_T \\ 0 \\ 0 \end{bmatrix} = \begin{bmatrix} R_s + PL_s & -\omega_s L_s & PL_m & -\omega_s L_m \\ \omega_s L_s & R_s + PL_s & \omega_s L_m & PL_m \\ PL_m & 0 & R_r + PL_r & 0 \\ (\omega_s - \omega_{re}) L_m & 0 & (\omega_s - \omega_{re}) L_r & R_r + PL_r \end{bmatrix} \begin{bmatrix} i_M \\ i_T \\ i_m \\ i_t \end{bmatrix} \tag{2-66}$$

将方程式（2-66）改写成向量方程为

$$\begin{cases} \boldsymbol{u}_s = R_s \boldsymbol{i}_s + (P + j\omega_s) \boldsymbol{\psi}_s \\ 0 = R_r \boldsymbol{i}_r + (P + j\omega_s) \boldsymbol{\psi}_r - j\omega_{re} \boldsymbol{\psi}_r \end{cases} \tag{2-67}$$

式中

$$\begin{cases} \boldsymbol{\psi}_s = L_s \boldsymbol{i}_s + L_m \boldsymbol{i}_r \\ \boldsymbol{\psi}_r = L_m \boldsymbol{i}_s + L_r \boldsymbol{i}_r \end{cases} \tag{2-68}$$

式中 $\boldsymbol{u}$、$\boldsymbol{i}$、$\boldsymbol{\psi}$——电压、电流、磁链的空间向量。在三相电机中，每相的量 X_a、X_b、X_c 与空间向量 $\boldsymbol{X}$ 之间存在以下关系：

$$\boldsymbol{X} = \frac{2}{3}(X_a + \alpha X_b + \alpha^2 X_c) \tag{2-69}$$

式中 $\alpha = e^{j\frac{2\pi}{3}}$。

由式（2-68）可得

$$\boldsymbol{\psi}_s = \left(L_s - \frac{L_m^2}{L_r}\right)\boldsymbol{i}_s + \frac{L_m}{L_r}\boldsymbol{\psi}_r \tag{2-70}$$

把式（2-70）代入式（2-67）的第 1 个方程，可得

$$\boldsymbol{u}_{s}=R_{s}\boldsymbol{i}_{s}+(P+\mathrm{j}\omega_{s})\left(L_{s}-\frac{L_{m}^{2}}{L_{r}}\right)\boldsymbol{i}_{s}+(P+\mathrm{j}\omega_{s})\frac{L_{m}}{L_{r}}\boldsymbol{\psi}_{r} \tag{2-71}$$

根据式（2-67）的第2个方程，可把式（2-71）右边的第3项变为

$$(P+\mathrm{j}\omega_{s})\frac{L_{m}}{L_{r}}\boldsymbol{\psi}_{r}=\mathrm{j}\omega_{re}\frac{L_{m}}{L_{r}}\boldsymbol{\psi}_{r}-\frac{L_{m}}{L_{r}}R_{r}\boldsymbol{i}_{r} \tag{2-72}$$

由式（2-68）可得

$$\boldsymbol{i}_{s}=\frac{1}{L_{m}}\boldsymbol{\psi}_{r}-\frac{L_{r}}{L_{m}}\boldsymbol{i}_{r}=\boldsymbol{i}_{Ms}+\boldsymbol{i}_{Ts} \tag{2-73}$$

式中

$$\begin{cases}\boldsymbol{i}_{Ms}=\dfrac{1}{L_{m}}\boldsymbol{\psi}_{r}\\ \boldsymbol{i}_{Ts}=-\dfrac{L_{r}}{L_{m}}\boldsymbol{i}_{r}\end{cases} \tag{2-74}$$

把式（2-74）代入式（2-71）、式（2-72）可得

$$\begin{cases}\boldsymbol{u}_{s}=R_{s}\boldsymbol{i}_{s}+(P+\mathrm{j}\omega_{s})\left(L_{s}-\dfrac{L_{m}^{2}}{L_{r}}\right)\boldsymbol{i}_{s}+(P+\mathrm{j}\omega_{s})\dfrac{L_{m}^{2}}{L_{r}}\boldsymbol{i}_{Ms}\\ (P+\mathrm{j}\omega_{s})\dfrac{L_{m}^{2}}{L_{r}}\boldsymbol{i}_{Ms}=\mathrm{j}\omega_{re}\dfrac{L_{m}^{2}}{L_{r}}\boldsymbol{i}_{Ms}+\dfrac{L_{m}^{2}}{L_{r}^{2}}R_{r}\boldsymbol{i}_{Ts}\end{cases} \tag{2-75}$$

根据式（2-75），可得如图2-17所示的感应电机的等效电路。该等效电路就是感应电机的T-I型等效电路。

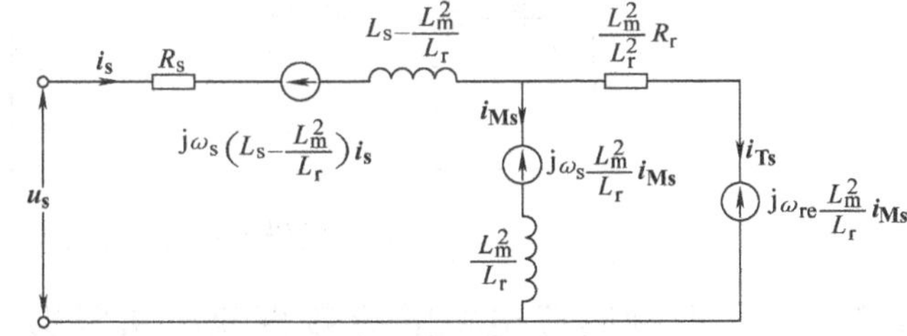

图2-17　感应电机的等效电路

如果保持 $\boldsymbol{\psi}_{r}$ 即 $\boldsymbol{i}_{Ms}$ 一定，由式（2-75）可得

$$\mathrm{j}(\omega_{s}-\omega_{re})\boldsymbol{i}_{Ms}=\frac{R_{r}}{L_{r}}\boldsymbol{i}_{Ts} \tag{2-76}$$

因此可知 $\boldsymbol{i}_{Ms}$ 与 $\boldsymbol{i}_{Ts}$ 为正交关系，而在数值上则有 $\omega_{se}T_{r}i_{Ms}=i_{Ts}$。

由式（2-74）可得

$$\begin{cases}i_{Ms}=\dfrac{1}{L_{m}}\psi_{r}\\ i_{Ts}=\omega_{se}\dfrac{T_{r}}{L_{m}}\psi_{r}\end{cases} \tag{2-77}$$

为了求得感应电机各分量的等效电路，把 $\boldsymbol{u}_{s}$ 表示为

$$\boldsymbol{u}_s = u_{Ms} + ju_{Ts} \tag{2-78}$$

式中 u_{Ms}——励磁分量电压；

u_{Ts}——转矩分量电压。

把式（2-77）和式（2-78）代入式（2-75），整理后可得转矩分量电压

$$u_{Ts} = R_s i_{Ts} + P\left(L_s - \frac{L_m^2}{L_r}\right) i_{Ts} + \frac{L_s}{L_r} R_r i_{Ts} + \omega_{re} L_s i_{Ms} \tag{2-79}$$

根据式（2-79）的电压方程式，可得图 2-18 所示的转矩分量等效电路。

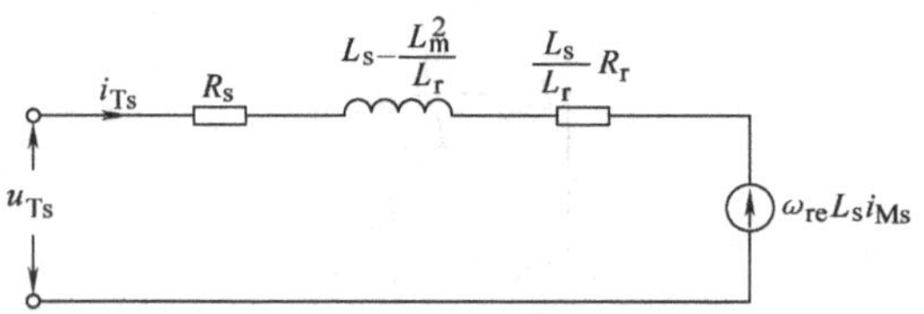

图 2-18 转矩分量等效电路

励磁分量电压

$$u_{Ms} = R_s i_{Ms} + PL_s i_{Ms} - \frac{L_s}{L_r}\sigma(\omega_{se} T_r)^2 R_r i_{Ms} - \omega_{re} L_s \sigma i_{Ts} \tag{2-80}$$

由此可得图 2-19 所示的励磁分量等效电路。

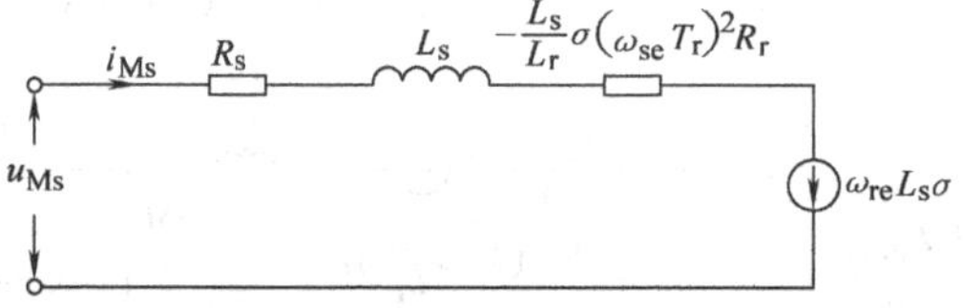

图 2-19 励磁分量等效电路

2.4.2 伺服控制感应电机的等效直流电机常数

根据转矩分量等效电路，可得每相绕组的电阻 R_ϕ、电感 L_ϕ 以及反电动势系数 $K_{E\phi}$分别为

$$\begin{cases} R_\phi = R_s + R_r \dfrac{L_s}{L_r} \\ L_\phi = L_s\left(1 - \dfrac{L_m^2}{L_s L_r}\right) = L_s \sigma \\ K_{E\phi} = p_n L_s i_{Ms} = p_n \psi_r \dfrac{L_s}{L_m} \end{cases} \tag{2-81}$$

为了把这些参数变换为等效直流电机常数，可以根据附录 B，采用电流（有效值）基准时

$$\begin{cases} R_a = 3R_\phi = 3\left(R_s + R_r \dfrac{L_s}{L_r}\right) \\ L_a = 3L_\phi = 3L_s\sigma \\ K_{Ea} = 3p_n L_s i_{Ms} = 3p_n \psi_r \dfrac{L_s}{L_m} \end{cases} \tag{2-82}$$

式中　i_{Ms}——励磁电流分量的有效值。

转矩系数 $K_{T\phi}$ 可以根据转矩分量和励磁分量的速度反电动势与各分量电流的乘积，计算出电机输出的机械功率总和，再用机械功率除以转子角速度即可得到电机的电磁转矩。

根据图 2-18 和图 2-19 可知，电机两轴输出的机械功率总和 P_Ω 为

$$\begin{aligned} P_\Omega &= \omega_{re} L_s i_{Ms} i_{Ts} - \omega_{re} L_s \sigma i_{Ts} i_{Ms} = \omega_{re} L_s (1-\sigma) i_{Ms} i_{Ts} \\ &= \omega_{re} L_s \left(\frac{L_m^2}{L_s L_r}\right) i_{Ms} i_{Ts} = \omega_{re} \left(\frac{L_m^2}{L_r}\right) i_{Ms} i_{Ts} = \omega_{re} \frac{L_m}{L_r} \psi_r i_{Ts} \end{aligned} \tag{2-83}$$

电机的电磁转矩为

$$T_e = \frac{P_\Omega}{\omega_{rm}} = p_n \frac{L_m}{L_r} \psi_r i_{Ts} \tag{2-84}$$

因此，转矩系数 $K_{T\phi}$ 为

$$K_{T\phi} = p_n \frac{L_m}{L_r} \psi_r \tag{2-85}$$

对比式（2-81）和式（2-85）可知，转矩系数 $K_{T\phi}$ 与电动势系数 $K_{E\phi}$ 并不相等，$\dfrac{K_{T\phi}}{K_{E\phi}} = \dfrac{L_m^2}{L_s L_r} = 1 - \sigma$，因此有

$$K_{T\phi} = K_{E\phi}(1-\sigma) \tag{2-86}$$

对应等效直流电机的转矩系数 K_{Ta} 为

$$K_{Ta} = 3p_n \frac{L_m}{L_r} \psi_r = 3p_n \frac{L_m^2}{L_r} i_{Ms} \tag{2-87}$$

整个电机的铜损 p_{Cu} 为两个分量等效电路铜损的总和

$$p_{Cu} = R_s i_{Ts}^2 + \frac{L_s}{L_r} R_r i_{Ts}^2 + R_s i_{Ms}^2 - \frac{L_s}{L_r} R_r (\omega_{se} T_r)^2 \sigma i_{Ms}^2$$

$$= R_s i_{Ts}^2 + \frac{L_s}{L_r} R_r i_{Ts}^2 + R_s i_{Ms}^2 - \frac{L_s}{L_r} R_r \left(\frac{i_{Ts}}{i_{Ms}}\right)^2 \sigma i_{Ms}^2$$

$$= \left[R_s + \left(\frac{L_m}{L_r}\right)^2 R_r\right] i_{Ts}^2 + R_s i_{Ms}^2 \tag{2-88}$$

由此可得转矩分量回路铜损电阻 $R_{Cu\phi}$ 为

$$R_{Cu\phi} = R_s + R_r \left(\frac{L_m}{L_r}\right)^2 \tag{2-89}$$

对比式（2-81）和式（2-89）可知，转矩分量回路铜损电阻 $R_{Cu\phi}$ 与每相转矩分量回路电阻 R_ϕ 并不相等。

对应等效直流电机的电枢回路铜损电阻 R_{Cua} 为

$$R_{Cua} = 3R_{Cu\phi} = 3\left[R_s + R_r \left(\frac{L_m}{L_r}\right)^2\right] \tag{2-90}$$

2.4.3 伺服控制感应电机的特性框图与时间常数

将式（2-79）、式（2-84）及式（2-13）进行拉普拉斯变换可得

$$\begin{cases} 3u_{Ts}(s) = \left[3\left(R_s + \dfrac{L_s}{L_r} R_r\right) + 3L_s \sigma s\right] i_{Ts}(s) + e_{re}(s) \\ e_{re}(s) = 3p_n \dfrac{L_s}{L_m} \psi_{rN} \dfrac{\omega_{re}(s)}{p_n} \\ T_e(s) = 3p_n \dfrac{L_m}{L_r} \psi_{rN} i_{Ts}(s) \\ T_e(s) = T_L(s) + \dfrac{J}{p_n} s\omega_{re}(s) \end{cases} \tag{2-91}$$

式中 ψ_{rN}——ψ_r 在额定励磁分量电流时的额定值。

根据式（2-91）可得图 2-20 所示的采用等效直流电机常数表示的伺服控制感应电机的特性框图。

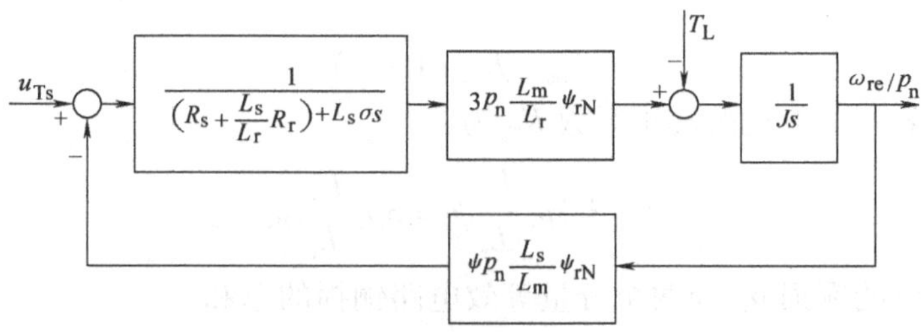

图 2-20 伺服控制感应电机的特性框图

从该特性框图可得伺服控制感应电机的电气时间常数 τ_e 和机械时间常数 τ_m 的表达式为

$$\tau_e = \frac{L_a}{R_a} = \frac{L_s\sigma}{R_s + R_r\dfrac{L_s}{L_r}} = \frac{\sigma}{\dfrac{R_s}{L_s} + \dfrac{R_r}{L_r}} \tag{2-92}$$

$$\tau_m = \frac{R_a J}{K_{Ta}K_{Ea}} = \frac{J\left(R_s + R_r\dfrac{L_s}{L_r}\right)}{3p_n^2\psi_{rN}^2\dfrac{L_s}{L_r}} \tag{2-93}$$

伺服控制感应电机的电动机常数 K_m 为

$$K_m = \frac{K_{Ta}}{\sqrt{R_{Cua}}} = \frac{\sqrt{3}p_n\dfrac{L_m}{L_r}\psi_{rN}}{\sqrt{R_s + R_r\left(\dfrac{L_m}{L_r}\right)^2}} \tag{2-94}$$

2.5　关于感应电机的直接转矩控制

交流伺服系统的关键是对交流电机电磁转矩的快速、精确控制，而矢量控制较好地实现了交流电机转矩的瞬时控制，极大地提高了交流调速系统的性能。

直接转矩控制是继矢量控制之后发展起来的一种高动态性能的交流电机转矩控制技术。其基本控制思路是利用空间矢量、定子磁场定向的分析方法，直接在定子坐标系下分析感应电动机的数学模型，计算与控制感应电动机的磁链和转矩，采用离散的双位式调节器（Band-Band 控制），把转矩检测值与转矩给定值作比较，使转矩波动限制在一定的容差范围内，容差的大小由频率调节器来控制，并产生 PWM 脉宽调制信号，直接对逆变器的开关状态进行控制，以获得高动态性能的转矩输出。它的控制效果不取决于感应电动机的数学模型是否能够简化，而是取决于转矩的实际状况，它不需要将交流电动机与直流电动机作比较、等效、转化，即不需要模仿直流电动机的控制。由于它省掉了矢量变换方式的坐标变换与计算和为解耦而简化感应电动机数学模型，没有通常的 PWM 脉宽调制信号发生器，所以它的控制结构简单、控制信号处理的物理概念明确、系统的转矩响应迅速且无超调，是一种具有高静、动态性能的交流电机转矩控制方式。直接转矩控制强调的是转矩的直接控制与效果，与矢量控制方法不同，它不是通过控制电流、磁链等量来间接控制转矩，而是把转矩直接作为被控量，对转矩的直接控制或直接控制转矩，既直接又简化。

直接转矩控制具有下列特点：

1）直接转矩控制以定子磁链作为被控制的磁链，控制过程中只涉及电机定子侧的参数，即定子电压、电流、磁链、阻抗等，所以控制效果不受转子回路参数变化的影响。

2）直接转矩控制的控制运算均在定子静止坐标系中进行，不需要在旋转坐标系中对定子电流进行分解和设定，所以不需要进行静止坐标系与旋转坐标系之间的变换运算，从而明显简化了信号的处理过程，提高了控制运算的速度。

3）直接转矩控制采用转矩闭环直接控制电动机的电磁转矩，不像矢量变换控制那样，用控制定子电流两个分量的办法间接控制转矩和磁链，所以并不过于追求圆磁链轨迹和正弦波电流，只追求转矩控制的快速性和准确性。

4）直接转矩控制系统既直接控制转矩，又直接控制定子磁链，其控制方式均采用闭环双位式控制，通过改变滞环调节器的容差，把双位式转矩控制引起的转速波动限制在容许的范围内。

5）直接转矩控制利用电压矢量的概念，对逆变器的6个功率开关器件的导通与关断进行综合控制，在相同的控制效果下，比分相控制的逆变器开关器件开关次数少且开关损耗小。

矢量控制和直接转矩控制作为交流电机电磁转矩的两种控制方式，二者最主要的差别体现在对磁链的控制上。矢量控制是针对转子磁链，采用的是平滑、连续的方法，电磁转矩变化平稳，但前提是励磁电流和转矩电流两个分量的精确解耦。这种控制方式运算量较大，且性能受转子参数影响较大。直接转矩控制针对定子磁链，采用离散双位式方式控制转矩，加快了转矩的动态响应，省去了坐标变换，不追求励磁电流和转矩电流的精确解耦，算法简单，缺点是转矩有脉动，低速性能不理想，精确调速范围小，因此目前还没有应用于交流伺服电机的控制系统中。

第3章 永磁同步电机伺服控制系统

近年来，随着高性能永磁材料技术、电力电子技术、微电子技术的飞速发展以及矢量控制理论、自动控制理论研究的不断深入，永磁同步电机伺服控制系统得到了迅速发展。由于其调速性能优越，克服了直流伺服电动机机械式换向器和电刷带来的一系列限制，结构简单、运行可靠；且体积小、重量轻、效率高、功率因数高、转动惯量小、过载能力强；与感应电机相比，控制简单、不存在励磁损耗等问题，因而在高性能、高精度的伺服驱动等领域具有广阔的应用前景。

3.1 永磁同步电机伺服控制系统的构成

永磁同步电机伺服控制系统的构成如图3-1所示。系统的基本部分由永磁同步电机（PMSM）、电压型PWM逆变器、电流传感器、速度、位置传感器、电流控制器等部分构成。如果需要进行速度和位置控制，还需要速度传感器、速度控制器、位置传感器以及位置控制器。通常，磁极位置传感器、速度传感器和位置传感器共用一个传感器。

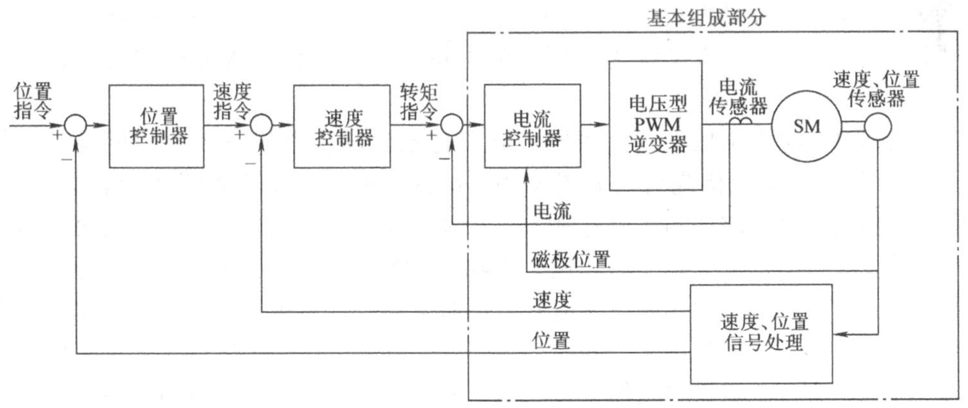

图3-1 永磁同步电机伺服控制系统的组成

3.2 永磁同步电机的结构与工作原理

永磁同步电机是由绕线式同步电机发展而来，它用永磁体代替了电励磁，从而省去了励磁线圈、滑环与电刷，其定子电流与绕线式同步电机基本相同，输入为对称正弦交流电，故称为交流永磁同步电机。

永磁同步电机由定子和转子两部分构成，如图 3-2 所示。定子主要包括电枢铁心和三相（或多相）对称电枢绕组，绕组嵌放在铁心的槽中；转子主要由永磁体、导磁轭和转轴构成。永磁体贴在导磁轭上，导磁轭为圆筒形，套在转轴上；当转子的直径较小时，可以直接把永磁体贴在导磁轴上。转子同轴连接有位置、速度传感器，用于检测转子磁极相对于定子绕组的相对位置以及转子转速。

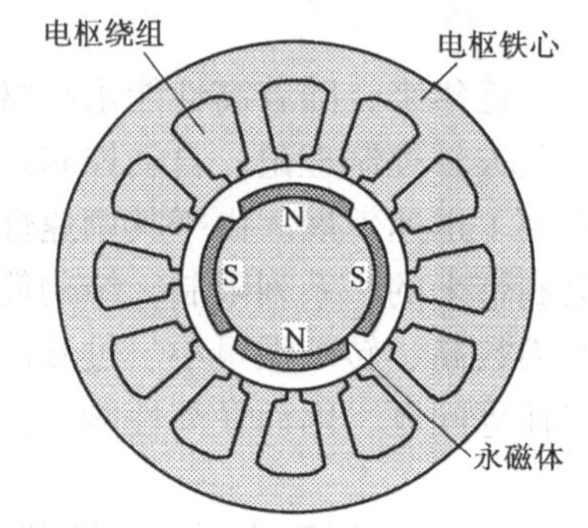

图 3-2　永磁同步电机的结构示意图

当永磁同步电机的电枢绕组中通过对称的三相电流时，定子将产生一个以同步转速推移的旋转磁场。在稳态情况下，转子的转速恒为磁场的同步转速。于是，定子旋转磁场与转子的永磁体产生的主极磁场保持静止，它们之间相互作用，产生电磁转矩，拖动转子旋转，进行机电能量转换。当负载发生变化时，转子的瞬时转速就会发生变化，这时，如果通过传感器检测转子的位置和速度，根据转子永磁体磁场的位置，利用逆变器控制定子绕组中电流的大小、相位和频率，便会产生连续的转矩作用到转子上，这就是闭环控制的永磁同步电机的工作原理。

根据电机具体结构、驱动电流波形和控制方式的不同，永磁同步电机具有两种驱动模式：一种是方波电流驱动的永磁同步电机；另一种是正弦波电流驱动的永磁同步电机。前者又称为无刷直流电机，后者又称为永磁同步交流伺服电机。

根据电枢绕组结构型式的不同，可以把永磁同步电机分为整数槽绕组结构（见图 3-3a）和分数槽绕组（见图 3-3b）结构两种。整数槽绕组的优势是电枢反应磁场均匀，对永磁体的去磁作用小；电磁转矩-电流的线性度高，电机的过载能力强。适合用于少极数、高转速、大功率的领域。而分数槽绕组的优点较多，主要有：①对于多极的正弦波交流永磁伺服电动机，可采用较少的定子槽数，有利于提高槽满率及槽利用率。同时，较少的元件数可以简化嵌线工艺和接线，有助于降低成本；②增加绕组的分布系数，使电动势波形的正弦性得到改善；③可以得到线圈节距 $y=1$ 的集中式绕组设计，线圈绕在一个齿上，缩短了线圈周长和端部伸出长度，减少了用铜量；线圈的端部没有重叠，可不放置相间绝缘（如图 3-4 所示的分数槽绕组电机定子便可以看出）；④有可能使用专用绕线机，直接将线圈绕在齿上，取代传统嵌线工艺，提高了劳动生产率，降低了成本；⑤减小了定子轭部厚度，提高了电机的功率密度；电机绕组电阻减小，铜损降低，进而提高电机效率和降低温升；⑥降低了定位转矩，有利于减小振动和噪声。

根据电枢铁心有无齿槽，可以把永磁同步电机分为齿槽结构永磁同步电机和无槽结构永磁同步电机。

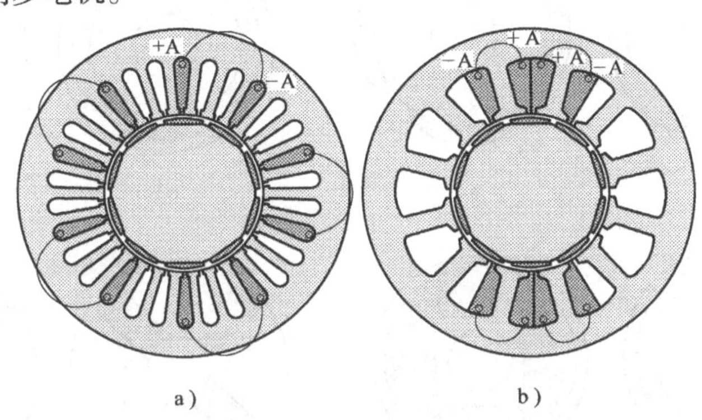

图 3-3 永磁同步电机的绕组形式
a）整数槽绕组　b）分数槽绕组

图 3-5 为无槽永磁同步电机的结构示意图。该结构电机的电枢绕组贴于圆筒形铁心的内表面上，采用环氧树脂灌封、固化。

无槽结构永磁同步电机从原理上消除了定位转矩，电枢反应小，转矩的线性度高；用于高速驱动时，电机的效率高、体积小、重量轻；用于低速驱动时，电机的振动小、噪声低、运行平稳、控制灵敏、动态特性好、过载能力强、可靠性高。

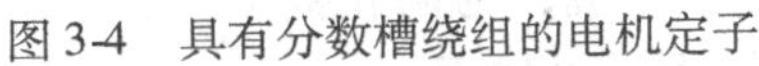
图 3-4　具有分数槽绕组的电机定子

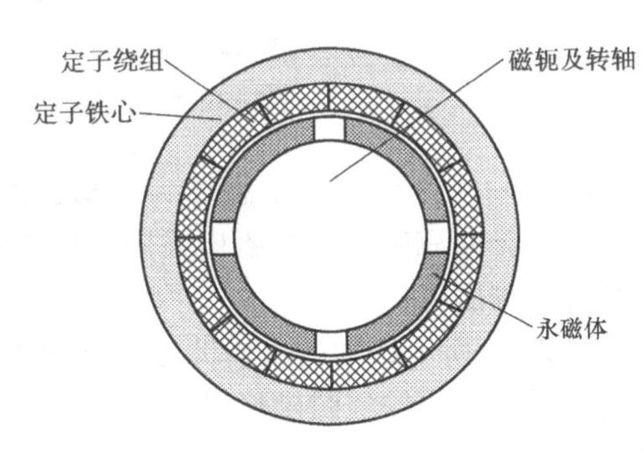

图 3-5　无槽结构永磁同步电机

永磁同步电机转子磁路结构不同，则电机的运行特性、控制方法等也不同。根据转子上永磁体安装位置的不同，可以把永磁同步电机分为表面永磁体同步电机（SPMSM）、外嵌永磁体同步电机和内嵌永磁体同步电机（IPMSM）三种。图 3-6 为目前永磁同步电机常用的转子结构型式，其中图 3-6a、b、c 为表面永磁体结构；图 3-6d 为外嵌永磁体结构；其余均为内嵌永磁体结构。

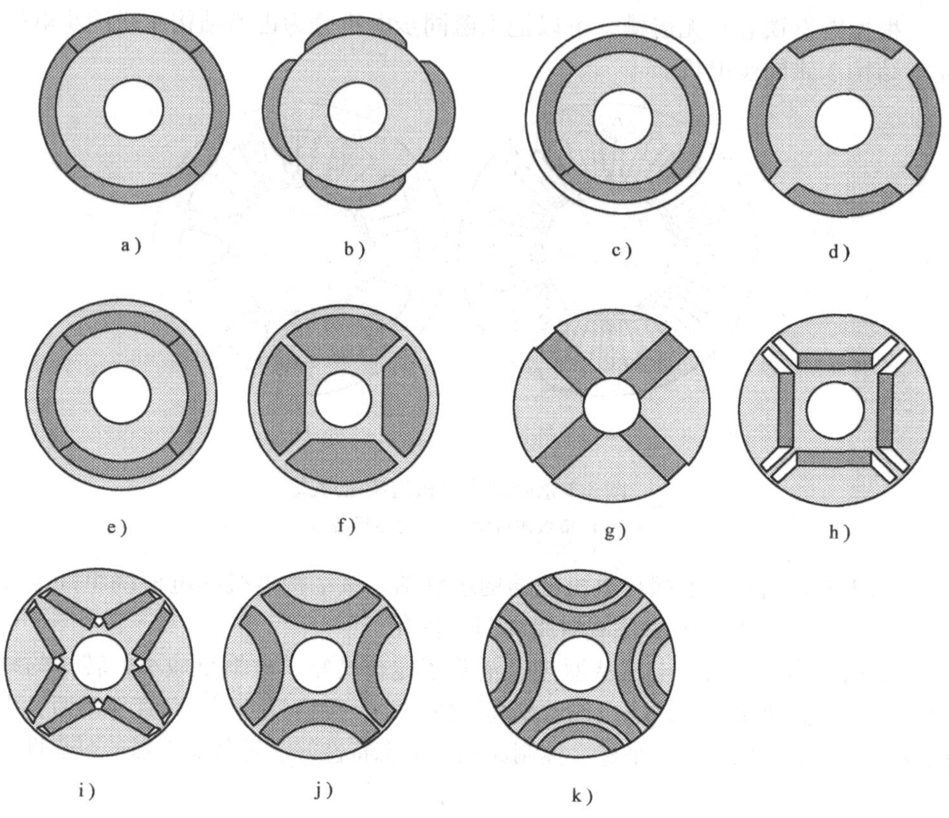

图 3-6 永磁同步电机常用的转子结构

■永磁体 ▨磁性体 □非磁性体或空气

图 3-6a 所示结构的永磁体为环形，配置在转子铁心的表面，永磁体多为径向充磁或异向充磁，有时磁极采用多块平行充磁的永磁体拼成。该结构多用于小功率交流伺服电机。

图 3-6b 所示结构的永磁体设计成半月形不等厚结构，通常采用平行充磁或径向充磁，形成的气隙磁场是较为理想的正弦波磁场。该结构多用于大功率交流伺服电机。

图 3-6c 所示结构主要用于大型或高速的永磁电机，为防止离心力造成的永磁体损坏，需要在永磁体的外周套一非磁性的箍圈予以加固。

对于图 3-6d 所示结构，在转子铁心的凹陷部分插入永磁体，永磁体多采用径向充磁，虽然为表面永磁体转子结构，却能利用磁阻转矩。

对于图 3-6e 所示结构，在永磁体的外周套一磁性材料箍圈，虽然为内嵌永磁体结构，但却没有磁阻转矩。当电机的极数多时，有时也采用平板形的永磁体。

图 3-6f 所示结构的永磁体的用量多，以提高气隙磁密，防止去磁，且通常采用非稀土类永磁体。

图 3-6g 所示结构的永磁体为平板形、切向充磁，铁心为扇形，可以增加永磁体用量，提高气隙磁密，但需要采用非磁性轴。

图 3-6h 所示结构的永磁体也为平板形，沿半径方向平行充磁，由于转子交轴磁路宽，能够增大磁阻转矩，可以通过改变永磁体的位置来调整电机特性，适于通过控制电枢电流对其进行弱磁控制。图 3-7 为该电机的交、直轴电枢反应磁通路径。

对于图 3-6i 所示结构，由两块呈 V 字形配置的平板形永磁体构成一极，通过改变永磁体的位置来调整电机特性。

图 3-6j 所示结构的永磁体为倒圆弧形，配置在整个极距范围内，通过增加永磁体用量来提高气隙磁密，还可以通过确保交轴磁路宽度来增大磁阻转矩，永磁体为非稀土类。

对于图 3-6k 所示结构，通过采用多层倒圆弧形永磁体来增大磁阻转矩，永磁体的抗去磁能力强，气隙磁密高，且波形更接近正弦形。

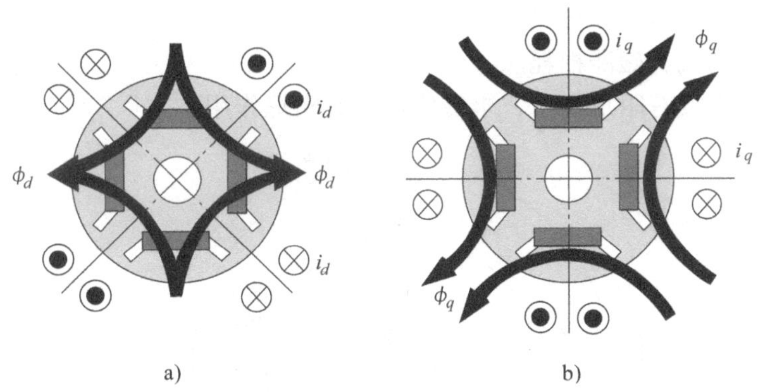

图 3-7　图 3-6 所示结构电机的交、直轴电枢反应磁通路径
a）直轴电枢反应磁通路径　b）交轴电枢反应磁通路径

表面永磁体结构的转子直径较小，转动惯量低，等效气隙大、定位转矩小、绕组电感低，有利于电机动态性能的改善；同时这种转子结构电机的电枢反应小、转矩-电流特性的线性度高，控制简单、精度高。因此，一般永磁交流伺服电机多采用这种转子结构。

根据上述分析可知，内嵌永磁体转子永磁同步电机具有如下优点：

1）永磁体位于转子内部，转子的结构简单、机械强度高、制造成本低。

2）转子表面为硅钢片，因此，表面损耗小。

3）等效气隙小，但气隙磁密高，适于弱磁控制。

4）永磁体形状及配置的自由度高，转子的转动惯量小。

5）可有效地利用磁阻转矩，提高电机的转矩密度和效率。

6）可利用转子的凸极效应实现无位置传感器起动与运行。

因此，内嵌永磁体转子永磁同步电机适用于要求高转速、大转矩、高功率、高效率、需要弱磁控制以及宽广的恒功率调速范围等领域。

3.3 永磁同步电机的数学模型

3.3.1 永磁同步电机的基本方程

永磁同步电机（PMSM）的定子和普通电励磁三相同步电机的定子是相似的。如果永磁体产生的感应电动势与励磁线圈产生的感应电动势一样，也是正弦的，那么PMSM的数学模型就与电励磁同步电机基本相同。为简化分析，做如下假设：

1）忽略铁心饱和效应。

2）气隙磁场呈正弦分布。

3）不计涡流和磁滞损耗。

4）转子上没有阻尼绕组，永磁体也没有阻尼作用。

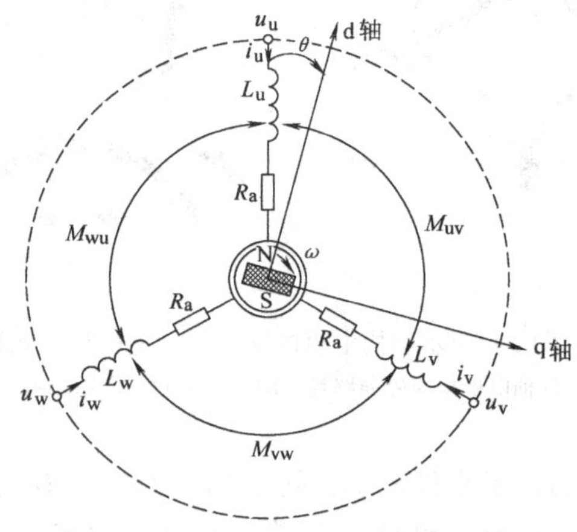

图3-8 三相永磁同步电机的解析模型

根据图3-8所示的解析模型，永磁同步电机在三相静止坐标系u-v-w下的电压方程式为

$$\begin{bmatrix} u_u \\ u_v \\ u_w \end{bmatrix} = \begin{bmatrix} R_a + PL_u & PM_{uv} & PM_{wu} \\ PM_{uv} & R_a + PL_v & PM_{vw} \\ PM_{wu} & PM_{vw} & R_a + PL_w \end{bmatrix} \begin{bmatrix} i_u \\ i_v \\ i_w \end{bmatrix} + \begin{bmatrix} e_u \\ e_v \\ e_w \end{bmatrix} \tag{3-1}$$

式中　u_u、u_v、u_w——u、v、w 相定子电压；

i_u、i_v、i_w——u、v、w 相定子电流；

e_u、e_v、e_w——永磁体磁场在 u、v、w 相电枢绕组中感应的旋转电动势；

R_a——定子绕组电阻；

L_u、L_v、L_w——定子绕组自感；

$$\begin{cases} L_u = L_{a\sigma} + L_{a0} - L_{a2}\cos 2\theta \\ L_v = l_{a\sigma} + L_{a0} - L_{a2}\cos\left(2\theta + \frac{2}{3}\pi\right) \\ L_w = l_{a\sigma} + L_{a0} - L_{a2}\cos\left(2\theta - \frac{2}{3}\pi\right) \end{cases} \tag{3-2}$$

$l_{a\sigma}$——定子绕组的漏感；

L_{a0}——定子绕组自感的平均值；

L_{a2}——定子绕组自感的二次谐波幅值；

M_{uv}、M_{vw}、M_{wu}——绕组间的互感；

$$\begin{cases} M_{uv} = -\frac{1}{2}L_{a0} - L_{a2}\cos\left(2\theta - \frac{2}{3}\pi\right) \\ M_{vw} = -\frac{1}{2}L_{a0} - L_{a2}\cos 2\theta \\ M_{wu} = -\frac{1}{2}L_{a0} - L_{a2}\cos\left(2\theta + \frac{2}{3}\pi\right) \end{cases} \tag{3-3}$$

P——微分算子，$P = \mathrm{d}/\mathrm{d}t$。

与定子 u、v、w 相绕组交链的永磁体磁链为

$$\begin{cases} \psi_{fu} = \psi_{fm}\cos\theta \\ \psi_{fv} = \psi_{fm}\cos\left(\theta - \frac{2\pi}{3}\right) \\ \psi_{fw} = \psi_{fm}\cos\left(\theta + \frac{2\pi}{3}\right) \end{cases} \tag{3-4}$$

式中　ψ_{fm}——与定子 u、v、w 相绕组交链的永磁体磁链的幅值；

θ——u 相绕组轴线与永磁体基波磁场轴线之间的电角度。

若 ω 为转子旋转的角速度（电角度），则有

$$\theta = \int \omega \mathrm{d}t \tag{3-5}$$

这时永磁体磁场在定子 u、v、w 相绕组中感应的旋转电动势 e_u、e_v、e_w 为

$$\begin{cases} e_u = P_n\psi_{fu} = -\omega\psi_{fm}\sin\theta \\ e_v = P_n\psi_{fv} = -\omega\psi_{fm}\sin\left(\theta - \frac{2\pi}{3}\right) \\ e_w = P_n\psi_{fw} = -\omega\psi_{fm}\sin\left(\theta + \frac{2\pi}{3}\right) \end{cases} \tag{3-6}$$

设两相同步旋转坐标系的 d 轴与三相静止坐标系的 u 轴的夹角也为 θ，即取 d 轴方向与永磁体基波磁场轴线的方向一致，则从三相静止坐标系 u-v-w 到两相旋转坐标系 d-q 的变换矩阵为

$$[C]=\begin{bmatrix}\cos\theta & \sin\theta\\ -\sin\theta & \cos\theta\end{bmatrix}\sqrt{\frac{2}{3}}\begin{bmatrix}1 & -\frac{1}{2} & -\frac{1}{2}\\ 0 & \frac{\sqrt{3}}{2} & -\frac{\sqrt{3}}{2}\end{bmatrix}$$

$$=\sqrt{\frac{2}{3}}\begin{bmatrix}\cos\theta & \cos\left(\theta-\frac{2}{3}\pi\right) & \cos\left(\theta+\frac{2}{3}\pi\right)\\ -\sin\theta & -\sin\left(\theta-\frac{2}{3}\pi\right) & -\sin\left(\theta+\frac{2}{3}\pi\right)\end{bmatrix} \tag{3-7}$$

利用式（3-7）的变换矩阵，把式（3-1）电压方程式变换到同步旋转坐标系下的电压方程为

$$\begin{bmatrix}u_d\\ u_q\end{bmatrix}=\begin{bmatrix}R_a+PL_d & -\omega L_q\\ \omega L_d & R_a+PL_q\end{bmatrix}\begin{bmatrix}i_d\\ i_q\end{bmatrix}+\begin{bmatrix}0\\ \omega\psi_f\end{bmatrix} \tag{3-8}$$

式中 u_d、u_q——d、q 轴定子电压；

i_d、i_q——d、q 轴定子电流；

L_d、L_q——定子绕组自感。

$$\begin{cases}L_d=L_{a\sigma}+\frac{3}{2}(L_{a0}-L_{a2})\\ L_q=l_{a\sigma}+\frac{3}{2}(L_{a0}+L_{a2})\end{cases} \tag{3-9}$$

$\psi_f=\sqrt{\frac{3}{2}}\psi_{fm}$。

图 3-9 为三相永磁同步电机的 d-q 变换模型。由于在定子上静止的三相绕组被变换成与转子同步旋转的 d、q 轴两个绕组，因此等效于相对静止，可以把 d、q 轴两个绕组看成电气上相互独立的两个直流回路。

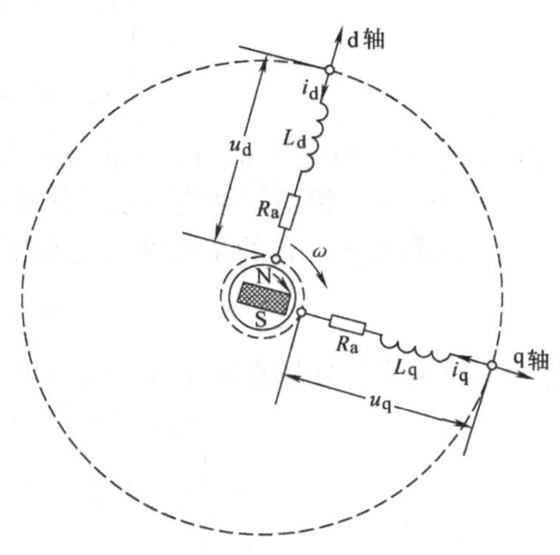

图 3-9 三相永磁同步电机的 d-q 变换模型

式（3-8）以及图 3-9 表明，坐标变换后 d、q 轴电机模型相当于直流电机一样，电枢绕组沿半径方向接在无数换向片（集电环）上，通过配置在与励磁磁场相同转速旋转的 d、q 轴上的电刷给电枢绕组施加电压 u_d、u_q，而流

过电流 i_d、i_q。如果 u_d、u_q 为直流电压，则 i_d、i_q 为直流电流，可以做为两轴直流来处理。而且由于永磁体励磁磁场的轴线在 d 轴上，因此只在相位超前 π/2 的 q 轴上感应旋转电动势，该电动势是直流电动势。

永磁同步电机稳态运行时的基本向量图如图 3-10 所示。

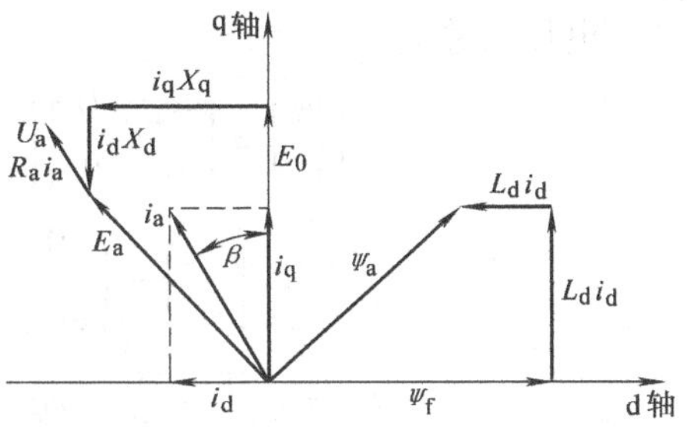

图 3-10　基本向量图

电磁转矩 T_e 可以用与电枢绕组交链的永磁体磁链与电枢绕组电流乘积的和来表示。从而根据前面的坐标变换过程可得电磁转矩 T_e 的表达式为

$$\begin{aligned} T_e &= p_n\psi_{fm}[-i_u\sin\theta - i_v\sin(\theta-2\pi/3) - i_w\sin(\theta+2\pi/3)] \\ &= p_n[\psi_f i_q + (L_d - L_q)i_d i_q] \end{aligned} \tag{3-10}$$

式（3-10）右边的第 1 项为永磁体与 q 轴电流作用产生的永磁转矩；第 2 项为凸极效应产生的磁阻转矩。对于 IPMSM，由于 $L_d < L_q$，因此，流过负向的 d 轴电流，使磁阻转矩与永磁转矩相叠加，成为输出转矩的一部分。从图 3-10 可以看出，负向的 d 轴电流产生的 d 轴电枢反应磁通与永磁体的极性相反。要注意不要使永磁体产生不可逆去磁。

近年来，随着永磁材料性能的提高，矫顽力高、去磁曲线为线性的稀土永磁体已经广泛地应用于电机领域，使永磁同步电机的弱磁控制成为可能，拓宽了电机的调速范围，提高了调速系统的效率。

3.3.2　永磁同步电机的 d、q 轴数学模型

1. 永磁同步电机的 d、q 轴基本数学模型

为分析及控制简单起见，在永磁同步电机的各种电流控制方法中，通常都采用忽略铁损时的 d、q 轴数学模型，该模型称之为基本数学模型。忽略铁损时，永磁同步电机的各状态量之间的关系整理如下：

电流关系式

$$I_a = \sqrt{i_d^2 + i_q^2} \tag{3-11}$$

$$\begin{cases} i_d = -I_a\sin\beta \\ i_q = I_a\cos\beta \end{cases} \tag{3-12}$$

稳态时，$I_a = \sqrt{3}I_\phi$（I_ϕ 为相电流有效值）。

磁链关系式

$$\begin{bmatrix} \psi_{ad} \\ \psi_{aq} \end{bmatrix} = \begin{bmatrix} L_d & 0 \\ 0 & L_q \end{bmatrix}\begin{bmatrix} i_d \\ i_q \end{bmatrix} + \begin{bmatrix} \psi_f \\ 0 \end{bmatrix} \tag{3-13}$$

$$\psi_a = \sqrt{\psi_{ad}^2 + \psi_{aq}^2} = \sqrt{(L_d i_d + \psi_f)^2 + (L_q i_q)^2} \tag{3-14}$$

电压关系式

$$\begin{bmatrix} u_d \\ u_q \end{bmatrix} = \begin{bmatrix} R_a & 0 \\ 0 & R_a \end{bmatrix}\begin{bmatrix} i_d \\ i_q \end{bmatrix} + \begin{bmatrix} e_{ad} \\ e_{aq} \end{bmatrix} + P\begin{bmatrix} L_d & 0 \\ 0 & L_q \end{bmatrix}\begin{bmatrix} i_d \\ i_q \end{bmatrix} \tag{3-15}$$

$$\begin{bmatrix} e_{ad} \\ e_{aq} \end{bmatrix} = \begin{bmatrix} 0 & -\omega L_q \\ \omega L_d & 0 \end{bmatrix}\begin{bmatrix} i_d \\ i_q \end{bmatrix} + \begin{bmatrix} 0 \\ \omega\psi_f \end{bmatrix} \tag{3-16}$$

$$E_a = \sqrt{e_{ad}^2 + e_{aq}^2} = \omega\psi_a = \omega\sqrt{(L_d i_d + \psi_f)^2 + (L_q i_q)^2} \tag{3-17}$$

$$U_a = \sqrt{u_d^2 + u_q^2} = \sqrt{(R_a i_d - \omega L_q i_q)^2 + (R_a i_q + \omega L_d i_d + \omega\psi_f)^2} \tag{3-18}$$

$$\begin{cases} u_d = -U_a\sin\delta \\ u_q = U_a\cos\delta \end{cases} \tag{3-19}$$

稳态时，$U_a = U_1$（U_1 为线电压有效值）。

功率因数

$$\cos\phi = \cos(\delta - \beta) \tag{3-20}$$

电磁转矩

$$\begin{aligned} T_e &= p_n\left[\psi_f i_q + (L_d - L_q)\ i_d i_q\right] \\ &= p_n\left[\psi_f I_a\cos\beta + \frac{1}{2}(L_q - L_d)\ I_a^2\sin2\beta\right] \\ &= T_m + T_r \end{aligned} \tag{3-21}$$

式中　T_m——永磁转矩，$T_m = p_n\psi_f i_q = p_n\psi_f I_a\cos\beta$；

T_r——磁阻转矩，$T_r = p_n(L_d - L_q)i_d i_q = \frac{p_n}{2}(L_q - L_d)I_a^2\sin2\beta$。

2. 计及铁损时永磁同步电机的 d、q 轴数学模型

为了详细地分析电机的损耗以及对电机进行高效率控制，通常用图 3-11 所示的把铁损用等效铁损电阻 R_c 表示的等效电路。图中的 $\omega L_q i_{aq}$、$\omega L_d i_{ad}$ 和 $\omega\psi_f$ 分别表示 q 轴电枢反应电动势、d 轴电枢反应电动势和永磁体磁链产生的旋转电动势。

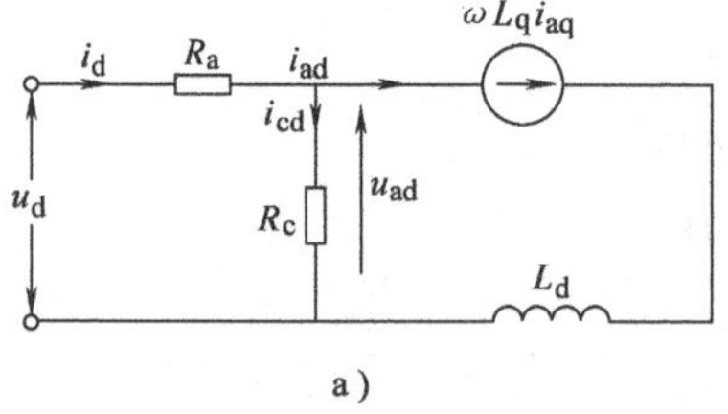

a)

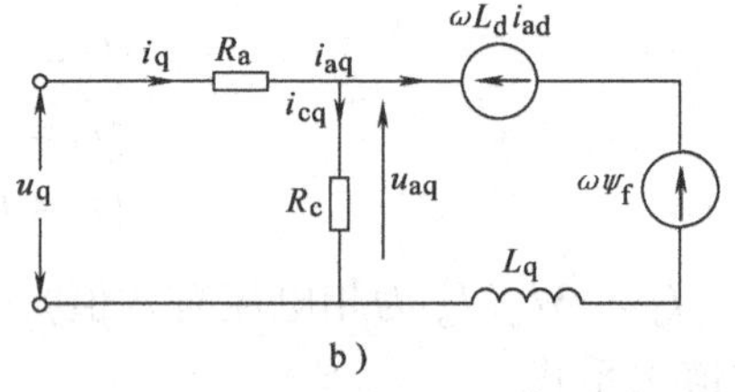

b)

图 3-11　计及铁耗时永磁同步电机的 d、q 轴等效电路

a）d 轴等效电路　b）q 轴等效电路

由于把等效铁损电阻与感应电动势 e_{ad}、e_{aq} 并联，因此在 R_c 上产生的损耗与磁链和角速度的二次方成正比，这相当于铁损中的涡流损耗。

在该等效电路中，并没有考虑磁滞损耗，但是通过根据电源频率和磁链改变等效铁损电阻 R_c 的大小，也能代表包含磁滞损耗在内的铁损。

根据图 3-11 所示的等效电路，可得如下计及铁损时的基本关系式：

电流关系式

$$\begin{cases} i_{ad} = i_d - i_{cd} \\ i_{aq} = i_q - i_{cq} \\ i_{cd} = -\dfrac{\omega L_q i_{aq}}{R_c} \\ i_{cq} = \dfrac{\omega(\psi_f + L_d i_{ad})}{R_c} \end{cases} \tag{3-22}$$

电压关系式

$$\begin{bmatrix} u_d \\ u_q \end{bmatrix} = R_a \begin{bmatrix} i_{ad} \\ i_{aq} \end{bmatrix} + \left(1 + \frac{R_a}{R_c}\right) \begin{bmatrix} u_{ad} \\ u_{aq} \end{bmatrix} + P \begin{bmatrix} L_d & 0 \\ 0 & L_q \end{bmatrix} \begin{bmatrix} i_{ad} \\ i_{aq} \end{bmatrix} \tag{3-23}$$

$$\begin{bmatrix} e_{ad} \\ e_{aq} \end{bmatrix} = \begin{bmatrix} 0 & -\omega L_q \\ \omega L_d & 0 \end{bmatrix} \begin{bmatrix} i_{ad} \\ i_{aq} \end{bmatrix} + \begin{bmatrix} 0 \\ \omega \psi_f \end{bmatrix} \tag{3-24}$$

电磁转矩

$$T_e = p_n [\psi_f i_{aq} + (L_d - L_q) i_{ad} i_{aq}] \tag{3-25}$$

铜损

$$p_{Cu} = R_a I_a^2 = R_a (i_d^2 + i_q^2) \tag{3-26}$$

铁损

$$p_{Fe} = \frac{E_a^2}{R_c} = \frac{e_{ad}^2 + e_{aq}^2}{R_c} = \frac{\omega^2 [(L_d i_{ad} + \psi_f)^2 + (L_q i_{aq})^2]}{R_c} \tag{3-27}$$

3.4　正弦波永磁同步电机的矢量控制方法

随着永磁同步电机调速系统应用的日益广泛，对系统性能的要求也越来越高。对 PMSM 控制系统的基本要求可归纳为转矩控制的响应快、精度高、波动小；电机的效率高、功率因数高；系统的控制简单、调速范围宽、可靠性高等。控制交流调速系统的关键是实现电机瞬时转矩的高性能控制。从永磁同步电机的数学模型可看出，对电机输出转矩的控制最终归结为对交轴、直轴电流的控制。PMSM 矢量控制的电流控制方法主要有：$i_d = 0$ 控制、最大转矩控制、弱磁控制、$\cos\phi = 1$ 控制、最大效率控制等。下面对这几种方法进行分析。

3.4.1 $i_d=0$ 控制

保持 d 轴电流为 0 的 $i_d=0$ 控制是 PMSM 一直以来最为常用的控制方法。这时的电流矢量随负载状态的变化，在 q 轴上移动。

根据式（3-21），可得 $i_d=0$ 时电机的电磁转矩为

$$T_e=p_n\psi_f i_q=p_n\psi_f I_a \tag{3-28}$$

可见，$i_d=0$ 时，电机电磁转矩和交轴电流成线性关系，转矩中只有永磁转矩分量。此时在产生所要求转矩的情况下，只需最小的定子电流，从而使铜损下降，效率有所提高；对控制系统来说，只要检测出转子位置（d 轴），使三相定子电流的合成电流矢量位于 q 轴上就可以了。

采用 $i_d=0$ 控制时，电机端电压、功角及功率因数为

$$U_a=\sqrt{(\omega\psi_f+R_a i_q)^2+(\omega L_q i_q)^2} \tag{3-29}$$

$$\delta=\arctan\frac{\omega L_q i_q}{\omega\psi_f+R_a i_q}\approx\arctan\frac{L_q i_q}{\psi_f} \tag{3-30}$$

$$\cos\phi=\cos\delta=\cos\left(\arctan\frac{L_q i_q}{\psi_f}\right) \tag{3-31}$$

从式（3-29）和式（3-31）可以看出，采用 $i_d=0$ 控制时，随着负载增加，电机端电压增加，系统所需逆变器容量增大，功角增加，电机功率因数减小；电机的最高转速受逆变器可提供的最高电压和电机的负载大小两方面的影响。

该控制方法因没有直轴电流，电机没有直轴电枢反应，不会使永磁体退磁。电机所有电流均用来产生电磁转矩，电流控制效率高。对于 SPMSM，$i_d=0$ 时，电机电流所产生的电磁转矩最大；但对于 IPMSM，电机磁阻转矩没有得到充分利用，不能充分发挥其输出转矩的能力。

3.4.2 最大转矩控制

1. 最大转矩电流比控制

根据前面的分析可知，对于同一电流，存在能够产生最大转矩的电流相位，这是电枢电流最有效地产生转矩的条件。为了达到这种状态，控制电流矢量的方式就叫做最大转矩电流比控制。满足该条件的最佳电流相位，可以根据用 I_a 和 β 表示的电磁转矩公式（3-21），对 β 求偏微分后，使其等于 0 即可得出。

$$\beta=\arcsin\left(\frac{-\psi_f+\sqrt{\psi_f^2+8(L_q-L_d)^2I_a^2}}{4(L_q-L_d)I_a}\right) \tag{3-32}$$

再根据式（3-11）、式（3-12），可得 d、q 轴电流为

$$\begin{cases} i_{\mathrm{d}} = \dfrac{-\psi_{\mathrm{f}} + \sqrt{\psi_{\mathrm{f}}^2 + 8(L_{\mathrm{q}} - L_{\mathrm{d}})^2 I_{\mathrm{a}}^2}}{4(L_{\mathrm{d}} - L_{\mathrm{q}})} \\ i_{\mathrm{q}} = \sqrt{I_{\mathrm{a}}^2 - i_{\mathrm{d}}^2} \end{cases} \tag{3-33}$$

在控制时，随着输出转矩增加，电机交、直轴电流按所求解析关系式（3-33）变化，电机特性便按最大转矩电流比的曲线变化。电机输出同样转矩时电流最小，铜损最低，对逆变器容量的要求也最小。在此控制方式下，随着输出转矩增加，电机端电压增加，功率因数下降；但输出电压没有 $i_{\mathrm{d}}=0$ 时增加得快，功率因数也没有 $i_{\mathrm{d}}=0$ 时下降得快。对于 SPMSM，由于 $L_{\mathrm{q}}=L_{\mathrm{d}}$，因此 $\beta=0$，本控制方式就是 $i_{\mathrm{d}}=0$ 的控制方式。

2. 最大转矩磁链比控制（最大转矩电动势比控制）

根据前面的分析可知，产生同样的转矩，存在磁链最小的条件。这是对于磁链，最有效地产生转矩的条件，也是铁损最小的条件。为达到这种状态，而采用的控制方式就叫做最大转矩磁链比控制。

根据磁链表达式（3-14）和转矩表达式（3-21），消去 i_{q}，把转矩用 ψ_{a} 和 i_{d} 表示，求 $\partial T/\partial i_{\mathrm{d}}=0$，就可以得到如下所示的最大转矩磁链比控制的条件

$$i_{\mathrm{d}} = \frac{\psi_{\mathrm{f}} + \Delta\psi_{\mathrm{d}}}{L_{\mathrm{d}}} \tag{3-34}$$

$$i_{\mathrm{d}} = \frac{\sqrt{\psi_{\mathrm{a}}^2 - \Delta\psi_{\mathrm{d}}^2}}{L_{\mathrm{q}}} \tag{3-35}$$

$$\Delta\psi_{\mathrm{d}} = \frac{-L_{\mathrm{q}}\psi_{\mathrm{f}} + \sqrt{(L_{\mathrm{q}}\psi_{\mathrm{f}})^2 + 8(L_{\mathrm{q}} - L_{\mathrm{d}})^2\psi_{\mathrm{a}}^2}}{4(L_{\mathrm{q}} - L_{\mathrm{d}})} \tag{3-36}$$

根据关系式 $E_{\mathrm{a}}=\omega\psi_{\mathrm{a}}$ 可知，转矩磁链比（T/ψ_{a}）最大的条件，与相对于感应电动势 E_{a} 的转矩或输出功率最大的条件等效。从而也可以把最大转矩磁链比控制称为最大转矩电动势比控制或最大输出功率电动势比控制。

3.4.3　弱磁控制

对于永磁体励磁的 PMSM，不能像电励磁同步电机那样直接控制励磁磁通，但是根据前面的分析可知，如果在绕组中有负向的 d 轴电流流过，则可以利用 d 轴电枢反应的去磁效应，使 d 轴方向的磁通减少，能够实现等效的弱磁控制。为区别于直接控制励磁磁通的弱磁控制，把这种控制称做弱磁控制。

对于电励磁同步电机，其弱磁控制是伴随着转速的升高，使励磁电流减小，而 PMSM 的弱磁控制是增加负向 d 轴电流。

通过弱磁控制，可以把电机端电压 U_{a} 控制在限制值以下，在这里为了简单化，考虑把感应电动势 E_{a} 保持在极限值 E_{am} 上。把 $E_{\mathrm{a}}=E_{\mathrm{am}}$ 代入式（3-17），可

得如下关系式:

$$(L_d i_d + \psi_f)^2 + (L_q i_q)^2 = \left(\frac{E_{am}}{\omega}\right)^2 \tag{3-37}$$

根据式 (3-11) 和式 (3-37) 可知，在 $i_d - i_q$ 平面上，最大电流极限是以 (0，0) 为圆心，半径固定的圆，称为电流极限圆；随着电机转速的提高，最大电动势极限是一簇不断缩小，以 ($-\psi_f/L_d$，0) 为中心的椭圆，称为电动势极限椭圆。电流矢量必须位于电流极限圆和电动势极限椭圆内，否则电枢电流不能跟随给定电流，永磁同步电机的调速性能将下降。在电机低速运行区域，电动势极限椭圆较大，电流控制器输出电流能力主要受到电流极限圆的约束，限制了永磁同步电机低速时的输出转矩。在高速运行区域，电动势极限椭圆不断缩小，电动势极限椭圆成为逆变器输出约束的主要方面，从而限制了永磁同步电机的调速运行范围。

如果速度和 q 轴电流已经给定，根据式 (3-37)，可以得到如下的 d 轴电流表达式

$$i_d = \frac{-\psi_f + \sqrt{\left(\frac{E_{am}}{\omega}\right)^2 - (L_q i_q)^2}}{L_d} \tag{3-38}$$

$$i_d = \frac{-\psi_f - \sqrt{\left(\frac{E_{am}}{\omega}\right)^2 - (L_q i_q)^2}}{L_d} \tag{3-39}$$

式中 $|i_q| \leqslant \frac{E_{am}}{\omega L_q}$。

对于同一个 q 轴电流，有两个 d 轴电流可供选择，但是由于电流值越小越好，因此，当负载较小时，根据式 (3-38) 来确定 d 轴电流；当负载增加，达到 $i_d = -\psi_f/L_d$ 后，按照式 (3-39) 来确定 d 轴电流。

电压型逆变器驱动的电机系统中，在电机端电压不可能提高的情况下，通过采用弱磁控制，可以使电机运行在额定转速以上，避免了电流控制器饱和，拓宽了电机系统的调速范围，并可保持输出功率恒定。

3.4.4 $\cos\phi = 1$ 控制

根据式 (3-20) 可知，为了实现功率因数 $\cos\phi = 1$，只要满足 $\delta = \beta$ 即可。根据式 (3-12)、式 (3-19) 可得 $i_d/i_q = u_d/u_q$，再根据式 (3-15)、式 (3-16)，d、q 轴电流只要满足下面的关系式即可。

$$\left(i_d + \frac{\psi_f}{2L_d}\right)^2 + \left(\sqrt{\frac{L_q}{L_d}} i_q\right)^2 = \left(\frac{\psi_f}{2L_d}\right)^2 \tag{3-40}$$

可以看出上式为一椭圆方程，d 轴电流可由下式给出：

$$i_d = \frac{-\psi_f \pm \sqrt{\psi_f^2 - 4L_dL_qi_q^2}}{2L_d} \tag{3-41}$$

式中　$|i_q| \leqslant \frac{\psi_f}{2\sqrt{L_dL_q}}$。

采用功率因数等于 1 的控制方式时，逆变器的容量可以得到充分利用。

3.4.5　最大效率控制

在任意的负载状态（任意的转速、转矩）下，驱动电流一定存在最佳的大小和相位，使电机的铜损和铁损接近相等，此时电机的效率达到最大。电机效率最大的条件可以根据图 3-11 所示的计及铁损的 PMSM 的等效电路导出。把式（3-22）代入式（3-26），铜损 p_{Cu} 就可以用 i_{ad}、i_{aq} 及 ω 来表示，从而总损耗 p_{loss} 也能够用 i_{ad}、i_{aq} 及 ω 三个变量来表示。另外，根据式（3-25），可以把转矩 T_e 用 i_{ad}、i_{aq} 来表示，因此总损耗 p_{loss} 能够用 i_{ad}、ω 及 T_e 来表示。

在某运行状态即角速度 ω 与 T_e 给定时，总损耗 p_{loss} 最小的条件可以根据 $\partial p_{loss}(i_{ad}, \omega, T)/\partial i_{ad} = 0$，由下面的关系式给出：

$$f_1(i_{ad})f_2(i_{aq}) = K_\omega T_e^2 \tag{3-42}$$

式中

$$f_1(i_{ad}) = p_n^2[R_aR_c^2i_{ad} + \omega^2L_d(R_a + R_c)(\psi_f + L_di_{ad})]$$

$$f_2(i_{ad}) = [\psi_f(L_d - L_q)i_{ad}]^3$$

$$K_\omega = [R_aR_c^2 + (\omega L_q)^2(R_a + R_c)](L_d - L_q)$$

从而根据速度和转矩，能够得到电机损耗最小时的最佳电流 i_{ad}；而 i_{aq} 则根据式（3-25）变换后可由下式给出：

$$i_{aq} = \frac{T_e}{\psi_f + (L_q - L_d)i_{ad}} \tag{3-43}$$

实际上电机的 d、q 轴电流可以由下式给出：

$$\begin{cases} i_d = i_{ad} - \dfrac{\omega L_q i_{aq}}{R_c} \\ i_q = i_{aq} + \dfrac{\omega(\psi_f + L_d i_{ad})}{R_c} \end{cases} \tag{3-44}$$

但是，式（3-42）较为复杂，在实际的控制中，在控制周期内，根据式（3-42）直接计算 i_{ad} 比较困难，因此采用近似函数或查表的方法则较为实用。况且，等效铁损电阻 R_c 未必保持一定，随运行速度和负载状态变化的场合往往较多，需要注意。

根据式(3-42) ~ 式(3-44)，可以把 i_d 和 i_q 之间的关系用下式来近似表示：

$$i_d = K_0 + K_1 i_q + K_2 i_q^2 \tag{3-45}$$

式中，K_0、K_1、K_2——根据速度确定的系数。

分析结果表明，由式（3-45）确定的 i_d 和 i_q 之间的近似关系与实际值相比，误差非常小。因此，根据上述 d、q 轴电流之间的函数关系，在不同的速度条件下，能够简单地实现电机的高效率运行。

另外，对于 $L_d = L_q$ 的 SPMSM，其条件表达式 $f_1(i_{ad}) = 0$，i_{ad} 可以用比较简单的表达式（3-46）给出。由于 i_{ad} 只是速度的函数，因此，只要根据速度的变化来控制电流 i_{ad}，就可以简单地实现电机的最大效率控制。

$$i_{ad} = -\frac{\omega^2 L_d \psi_f (R_a + R_c)}{R_a R_c^2 + \omega^2 L_d^2 (R_a + R_c)} \tag{3-46}$$

采用最大效率控制方式与其他控制方式不同，即使输出转矩为零时，也有比较大的电流，该电流的主要成分是 d 轴电流。通过流过负向的 d 轴电流使铜损增加、铁损减小，这时电机的整体损耗最小。

3.4.6 永磁同步电机的参数与输出范围

永磁同步电机的运行特性与电机的结构参数特别是转子结构和控制方法相关。本节主要分析在考虑电压、电流限制条件下，永磁同步电机的电机参数与输出范围的关系。

为了使结论具有普遍性，把电机参数用电动势极限值 E_{am}、电流极限值 I_{am} 和基速 ω_b 表示成标幺值，见式（3-47）。为简单起见，忽略电枢电阻的影响。电流矢量的控制方法：在电压和电流的限制内，为了得到最大输出，在没有达到电压极限值的 $\omega < \omega_b$ 区域，采用最大转矩控制；在 $\omega > \omega_b$ 区域，采用弱磁控制。

$$\begin{cases} E_0^* = \dfrac{\omega_b \psi_f}{E_{am}} \\ X_d^* = \dfrac{\omega_b L_d I_{am}}{E_{am}} \\ X_q^* = \dfrac{\omega_b L_q I_{am}}{E_{am}} \end{cases} \tag{3-47}$$

如图 3-12 所示，永磁同步电机的速度-输出特性模式与 K_F 直接相关，而 K_F 与电机参数之间的关系为

$$K_F = E_0^* - X_d^* = \frac{\omega_b}{E_{am}}(\psi_f - L_d I_{am}) \tag{3-48}$$

$$\omega_c^* = \frac{1}{K_F} = \frac{E_{am}}{\omega_b(\psi_f - L_d I_{am})} \tag{3-49}$$

从图 3-12 和式（3-48）、式（3-49）可以看出，当 $K_F<0$ 时，在理论上，输出速度没有极限，可以达到无穷大，但是 K_F 越小，输出功率也越小；当 $K_F>0$ 时，K_F 越大，最大转矩就越大，但输出极限速度 ω_c^* 就越低，恒功率运行范围就越窄；当 $K_F=0$（即 $\psi_f=L_dI_{am}$）时，输出没有极限，能够得到最大的输出范围和恒功率运行范围。

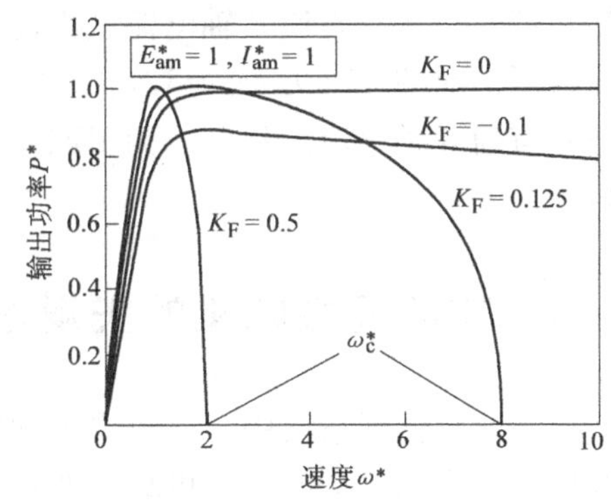

图 3-12 转矩一定时的相位控制特性

通常的永磁同步电机都具有 $K_F>0$ 的电机参数。在 $K_F\geqslant0$ 的范围内，速度-输出功率特性几乎只由 K_F 决定。图 3-13 为普通永磁同步电机的特性模式，图 3-14 为速度 ω_c^*、最大转矩 T_{emax}^*、恒功率运行的最高速度 ω_{cp}^*、恒功率输出范围 K_{cpr}、输出功率最大时的速度 ω_{mp}^*之间的关系。图中曲线表明，最大转矩与恒功率输出范围之间存在折衷关系；可以根据需要的恒功率输出范围确定 K_F，即确定 E_0^* 和 X_d^*。

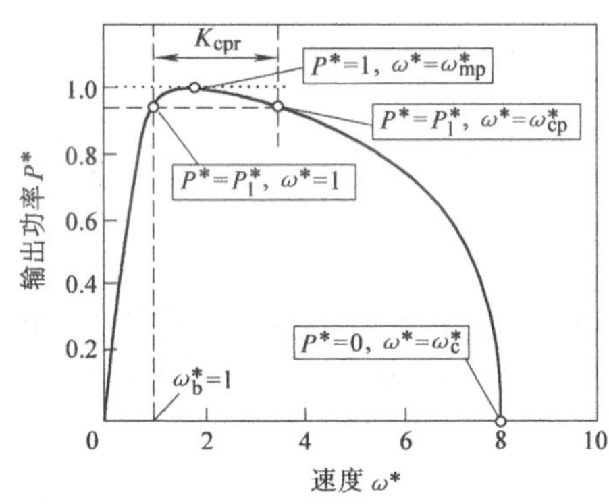

图 3-13 普通永磁同步电机特性

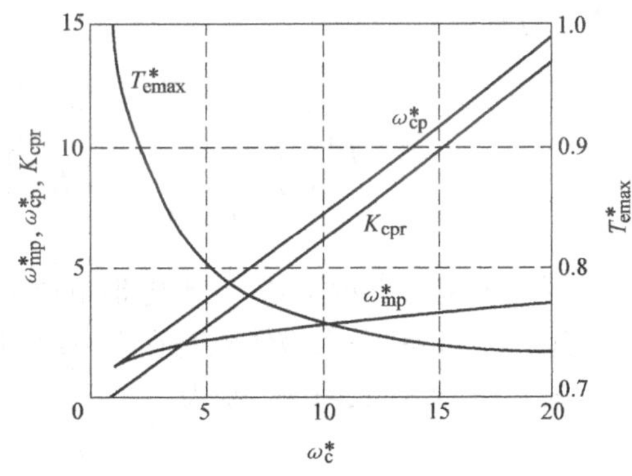

图 3-14 ω_c^* 和各种特性之间的关系

由于永磁同步电机的速度-输出特性只由 K_F 决定，因此，满足所需要的速度-输出特性的电机参数组合存在无数个，这使电机特性设计具有较大的自由度。虽然 K_F 是在电机设计阶段确定的参数，但即使是同一台电机，K_F 也随电流限制值 I_{am}的不同而不同。在连续运行时，电流限制值 I_{am}相当于额定电流；而在短时运行时，可以超过额定电流。

电机的凸极率 $\rho(\rho=L_q/L_d)$越小，E_0^* 就越大，为了得到宽广的恒功率输出范围，就必须增大 X_d^*，但是，要提高永磁体所在的直轴方向上的电感则比较困难。如果能够设计具有较大凸极率的电机，可以减小 E_0^*，降低永磁体用量和成本，但是通常的 IPMSM 的凸极率只有 2～4 左右，若要再大的凸极率，就必须在电机的结构设计上想办法。通过弱磁控制进行电机的高速恒功率运行时，即使是轻负载，也要一直通 d 轴电流，因此有时会降低电机的效率。空载电动势达到电压极限值时的速度为 $\omega_0^*=1/E_0^*$，要想使电机运行到 ω_0^* 以上，即使是空载，也要一直通 d 轴电流。从而，为了回避上述问题，就要采用 E_0^* 小、凸极率大的电机。

3.5 交流伺服电机的矢量控制系统

在交流伺服系统中，一般要求伺服电机的过载能力强、动态响应快、转矩线性度高；控制方法简单、可靠；通常不需要恒功率运行。因此，伺服电机通常都采用表面永磁体转子结构（$L_d=L_q=L_a$），适合采用 $i_d=0$ 的电流控制方法。

3.5.1 状态方程与控制框图

由于伺服电机的 $L_d=L_q=L_a$，可以把式（3-8）变形为如下所示的状态方程（微分方程）

$$P\begin{bmatrix} i_d \\ i_q \end{bmatrix}=\begin{bmatrix} -\dfrac{R_a}{L_a} & \omega \\ -\omega & -\dfrac{R_a}{L_a} \end{bmatrix}\begin{bmatrix} i_d \\ i_q \end{bmatrix}+\frac{1}{L_a}\begin{bmatrix} u_d \\ u_q \end{bmatrix}-\frac{1}{L_a}\begin{bmatrix} 0 \\ e_q \end{bmatrix} \tag{3-50}$$

式（3-50）表示用 d、q 轴电枢电压 u_d 和 u_q 可以控制 d、q 轴电枢电流 i_d 和 i_q。由于 $e_q=\omega\psi_f$ 是永磁体磁链在电枢绕组中感应的旋转电动势，因此是不可控的。

转矩方程式（3-10）变为

$$T_e=p_n\psi_f i_q \tag{3-51}$$

系统的运动方程式为

$$J\frac{d\omega_{rm}}{dt}=T_e-T_L \tag{3-52}$$

式中 J——系统的转动惯量，$J=J_M+J_L$（J_M 为电机的转动惯量）；

J_L——负载的转动惯量；

ω_{rm}——电机输出轴的机械角速度，$\omega_{rm}=\omega/p_n$；

T_L——负载转矩。

根据式（3-50）～式（3-52）可以得到图 3-15 所示的 d-q 坐标系下永磁同步电动机的控制框图。

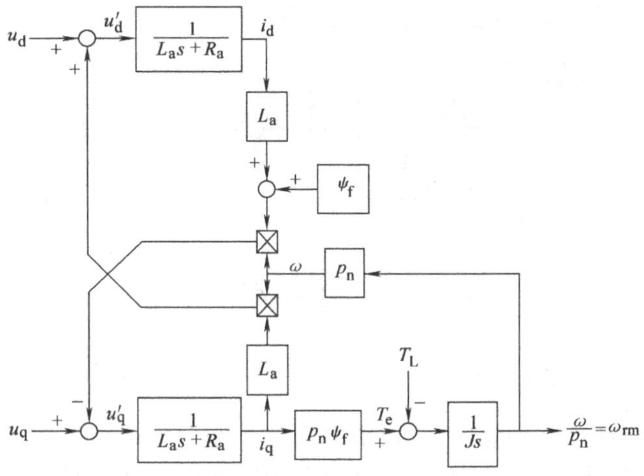

图 3-15　d-q 坐标系下永磁同步电动机的控制框图

3.5.2　解耦控制与坐标变换的实现

由于电机转子磁极的位置能够检测出来，因此 d、q 轴电枢电压 u_d、u_q 是可控的。直接加在永磁同步电机绕组上的是逆变器输出的三相电压 u_u、u_v、u_w，根据式（3-7）的逆矩阵，可知 d、q 轴电压 u_d、u_q 与三相电压 u_u、u_v、u_w 之间存在如下关系：

$$\begin{bmatrix} u_u \\ u_v \\ u_w \end{bmatrix} = \sqrt{\frac{2}{3}} \begin{bmatrix} 1 & 0 \\ -\frac{1}{2} & \frac{\sqrt{3}}{2} \\ -\frac{1}{2} & -\frac{\sqrt{3}}{2} \end{bmatrix} \begin{bmatrix} \cos\theta & -\sin\theta \\ \sin\theta & \cos\theta \end{bmatrix} \begin{bmatrix} u_d \\ u_q \end{bmatrix}$$

$$= \sqrt{\frac{2}{3}} \begin{bmatrix} \cos\theta & -\sin\theta \\ \cos\left(\theta-\frac{2}{3}\pi\right) & -\sin\left(\theta-\frac{2}{3}\pi\right) \\ \cos\left(\theta+\frac{2}{3}\pi\right) & -\sin\left(\theta+\frac{2}{3}\pi\right) \end{bmatrix} \begin{bmatrix} u_d \\ u_q \end{bmatrix} \tag{3-53}$$

所以，对于 u_d、u_q 的指令 u_d^*、u_q^*，如果把 u_u、u_v、u_w 的指令 u_u^*、u_v^*、u_w^* 输入给逆变器，则与控制 u_d、u_q 是等价的。

图 3-16 是根据式（3-53）得到的从 u_d^*、u_q^* 到 u_u^*、u_v^*、u_w^* 的实现框图。实际的控制回路根据该图既可以用硬件构成，也可以用软件实现。为了简化计算，u_w^* 可以不依赖于式（3-53），而从下式得到：

$$u_w^* = -u_u^* - u_v^* \tag{3-54}$$

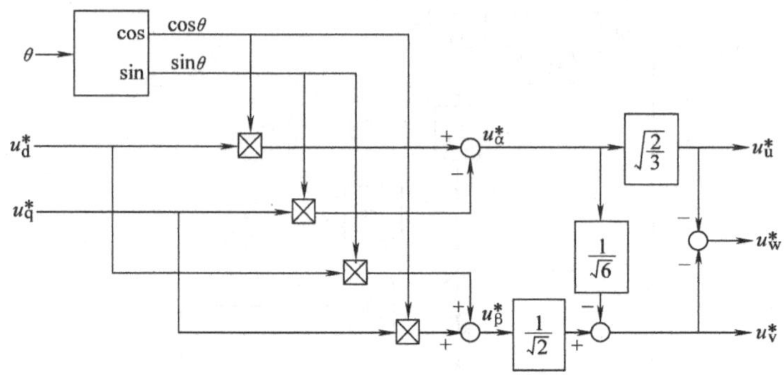

图 3-16 从 u_d^*、u_q^* 到 u_u^*、u_v^*、u_w^* 的实现框图

对转矩的控制实际上是对 d、q 轴电流的控制，而电流 i_d、i_q 的控制，是通过控制 d、q 轴电压 u_d、u_q 实现的。式（3-50）或图 3-15 表明，永磁同步电动机的 d、q 轴之间存在相互干涉的旋转电动势，旋转电动势对 i_d、i_q 的控制产生影响，是不能直接对其控制的。于是，可以考虑先求出旋转电动势，然后通过控制，使其抵消掉，即通过采用解耦控制，消除旋转电动势对电流控制产生的影响。这时只需根据如下关系式控制 u_d、u_q 即可。

$$u_d = u_d' - \omega L_a i_q \tag{3-55}$$

$$u_q = u_q' + e_q + \omega L_a i_d = u_q' + \omega(\psi_f + L_a i_d) \tag{3-56}$$

虽然旋转电动势 $\omega L_a i_q$ 和 $\omega(\psi_f + L_a i_d)$ 不能直接检测出来，而 ω、i_d、i_q 却可以检测出来，又由于 L_a 和 ψ_f 是常数，可以事先测定，因此旋转电动势可以在控制回路中通过计算求得。

虽然说 i_d、i_q 可以检测出来，但是在交流伺服电机驱动系统中，能够直接检测的电流是三相电枢电流 i_u、i_v、i_w，需要通过计算才能得到 i_d、i_q。这时可以利用前面介绍的式(3-7)的坐标变换矩阵进行计算

$$\begin{bmatrix} i_d \\ i_q \end{bmatrix} = \begin{bmatrix} \cos\theta & \sin\theta \\ -\sin\theta & \cos\theta \end{bmatrix} \sqrt{\frac{2}{3}} \begin{bmatrix} 1 & -\frac{1}{2} & -\frac{1}{2} \\ 0 & \frac{\sqrt{3}}{2} & -\frac{\sqrt{3}}{2} \end{bmatrix} \begin{bmatrix} i_u \\ i_v \\ i_w \end{bmatrix}$$

$$= \sqrt{\frac{2}{3}} \begin{bmatrix} \cos\theta & \cos\left(\theta - \frac{2}{3}\pi\right) & \cos\left(\theta + \frac{2}{3}\pi\right) \\ -\sin\theta & -\sin\left(\theta - \frac{2}{3}\pi\right) & -\sin\left(\theta + \frac{2}{3}\pi\right) \end{bmatrix} \begin{bmatrix} i_u \\ i_v \\ i_w \end{bmatrix} \tag{3-57}$$

在实际构成控制回路时，希望尽量减少电流传感器的数量，这时由于 i_w 可以根据下式通过计算得到

$$i_w = -i_u - i_v \tag{3-58}$$

把式（3-58）代入式（3-57）可得

$$\begin{bmatrix} i_d \\ i_q \end{bmatrix} = \begin{bmatrix} \cos\theta & \sin\theta \\ -\sin\theta & \cos\theta \end{bmatrix} \sqrt{2} \begin{bmatrix} \frac{\sqrt{3}}{2} & 0 \\ \frac{1}{2} & 1 \end{bmatrix} \begin{bmatrix} i_u \\ i_v \end{bmatrix}$$

$$= \sqrt{2} \begin{bmatrix} \sin\left(\theta + \frac{\pi}{3}\right) & \sin\theta \\ \cos\left(\theta + \frac{\pi}{3}\right) & \cos\theta \end{bmatrix} \begin{bmatrix} i_u \\ i_v \end{bmatrix} \tag{3-59}$$

根据式（3-59）可得图 3-17 所示的从 i_u、i_v 到 i_q、i_d 的实现框图。实际的控制回路不论是用硬件构成，还是用软件构成，都可以利用该框图。用软件构成时，与图 3-17 一样，存储器中也只有 $\cos\theta$ 和 $\sin\theta$，计算 $\sin(\theta+\pi/3)$ 以及 $\cos(\theta+\pi/3)$ 时，把存储器的输入从 θ 切换到 $(\theta+\pi/3)$ 进行。

θ
cos
sin
cosθ
sinθ
i_u
$\sqrt{\frac{3}{2}}$
$\frac{1}{\sqrt{2}}$
i_v
$\sqrt{2}$
i_α
i_β
i_d
i_q
+
−

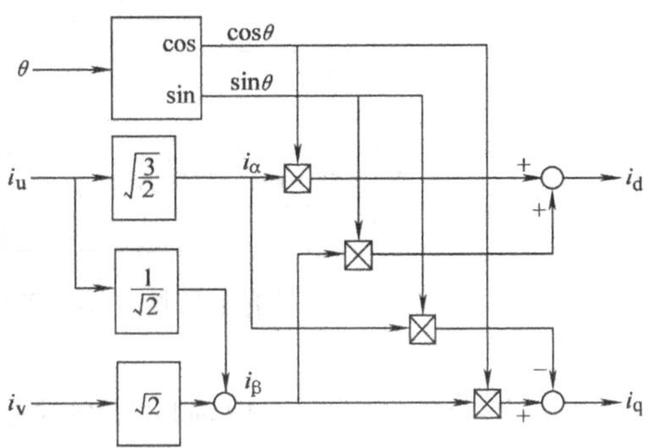

图 3-17　从 i_u、i_v 到 i_q、i_d 的实现框图

若要进行式(3-55)、式(3-56)所示的解耦控制，把式(3-55)、式(3-56)代入式(3-50)可得

$$P\begin{bmatrix} i_d \\ i_q \end{bmatrix} = \begin{bmatrix} -\frac{R_a}{L_a} & 0 \\ 0 & -\frac{R_a}{L_a} \end{bmatrix} \begin{bmatrix} i_d \\ i_q \end{bmatrix} + \frac{1}{L_a} \begin{bmatrix} u_d' \\ u_q' \end{bmatrix} \tag{3-60}$$

因此，i_q、i_d 可以通过 u_d'、u_q' 简单地进行控制。从式（3-60）可以看出，u_d'、u_q' 表示加在 d、q 轴电枢绕组阻抗上的电压，在解耦控制状态下，变成控制可能的输入变量。

图 3-18 为从式（3-60）得到的解耦控制的永磁同步电机框图。图中同时表示出了式（3-51）的转矩方程和式（3-52）的运动方程。对比图 3-18 与图 3-15 可以看出，通过解耦控制，能够使控制系统大大简化。

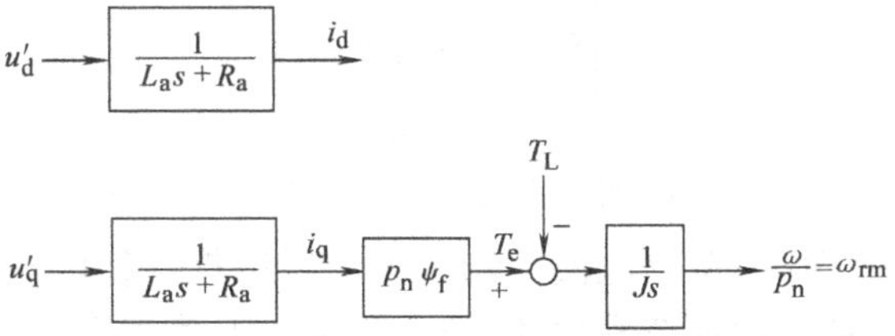

u_d'
$\frac{1}{L_a s + R_a}$
i_d
T_L
u_q'
$\frac{1}{L_a s + R_a}$
i_q
$p_n \psi_f$
T_e
+
−
$\frac{1}{Js}$
$\frac{\omega}{p_n} = \omega_{rm}$

图 3-18　解耦控制的永磁同步电机框图

3.5.3 电流控制器的分析与设计

在伺服系统中，需要控制伺服电机的转矩，使其能够快速响应，因此电流的反馈控制必不可少。在图3-18的基础上加上电流控制器则变成图3-19。u_d'、u_q'可以从用传递函数$G_{id}(s)$、$G_{iq}(s)$表示的i_d、i_q电流控制器的输出得到。电流控制一般采用比例（P）控制或比例积分（PI）控制。

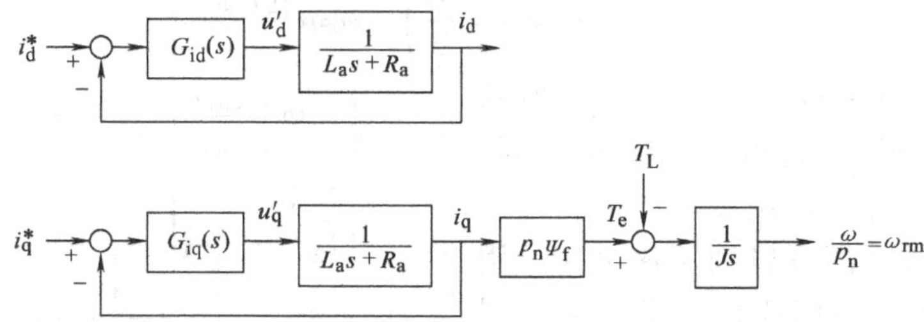

图3-19　具有电流控制器的解耦控制永磁同步电动机的框图

在这里分析一下，在电流的控制效果上，电流控制器采用P控制与PI控制的区别。以控制系统常用的设计法——传递函数法进行说明。

i_d、i_q的指令为i_d^*、i_q^*，在伺服系统中，i_d^*一般设为0，而i_q^*从速度控制器的输出得到。在P控制系统中，i_d、i_q电流控制器的输出u_d'、u_q'为

$$\begin{cases} u_d' = K_{id}(i_d^* - i_d) \\ u_q' = K_{iq}(i_q^* - i_q) \end{cases} \tag{3-61}$$

式中　K_{id}、K_{iq}——i_d、i_q控制器的比例增益，通常，$K_{id}=K_{iq}$。控制系统首先要满足稳定性，这可以通过分析开环传递函数来证明。i_d、i_q控制系统的开环传递函数$G_{id}^O(s)$、$G_{iq}^O(s)$为

$$\begin{cases} G_{id}^O(s) = \dfrac{\dfrac{K_{id}}{R_a}}{\dfrac{L_a}{R_a}s+1} \\ G_{iq}^O(s) = \dfrac{\dfrac{K_{iq}}{R_a}}{\dfrac{L_a}{R_a}s+1} \end{cases} \tag{3-62}$$

图3-20是根据式（3-62）得到的电流控制系统（P控制）的开环频率特性。式（3-62）以及图3-20表明，电流控制系统由以电枢绕组电气时间常数倒数R_a/L_a为转折频率的一阶滞后环节和以K_{id}/R_a或K_{iq}/R_a为增益的比例环节构成，是相位不超过$-90°$的极为稳定的系统。

系统的快速性也可以通过分析开环传递函数来得到结论。式（3-62）以及图 3-20 中，增益为 1 时的角频率称作交叉角频率 ω_c。ω_c 经常被用作系统快速性的判据，式（3-62）的 ω_c 为

$$\omega_c = \frac{\sqrt{K_i^2 - R_a^2}}{L_a} \qquad (K_i = K_{id} \text{或} K_{iq}) \tag{3-63}$$

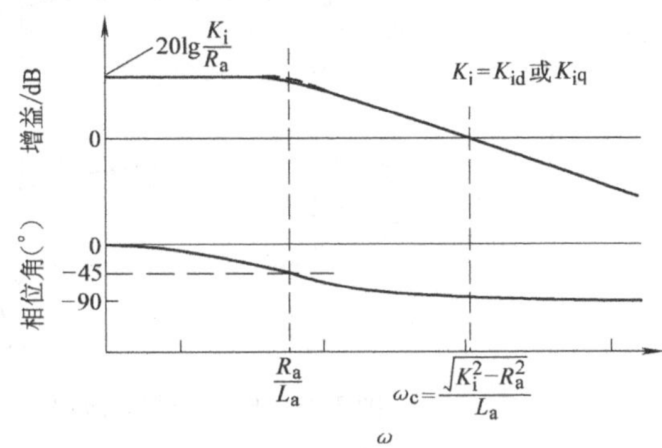

图 3-20　电流控制系统（P 控制）的开环频率特性

根据式（3-63）可知，通过提高 K_{id}、K_{iq}，可以随意增大 ω_c。但是，在实际的电流控制系统中，ω_c 受电流控制系统内部控制部件特性的影响，不能随意提高。用模拟器件构成电流控制器时，PWM 逆变器的电压控制特性是影响 ω_c 的主要因素。主要问题在于 ω_c 与逆变器的载波频率 f_c 相关，考虑 f_c 时，ω_c 至多能达到 $2\pi f_c/3$ 左右。例如，如果 f_c 为 3kHz 时，ω_c 也就能达到 6000rad/s 左右。采用数字控制时，受采样周期的影响，ω_c 还会更低。

控制系统另外一个设计项目是稳态特性。稳态特性通常用稳态时的目标值与被控制量之间的偏差，即静态偏差来评价。在这里，不直接求静态偏差，取而代之，求闭环传递函数，用 $s=0$ 时的增益来评价。增益越接近于 0dB，静态偏差就越小；增益如果为 0dB，静态偏差将变成 0。i_d、i_q 控制系统的闭环传递函数 $G_{id}^C(s)$、$G_{iq}^C(s)$ 为

$$\begin{cases} G_{id}^C(s) = \dfrac{i_d(s)}{i_d^*(s)} = \dfrac{\dfrac{K_{id}}{R_a + K_{id}}}{\dfrac{L_a}{R_a + K_{id}}s + 1} \\ G_{iq}^C(s) = \dfrac{i_q(s)}{i_q^*(s)} = \dfrac{\dfrac{K_{iq}}{R_a + K_{iq}}}{\dfrac{L_a}{R_a + K_{iq}}s + 1} \end{cases} \tag{3-64}$$

图 3-21 是根据式(3-64)得到的电流控制系统(P 控制)的闭环频率特性。与图 3-20 所示的开环频率特性一样,也是由一阶滞后环节和比例环节构成,$s=0$ 时，$G_{id}^C(0)$、$G_{iq}^C(0)$ 为

$$\begin{cases} G_{id}^C(0) = \dfrac{i_d(0)}{i_d^*(0)} = \dfrac{K_{id}}{R_a + K_{id}} \\ G_{iq}^C(0) = \dfrac{i_q(0)}{i_q^*(0)} = \dfrac{K_{iq}}{R_a + K_{iq}} \end{cases} \tag{3-65}$$

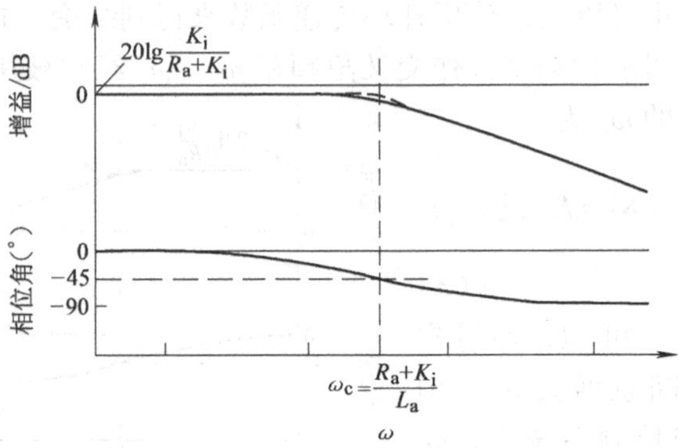

图 3-21 电流控制系统(P 控制)的闭环频率特性

K_{id}、K_{iq}越大，静态偏差就越小，但是，达不到 0。静态偏差为

$$\begin{cases} i_d^* - i_d = \dfrac{R_a}{R_a + K_{id}} i_d^* \\ i_q^* - i_q = \dfrac{R_a}{R_a + K_{iq}} i_q^* \end{cases} \tag{3-66}$$

当电流控制器采用 PI 控制时，i_d、i_q 电流控制器的输出 u_d'、u_q'为

$$\begin{cases} u_d' = K_{id}\left(1 + \dfrac{1}{T_{id}s}\right)(i_d^* - i_d) \\ u_q' = K_{iq}\left(1 + \dfrac{1}{T_{iq}s}\right)(i_q^* - i_q) \end{cases} \tag{3-67}$$

这时，i_d、i_q 控制系统的开环传递函数 $G_{id}^O(s)$、$G_{iq}^O(s)$为

$$\begin{cases} G_{id}^O(s) = \dfrac{T_{id}s + 1}{T_{id}s} \dfrac{\dfrac{K_{id}}{R_a}}{\dfrac{L_a}{R_a}s + 1} \\ G_{iq}^O(s) = \dfrac{T_{iq}s + 1}{T_{iq}s} \dfrac{\dfrac{K_{iq}}{R_a}}{\dfrac{L_a}{R_a}s + 1} \end{cases} \tag{3-68}$$

式中 K_{id}、K_{iq}与 T_{id}、T_{iq}——i_d、i_q 控制器的比例增益和积分时间。通常，$K_{id} = K_{iq}$，$T_{id} = T_{iq}$。可以看出式（3-68）比式（3-62）P 控制时的开环传递函数复杂。

PI 控制的目的是把 P 控制时不为 0 的静态偏差变为 0，只要能够满足稳定性和快速性，我们希望其开环传递函数尽量简单，因此如果使

$$T_{id}=T_{iq}=\frac{L_a}{R_a} \tag{3-69}$$

则开环传递函数为

$$\begin{cases} G_{id}^{O}(s)=\dfrac{1}{\dfrac{L_a}{K_{id}}s+1} \\ G_{iq}^{O}(s)=\dfrac{1}{\dfrac{L_a}{K_{iq}}s+1} \end{cases} \tag{3-70}$$

变成了简单的积分环节。由于 R_a 随温度发生变化，而 L_a 随铁心饱和程度的不同，也会发生变化，因此，式（3-69）未必能够得到满足，但是，这些变化即使存在，式（3-70）也会近似满足。

图 3-22 是根据式（3-70）得到的电流控制系统（PI 控制）的开环频率特性。式（3-70）以及图 3-22 表明，这时的电流控制系统是相位始终保持为 $-90°$ 的极为稳定的系统。并且交叉角频率 ω_c 为

$$\omega_c=\frac{K_i}{L_a}\qquad (K_i=K_{id}\text{或}K_{iq}) \tag{3-71}$$

因此，通过增大 K_{id}、K_{iq}，可以随意提高 ω_c，但是，在实际的电流控制系统中存在着制约因素，这点是与 P 控制相同的。

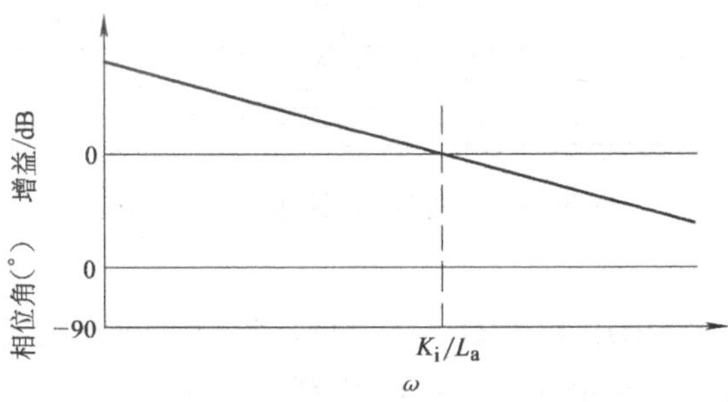

图 3-22　电流控制系统（PI 控制）的开环频率特性

满足式（3-70）时，i_d、i_q 控制系统的闭环传递函数 $G_{id}^{C}(s)$、$G_{iq}^{C}(s)$ 为

$$\begin{cases} G_{id}^{C}(s)=\dfrac{1}{\dfrac{L_a}{K_{id}}s+1} \\ G_{iq}^{C}(s)=\dfrac{1}{\dfrac{L_a}{K_{iq}}s+1} \end{cases} \tag{3-72}$$

图3-23是根据式（3-72）得到的电流控制系统（PI控制）的闭环频率特性。由于是简单的一阶滞后环节，$s=0$ 时的增益与 K_{id}、K_{iq} 无关，为0dB，静态偏差为0。从而证明PI控制比P控制的频率特性好。

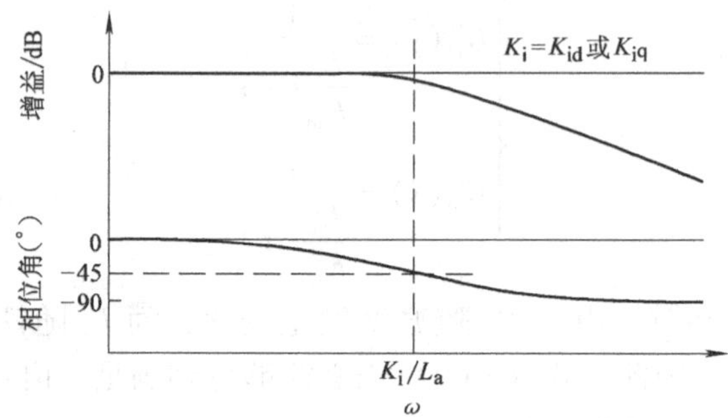

图3-23 电流控制系统（PI控制）的闭环频率特性

3.5.4 速度控制器的设计

把电流控制环做为内环的永磁同步电机速度控制系统的控制框图如图3-24所示，通过把电流环的响应设计得足够高，可以提高速度环的快速性和稳定性。

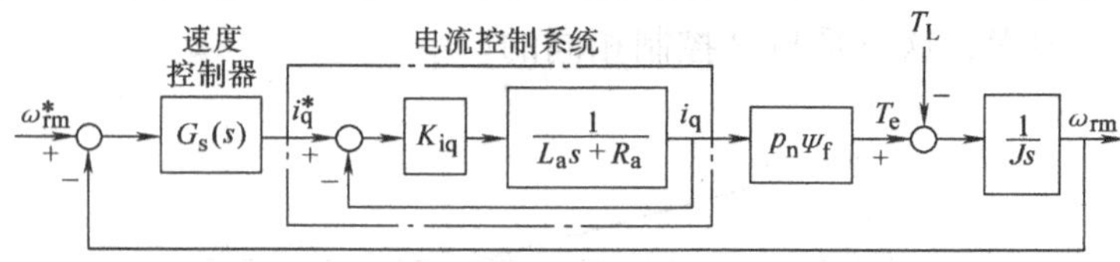

图3-24 速度控制系统的控制框图

假设q轴电流控制采用P控制（$i_d=0$），控制器的比例增益为 K_{iq}，根据式（3-64）可知电流控制系统的闭环传递函数 $G_{iq}^C(s)$ 为

$$G_{iq}^C(s)=\frac{i_q(s)}{i_q^*(s)}=\frac{K_{cq}}{T_{cq}s+1} \tag{3-73}$$

式中

$$\begin{cases} K_{cq}=\dfrac{K_{iq}}{R_a+K_{iq}} \\ T_{cq}=\dfrac{L_a}{R_a+K_{iq}} \end{cases} \tag{3-74}$$

在一般的交流伺服系统中，由于 $K_{iq}>>R_a$，因此，$K_{cq}\approx 1$，从而式（3-73）可简化为

$$G_{iq}^{C}(s)=\frac{1}{T_{cq}s+1} \tag{3-75}$$

根据式（3-75），可以得到图 3-25 所示的把电流控制系统简略化的速度控制系统框图。在图中，转矩系数 K_T 可以表示为

$$K_T=p_n\psi_f \tag{3-76}$$

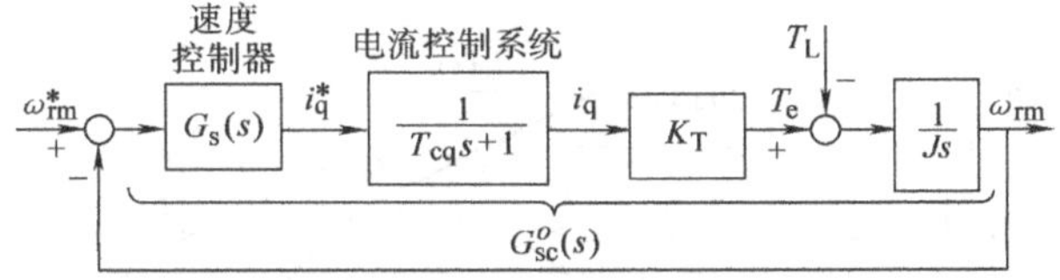

图 3-25　把电流控制系统简略化的速度控制系统框图

下面，根据图 3-25，对现在伺服系统中最为常用的 PI 速度控制器的设计方法进行说明。

PI 速度控制器的传递函数 $G_s(s)$ 为

$$G_s(s)=K_{sp}+\frac{K_{si}}{s} \tag{3-77}$$

式中　K_{sp}、K_{si}——比例增益和积分增益。

在图 3-25 中，伺服电机的转矩系数 K_T 和转动惯量 J 为已知，并认为 i_q 控制系统的交叉角频率 $\omega_c(\omega_c=1/T_{cq})$ 事先已设定好。如果把速度控制系统的交叉角频率 ω_{sc} 和电机角速度 ω_{rm} 的阶跃响应的超调值做为两项设计指标，事先已给定，则速度控制器增益 K_{sp}、K_{si} 的值通过计算是可以确定的，但是计算过程比较麻烦。因此，这里介绍一种利用速度控制系统开环传递函数 $G_{sc}^O(s)$ 频率特性的简易设计方法。

图 3-25 所示的 PI 速度控制系统的开环传递函数 $G_{sc}^O(s)$ 为

$$G_{sc}^O(s)=\left(K_{sp}+\frac{K_{si}}{s}\right)\frac{1}{T_{cq}s+1}\frac{K_T}{Js} \tag{3-78}$$

$G_{sc}^O(s)$ 的直线近似频率特性如图 3-26 所示。同时，$G_{sc}^O(s)$ 所包含的三个传递函数的频率特性在图中也用虚线表示出来。从图中可以看出，i_q 控制系统的交叉角频率 ω_c 比 PI 速度控制系统的交叉角频率 ω_{sc} 高出数倍以上，在角频率 ω_{sc} 的附近，i_q 控制系统的闭环传递函数 $G_{iq}^C(s)$ 可以近似看成为 1，即

$$G_{iq}^C(s)\approx 1 \tag{3-79}$$

同时，PI 转折点角频率 ω_{pi} 为

$$\omega_{pi}=K_{si}/K_{sp} \tag{3-80}$$

当ω_{pi}为ω_{sc}的数分之一时，在ω_{sc}附近有

$$G_s(s) \approx K_{sp} \tag{3-81}$$

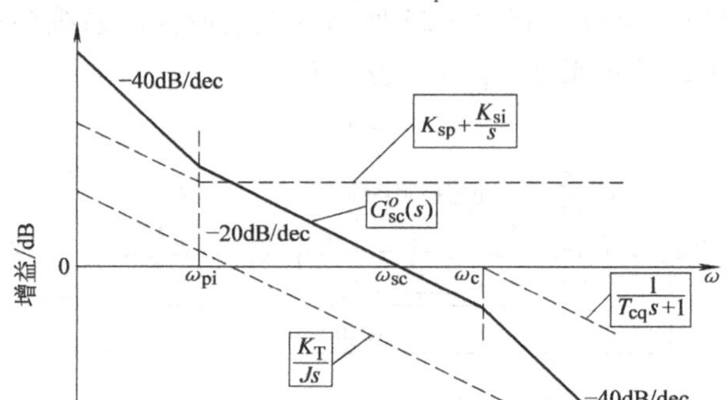

图 3-26 PI 速度控制系统的开环频率特性

通过上述分析表明，PI 速度控制系统的开环传递函数$G_{sc}^{O}(s)$在交叉角频率ω_{sc}的附近，可近似表示为

$$G_{sc}^{O}(s) \approx K_{sp}\frac{K_T}{Js} \tag{3-82}$$

于是，根据$|G_{sc}^{O}(j\omega_{sc})|=1$，这时只要求出满足该条件的比例增益$K_{sp}$的值即可，即$K_{sp}$的值为

$$K_{sp}=\frac{J\omega_{sc}}{K_T} \tag{3-83}$$

另外，积分增益K_{si}值可根据使 PI 转折角频率ω_{pi}满足关系

$$\omega_{pi} \leqslant \omega_{sc}/5 \tag{3-84}$$

然后再根据式（3-80）来求得。

设 PI 速度控制系统的交叉角频率ω_{sc}为 500rad/s，PI 转折角频率ω_{pi}为 100rad/s（$\omega_{sc}/5$），改变i_q控制系统的交叉角频率ω_c时的 PI 速度控制系统的阶跃响应如图 3-27 所示。可以看出，如果把内环的i_q控制系统交叉角频率ω_c设计为外环的 PI 速度控制系统交叉角频率ω_{sc}的 5 倍以上时，i_q控制系统对速度控制系统响应的影响就可以忽略不计，因此，在进行图 3-25 的速度控

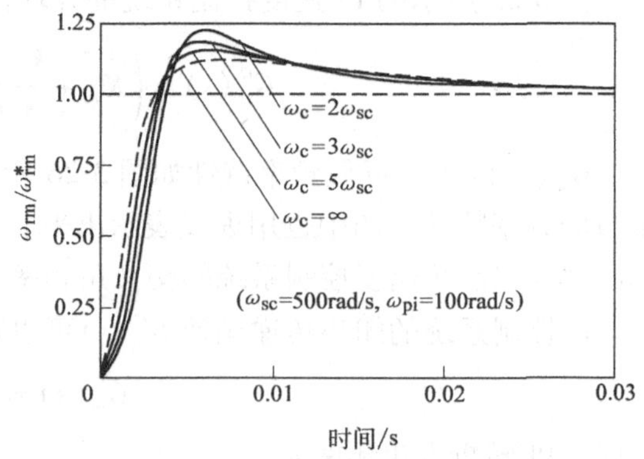

图 3-27 PI 速度控制系统的阶跃响应

制系统设计时，可以认为 $T_{cq}=0$。

3.5.5 位置控制器的设计

图 3-28 是位置伺服控制系统的构成框图。在实际的位置伺服控制系统中，类似滚珠丝杠的轴向刚度以及扭转刚度或者减速齿轮箱的齿隙等因素都会对位置控制的快速性和精度产生影响。在此，为了分析简单，忽略这些因素的影响，机械系统可以用图中所示的简单框图来表示。

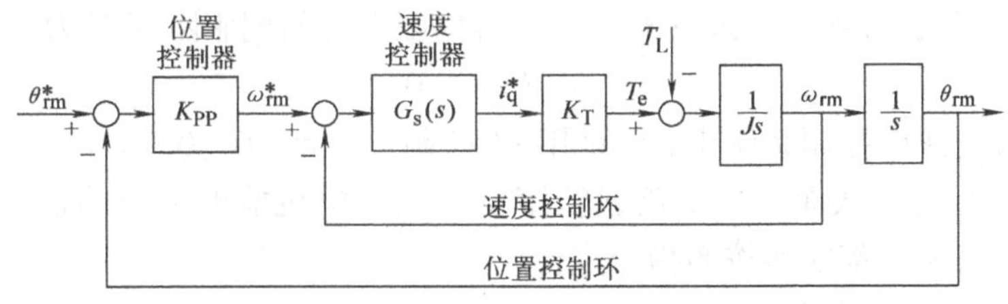

图 3-28　位置控制系统构成框图

在位置控制系统中，通常都不希望位置的阶跃响应产生超调，因此，位置控制大多都采用 P 控制。在速度控制环的内部，通常都设有电流控制环，在这里，假设 i_q 控制系统的交叉角频率 ω_c 已达到速度控制系统交叉角频率 ω_{sc} 的 5 倍以上，可以忽略电流控制系统，认为其闭环传递函数为 1。

1. 伺服刚度

位置指令 $\theta^*_{rm}=0$ 时，如果在伺服系统上施加负载转矩 T_L，位置 θ_{rm} 就会产生变化量 $\Delta\theta_{rm}$。负载转矩 T_L 与变化量 $\Delta\theta_{rm}$ 的比定义为伺服系统的伺服刚度，用 K 表示，即

$$K=\left|\frac{T_L}{\Delta\theta_{rm}}\right| \tag{3-85}$$

伺服刚度 K 是表示在位置指令 θ^*_{rm} 保持一定的状态，施加负载转矩 T_L 时，伺服电机轴的扭转程度的一个参数，是判断伺服电机系统性能的一个依据。

在图 3-28 中，从 T_L 到 θ_{rm} 的传递函数 $G_{LP}(s)$ 为

$$G_{LP}(s)=\frac{\theta_{rm}(s)}{T_L(s)}=-\frac{1}{Js^2+K_TG_s(s)s+K_TK_{PP}G_s(s)} \tag{3-86}$$

如果给 T_L 输入一个幅值为 $|T_L|$ 的阶跃信号，则 θ_{rm} 的响应为

$$\theta_{rm}(s)=G_{LP}(s)\frac{|T_L|}{s} \tag{3-87}$$

根据拉普拉斯变换的终值定理，可以求得 θ_{rm} 的变化量 $\Delta\theta_{rm}$ 为

$$\Delta\theta_{rm} = \lim_{t\to\infty}\theta_{rm}(t) = \lim_{s\to\infty} sG_{LP}(s)\frac{|T_L|}{s} \tag{3-88}$$

把式（3-86）代入式（3-88）得

$$\Delta\theta_{rm} = -\frac{|T_L|}{K_T K_{PP} G_s(0)} \tag{3-89}$$

式中　$G_s(0)$——速度控制器的直流增益。

从而根据式（3-85）、式（3-89）可得伺服系统的伺服刚度 K 为

$$K = K_T K_{PP} G_s(0) \tag{3-90}$$

在通常的速度控制系统中，都采用 PI 控制，因此，$G_s(0)=\infty$，所以伺服刚度 K 也为无穷大。从而，只要负载转矩小于伺服电机能够输出的最大转矩，不管负载转矩多大，都能够按照指令定位。

2. 位置控制系统的响应

在图 3-28 中，假设速度控制系统的交差角频率 ω_{sc} 与位置控制系统的交差角频率 ω_p 相比足够高，就可以把速度控制系统的闭环传递函数看作为 1，这时的位置控制系统的闭环传递函数 $G_p^C(s)$ 为

$$G_p^C(s) = \frac{\theta_{rm}}{\theta_{rm}^*} = \frac{1}{T_p s + 1} \tag{3-91}$$

式中　$T_p = 1/K_{PP}$。

由于 T_p 是位置控制系统交叉角频率 ω_p 的倒数，因此有 $K_{PP}=\omega_p$。

图 3-28 的速度控制系统的闭环传递函数 $G_{sc}^C(s)$ 为

$$G_{sc}^C(s) = \frac{\omega_{rm}}{\omega_{rm}^*} = \frac{K_T(K_{sp}s + K_{si})}{Js^2 + K_T K_{sp} s + K_T K_{si}} \tag{3-92}$$

式中　K_{sp}、K_{si}——PI 控制器的比例增益和积分增益。

于是根据式（3-80）、式（3-83）、式（3-84）有

$$\begin{cases} K_{sp} = \dfrac{J\omega_{sc}}{K_T} \\ \omega_{pi} = \dfrac{K_{si}}{K_{sp}} = \dfrac{1}{5}\omega_{sc} \end{cases} \tag{3-93}$$

如果根据式（3-93）来设定增益 K_{sp}、K_{si} 的值，则式（3-92）可表示为

$$G_{sc}^C(s) = \frac{\omega_{sc}s + \omega_{sc}^2/5}{s^2 + \omega_{sc}s + \omega_{sc}^2/5} \tag{3-94}$$

因此，只要把交叉角频率 ω_{sc} 的值设定好，速度控制系统的响应特性就能确定。

把位置控制系统的交叉角频率 ω_p 设定为 50rad/s，使速度控制系统的交叉角频率 ω_{sc} 变化时，计算出位置控制系统的阶跃响应如图 3-29 所示。

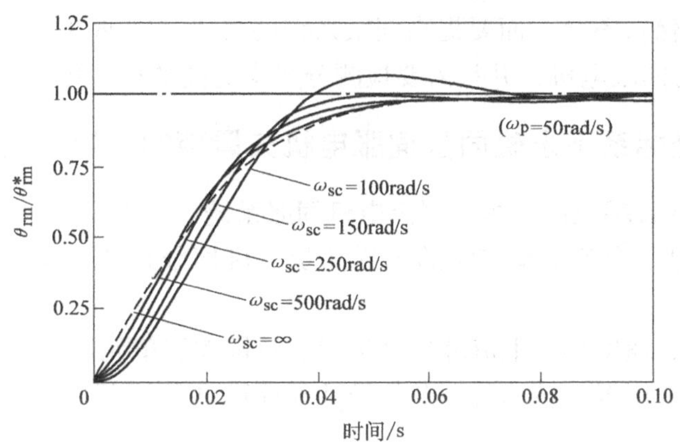

图 3-29　位置控制系统的阶跃响应

图 3-29 表明，如果把速度控制系统的交叉角频率 ω_{sc} 设定为位置控制系统的交叉角频率 ω_p 的 10 倍以上，则速度控制系统特性对位置控制系统响应的影响就可以忽略。反过来，如果 ω_{sc} 接近于 ω_p，虽然位置控制采用 P 控制，阶跃响应也会出现超调。

3. 速度控制范围

对于图 3-28 所示的位置控制系统，如果把可控的角度分辨率设为 $\Delta\theta$，下面分析一下该分辨率与速度控制系统所必须达到的速度控制范围（速比）之间的关系。

在图 3-28 中，如果产生了相当于 $\Delta\theta$ 的角度偏差，则从位置控制器输出的速度指令 $\Delta\omega^*_{rm}$ 为

$$\Delta\omega^*_{rm} = K_{PP}\Delta\theta \tag{3-95}$$

为了使位置控制系统具有 $\Delta\theta$ 的分辨率，速度控制系统必须对指令 $\Delta\omega^*_{rm}$ 产生响应。于是，可以把该 $\Delta\omega^*_{rm}$ 看成速度控制系统必须达到的速度分辨率。另外，伺服电机的最高转速为 ω_{max}，所以速度控制系统必须达到的速度控制范围为

$$1:\omega_{max}/\Delta\omega^*_{rm} = 1:\omega_{max}/K_{PP}\Delta\theta \tag{3-96}$$

例如，如果 $K_{PP}=50s^{-1}$，系统要求的伺服电机最高转速为 $n_{max}=3000r/min$，

则 $\omega_{\max}=\frac{2\pi n_{\max}}{60}$(rad/s)，要求达到的角度控制分辨率为 $\Delta\theta=\frac{0.6}{360}$rad，则

$$\frac{\omega_{\max}}{K_{\mathrm{PP}}\Delta\theta}=3770$$

因此，伺服电机的速度控制范围大约需要 1∶4000 以上。如果使位置控制系统的分辨率 $\Delta\theta$ 保持不变，而要提高伺服系统的最高运行速度，就必须要求有速度控制范围大的伺服电机，并且需要检测分辨率更高的速度传感器。

3.5.6 d-q 坐标系下永磁同步伺服电机矢量控制系统的构成

1. 基于电流解耦控制的永磁同步电机伺服系统

图 3-30 为基于电流解耦控制的永磁同步电机伺服系统，其主要由以下 4 部分组成：

1）位置环、速度环、电流环控制单元、解耦控制单元。

2）电机转子位置、转速检测及信号处理计算单元。

3）坐标变换单元。

4）三相逆变单元。

整个系统的控制过程：用设定的位置值与位置传感器检测到的电机实际转子位置值相比较，经过位置环控制器，输出速度控制的转速指令信号，通过速度指令与电机当前的转速相比较，经过速度环控制器，输出电磁转矩指令值，通过电磁转矩方程，求得 q 轴电流 i_{q} 的指令值 i_{q}^{*}。同时控制 d 轴电流 $i_{\mathrm{d}}=0$。检测输入到永磁同步电机三相绕组中的电流，利用三相到两相的坐标变换式变换得到 d、q 轴上的电流 i_{d}、i_{q}，将其同给定的 d、q 轴电流相比较，通过各自的电流控制器，利用 d、q 轴下的电压方程式和解耦控制器的输出得到 d、q 轴电压指令值 u_{d}^{*}、u_{q}^{*}。最后，通过两相到三相的坐标变换，将变换后得到的三相电压瞬时值指令 u_{u}^{*}、u_{v}^{*} 和 u_{w}^{*} 通过六路 PWM 信号输入到三相逆变器中，产生三相正弦电流并输入到永磁同步电机的定子绕组中，实现对永磁同步电机的伺服控制。

通过解耦控制，在旋转电动势耦合项中引入电机转速和电机参数的因素，可以合理地对电压值进行调节，即无论被控电机的转速高低和电机参数的大小，都可以通过实时计算旋转电动势耦合项得到准确的 d、q 轴电压指令值，从而能够精确地控制 d、q 轴电流，可以使控制系统实现对不同参数永磁同步电机在不同转速下的高精度伺服控制要求。

2. 基于三相交流控制的永磁同步电机伺服系统

图 3-31 为基于三相交流控制的永磁同步电机伺服系统构成。图中的位置控制器和速度控制器与图 3-30 相同，主要不同点在于电机电流的控制方法。该系

统的电流控制方法是：将给定的 d、q 轴电流指令 i_d^*（$i_d^*=0$）、i_q^* 通过两相到三相的电流坐标变换，得到三相静止坐标系下的电流指令值 i_u^*、i_v^* 和 i_w^*。通过分别同实际的三相电流瞬时值进行比较，经过各自的 PI 控制器计算得到施加于永磁同步电机定子绕组上的相电压瞬时值指令，从而实现对电机 d、q 轴电流的瞬时控制，即实现对永磁同步电机电磁转矩的瞬时控制。

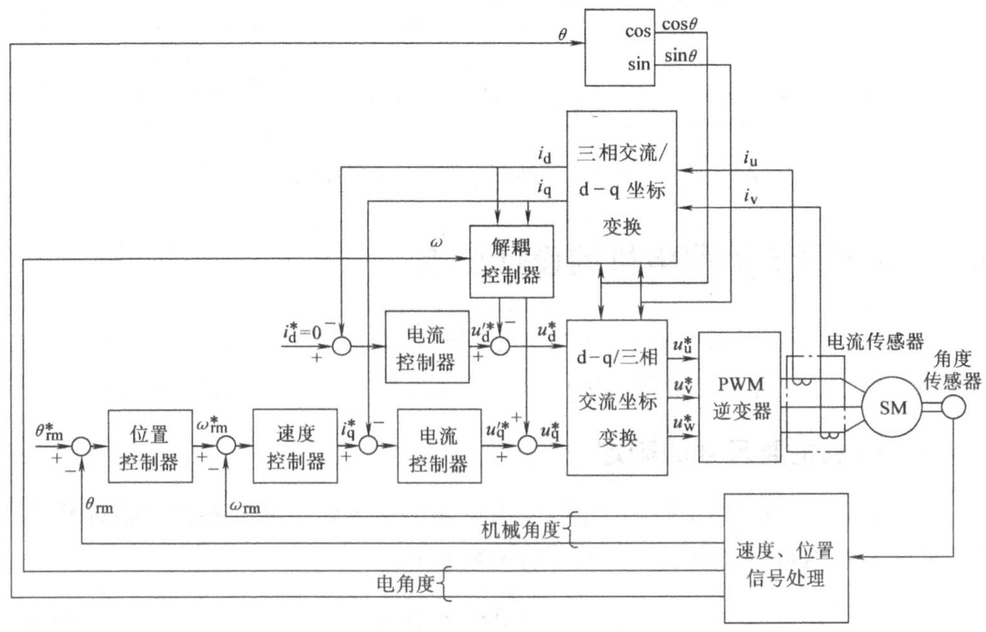

图 3-30　基于电流解耦控制的永磁同步电机伺服系统的构成

由图 3-31 可知，通过坐标变换和对电机三相电流瞬时值的采样比较，使整个控制系统避开了具有复杂电机参数、微分运算的电压计算，消除了控制系统对电机参数的依赖。但是，由于永磁同步电机的 u、v、w 三相电流均为交流量，三个 PI 控制器的给定值和实际值都是随时间交变的。这就为 PI 控制器参数的设计带来很大的困难。并且在大多数情况下，对交流量的 PI 控制效果要比直流量差，造成在电流的实际控制过程中，控制系统的稳定性和抗扰动性都较差，即使在稳态，电流的静态偏差也不为 0，而且容易出现动态过程中的超调，即无法实现对电机电流的快速、精确控制。特别是在被控的永磁同步电机转速较高（三相电流的频率 f 较大）的情况下，可能根本无法实现对电机的伺服控制。因此，这种基于三相电流控制的交流伺服系统虽然在控制原理上是正确的，但却不能应用于高精度的永磁同步电机伺服控制系统。

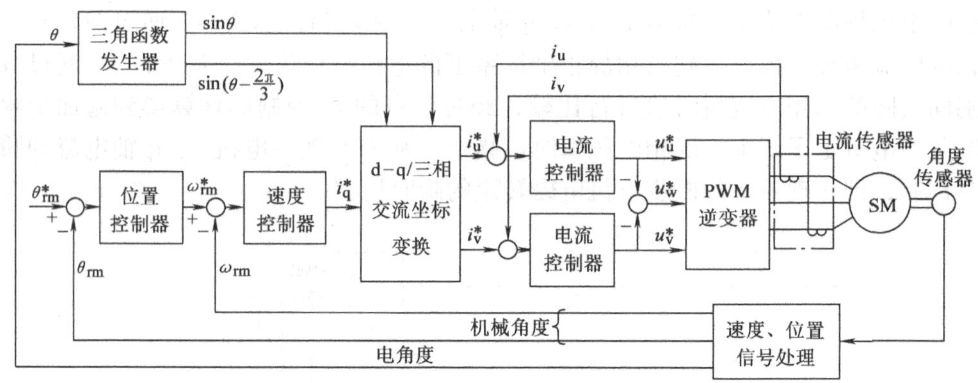

图 3-31　基于三相交流控制的永磁同步电机伺服系统构成

3.6　永磁同步伺服电机的设计要点

伺服系统对永磁同步伺服电机的主要要求是动态响应快、转矩波动小、调速范围宽、效率和转矩密度高等，因此，在设计过程中要充分考虑这些要求。

3.6.1　电机主要尺寸的确定

永磁同步伺服电机的主要尺寸可以由所需的最大转矩和动态性能指标确定。最大转矩和电磁负荷与电机主要尺寸的关系如下：

$$T_{emmax}=\frac{\sqrt{2}\pi}{4}B_{\delta 1}L_{ef}D_{i1}^2A \tag{3-97}$$

式中　$B_{\delta 1}$和A——气隙磁密基波幅值和电负荷。

$$A=\frac{2mNI_1k_{dp1}}{\pi D_{i1}} \tag{3-98}$$

式中　D_{i1}——电枢直径。

因此，电机的主要尺寸可表示为

$$D_{i1}^2L_{ef}=\frac{4T_{emmax}}{\sqrt{2}\pi B_{\delta 1}A} \tag{3-99}$$

交流伺服电机动态响应性能指标体现在最大电磁转矩作用下电机由静止加速到额定转速 ω_N 所需时间 t_b，最大转矩与 t_b 之间满足下式：

$$T_{emmax}=\frac{J\Delta\omega}{p_n\Delta t}\approx\frac{J\omega_N}{p_nt_b} \tag{3-100}$$

式中　J——电机和负载的转动惯量之和。当忽略负载的转动惯量时，可近似表示为

$$J=\frac{\pi}{2}\rho_{\mathrm{Fe}}L_{\mathrm{ef}}\left(\frac{D_{\mathrm{i1}}}{2}\right)^{4} \tag{3-101}$$

式中　ρ_{Fe}——转子材料的平均密度。

由式(3-99)~式(3-101)可得电机的电枢直径为

$$D_{\mathrm{i1}}=\sqrt{\frac{8\sqrt{2}p_{\mathrm{n}}t_{\mathrm{b}}B_{\delta1}A}{\omega_{\mathrm{N}}\rho_{\mathrm{Fe}}}} \tag{3-102}$$

由上式得到的是在保证动态响应性能指标前提下电机定子的最大内径。由式（3-99）和式（3-102）即可确定电机的定子内径和铁心长度这两个主要尺寸。

3.6.2　电动势的正弦化设计

在永磁同步电动机中，由于绕组电流波形为正弦波，为了产生恒定的电磁转矩，提高电机效率和转矩特性线性度，减小振动和噪声，通常要求电动势波形也为正弦波。绕组的电动势波形主要由气隙磁场波形以及定子绕组的结构形式确定。因此，下面就从气隙磁场波形设计以及绕组设计两方面来考虑电动势波形的正弦化问题。

（1）气隙磁场波形的正弦化设计

对于表面永磁体转子结构的永磁同步电动机，其气隙磁场波形主要由永磁体尺寸与磁化方式、气隙长度、定子铁心齿槽形状以及铁心材料特性等因素确定。通过优化永磁体磁极的形状、永磁体的极弧系数、永磁体异向充磁或采用 Halbach 永磁体阵列磁极形式，得到正弦波气隙磁场。

（2）电枢绕组的谐波电动势抑制

根据传统电机设计理论，为得到正弦电动势波形，对于整数槽绕组，通过短距和分布，来抑制一般的谐波电动势；通过定子斜槽或转子斜极来抑制齿谐波电动势。

近年来，分数槽绕组在正弦波永磁同步电机中的应用日益增多。永磁同步电机利用分数槽绕组的短距、分布效应达到消除电动势谐波、使波形正弦化的目的。

分数槽永磁交流伺服电机的定、转子的极、槽配合可以根据电机的结构尺寸与运行速度范围来确定。常用的几种分数槽电机的极、槽数和绕组结构分别为转子 6 极，定子槽数为 9 槽的集中绕组结构；转子 8 极，定子槽数为 12 槽的集中绕组结构；转子 8 极，定子槽数为 18 槽的分布式绕组结构；转子 8 极，定子槽数为 9 槽的集中绕组结构；转子 10 极，定子槽数为 12 槽的集中绕组结构。这几种结构的伺服电机绕组电动势皆为正弦波，驱动电流也为正弦波。前两种结构的伺服电机每极每相槽数为 0.5，其定位转矩在同类电机中最大，在应用中需要采用斜槽等措施来改善；后三种电机定子绕组每极每相槽数分别为 0.75、0.375 和

0.4，定位转矩在同类电机中较小，绕组因数较大，因此最为常用。

3.6.3 定位转矩的抑制技术

电机气隙中存在磁场，由于定子铁心开槽，当转子转动时，磁路中的磁阻将发生变化，导致磁场能量发生变化，因而产生磁阻转矩，使电机的转矩随转子与齿槽相对位置的不同而发生变化。定位转矩主要源于定子齿槽，所以也被叫做齿槽转矩或齿槽定位转矩。其特点为

1）方向交变，具有周期性，波动频率与转子极数和定子铁心槽数直接相关。

2）转矩波动幅值大小与永磁体性能、磁极和齿槽形状、铁心材料特性有关。

3）定位转矩的存在与电机绕组是否通电无关，但其幅值大小与电流大小有所关联。

定位转矩产生的转矩波动主要影响表现在：低速时产生振动，高速时产生噪声，并影响速度伺服控制系统中的低速性能和位置伺服控制系统中的定位精度。常见的定位转矩抑制方法可归纳如下：

（1）定子斜槽或转子斜极（或分段错极）

将定子槽相对于转子磁极倾斜一个定子齿距可使各极槽下产生的定位转矩相互抵消。转子磁极相对于定子槽倾斜一个齿距同样可达到相似效果。采用斜槽或斜极的代价是使电机结构趋于复杂，并且在一定程度上降低了电机的输出转矩，尤其是每极每相槽数较少的电机。同时斜槽或斜极还将增加漏感和杂散损耗。因此可见，斜槽或斜极更适合应用于每极槽数较多的电机。

（2）优化定子侧铁心齿槽磁导的分布

对于定位转矩的产生，定子槽开口引起的气隙磁导变化是一个重要因素。许多方法都是针对减小气隙磁导变化或改善气隙磁导的谐波频谱提出的。通常采用的方法有：尽可能减小槽口宽度或使用闭口槽，安装磁性槽楔，增大每极槽数，合理设计齿槽形状，铁心非均布开槽，增大气隙，齿面开辅助凹槽，加辅助齿槽，降低齿顶饱和程度等。这些方法可以有效地减小定位转矩。在一些特殊应用的场合，如果能够采用无槽定子结构，则会从根本上消除定位转矩。

（3）优化转子侧永磁体磁场分布

改变转子侧永磁体磁极的尺寸、形状、极距及充磁方式等对于定位转矩的波形和幅值都有重要影响。改变转子磁极，将以完全不同的方式同时影响定位转矩和电磁转矩波动。定位转矩取决于永磁体与定子槽的相互作用，电磁转矩波动则取决于许多因素，同时降低两种转矩波动较为困难。多数情况下采取一个折衷办法以求降低总的转矩波动。

（4）定子采用分数槽

电机在采用分数槽时，极距不是齿距角的整数倍，不同极下的齿槽所处磁场位置不同，产生的定位转矩相位不同而相互抵消。当转子永磁体数一定时，定子采用分数槽提高了定子开槽数和转子永磁体磁极数的最小公倍数，即提高了定位转矩基波的频率。由频谱函数特性可知，基波幅值随基波频率的增加而减小，这样，通过提高定位转矩的频率，就可达到减小定位转矩的目的。

上面提到的定位转矩抑制技术都曾用于电机分析与研究中，考虑到经济性问题，在实际应用中，许多技术很少采用。同时应该注意，许多措施在降低定位转矩的同时，电磁转矩跟随着降低，电磁转矩波动却相应增加。因此，应该综合考虑转矩波动问题，既要考虑到定位转矩波动，又要考虑到电磁转矩波动。

第 4 章　交流伺服系统的功率变换电路

交流伺服系统功率变换电路的主要功能是根据控制电路的指令，将电源单元提供的直流电能转变为伺服电机电枢绕组中的三相交流电流，以产生所需要的电磁转矩。功率变换电路主要包括控制电路、驱动电路、功率变换主电路等。

控制电路主要由运算电路、PWM 生成电路、检测信号处理电路、输入输出电路、保护电路等部分构成，其主要作用是完成对功率变换主电路的控制、实现各种保护功能等。驱动电路部分的主要作用是根据控制信号对功率半导体开关器件进行驱动，主要包括功率半导体开关器件的前级驱动电路以及辅助开关电源电路等。

4.1　交流伺服系统功率变换主电路的构成

功率变换电路的主要作用是进行能量转换——将电网的电能转换成能够驱动伺服电机工作的交流电能，有时还需要将电机转子动能转换为储能回路的直流电能。图 4-1 为交流伺服系统常用的电压型功率变换主电路。电路主要由三部分组成：将工频交流电源变换为直流电源的“整流电路”；吸收由整流电路和逆变电路产生的电压脉动的“滤波电路”，也是储能回路；将直流功率变换为交流功率的“逆变电路”。为了保证逆变电路的功率开关器件能够安全、可靠地工作，对于高压、大功率的交流伺服系统，有时需要有抑制电压、电流尖峰的“缓冲电路”。另外，对于频繁运行于快速正反转状态的伺服系统，还需要有消耗多余再生能量的“制动电路”。

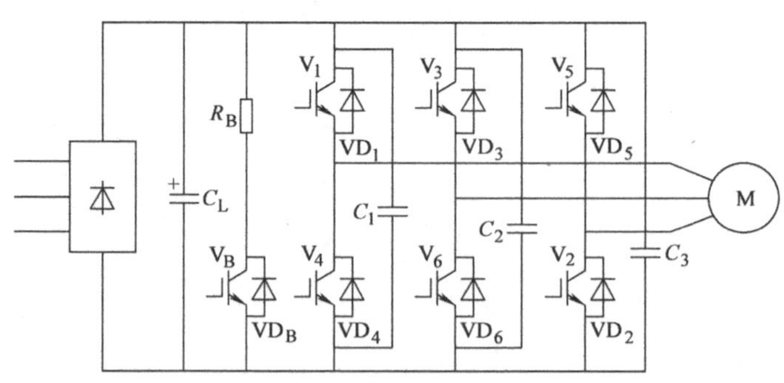

图 4-1　功率变换主电路

1. 整流电路

整流电路通常采用二极管不可控整流桥将三相交流电整流为脉动的直流电，其拓扑结构因伺服系统输出功率大小而异，功率较小时，输入电源多采用单相电源，整流电路为单相全波整流电路；功率较大时，一般采用三相电源，整流电路为三相桥式全波整流电路。当伺服电机的功率较大，并始终处于频繁快速正反转的运行状态时，为了提高系统效率，需要采用有源可控整流电路，将再生能量回馈到电网中。

2. 滤波电路

整流电路输出的整流电压是脉动的直流电压，此外，逆变电路产生的纹波电流也使直流电压发生波动。为了保证整个电路能够正常工作，通常采用电容器 C_L 来吸收、抑制这些电压波动。滤波电容器 C_L 除了稳压和滤除整流后的电压纹波外，还在整流电路和逆变电路之间起去耦作用，以消除相互干扰，为电动机提供必要的无功功率。因此，C_L 的容量必须较大，起储能作用，所以又称为储能电容。

3. 逆变电路

三相逆变电路由六个功率开关器件组成，它根据控制电路的指令，把直流功率变换为所需频率和电压的交流输出功率，是实现能量形式变换的执行环节，是整个主电路的核心部分。当前逆变电路中常用的功率开关器件有绝缘栅双极型晶体管（IGBT）、大功率晶体管（GTR）以及大功率场效应晶体管（MOSFET）等。

在逆变电路中，与每个功率开关反并接的续流二极管 $VD_1 \sim VD_6$ 的主要功能是为无功电流返回直流电源提供通道。在逆变电路工作的过程中，同一桥臂的两个功率开关处于不停地交替导通和关断的状态，在交替导通和关断的换相过程中，需要续流二极管 $VD_1 \sim VD_6$ 提供通路。

4. 缓冲电路

功率变换电路中的各功率开关器件之间以及它们和其他器件之间的连接是通过导线来实现的，因此在整个功率变换电路中不可避免地存在由连接导线引起的寄生电感。在较大功率的伺服系统中，还需要在主电路上附加缓冲电路，吸收功率开关关断时由寄生电感产生的浪涌电压，以保证逆变电路能够安全可靠地工作。

缓冲电路是由二极管、电阻和电容构成的无源网络，主要作用是抑制功率开关器件开、关过程中出现的冲击电流和冲击电压，避免功率开关器件的损坏。

5. 制动电路

当伺服电机快速再生制动时，转子的旋转动能会转变为直流电能储存于滤波电容器 C_L 中，使直流母线电压升高，如果不把直流电能回馈到电网，就必须采

用制动电路把电容 C_L 中的电荷放掉，否则，一旦直流母线电压超过限定值，将会引起电容击穿或逆变电路损坏。制动电路由制动开关管 T_B、制动电阻 R_B 和制动控制电路构成。当制动控制电路检测到直流母线电压上升到电压限定值时，制动电路开始工作，通过控制 T_B 的导通由电阻 R_B 消耗掉一部分泵升能量，使母线电压回落到正常工作电压范围内。

4.2 功率开关器件

功率开关器件是构成逆变电路的基本单元。在交流伺服系统的逆变电路中，应用最多的功率开关器件有功率晶体管（Giant Transistor，GTR）、金属氧化物半导体场效应晶体管（Metal Oxide Semiconductor Field Effect Transistor，MOSFET）、绝缘栅双极型晶体管（Insulated-Gate Bipolar Transistor，IGBT）及智能功率模块（Intelligent Power Module，IPM），后面两种器件集 GTR 的低饱和电压特性和 MOSFET 的高频开关特性于一体，是目前逆变电路中使用最广泛的功率器件。

4.2.1 功率晶体管（GTR）

GTR 是一种电流控制型全控器件，最主要的特点为高电压、大电流、开关特性好。但由于其开关电流放大倍数 β(5～10) 小，而且在通态条件下一般都需要持续的基极驱动电流，这会增加驱动电路的设计与制造工艺难度，驱动电路的损耗也较大；同时 GTR 的反向耐压低，且不能承受超过其额定值的浪涌电压与电流的冲击，因此目前仅在电压型逆变电路中有少量的应用。

1. GTR 的结构与工作原理

GTR 的结构和工作原理都与小功率晶体管非常相似。GTR 由三层半导体、两个 PN 结组成。和小功率晶体管一样，有 PNP 和 NPN 两种类型，GTR 通常多用 NPN 结构。但是 GTR 的集电极可以通过很大的电流，集电极与发射极之间可以承受很高的电压，并且在实际应用中 GTR 经常工作在开关状态。GTR 的电流放大倍数 β 一般都很小，为提高电流增益，GTR 产品经常将几级达林顿连接封装在一个管壳中。图 4-2 为 GTR 的结构与电气图形符号。

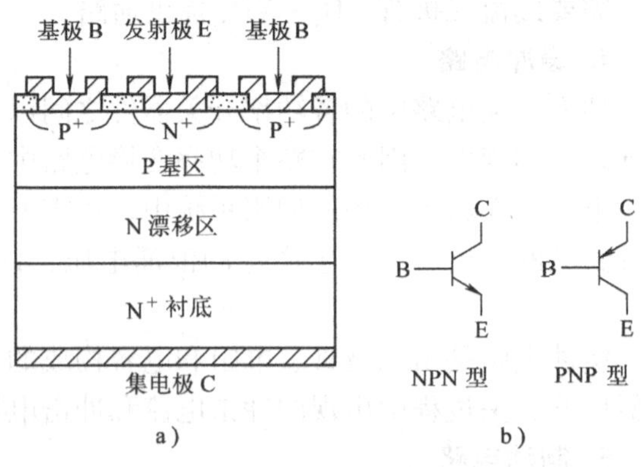

图 4-2 GTR 的结构与电气图形符号

a) 内部结构断面示意图 b) 电气图形符号

在逆变电路中，GTR 主要工作在开关状态。GTR 通常工作在正偏（$I_B>0$）大电流导通、反偏（$I_B<0$）截止状态。因此，给 GTR 的基极施加幅度足够大的脉冲驱动信号，它将工作于导通和截止的开关状态。

2. GTR 的静态性能

图 4-3 为 GTR 共射极输出特性曲线，当输入不同的基极电流 I_B 时，就可以得到一组集电极输出电流 I_C 与集电极-发射极电压 U_{CE} 关系的特性曲线。该曲线族大致可划分为放大区、饱和区、截止区，GTR 主要工作在截止区和饱和区。

3. GTR 的动态性能和动态参数

GTR 工作在开关状态，在饱和区和截止区之间相互切换，基极驱动电流和集电极电流的波形如图 4-4 所示。在刚开始施加基极电流的一段时间，集电极电流变化很小，这是由于要形成集电极电流，器件中必须积累一定的载流子浓度，定义从基极电流的出现到集电极电流上升至稳定值 I_{CS} 的 10% 这段时间为延迟时间 t_d，然后集电极电流迅速上升，集电极电流从 10% I_{CS} 上升到 90% I_{CS} 对应的时间叫做上升时间 t_r。GTR 的开通时间 $t_{on}=t_d+t_r$。

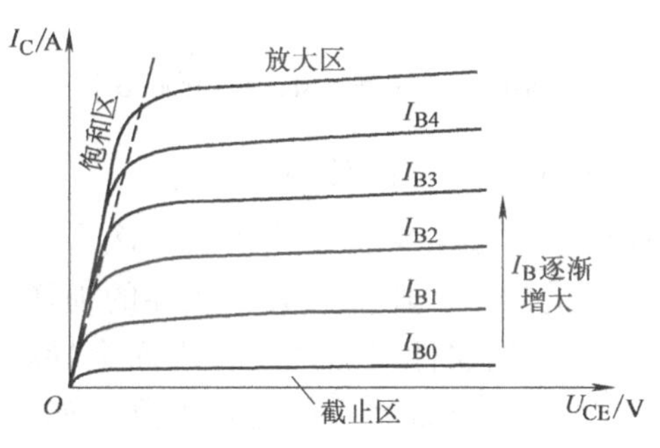

图 4-3　GTR 共射极输出特性曲线

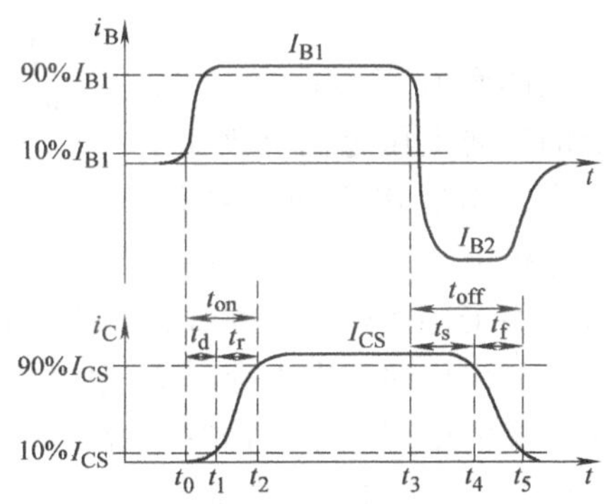

图 4-4　基极驱动电流和集电极电流的波形

在 GTR 导通期间，内部的载流子有较大的浓度，必须将其清除才能够使集电极电流下降，因此通常在关断时加反向基极电流抽取这些载流子。从开始施加反向基极电流到集电极电流开始下降（下降到 90% I_{CS}）对应的时间叫做存储时间 t_s。接着是下降时间 t_f，定义为集电极电流从 90% I_{CS} 下降到 10% I_{CS} 对应的时间。GTR 的关断时间 $t_{off}=t_s+t_f$。

4. GTR 的极限参数和安全工作区

（1）GTR 的极限参数

和小功率晶体管一样，GTR 也有电流、电压和功率极限参数。I_{CM} 为集电极最大允许电流，表示集电极最大允许通过的电流瞬时值。P_{CM} 为一定管壳温度下集电极最大允许功耗，产品说明书的技术参数中 P_{CM} 与管壳温度必须同时标出。实际使用中 GTR 的实际集电极电流和功耗与 I_{CM} 和 P_{CM} 之间应留有足够的裕量。

电压极限参数表示 GTR 承受电压的能力，主要有以下参数：BU_{CB0}——发射极开路时集电极与基极之间的击穿电压；BU_{CE0}——基极开路时集电极与发射极之间的击穿电压；BU_{CER}——发射极与基极之间用电阻连接时集电极与发射极之间的击穿电压；BU_{CES}——发射极与基极之间短路时集电极与发射极之间的击穿电压；BU_{CEX}——发射结反偏时集电极与发射极之间的击穿电压。这些击穿电压之间的关系为 $BU_{CB0} > BU_{CEX} > BU_{CES} > BU_{CER} > BU_{CE0}$。在使用时要以 BU_{CE0} 作为选择 GTR 工作电压的依据，GTR 的实际工作电压与 BU_{CE0} 之间要留有充分的裕量。

(2) 二次击穿和安全工作区

晶体管在工作时集电结承受的反向电压过高会使 PN 结击穿，击穿出现时的特征是集电极电流迅速增加而电压基本不变，这属于雪崩击穿，在此叫做一次击穿。出现一次击穿后如果 I_C 和 P_C 不超过 I_{CM} 和 P_{CM} 的限制，器件不会永久性的损坏。但是，如果出现一次击穿时 I_C 超过一定的数值，使器件发热严重，进而会导致二次击穿的出现。二次击穿的特征是，电流急剧上升而电压却随之下降，如图 4-5 所示。二次击穿会造成 GTR 永久的损坏。因此二次击穿是必须采取措施予以防止的。

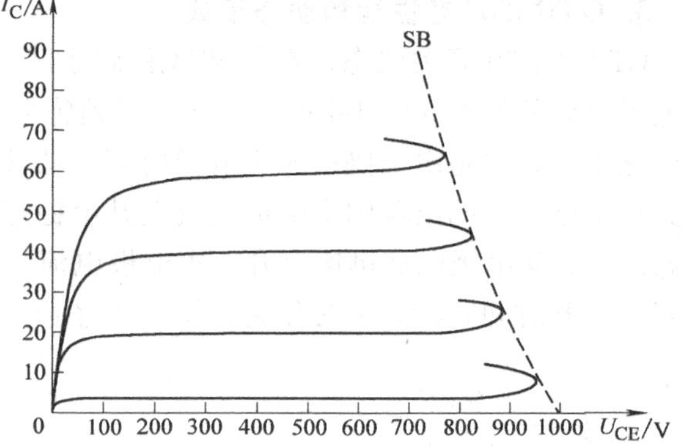

图 4-5 二次击穿特性

在晶体管的输出特性曲线族中，每一个基极电流都决定一条特性曲线，每一条曲线都有自己的一次击穿点和二次击穿点。把所有的二次击穿临界点连接起来，得到的曲线叫做二次击穿临界线，如图 4-5 中的 SB 曲线。这条曲线反映了二次击穿的功率，但是它与 P_{CM} 曲线并不相同，两者有一交点。这样要使 GTR 安全的工作，要受到 I_{CM}、P_{CM}、BU_{CE0} 和二次击穿四个条件的限制，不超过上述限制的区域叫做安全工作区 SOA（Safe Operating Area），如图 4-6 所示。

基极电流为正向和反向时，安全工作区是不一样的。图 4-6a 为基极电流为正时 GTR 的安全工作区，除坐标轴外，安全工作区有 A、B、C、D 四条边界线，其中 A 为集电极电流的限制，B 为集电极功率的限制，C 为二次击穿的轨迹，为二次击穿对工作区域的限制，D 则为击穿电压的限制。在功率变换电路中，GTR 一般工作在开关状态，其电流为脉冲形式，脉冲的宽度不同，安全工作区的面积

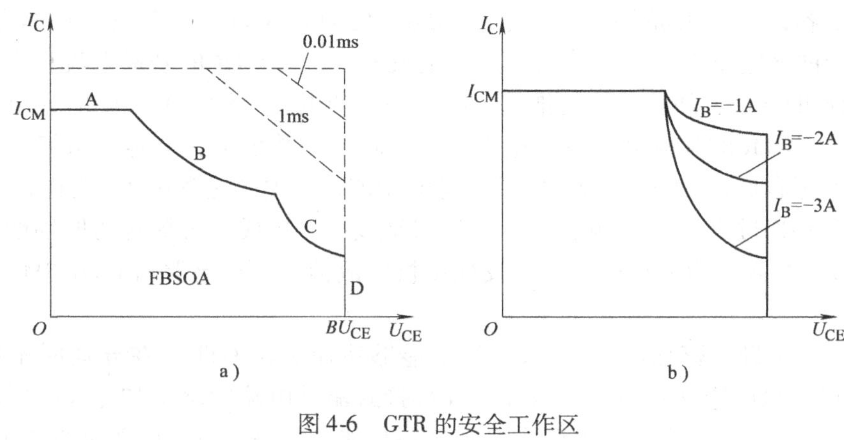

图 4-6　GTR 的安全工作区

a) 正向 SOA　b) 反向 SOA

也不一样，脉冲宽度越窄，安全工作区的面积就越大，图中给出了脉冲宽度为 0.01ms、1ms 和直流时的安全工作区。

图 4-6b 为基极电流为负时，GTR 的安全工作区，称之为反向安全工作区，实际上是指 GTR 在关断过程中的安全范围。从图中可以看出，反向驱动电流越大，GTR 关断越迅速，但是安全工作区的面积也会越小。

5. GTR 的驱动电路

对 GTR 基极驱动电路的要求：

(1) 导通时，基极正向驱动电流应有足够陡的前沿，并有一定幅度的强制电流，以加速开通过程，减小开通损耗。

(2) GTR 导通期，基极电流都应使 GTR 处在临界饱和状态，这样既可降低导通饱和压降，又可缩短关断时间。

(3) 在使 GTR 关断时，应向基极提供足够大的反向基极电流，以加快关断速度，减小关断损耗。

(4) 应有较强的抗干扰能力，并有一定的保护功能。

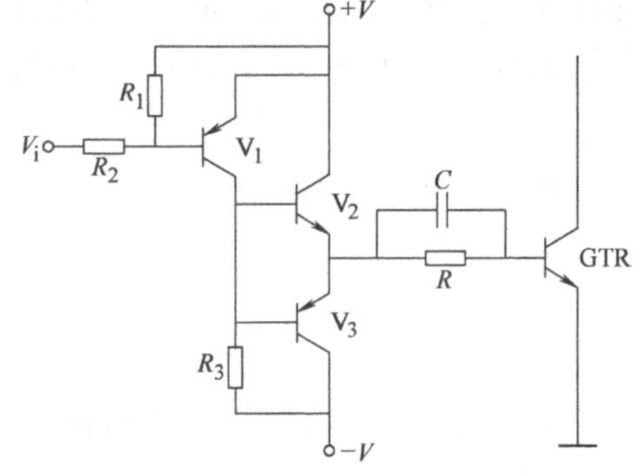

图 4-7　推挽式 GTR 驱动电路

图 4-7 为 GTR 的推挽式直接驱动电路。V_2、V_3 接成互补推挽式射极输出器，当输入电压 V_i 为高电平时，V_1 截止，R_3 为 V_3 提供偏流，V_3 导通并给 GTR 提供反向偏压，保持其关断状态。V_i 为低电平时，V_1、V_2 导通，V_2 的导通为 GTR 提供基极电流。电容 C

为加速电容，V_2 刚开始导通时，电容两端电压为 0 或为一个左负右正的电压。由于电容的充电作用，V_2 提供的发射极电流较大，使 GTR 的基极电流很大，加速了 GTR 的导通。随着时间的推移，电容两端的电压逐渐上升，同时充电电流逐渐减小，GTR 的基极电流逐渐稳定在一个较小的数值上，电容也保持一定的电压（左正右负），为形成较大的反向电流做准备。关断过程中 V_1 截止、V_3 导通，电容 C 通过 R_3、负电源、GTR 的发射结放电，形成一个短暂的但幅度较大的反向基极电流，电容放电完毕后反向基极电流消失，负电源给 GTR 提供一个负偏压。

按照对 GTR 驱动信号的要求，为了能够快速关断 GTR，在导通时不应使 GTR 工作在深度饱和状态，可以通过在推挽式驱动电路中增加如图 4-8 所示由 $VD_1 \sim VD_3$ 构成的贝克箝位电路来实现这一功能。电路中 A、E 之间的电压为

$$U_{AE} = U_{D2} + U_{BE} = U_{D1} + U_{CE}$$

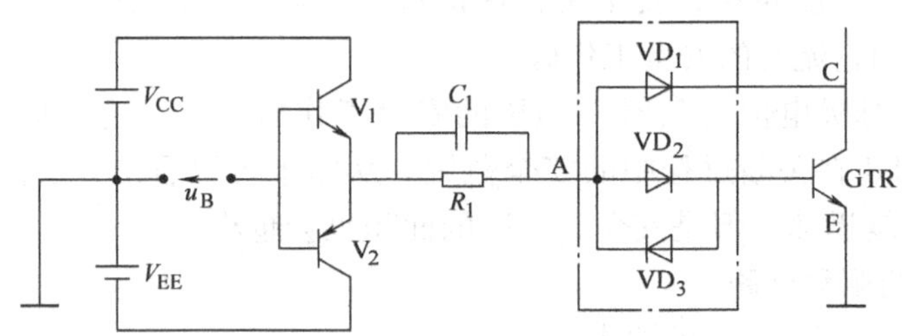

图 4-8 典型推挽式 GTR 驱动电路

由此可得出

$$U_{CE} = U_{D2} + U_{BE} - U_{D1}$$

如果二极管参数相等，其导通压降均为 U_D，则 $U_{CE} = U_{BE}$，说明集电极电位与基极电位相等，GTR 始终处于准饱和状态。

图 4-9a 为 GTR 典型的变压器正反馈驱动电路。其中 N_B 为驱动变压器的基极绕组匝数，N_C 为电流反馈绕组匝数，通过变压器耦合，形成正反馈驱动。正向驱动电流 I_{B1} 由下式计算：

$$I_{B1} = \frac{N_C}{N_B} I_C = \frac{1}{\beta} I_C \tag{4-1}$$

图 4-9b 为变压器正反馈驱动开、关过程波形。可以看出，使 GTR 开通或关断只需要提供一个脉宽超过 t_{on} 或 t_{off} 的窄脉冲信号，当 GTR 开通或关断后，并不需要时常提供驱动电流。

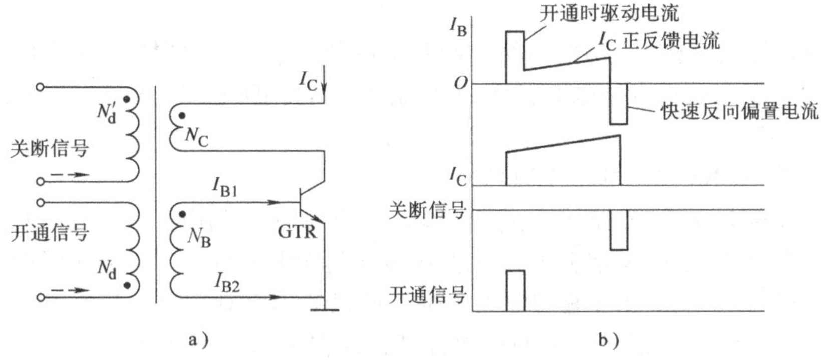

图 4-9　变压器正反馈驱动电路及波形
a）驱动电路　b）波形

4.2.2　金属氧化物半导体场效应晶体管（MOSFET）

功率 MOSFET 是电压控制型全控器件，驱动电路简单，驱动功率小，工作频率高。另外，功率 MOSFET 的热稳定性优于 GTR，无二次击穿现象。但是其电流容量小，耐压低，可见功率 MOSFET 和 GTR 的优缺点具有互补性，近年来在高频、小功率逆变电路中得到了广泛应用。

与功率晶体管不同，场效应晶体管 FET 是一种单极型器件，即参与导电的只有一种载流子（前面所讲述的各种器件工作时有两种载流子参与导电，称为双极型器件）。场效应晶体管分为结型和绝缘栅型两大类。功率变换电路中最常用的功率场效应晶体管属于金属氧化物半导体场效应晶体管 MOSFET（Metal Oxide Semiconductor Field Effect Transistor），为绝缘栅型。

1. 功率 MOSFET 的结构与工作原理

功率 MOSFET 的种类：按导电沟道可分为 P 沟道和 N 沟道。按栅极电压幅值可分为耗尽型——当栅极电压为零时漏源极之间就存在导电沟道；增强型——对于 N（P）沟道器件，栅极电压大于（小于）零时才存在导电沟道。功率 MOSFET 主要是 N 沟道增强型。

（1）功率 MOSFET 的结构

功率 MOSFET 的内部结构、等效电路和电气图形符号如图 4-10 所示。其导通时只有一种极性的载流子（多子）参与导电，是单极型晶体管。导电机理与小功率 MOSFET 相同，但结构上有较大区别，小功率 MOSFET 是横向导电器件，功率 MOSFET 大都采用垂直导电结构，又称为 VMOSFET（Vertical MOSFET）。VMOSFET 采取两次扩散工艺，并将漏极 D 移到芯片的另一侧表面上，使从漏极到源极的电流垂直于芯片表面流过，这样有利于减小芯片面积、提高电流密度和耐压。

按垂直导电结构的差异，VMOSFET 又可分为利用 V 型槽实现垂直导电的 VVMOSFET 和具有垂直导电双扩散 MOS 结构的 VDMOSFET（Vertical Double-diffused MOSFET）。

（2）功率 MOSFET 的工作原理

当漏极接电源正端，源极接电源负端，栅极和源极间电压为零时，P 基区与 N 漂移区之间形成的 PN 结 J_1 反偏，漏源极之间无电流流过。如果在栅极和源极之间加一正电压 U_{GS}，由于栅极是绝缘的，所以并不会有栅极电流流过。但栅极的正电压却会将其下面 P 区中的空穴推开，而将 P 区中的少子——电子吸引到栅极下面的 P 区表面。当 U_{GS}大于某一电压值 $U_{GS(th)}$时，栅极下 P 区表面的电子浓度将超过空穴浓度，从而使 P 型半导体反型而成 N 型半导体，形成反型层，该反型层形成 N 沟道而使 PN 结 J_1 消失，漏极和源极导电。电压 $U_{GS(th)}$称为开启电压（或阀值电压），U_{GS}超过 $U_{GS(th)}$越多，漏极电流 I_D 越大。

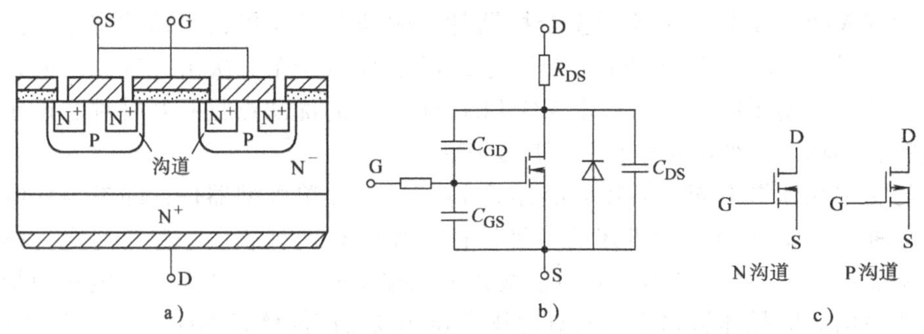

图 4-10 功率 MOSFET 的结构、等效电路和电气图形符号

a）内部结构断面示意图 b）等效电路 c）电气图形符号

2. 功率 MOSFET 的特性

（1）转移特性

因为 MOSFET 没有栅极电流，不可能有像晶体管那样的反映输出电压和输入电流的输入特性曲线，但通过改变栅极电压的大小可以控制 VDMOSFET 的漏极电流（输出电流）。可以通过转移特性曲线描述栅极电压对漏极电流的控制能力，如图 4-11a 所示。如果 $U_{GS} < U_{GS(th)}$，漏极电流为 0。$U_{GS} > U_{GS(th)}$后开始出现漏极电流，U_{GS}越大，漏极电流就越大，并且在导通的大部分电流范围内，I_D 与 U_{GS}基本上呈线性关系。

（2）输出特性

VDMOSFET 的输出特性曲线如图 4-11b 所示，反映的是漏极电流 I_D 与漏源

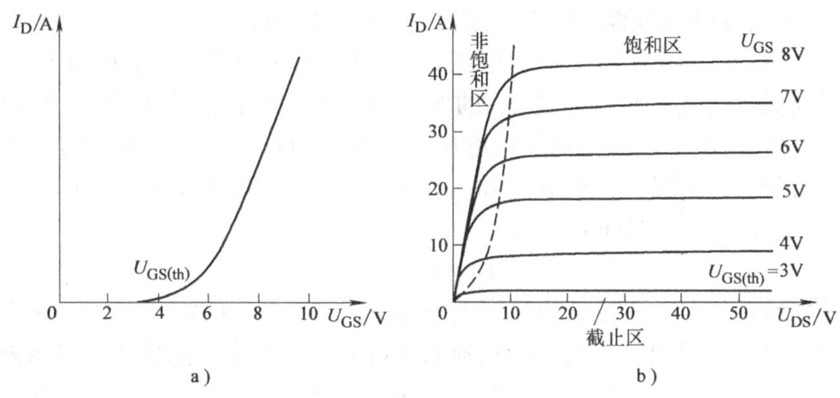

图4-11 MOSFET的特性曲线
a）转移特性 b）输出特性

极之间的电压U_{DS}的关系。由图可见，它类似于晶体管的输出特性曲线族，不同的是每条曲线的参数是U_{GS}，而双极型晶体管以I_B作为参数。VDMOSFET输出特性曲线也分三个区域，当$U_{GS}\leqslant U_{GS(th)}$时为截止区，漏极电流极小。在$U_{DS}$很小的一个范围，$I_D$随$U_{DS}$的增大而增大，该区域称为非饱和区或可变电阻区，相当于双极型晶体管的“饱和区”。U_{DS}增大到一定的程度，I_D基本不随U_{DS}变化，在栅极电压一定的情况下，器件呈恒流特性，该区域称为饱和区，该区域中栅极电压可以控制漏极电流变化，相当于双极型晶体管的放大区。应该注意的是：“饱和”对于双极型晶体管和场效应晶体管是两个不同的概念。

（3）动态特性

MOSFET的栅极和源极之间是绝缘的，两极之间的电阻可视为无穷大，但存在着电容效应。由于这个等效电容的存在，当栅源之间加正电压使其导通、加负电压（或短接）使其关断时，电容必然要有一个充放电过程，亦即栅源极之间的电压不可能突变，因此漏极与源极之间的通断要滞后于栅源之间的控制信号电压一段时间。MOSFET导通和关断中有关电参数的变化情况即MOSFET的动态特性，如图4-12所示。由于驱动信号源中不可避免地存在着电阻，驱动信号源的电压u_s做阶跃变化时，MOSFET的栅源之间的电

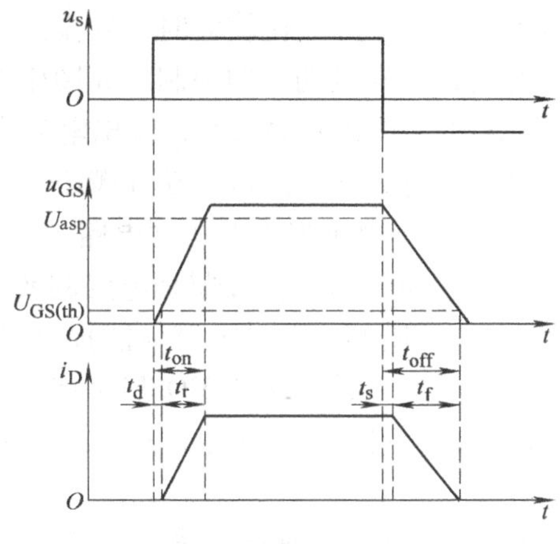

图4-12 MOSFET的动态特性

压 u_{GS} 有一个充放电的过程，而不会随信号源电压突变。

在开通过程中，当 G-S 之间的电压 u_{GS} 上升到 MOSFET 的开启电压 $U_{GS(th)}$ 时，开始出现漏极电流 i_D，此后 i_D 随 u_{GS} 的增大而增大，直至达到稳态值。从驱动信号源出现电压 u_s 开始，一直到漏极电压达到开启电压 $U_{GS(th)}$ 所需要的时间叫做开通延迟时间 t_d，从漏极出现电流 i_D，到 i_D 达到稳态值所对应的时间为上升时间 t_r，两者之和为开通时间 t_{on}，即

$$t_{on}=t_d+t_r$$

在关断过程中，首先驱动信号源的电压 u_s 下降到 0（或负值），G-S 之间的电容开始通过信号源内阻放电，一直到漏极电流开始下降所需要的时间叫做关断延迟时间 t_s。之后，i_D 继续下降，当 $u_{GS}\leqslant U_{GS(th)}$ 时，i_D 下降到 0，此过程所对应的时间为下降时间 t_f。关断时间 t_{off} 定义为

$$t_{off}=t_s+t_f$$

（4）MOSFET 的安全工作区

MOSFET 在运行时受到 D-S 之间最大电压、最大漏极电流和最大漏极功耗等因素的限制，其正向偏置安全工作区如图 4-13 所示。该图的横轴为对数坐标，所以功率曲线为直线。在低 U_{DS} 的范围内，U_{DS} 越小，D-S 之间的导通电阻 R_{on} 越大，同样电流下发热越严重，所以在漏极电流较小的情况下，允许通过的电流随 U_{DS} 的减小而减小，如图中左端的斜线。当 U_{DS} 大到一定程度，R_{on} 变得很小，允许通过的电流只受最大漏极电流 I_{DM} 的约束。但在 U_{DS} 比较大时，安全工作区受到最大漏极功耗的限制，如图中右侧的斜线。另外，在功率变换电路中的 MOSFET 也工作在开关状态，输出电流为脉冲形式，最大漏极功耗与脉冲宽度有关，脉冲越宽，允许的最大功耗越小，电流为直流时允许功耗最小。

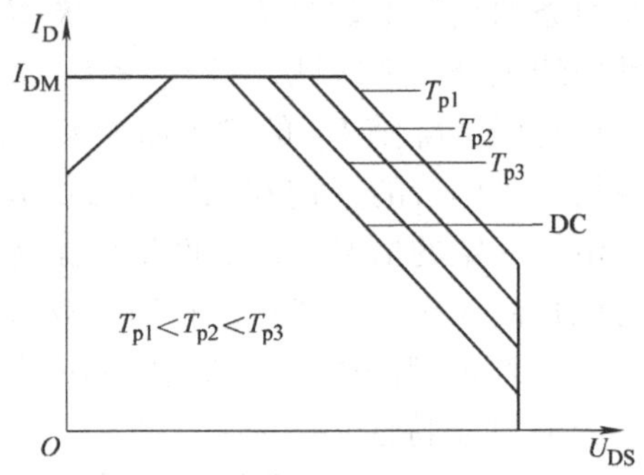

图 4-13　MOSFET 的安全工作区

（5）功率 MOSFET 的驱动电路

对功率 MOSFET 栅极驱动电路的要求主要有：

1）导通瞬间，驱动电路应能提供足够大的电流前沿，使功率 MOSFET 栅源极间电压迅速上升，保证 MOSFET 能快速开通。

2）导通期间，驱动电路应保证栅源极间电压稳定，使功率 MOSFET 可靠导通。

3）关断瞬间，驱动电路应提供尽可能低阻抗的通路，供栅源极间电容快速放电，保证功率 MOSFET 快速关断。

4）关断期间，驱动电路应提供一定的负电压，避免功率 MOSFET 误导通。

图 4-14a 为 TTL 器件驱动功率 MOSFET 的基本栅极驱动电路，TTL 电路中的 V_2 通过外接集电极上拉电阻 R_2 接电源 15V，这样就可以满足功率 MOSFET 的需要。TTL 输出驱动信号为正时晶体管 V_3 导通，其发射极电流为被驱动的 MOSFET 的输入电容充电，使栅极电位迅速上升，MOSFET 开通。驱动信号为 0 时 V_3 截止，MOSFET 栅-源极之间储存的电荷经 VD、信号源内部放电，使 MOSFET 关断。这种电路开通速度快，但关断速度慢。如将电路输出改成推挽形式，就可以同时提高关断速度。

图 4-14b 为推挽式驱动电路，当 TTL 输出驱动信号为正时，晶体管 V_3 导通、V_4 截止，V_3 发射极电流为被驱动的 MOSFET 的输入电容充电，MOSFET 开通；驱动信号为零时，晶体管 V_4 导通、V_3 截止，MOSFET 的输入电容储存的电荷通过 V_4 迅速释放，使 MOSFET 关断。

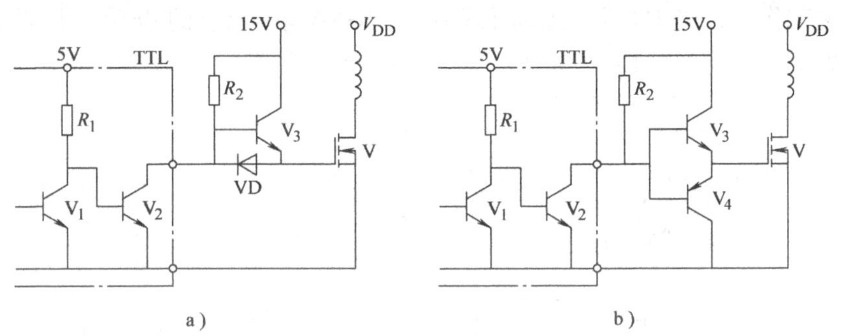

图 4-14 基本栅极驱动电路

图 4-15 为一种简单的变压器耦合驱动电路。晶体管 V_1 导通时，脉冲变压器的初级绕组中电流上升，使得次级感应出上正下负的电压，该电压通过二极管 VD_1 为 MOSFET 的输入电容充电，使 MOSFET 导通。V_1 关断时，脉冲变压器初级的电流下降，次级绕组中感应出上负下正的电压，使 MOSFET 的输入电容反向充电，栅-源极之间的电压由正变负，MOSFET 关断。图中 VD_2 为续流二极管，为晶体管关断后绕组中的电流提供通路。为加快电流的衰减速度，可在续流回路中串联一个大小适当的电阻或一定数值的稳压管，加快电流的衰减速度，能够缩短 MOSFET 的关断时间。

图 4-16 为一种由分立元件构成的光耦隔离驱动电路。输入为高电平时，光耦合器中晶体管导通，R_1 上有电流流过，场效应晶体管 V_3 关断，在电源 V_{CC} 的作用下，V_1 迅速导通，经栅极电阻 R_g，使 MOSFET 正偏而导通。输入为低电平时，作用过程相反，V_3 导通并使 V_2 导通，电源 V_{EE} 经栅极电阻 R_g 加在 MOSFET 的栅-源极之间，使 MOSFET 迅速关断。

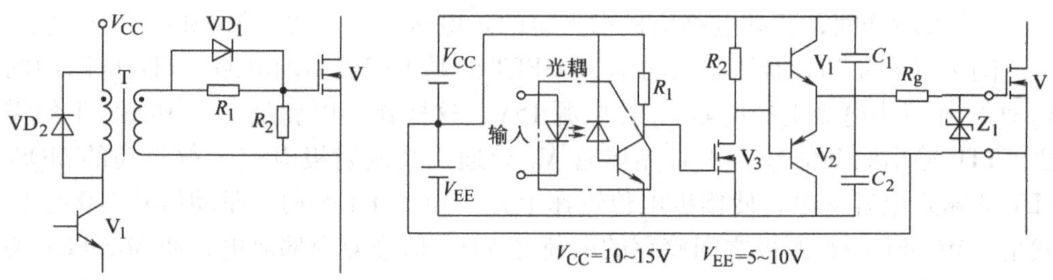

图 4-15　变压器耦合驱动电路　　　　图 4-16　由分立元件构成的光耦隔离驱动电路

图 4-17 为功率 MOSFET 的集成化驱动电路。驱动电路采用三菱公司制造的 M57918L，其内部通过光耦合器进行控制电路与驱动电路的隔离。为了使 MOSFET 快速动作，希望采用动作延迟时间为 1μs 以下的光耦合器。另外，在 MOSFET 开关工作时，光耦合器的原副侧间产生 1000V/μs 以上的 dv/dt，因此，需要采用原副侧间电容小、而 dv/dt 耐受能力高的光耦合器。

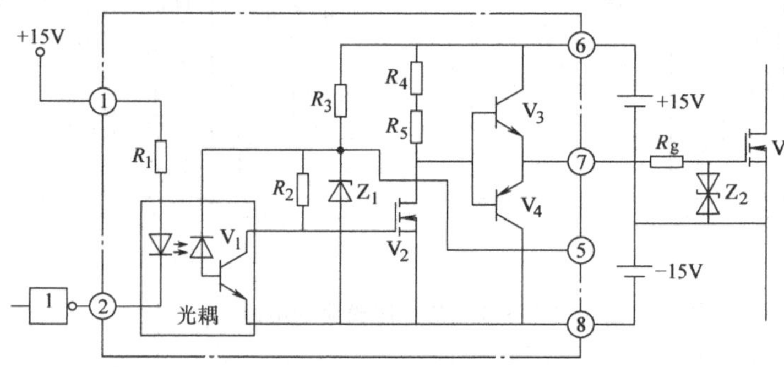

图 4-17　功率 MOSFET 的集成化驱动电路

端子①与②间加正向电压时，光耦中晶体管 V_1 导通，而 V_2 的栅极电位下降，V_2 截止，V_3 导通，正向电压加到 MOSFET 的栅极。端子①与②间电压变为零时，V_1 截止，V_2 导通，V_3 截止，V_4 导通，负电压加到 MOSFET 的栅极。这种电路能给 MOSFET 的栅极提供正负电压，驱动 MOSFET。

IR2130 是国际整流器 IR 公司制造的一种高压、高速的功率 MOSFET 和 IGBT 驱动器，内部具有自举浮动电源，只需外接一路电源即可同时驱动三相逆变电路的六个功率开关管的导通和关断。图 4-18 为 IR2130 栅极驱动器内部原理图，它集控制电路、电平转换、低阻抗输出和识别保护等为一体，不仅能承受两倍的正常母线电压，而且能允许地线瞬时达 5V。该驱动集成电路只需几个外围分立元件，就可使三相桥式电路的逻辑控制信号与 MOSFET 栅极完整连接，采用它可使功率系统的设计时间缩短，尺寸减小，成本降低，可靠性提高。

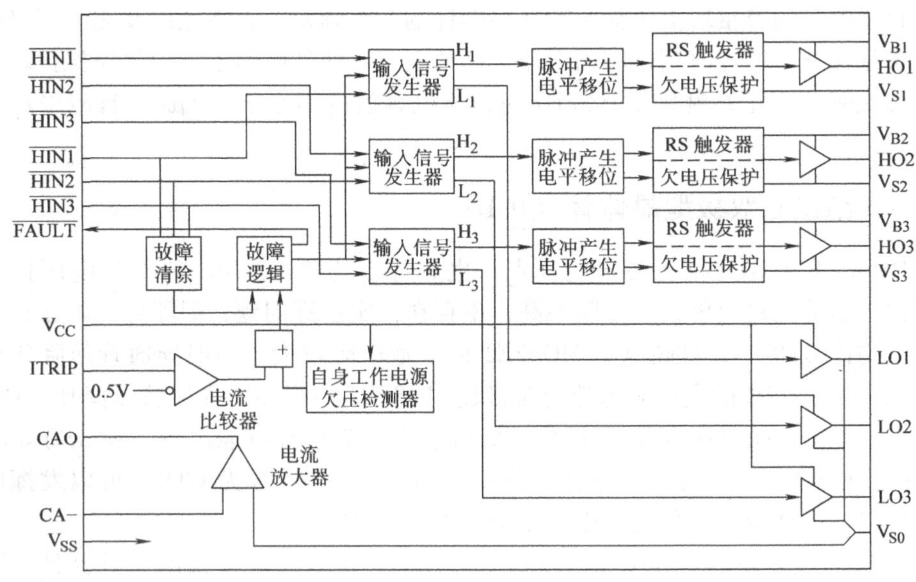

图 4-18　IR2130 栅极驱动内部原理图

图 4-19 为 IR2130 驱动的一个桥臂电路示意图。图中 C_1 是自举电容，为上桥臂功率管驱动的悬浮电源存储能量。VD_1 的作用是防止上桥臂导通时的直流母线电压加到 IR2130 的电源上而使器件损坏，因此 VD_1 应有足够的反向耐压。由于 VD_1 与 C_1 串联，为了满足主电路功率管开关频率的要求，VD_1 应选快恢复二极管。R_{g1} 和 R_{g2} 是 MOSFET 的栅极驱动电阻，一般可采用十几欧至几十欧的电阻。R_3 和 R_4 组成过电流检测电路，其中 R_3 是过电流取样电阻，R_4 是用以分压的可调电阻。

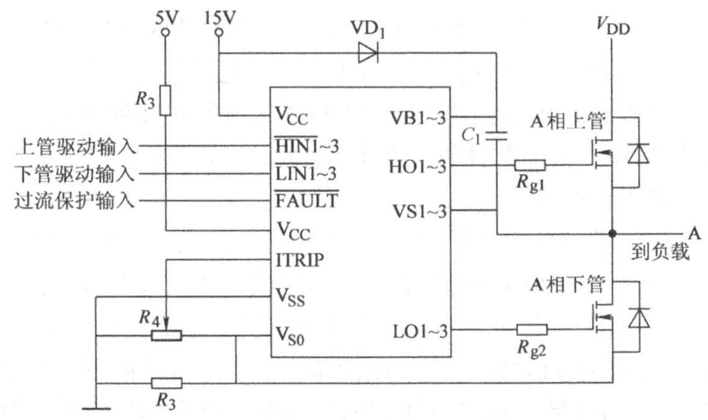

图 4-19　IR2130 驱动其中 1 个桥臂的电路图

自举电容的容量取决于被驱动功率器件的开关频率、占空比以及充电回路电阻，必须保证电容充电到足够的电压，而放电时其两端电压不低于欠压保护动作值。当被驱动的开关频率大于5kHz时，该电容值应不小于0.1μF，且应采用瓷片电容。

4.2.3 绝缘栅双极型晶体管（IGBT）

MOSFET和GTR都有各自的优点，也有各自的缺点。MOSFET为电压控制型器件，驱动电路简单，工作频率高，不存在二次击穿问题，但器件的电压和电流容量均比GTR小，且高电压MOSFET的导通电阻较大，一般导通管压降要比GTR大得多；GTR的电压和电流容量都比MOSFET高得多，导通管压降比MOSFET小，但工作频率比MOSFET低，驱动电路复杂且有可能出现二次击穿。将MOSFET和GTR复合为一个器件，前级为MOSFET，后级为GTR，可以发挥两者的优势，这种器件就是绝缘栅双极型晶体管IGBT。

IGBT是近年来功率开关器件中最引人注目，也是发展最快的一种器件，同时具有GTR大电流、低饱和电压和功率MOSFET高输入阻抗、高开关频率的特点，且内含的集-射极间超高速二极管反向恢复时间短。目前，IGBT正在向着损耗更低，开关速度更快，电压更高，容量更大的方向发展。采用沟道型栅极技术、非穿通技术等方法大幅度降低了集-射极饱和电压$U_{CE(sat)}$的第四代IGBT也已问世，被广泛地应用于各种功率变换电路中。

1. IGBT的基本结构与工作原理

（1）IGBT的基本结构

IGBT也是三端器件，具有栅极G、集电极C和发射极E。图4-20a给出了一种由N沟道VDMOSFET与双极型晶体管组合而成的IGBT的基本结构。与图4-10a对照可以看出，IGBT比VDMOSFET多一层P^+注入区，形成了一个大面积的P+N结J_1。这样使得IGBT导通时由P^+注入区向N基区发射少数载流子，从而对漂移区电导率进行调制，使得IGBT具有很强的通流能力。其简化等效电路如图4-20b所示，可以看出IGBT是GTR与MOSFET组成的达林顿结构，相当于一个由MOSFET驱动的厚基区PNP晶体管。图中R_N为晶体管基区内的调制电阻。

（2）IGBT的工作原理

IGBT的工作原理与功率MOSFET基本相同，它也是一种场控器件，其开通和关断是由栅极和发射极间的电压U_{GE}决定的，当U_{GE}为正且大于开启电压$U_{GE(th)}$时，MOSFET内形成沟道，并为晶体管提供基极电流进而使IGBT导通。由于前面提到的电导调制效应，使得电阻R_N减小，这样高耐压的IGBT也具有很小的通态压降。当栅极与发射极间施加反向电压或不加信号时，MOSFET内的沟道消失，晶体管的基极电流被切断，使得IGBT关断。

以上所述 PNP 晶体管与 N 沟道 MOSFET 组合而成的 IGBT 称为 N 沟道 IGBT，记为 N-IGBT，其电气图形符号如图 4-20c 所示。相应的还有 P 沟道 IGBT，记为 P-IGBT，将图 4-20c 中的箭头反向即为 P-IGBT 的电气符号。实际电路中 N 沟道 IGBT 应用较多。

由等效电路可以看出，IGBT 的栅极 G 与发射极 E 之间的结构与 MOSFET 是相同的，所以 IGBT 也是电压控制型器件，也具有驱动简单的特点。但它的漏极不是直接引出，而是又经过一个 PN 结（等效晶体管的发射结），在 IGBT 导通时这个 PN 结为正偏，P 区（图 4-20a 的最下面一层）向 N 区扩散空穴，提高电导率，使器件的导通压降减小，从而提高了通过电流的能力。

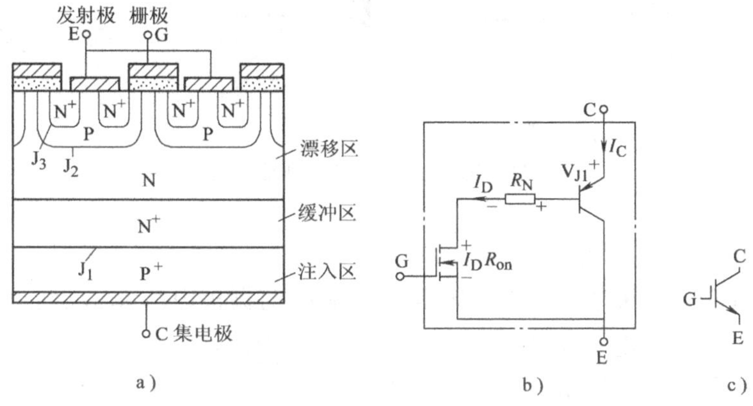

图 4-20　IGBT 的结构、简化等效电路和电气图形符号

a）结构　b）简化等效电路　c）电气图形符号

2. IGBT 的静态特性

（1）转移特性

IGBT 也是一种电压控制型器件，通过改变栅极和发射极之间的电压来控制集电极电流 I_C 的大小，栅极也没有电流，不可能有类似双极型晶体管的输入特性曲线，反映控制特性的曲线为转移特性曲线，如图 4-21a 所示。栅极-发射极之间的电压 U_{GE} 较小时没有集电极电流。当 U_{GE} 达到开启电压 $U_{GE(th)}$ 时，开始出现集电极电流，随栅极-发射极之间的电压 U_{GE} 的增大，集电极电流 I_C 也增大，因此，IGBT 也是一个电压控制型器件，这一点与 MOSFET 类似。

（2）输出特性

反映集电极电流与集电极-发射极间电压关系的曲线为输出特性曲线，为一曲线族，如图 4-21b 所示。曲线族中每一条曲线由一个固定的 U_{GE} 值确定。当 $U_{GE} \leqslant U_{GE(th)}$ 时，集电极电流 I_C 极小，这个区域称为截止区；当 $U_{GE} > U_{GE(th)}$ 后，在 U_{CE} 很小时，I_C 随 U_{CE} 的增大而迅速上升，这个区域称为饱和区；U_{CE} 增大到一定值，I_C

不再随 U_{CE} 变化而基本保持恒定，该区域为放大区；如果继续增大 U_{CE} 的值，使电压超出了器件的承受能力，则曲线进入击穿区。这时，电流增大，图中曲线发生弯曲。

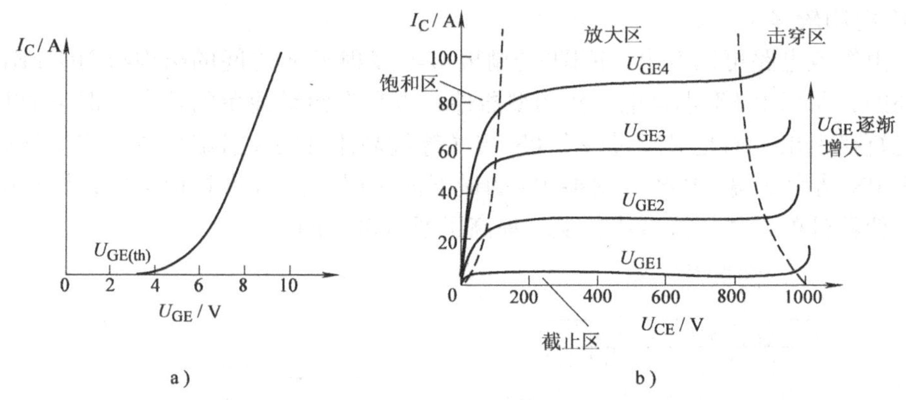

图 4-21　IGBT 的转移特性和输出特性

a）转移特性　b）输出特性

3. IGBT 的动态特性

IGBT 在开通和关断过程中，集电极电流 i_C 与栅极电压 u_{GE} 之间也存在着一定的延时，其有关电量的波形图如图 4-22 所示。从栅极-发射极之间电压 u_{GE} 上升到稳态值的 10% 到集电极电流 i_C 上升到稳态值的 10% 对应的时间称为开通延迟时间 t_d，这段延迟时间的产生机理与 MOSFET 相似。从 i_C 上升到稳态值的 10% 到上升至稳态值的 90% 所对应的时间为上升时间 t_r；整个开通过程对应的时间为开通时间 t_{on}：$t_{on}=t_d+t_r$。

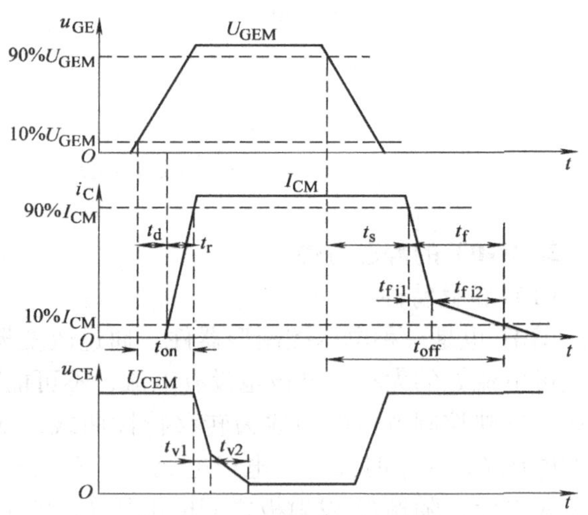

图 4-22　IGBT 的动态特性

由图 4-22 可以看出，在 t_{on} 结束时，i_C 已上升到接近稳态值，但集电极-发射极之间的电压 u_{CE} 刚开始下降，整个下降过程分为两段，第一段下降较快，为 IGBT 中的 MOSFET 单独工作的电压下降过程，对应的时间为 t_{V1}，这段时间电压下降较快。在第二段时间 t_{V2} 中，MOSFET 和 GTR 同时工作，电压下降速度减慢。

欲使 IGBT 关断，需使驱动信号源的电压下降到零或负值，但由于 G-E 之间输入电容的作用，栅极-发射极之间电压 u_{GE}不能突变而是逐渐下降，u_{GE}下降到一定程度，集电极电流才开始下降，把从 u_{GE}下降到原来的 90% 到 i_C 下降到稳态值的 90% 所对应的时间称为关断延迟时间 t_s，i_C 从稳态值的 90% 下降到稳态值的 10% 对应的时间称为下降时间 t_f。t_f 又可分为 t_{fi1}和 t_{fi2}两段，t_{fi1}是 IGBT 内部的 MOSFET 的关断时间，在这段时间内，i_C 下降较快；t_{fi2}是 IGBT 内部的 GTR 的关断时间，在这段时间内，i_C 下降较慢。整个关断过程对应的时间为关断时间 t_{off}：$t_{off}=t_s+t_f$。

4. 擎住效应和安全工作区

由图 4-20a IGBT 的结构可以看出，在 IGBT 中，除了图 4-20b 中的 PNP 型晶体管外，还存在着一个 NPN 型寄生晶体管，它由 J_1 和 J_2 之间的 N 型材料、两侧的 P 型材料和与 E 极连接的 N^+ 材料构成。这样，IGBT 可由图 4-23 的电路来等效。在 NPN 型晶体管（图 4-23 中的 V_2）的 B-E 之间有一个与之并联的扩展电阻 R_{br}，IGBT 工作时电流会流过这个电阻产生压降，相当于给 NPN 型晶体管 V_2 提供正向偏置，偏置电压的大小与集电极电流 i_C 有关。在一般情况下，该电压不大，不至于使 NPN 型晶体管导通，但如果 i_C 很大，R_{br}就可能给 V_2 的发射结提供足够的电压使其导通。V_2 一旦导通，就会与 PNP 型晶体管形成正反馈，两个晶体管很快进入饱和状态，此时 V_1、V_2 实际上构成了一个晶闸管，门极失去了控制作用。这就是所谓擎住效应。IGBT 一旦发生擎住现象，就无法控制关断，在使用中这是不允许的。为防止擎住效应的出现，IGBT 的集电极电流不能过大，通常制造商提供一个临界值 I_{CM}，IGBT 的电流应限制在 I_{CM}以下，以保证不出现擎住现象。可见，IGBT 中的 I_{CM}与一般双极型晶体管的 I_{CM}其定义是有区别的。

IGBT 的安全工作区由最大集电极电流 I_{CM}、集电极-发射极最大电压 U_{CEM}和集电极最大功耗与坐标轴围成，如图 4-24 所示（图的横坐标为对数坐标，所以功率曲线为直线）。

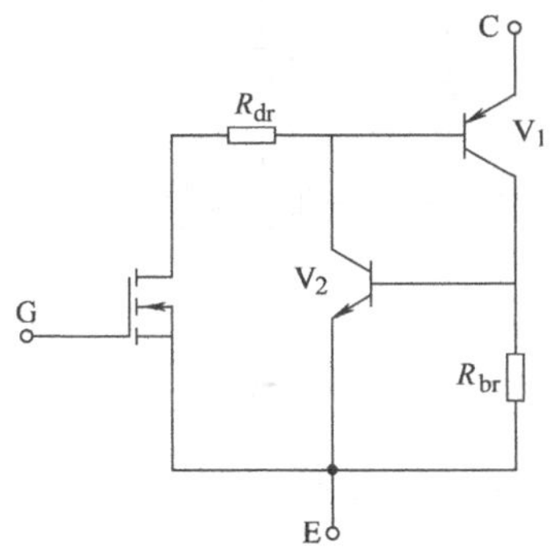

图 4-23　具有寄生晶闸管的 IGBT 等效电路

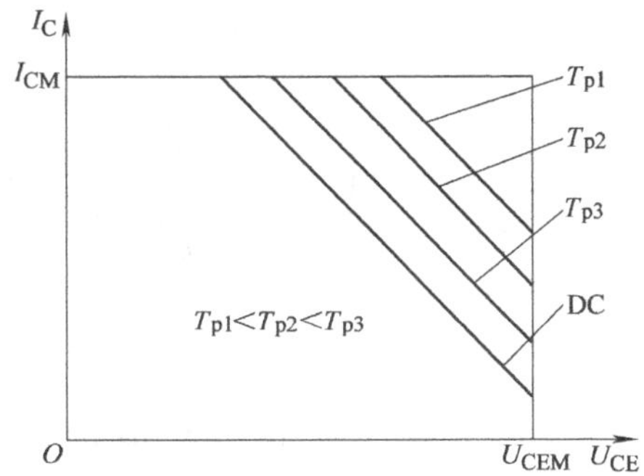

图 4-24　IGBT 的安全工作区

图4-24中I_{CM}由保证不发生擎住现象的最大集电极电流决定；U_{CEM}由IGBT内部的PNP型晶体管的击穿电压决定，而最大集电极功耗决定于器件的结温。与MOSFET相似，IGBT的最大允许功耗也与通过的电流脉冲宽度有关，脉冲宽度越宽，允许的功耗越小。图4-24中，T_{P1}、T_{P2}、T_{P3}为IGBT工作时电流脉冲的宽度，可以看出脉冲宽度越宽，安全工作区的面积就越小。而与MOSFET不同的是，在U_{CE}较低时不存在导通电阻随电压减小而增大的现象，即使U_{CE}很小，集电极电流也只受I_{CM}的限制。

5. IGBT驱动电路的设计

对IGBT栅极驱动电路的要求主要有：

1）驱动电路必须可靠，保证有一条低阻抗值的放电回路，即驱动电路与IGBT的连线要尽量短。

2）用内阻小的驱动源对栅极电容充放电，IGBT开通后，栅极驱动源应能提供足够的功率，使IGBT不退出饱和而损坏。

3）驱动电路中的正偏压应为12～15V，负偏压应为－2～－10V。综合考虑器件安全和开关损耗，栅极电阻R_g应取值合理。

4）驱动电路应与整个控制电路在电位上严格隔离。

5）驱动电路应尽可能简单实用，具有对IGBT的自保护功能，并有较强的抗干扰能力。

6）若为大电感负载，IGBT的关断时间不宜过短，以限制di/dt所形成的尖峰电压，保证IGBT的安全。

图4-25为有正负偏压的IGBT直接驱动电路，为了使IGBT稳定工作，一般要求双电源供电，即驱动电路要求采用正、负偏压的双电源方式，输入信号经整形器整形后进入放大级，放大级采用有源负载方式以提供足够的栅极电流。此种驱动电路适用于小容量的IGBT。

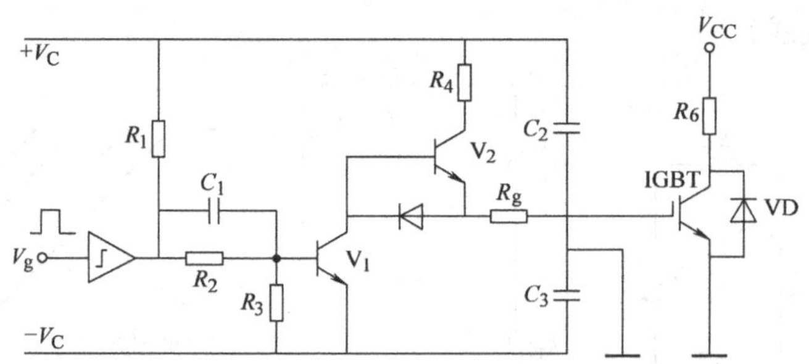

图4-25 有正负偏压的IGBT直接驱动电路

图4-26为典型的光电耦合隔离驱动电路，V_g为高电平时，光耦合器中晶体

管导通，R_1 上有电流流过，场效应晶体管 V_1 关断，在+15V电源的作用下，V_2 迅速导通，经栅极电阻 R_g，使IGBT正偏而导通。V_g 为低电平时，作用过程相反，V_1 导通使 V_3 导通，-5V电源经栅极电阻 R_g 加在IGBT的栅极-射极之间，使IGBT迅速关断。

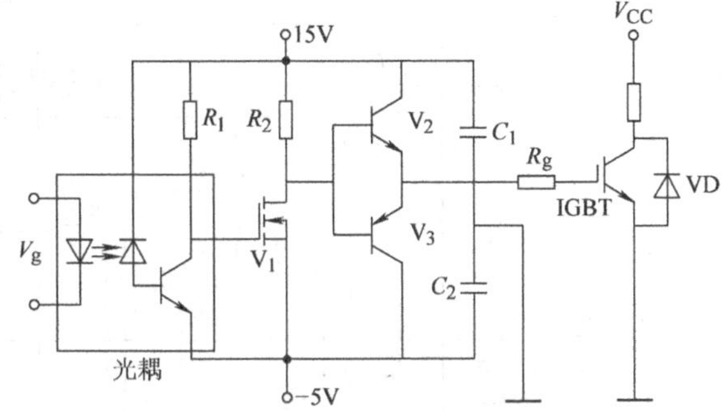

图4-26 光电耦合隔离驱动电路

应用IGBT集成驱动模块来构成IGBT的驱动电路，不但能大大地减少设计工作量，缩短产品开发周期，还能减小体积、降低噪声干扰、改善驱动和保护性能，而且可以大大地提高电路的可靠性。常用的集成驱动模块有富士公司的EXB系列，CONCEPT公司的SCALE系列，三菱公司的M57957～M57963系列，IR公司的IR2100系列等。这类集成驱动模块均具备过电流软关断、高速光耦隔离、欠压锁定、故障信号输出功能。

(1) EXB840(841) 驱动器

EXB840(841) 为高速型驱动器，采用直插式封装结构，最高工作频率为40kHz，适用于全部IGBT模块产品范围。EXB系列集成驱动器为高密度SIL封装，为单电源供电工作方式，采用高隔离电压的光耦合器，可承受2500V交流电压1min，能用于交流380V的驱动系统中；并集成了过电流保护电路，可输出过电流保护信号。

EXB840 (841) 内部电路框图如图4-27所示，放大单元由光耦合器TS01 (TLP550)、V_2、V_4、V_5、R_1、C_1、R_2 和 R_9 组成，其中TS01起隔离作用，V_2 是中间级，V_4 和 V_5 组成推挽输出级。

IGBT通常只能承受10μs的短路电流，所以必须有快速保护电路。EXB系列驱动器内设有电流保护电路，根据驱动信号与集电极之间的关系检测过电流，其检测电路如图4-28所示。如果发生过电流，驱动器的低速切断电路就慢速关断IGBT，从而保证IGBT不被损坏。如果以正常速度切断过电流，集电极产生的电压尖峰足以破坏IGBT。

IGBT在开关过程中需要一个+15V的开启电压和一个-5V关断电压，这两种电压均可由20V供电的驱动器内部电路产生。

实用的EXB841集成驱动电路如图4-28所示。当14脚为开通信号（低电平）时，EXB841的15、14脚有10mA的电流流过，内部光耦导通，从而使3脚输出为+15V的驱动电压，通过栅极电阻 R_g 给IGBT的栅极电容充电，保证开通

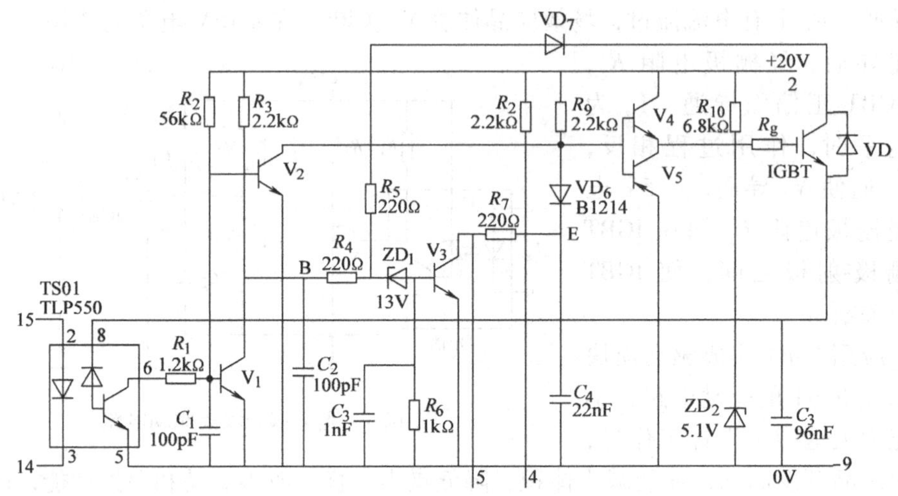

图 4-27 EXB840（841）内部电路图

信号具有较好的前沿陡度；当 14 脚为关断信号（高电平）时，驱动电路在 IGBT 的栅极和射极之间施加 -5V 的反向偏压，并由二极管 VD_2 形成放电回路使 IGBT 迅速关断。EXB841 中的 6 脚通过快速二极管 VD_1 接至 IGBT 的集电极，通过检测 U_{CE} 的高低来判断是否发生过电流现象。发生过电流时，EXB841 的内部过电流保护电路使 3 脚电位在 8μs 内逐渐下降，关断 IGBT。

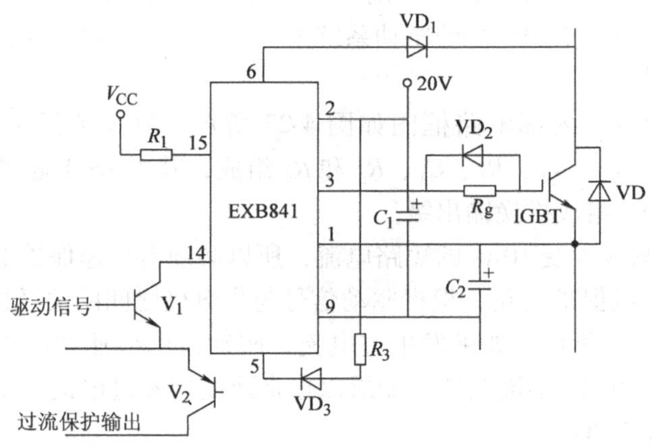

图 4-28 XB841 集成驱动电路

为提高 EXB 系列驱动器的抗干扰性能，应保证输入电路与输出电路间有良好的隔离，IGBT 栅极、发射极回路的接线长度一定要小于 1m，且应使用双绞线。IGBT 在使用手册推荐的运行条件下工作状态最佳，驱动器输出的驱动电压过高会损坏 IGBT，过低时将使 IGBT 不能正常导通；输入电流过大会增加驱动电路的信号延迟时间，过小会引起驱动电路工作不稳定；栅极电阻选择不当将增加 IGBT 和续流二极管的噪声。

(2) SCALE 驱动器

SCALE 系列集成驱动器是由瑞士 CONCEPT 公司生产的专门驱动 IGBT 和功率 MOSFET 的集成驱动器，采用 ASIC 设计，可应用在数千瓦至数兆瓦的功率范围内，开关频率大于 100kHz，体积小、成本低、使用简便，可处理 5～15V 电平的标准逻辑信号，具有智能化驱动功能，且驱动信号、状态传送及电源与功率部分完全隔离。

与其他驱动器相比，SCALE 系列集成驱动器可灵活定义逻辑电平，可自由选择工作方式，具有短路和过电流保护功能、欠压监测功能，可动态设定短路保护阈值，在很大程度上方便了用户的使用。

SCALE 系列集成驱动器的内部结构如图 4-29 所示（两通道），由逻辑与驱动电路接口（LDI001）、智能栅极驱动器（IGD）、集成 DC/DC 变换器三个单元组成，驱动器只需一个 15V 直流电源即可为各个驱动通道提供工作电源。SCALE 系列集成驱动器提供的驱动电流可达 18A，输出驱动信号的导通电平为 +15V，关断电平为 -15V，开关工作频率范围为 0～100kHz；具有 500V～10kV 的电气隔离特性，占空比为 0%～100%。

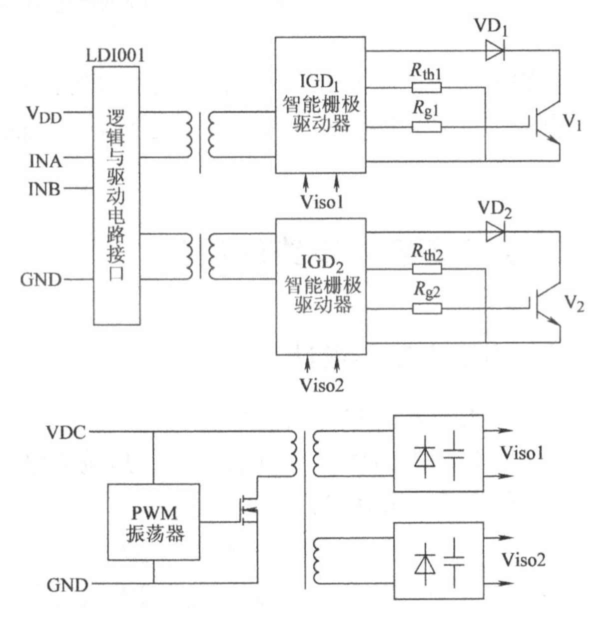

图 4-29 SCALE 驱动器内部结构框图

SCALE 驱动器的工作方式分为直接方式和半桥方式，在三相逆变电路中，需要 SCALE 驱动器工作在半桥方式，图 4-30 为半桥方式的接线图，其外部引脚连接方法：MOD 输入端接地，由 INA 端输入 PWM 信号，由 INB 端输入使能信号，由于两个状态输出端 SO1 和 SO2 接在一起，所以两个驱动通道输出同一故障信号。死区时间由 RC1 和 RC2 端的外接电路来确定。

SCALE 驱动器的故障状态输出采用集电极开路形式，以便与其他逻辑电平匹配。输出时需接上拉电阻。当电源电压低于 10V 时，IGD 执行欠压保护功能，

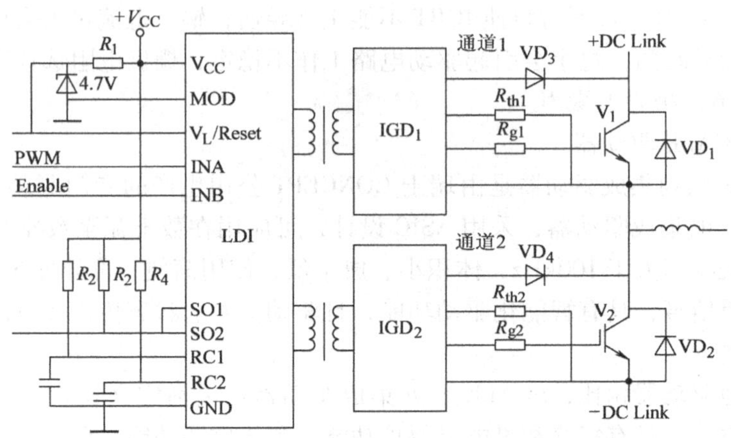

图 4-30　SCALE 驱动器连接图

输出负栅极电压，关断 IGBT 并输出故障报警信号；当 U_{CE}监测电路检测到短路或过电流现象时，IGD 执行短路或过电流保护功能，关断 IGBT 并输出故障报警信号。

4.3　功率变换主电路的设计

4.3.1　逆变电路的设计

（1）电压与电流额定值的确定

对于交流输入的功率变换主电路，其逆变电路功率开关器件的额定电压值 U_{CES}可以根据下式来确定：

$$U_{CES}=\sqrt{2}U_{CI}+\Delta U_R+\Delta U_s+\Delta U_m \tag{4-2}$$

式中　U_{CI}——功率变换电路输入交流线电压的有效值；

ΔU_R——再生制动时直流母线电压的升高值；

ΔU_s——器件关断时的浪涌电压值；

ΔU_m——考虑器件安全工作时的电压裕量。

通常，输入交流电压与器件额定电压 U_{CES}之间的关系如表 4-1 所示，一般希望直流母线电压在器件额定电压的 50% ~60% 以下来使用器件。

表 4-1　输入电压和器件额定电压关系

输入交流电压/V	180 ~ 220	380 ~ 440	480 ~ 575
器件额定电压值/V	600	1000 ~ 1200	1400

器件额定电流值可以由逆变电路容量计算出的最大电流值确定。伺服驱动器的逆变电路容量与伺服电动机功率之间的关系为

$$P_{CN}=\frac{P_M}{\eta\cos\varphi} \tag{4-3}$$

式中　P_{CN}——逆变电路容量（kVA）；

P_M——电动机的输出功率（kW）；

η——电动机的效率；

$\cos\varphi$——电动机的功率因数。

逆变电路功率器件流过的峰值电流为

$$I_{CMAX}=\frac{\sqrt{2}k_{ol}k_{irp}P_{CN}}{\sqrt{3}U_{CN}} \tag{4-4}$$

式中　I_{CMAX}——功率器件流过的峰值电流；

U_{CN}——逆变电路输出交流线电压的有效值；

k_{ol}——电动机的过载倍数；

k_{irp}——逆变电路输出电流的脉动系数，是逆变电路输出电流的瞬时尖峰值与基波峰值的比，其大小与逆变电路输入电压、电动机转速、PWM 调制频率以及电动机电感等因素有关。

设计逆变电路时所选择功率开关器件的额定电流值 I_C 只要大于器件实际流过的峰值电流值 I_{CMAX} 即可，但要考虑器件工作时环境温度的影响。

（2）正弦波 PWM 逆变电路开关器件损耗的计算

IGBT 的饱和损耗：

$$P_{(sat)AV}=I_{CP}U_{CE(sat)}\left(\frac{1}{8}+\frac{D}{3\pi}\cos\varphi\right) \tag{4-5}$$

式中　I_{CP}——逆变电路输出电流的峰值；

$U_{CE(sat)}$——电流为 I_{CP} 时 IGBT 的饱和压降；

D——输入信号的占空比；

$\cos\varphi$——输出正弦波的功率因数。

IGBT 的开关损耗：

$$P_{(SW)AV}=E_{SW}f/\pi \tag{4-6}$$

式中　E_{SW}——IGBT 每个脉冲的开关能量，该值可以通过技术数据算出。

续流二极管的饱和损耗：

$$P_{(F)AV}=I_{CP}\times U_F\times\left(\frac{1}{8}-\frac{\mathrm{D}}{3\pi}\cos\varphi\right) \tag{4-7}$$

式中　U_F——续流二极管的正方向压降。

续流二极管的恢复损耗：

$$P_{(r)AV}=\frac{1}{8}\times\ (I_{rr}U_d t_{rr} f) \tag{4-8}$$

式中 I_{rr}——续流二极管的反向恢复电流；

t_{rr}——续流二极管的反向恢复时间；

U_d——直流母线电压。

每个开关器件（IGBT + FWD）的总损耗：

$$P=P_{(sat)AV}+P_{(SW)AV}+P_{(F)AV}+P_{(r)AV} \tag{4-9}$$

4.3.2 缓冲电路的设计

缓冲电路又称吸收电路，用于抑制逆变电路中因功率器件开关所导致的过电压，以改变器件的开关轨迹，控制各种瞬态时的过电压，减小器件的开关损耗、确保器件的安全。

功率器件过电压的产生与回路布线的寄生电感关系密切，因此首先必须优化布线，尽量减小寄生电感；同时，设计合适的缓冲电路，来抑制浪涌电压，防止过电压的产生。

抑制过电压的缓冲电路主要包括与开关元件一对一配置的分体式缓冲电路和在直流母线之间配置的整体式缓冲电路两种。

1. 分体式缓冲电路

分体式缓冲电路主要有 RC 缓冲电路、放电阻止型 RCD 缓冲电路和充放电型 RCD 缓冲电路，如图 4-31 所示。

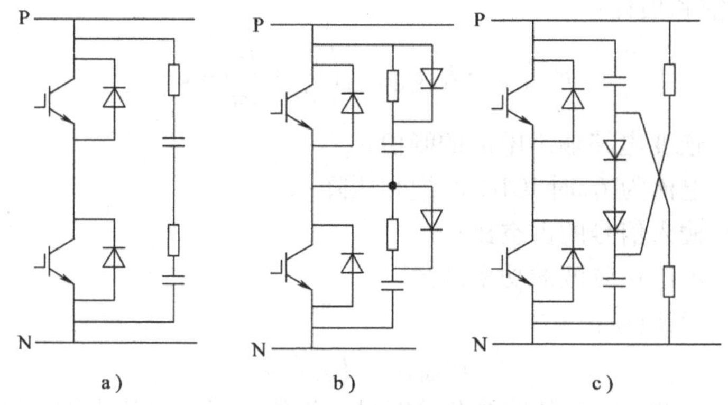

图 4-31 分体式缓冲电路

a) RC 缓冲电路 b) 冲放电型 RCD 缓冲电路 c) 放电阻止型 RCD 缓冲电路

(1) RC 缓冲电路

RC 缓冲电路对关断时的浪涌电压抑制效果好，但应用大容量 IGBT 时，必须减小缓冲电路的电阻值，结果会使导通时集电极电流增大，对 IGBT 的要求变得苛刻。且缓冲电路的损耗大，不适合高频开关电路。

(2) 放电阻止型 RCD 缓冲电路

放电阻止型 RCD 缓冲电路对关断时的浪涌电压有良好的抑制效果，缓冲电路上产生的损耗少，最适合应用于大容量、高频开关电路。

放电阻止型 RCD 缓冲电路电阻上产生的损耗可以根据下式进行计算。

$$P = \frac{LI_0^2 f}{2} \tag{4-10}$$

式中　L——主电路的寄生电感；

I_0——IGBT 关断时的集电极电流；

f——开关频率。

关断时的尖峰电压可以用下式求得。

$$V_{\mathrm{CESP}} = U_{\mathrm{d}} + U_{\mathrm{FM}} - L_{\mathrm{S}} \frac{\mathrm{d}i_{\mathrm{C}}}{\mathrm{d}t} \tag{4-11}$$

式中　U_{FM}——缓冲二极管过渡正方向压降；

L_{S}——缓冲电路的寄生电感；

$\frac{\mathrm{d}i_{\mathrm{C}}}{\mathrm{d}t}$——关断时集电极电流变化率的最大值。

缓冲二极管的一般过渡正方向压降参考值为 600V 级：20～30V；1200V 级：40～60V。

缓冲电容 C_{S} 的容量可以用下式求得。

$$C_{\mathrm{S}} = \frac{LI_0^2}{(U_{\mathrm{CEP}} - U_{\mathrm{d}})^2} \tag{4-12}$$

式中　U_{CEP}——缓冲电容的最终充电电压。

缓冲电容要选择高频特性好的电容，如薄膜电容。

对缓冲电阻的要求是，在 IGBT 进行下一次关断动作之前，要把缓冲电容中 90% 的电荷放掉。按照这一条件求得的缓冲电阻 R_{S} 的值为

$$R_{\mathrm{S}} \leqslant \frac{1}{2.3 C_{\mathrm{S}} f} \tag{4-13}$$

如果缓冲电阻的值选择得过低的话，缓冲电路中的电流会发生振荡，IGBT 导通时的集电极电流的尖峰值也会增大，因此，要在满足上式条件的前提下尽量选用高阻值的电阻。

缓冲二极管的过渡正方向压降是器件关断时产生尖峰电压的一个重要原因。并且如果缓冲二极管的反向恢复时间长，则在高频开关动作时缓冲二极管产生的

损耗很大；如果缓冲二极管反向恢复过急的话，IGBT 的 C-E 间电压会产生剧烈的振荡。因此，放电阻止型 RCD 缓冲电路的缓冲二极管要选择过渡正方向压降小、反向恢复时间短、具有软恢复特性的二极管。

（3）充放电型 RCD 缓冲电路

充放电型 RCD 缓冲电路对关断时的浪涌电压抑制效果好；它与 RC 缓冲电路不同，由于带有缓冲二极管，因此缓冲电阻值可以取大，能够避免导通时集电极电流增大影响 IGBT 的问题；与放电阻止型 RCD 缓冲电路相比，由于在缓冲电路上（主要是缓冲电阻）产生的损耗非常大，因此不适合高频开关电路。

充放电型 RCD 缓冲电路电阻上产生的损耗可以根据下式进行计算：

$$P=\frac{LI_0^2f}{2}+\frac{C_SU_d^2f}{2} \tag{4-14}$$

2. 整体式缓冲电路

整体式缓冲电路主要有 C 缓冲电路、RCD 缓冲电路和组合式缓冲电路，如图 4-32 所示。

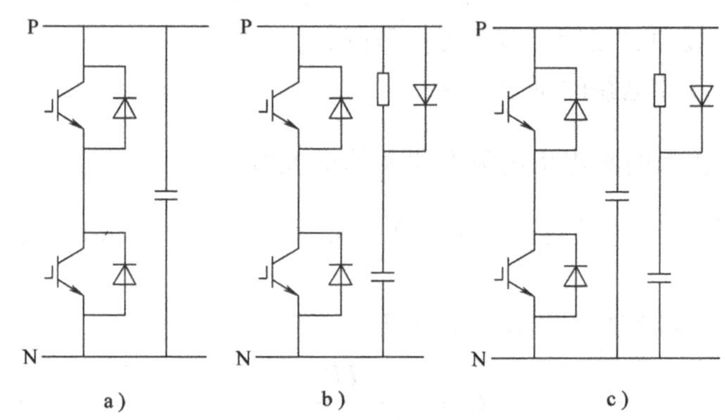

图 4-32 整体式缓冲电路

a）C 缓冲电路 b）RCD 缓冲电路 c）组合式缓冲电路

（1）C 缓冲电路

C 缓冲电路是最简单的缓冲电路。器件关断时的浪涌电压被 C 缓冲电路吸收后，在主电路的电感与缓冲电容之间有 LC 振荡电流，使母线电压产生较大波动。因此，C 缓冲电路适用于 100A 以下的 IGBT 电路中。

（2）RCD 缓冲电路

RCD 缓冲电路中的充电电流经缓冲二极管流入，放电电流经缓冲电阻流出，因此不会产生像 C 缓冲电路那样的振荡电流。但是 RCD 缓冲电路的缓冲二极管如果选择错误的话，有时会产生较高的浪涌电压以及在缓冲二极管反向恢复时产生电压波动；它能够减小母线电压的波动，尤其是母线配线较长时效果好；适用于 200A 以下的 IGBT 电路中。

缓冲电容的容量可以根据下式计算。

$$C_{\mathrm{S}}=\frac{LI_{0}^{2}}{(U_{\mathrm{CEP}}-U_{\mathrm{d}})^{2}} \tag{4-15}$$

缓冲电阻的阻值可以根据下式计算。

$$R_{\mathrm{S}}\leqslant\frac{1}{2.3C_{\mathrm{S}}f} \tag{4-16}$$

缓冲电阻的阻值在不产生振荡的前提下，在上述范围内尽量取最大值。

充电后的缓冲电容在放电时，缓冲电容的充电电压作为反向电压会施加在缓冲二极管上，这时，缓冲二极管的反向恢复时间如果长的话，高频开关动作时缓冲二极管的损耗会变大。缓冲二极管在硬恢复时，会产生电压振荡，有时会抑制缓冲电容的充电电压，使其对浪涌电压的抑制效果变差。

（3）组合式缓冲电路

有时为了提高缓冲效果，常将 C 缓冲电路和 RCD 缓冲电路组合起来使用。

4.3.3　整流电路的设计

整流电路可按照以下几种方法分类：按组成的器件可分为不可控、半控、全控整流电路；按电路结构可分为桥式整流电路和零式整流电路；按交流输入相数分为单相整流电路和多相整流电路。交流伺服系统中最为常用的整流电路是单相桥式不可控整流电路和三相桥式不可控整流电路，二者分别应用于小功率伺服系统和大功率伺服系统中。

当逆变电路采用 SPWM 方式控制输出电压时，如果忽略损耗和高次谐波，则逆变电路的直流侧与交流侧功率、电压之间存在如下关系：

$$\sqrt{3}U_{\mathrm{CN}}I_{\mathrm{CN}}\cos\varphi=U_{\mathrm{dc}}I_{\mathrm{dc}} \tag{4-17}$$

$$U_{\mathrm{CN}}=\frac{\sqrt{3}\sqrt{2}}{\pi}U_{\mathrm{dc}} \tag{4-18}$$

式中　I_{CN}——逆变电路输出交流电流基波的有效值；

U_{dc}——直流母线电压的平均值；

I_{dc}——直流母线电流的平均值。

从而可以得到逆变电路的直流侧与交流侧电流之间的关系为

$$I_{\mathrm{dc}}=\frac{3\sqrt{2}}{\pi}\cos\varphi I_{\mathrm{CN}} \tag{4-19}$$

单相桥式整流电路的整流二极管正向平均电流 $I_{\mathrm{D(AV)}}$ 与最大反向电压 U_{RM} 分

别为

$$I_{D(AV)}=\frac{I_{dc}}{2} \tag{4-20}$$

$$U_{RM}=\sqrt{2}U_{\phi} \tag{4-21}$$

式中 U_{ϕ}——功率变换电路输入交流单相电压的有效值；

三相桥式整流电路的整流二极管正向平均电流 $I_{D(AV)}$ 与最大反向电压 U_{RM} 分别为

$$I_{D(AV)}=\frac{I_{dc}}{3} \tag{4-22}$$

$$U_{RM}=\sqrt{2}U_{CI} \tag{4-23}$$

上述分析是基于理想的假设条件，因此在实际的整流电路设计中，还需要考虑再生制动引起的电压升高、逆变电路开关器件关断所引起的浪涌电压等因素，来最终确定整流二极管的最大反向电压 U_{RM}；需要考虑损耗、高次谐波等因素来确定整流二极管的正向平均电流 $I_{D(AV)}$。

4.3.4 滤波电路的设计

在电压型逆变电路中，滤波元件主要采用电解电容。由于电解电容存在寿命问题，在设计采用电解电容的滤波电路时，要准确计算电解电容的容量。否则若容量设计得过大，既增加了逆变电路的成本，又增大了逆变电路的体积；若容量设计得过小，则会提高电容的温升，缩短电容的寿命，而且还会影响逆变电路的性能。

变频驱动装置滤波电容的选择主要考虑以下三方面因素：电容的额定电压；滤波电路的纹波电压；电容的额定纹波电流。由于电解电容的纹波电流是引起电解电容损耗和发热的主要因素，纹波电流的大小直接关系到电解电容的发热量和寿命，因此，纹波电流对于变频驱动装置滤波电容容量的选取起到关键的约束作用。

电解电容所允许的纹波电流值与电容器允许的最高温度、工作温度及纹波电流频率相关，电解电容允许的纹波电流随温度的升高而降低。电解电容的寿命受其内部温度的影响非常大，通常，温度每升高 10℃，寿命将降为原来的二分之一；反过来，温度每降低 10℃，寿命会延长 1 倍。电解电容的工作温度主要取决于周围环境温度和内部损耗，而内部损耗则主要取决于电容的内阻和所流过纹波电流的大小。因此，为了合理选择滤波电容的容量，首先要准确计算流入电容纹波电流的有效值。

滤波电容流过的纹波电流主要包括两部分：从工频电源通过整流电路流入的

电流和通过逆变电路输入到电机中的电流。PWM 逆变电路滤波电容的电流主要取决于电机电流，其有效值大约为电机电流有效值的 1/2 左右；其频率包括 6 倍工频频率（三相输入）和逆变电路输出电压所包含的高次谐波频率。

电容流过纹波电流的大小确定之后，根据电解电容产品手册中的技术数据，选择外形尺寸大小合适的电容单体，采用若干电容单体并联组成滤波电路，使并联电容总电流的有效值大于实际流入纹波电流的有效值。

4.3.5　制动电路的设计

制动电路设计主要包括制动电阻 R_B 和制动开关管 T_B 的选择、计算。

制动电阻 R_B 的选择，包括电阻阻值及容量的计算，可按下列步骤进行。

（1）制动转矩的计算

制动转矩 T_B（N · m）可由下式算出

$$T_B = \frac{J(\omega_1 - \omega_2)}{t_s} - T_L \tag{4-24}$$

式中　J——电动机转子转动惯量与负载折算到电动机轴上的转动惯量之和（kg · m^2）；

T_L——负载转矩（N · m）；

ω_1——减速开始角速度（rad/s）；

ω_2——减速完了角速度（rad/s）；

t_s——减速时间（s）。

（2）制动电阻阻值的计算

在附加制动电阻进行制动的情况下，电动机内部的有功损耗部分折合成制动转矩，大约为电动机额定转矩的 20%。考虑到这一点，可用下式计算制动电阻的阻值：

$$R_{max} = \frac{U_d^2}{(T_B - 0.2T_M)\omega_1} \tag{4-25}$$

式中　R_{max}——制动电阻的最大值（Ω）；

U_d——直流母线电压（V）；

T_M——电动机的额定转矩（N · m）。

如果系统所需制动转矩 $T_B < 0.2T_M$，即制动转矩在额定转矩的 20% 以下时，不需要外加制动电阻，仅靠电动机内部有功损耗的作用，就可使直流母线电压限制在过电压保护的动作水平以下。

由制动开关管和制动电阻构成的放电回路中，最大放电电流受制动开关管的最大允许电流 I_C 的限制。因此，制动电阻的最小允许值为

$$R_{\min}=\frac{U_{\mathrm{d}}}{I_{\mathrm{C}}} \tag{4-26}$$

式中 $R_{\min}$——制动电阻的最小允许值（Ω）。

因此，制动电阻应该在下式所限定的范围内选择：

$$R_{\min}\leqslant R_{\mathrm{B}}\leqslant R_{\max} \tag{4-27}$$

（3）制动时平均消耗功率的计算

由于制动中电动机自身消耗了相当于20%额定转矩的损耗，因此制动电阻上消耗的平均功率 P_{RB}（W）可按下式求出：

$$P_{\mathrm{RB}}=(T_{\mathrm{B}}-0.2T_{\mathrm{M}})\frac{\omega_1+\omega_2}{2} \tag{4-28}$$

（4）制动电阻额定功率的计算

在一定的时间内，电动机减速的重复次数越多，消耗在制动电阻上的损耗就越多，从而需要制动电阻的额定功率也就越大。通常可以按照下式来计算制动电阻的额定功率 P_{R}：

$$P_{\mathrm{R}}=k_{\mathrm{B}}P_{\mathrm{RB}} \tag{4-29}$$

式中 k_{B}——制动频度系数。通常，$k_{\mathrm{B}}=0.1\sim0.5$，电动机功率较小时取小值，反之取大值。

制动电阻的阻值确定以后，就可以根据直流母线电压确定制动开关管的额定电流、额定电压以及损耗。

4.4 PWM 控制技术

PWM 控制技术，即脉宽调制控制技术，是利用半导体开关器件的导通与关断把直流电压变成电压脉冲列，并通过控制电压脉冲宽度或周期达到变压目的，或者通过控制电压脉冲宽度和脉冲列的周期达到变压、变频目的的一种控制技术。

PWM 控制功率变换系统具有下列优点：

1）主电路的拓扑结构简单，需要的功率器件少。

2）开关频率高，输出电流容易连续，谐波含量少，电机损耗及转矩波动小。

3）低速性能好，稳速精度高，调速范围宽。

4）与交流伺服电机配合形成的交流伺服系统的频带宽，动态响应快，抗干扰能力强。

5）功率开关器件工作在开关状态，导通损耗小，当开关频率适当时，开关损耗也不大，因而系统的效率高。

交流伺服系统中常用的 PWM 控制方法有电压型 SPWM 控制、电流跟踪型 PWM 控制和电压空间矢量 PWM 控制等方法。

4.4.1　正弦波脉宽调制（SPWM）控制技术

1. 正弦波脉宽调制原理

图4-33 是一个 PWM 控制原理示意图。将正弦半波波形划分成 N 等分，每一等分中的正弦曲线与横轴所包围的面积都用一个与此面积相等的等高矩形波来代替。显然，各个矩形波宽度不同，但它们的宽度大小按正弦规律曲线变化。正弦波的负半周也可以用相同的方法，用一组等高不等宽的矩形负脉冲来代替。对上述等效调宽脉冲，在选定了等分数 N 后，可以借助计算机严格地算出各段矩形脉冲宽度，以作为控制逆变电路开关元件通断的依据。这种由控制电路按一定的规律控制开关的通断，从而得到一组等效正弦波的一组等幅不等宽的矩形脉冲的方法称为正弦脉宽调制（SPWM）技术。

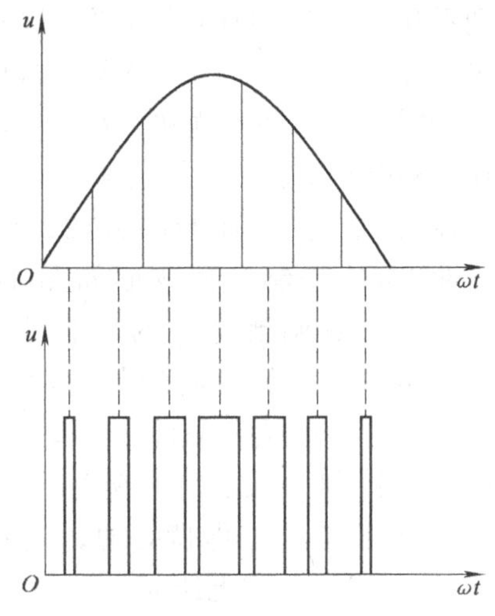

图 4-33　PWM 控制原理示意图

通常采用等腰三角波作为载波，因为等腰三角波上下宽度与高度成线性关系且左右对称，当它与任何一个平缓变化的调制波相交时，如果在交点时刻控制电路中开关元件的通断，就可以得到宽度正比于调制波幅值的脉冲，这正好符合 PWM 控制的要求。当调制波为正弦波时，所得到的就是 SPWM 波形。

图 4-34 是采用 IGBT 作为开关器件的电压型单相桥式逆变电路，设负载为电感性，L 足够大，能保证负载电流 i_o 连续。

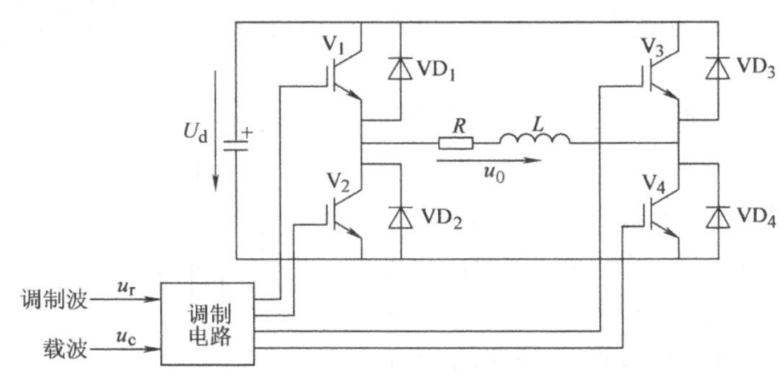

图 4-34　电压型单相桥式 PWM 逆变电路

对各开关管的控制应按下面规律进行：在信号 u_r 正半周期间，让开关管 V_1 保持导通，而让开关管 V_4 交替通断。当 V_1 和 V_4 导通时，加在负载上的电压 $u_o = U_d$。当 V_1 导通而 V_4 关断时，由于感性负载中的电流不能突变，负载电流 i_o 将通过二极管 VD_3 续流，则负载上所加电压 $u_o = 0$。如果负载电流较大，那么直到使 V_4 再一次导通之前，VD_3 一直保持导通。如果负载电流较快地衰减到零，在 V_4 再一次导通之前，负载电压也一直为零。这样，负载上的输出电压 u_o 就可得到零和 U_d 交替的两种电平。同样，在负半周期间，让开关管 V_2 保持导通，当 V_3 导通时 $u_o = -U_d$，当 V_3 关断时，VD_4 续流，$u_o = 0$，负载电压 u_o 可得到 $-U_d$ 和零两种电平。这样，在 1 个周期内，逆变电路输出的 PWM 波形就由 $\pm U_d$ 和 0 三种电平组成。

控制 V_4 或 V_3 通断的方法，可以用单极性 PWM 控制，其波形如图 4-35 所示。载波 u_c 在调制波 u_r 的正半周为正极性的三角波，在负半周为负极性的三角波。调制信号 u_r 为正弦波。在 u_r 和 u_c 的交点时刻控制开关管 V_4 或 V_3 的通断。在 u_r 的正半周，V_1 保持导通，当 $u_r > u_c$ 时使 V_4 导通，负载电压 $u_o = U_d$，当 $u_r < u_c$ 时使 V_4 关断，$u_o = 0$；在 u_r 的负半周，V_1 关断，V_2 保持导通，当 $u_r < u_c$ 时使 V_3 导通，$u_o = -U_d$，当 $u_r > u_c$ 时使 V_3 关断，$u_o = 0$。这样，就得到了 SPWM 波形 u_o，图中的虚线 u_{of} 表示 u_o 中的基波分量。像这种在正弦调制波的半个周期内，三角载波只在正或负的一种极性范围内变化，所得到的 PWM 波形也只处于一个极性范围内的控制方式称为单极性 PWM 控制方式。

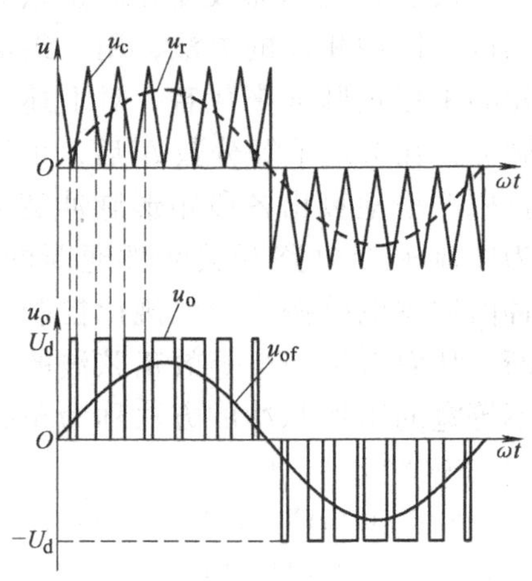

图 4-35 单极性 PWM 控制原理

另外，和单极性 PWM 控制方式不同的是双极性 PWM 控制方式。单相桥式逆变电路双极性控制方式的波形，如图 4-36 所示，在双极性方式中 u_r 的半个周期内，三角波载波是在正、负两个方向变化的，所得到的 PWM 波形也是在两个方向变化的。在 u_r 的 1 个周期内，输出的

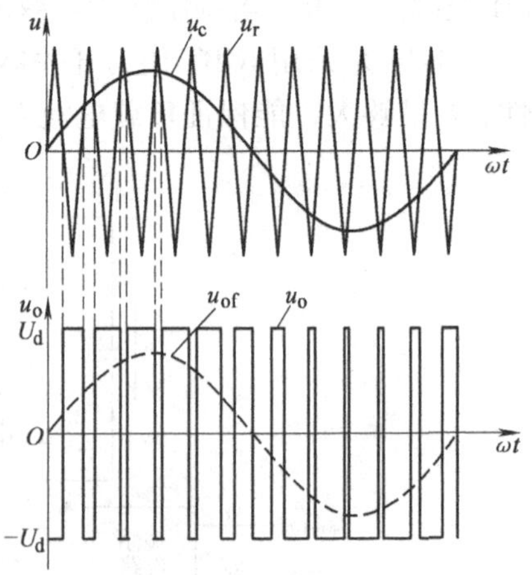

图 4-36 双极性 PWM 控制波形

PWM 波形具有 $\pm U_d$ 两种电平，仍然在调制信号 u_r 和载波信号 u_c 的交点时刻控制各开关器件的通断。

在 PWM 型逆变电路中，使用较多的是图 4-37a 的三相桥式逆变电路，其控

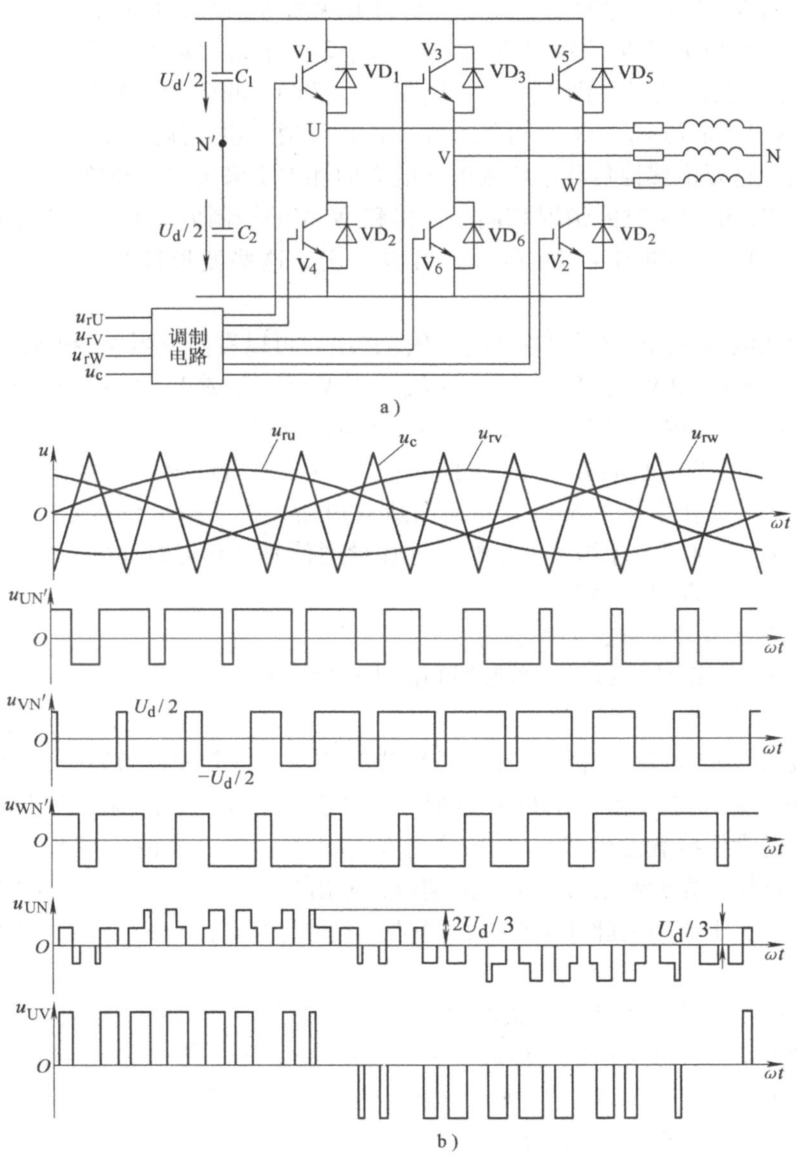

图 4-37　三相桥式 PWM 逆变电路与波形

a) 电路　b) 波形

制方式一般都采用双极性方式。U、V 和 W 三相的 PWM 控制通常公用一个三角波电压 u_c 载波，三相调制信号 u_{rU}、u_{rV} 和 u_{rW} 的相位依次相差 120°。U、V、W 各相功率开关器件的控制规律相同，现以 U 相为例来说明。当 $u_{rU} > u_c$ 时，给上桥臂开关管 V_1 以触发导通信号，给下桥臂开关管 V_4 以关断信号，则 U 相相对于直流电源假想中点 N′的输出电压 $U_{UN} = U_d/2$。当 $u_{rU} < u_c$ 时，给 V_4 以导通信号，给 V_1 以关断信号，则 $U_{UN} = -U_d/2$。V_1 和 V_4 的驱动信号始终是互补的。当给 $V_1(V_4)$ 加导通信号时，可能是 $V_1(V_4)$ 导通，也可能是二极管 $VD_1(VD_4)$ 续流导通，这要由感性负载中原来电流的方向和大小来决定，和单相桥式逆变电路双极性 PWM 控制时的情况相同。V 相和 W 相的控制方式和 U 相相同。U_{UN}、U_{VN} 和 $U_{WN'}$ 的波形如图 4-37b 所示。可以看出，这些波形都只有 $\pm U_d$ 两种电平。

图中线电压 u_{UV} 的波形可由 $U_{UN} - U_{VN'}$ 得出。可以看出，当 V_1 和 V_6 导通时，$U_{UV} = U_d$，当 V_3 和 V_4 导通时 $U_{UV} = -U_d$，当 V_1 和 V_3 或 V_4 和 V_6 导通时 $U_{UV} = 0$，因此逆变电路输出线电压由 $\pm U_d$、0 三种电平构成。

在双极性 PWM 控制方式中，同一相上下两个桥臂的驱动信号都是互补的。但实际上为了防止上下两个桥臂直通而造成短路，在给一个桥臂施加关断信号后，再延迟 Δt 时间，才给另一个桥臂施加导通信号。延迟时间的长短主要由功率开关器件的关断时间决定。

2. PWM 型逆变电路的控制方式

SPWM 逆变电路可以有异步调制和同步调制两种控制方式。

1）异步调制

载波信号 u_c 和调制信号 u_r 不保持同步关系的调制方式称为异步调制，图 4-37 的波形就是异步调制三相 PWM 波形。在异步调制方式中，调制信号的频率 f_r 变化时，通常保持载波信号 u_c 的频率 f_c 固定不变，因而载波比（$N = f_c/f_r$）是变化的。这样，在调制信号的半个周期内，输出脉冲的个数不固定，脉冲相位也不固定，正负半周期的脉冲不对称，同时，半周期内前后 1/4 周期的脉冲也不对称。

当调制信号频率较低时，载波比 N 较大，半个周期内的脉冲数较多，正负半周期脉冲不对称和半周期内前后 1/4 周期脉冲不对称的影响都较小，输出波形接近正弦波。相反 f_c 增高，N 减小，半周期内的脉冲减少，输出脉冲的不对称性影响就变大，还会出现脉冲跳动。同时，输出特性变坏，波形与正弦波之间差距也变大。因此，在采用异步调制方式时，希望尽量提高载波频率，以保持较大的 N，改善输出特性。

2）同步调制

载波比 N 为常数，并在变频时使载波信号和调制信号保持同步的调制方式称为同步调制。在基本同步调制方式中，调制信号频率变化时载波比 N 不变。调制信号半个周期内输出的脉冲数是固定的，相位也是固定的。

在三相 PWM 逆变电路中，通常公用 1 个三角波载波信号，且取 N 为 3 的整数倍，使输出三相波形严格对称，同时为了使一相的波形正负半周镜像对称，N 应取为奇数。图 4-38 是 $N=9$ 时的同步调制三相 PWM 波形。

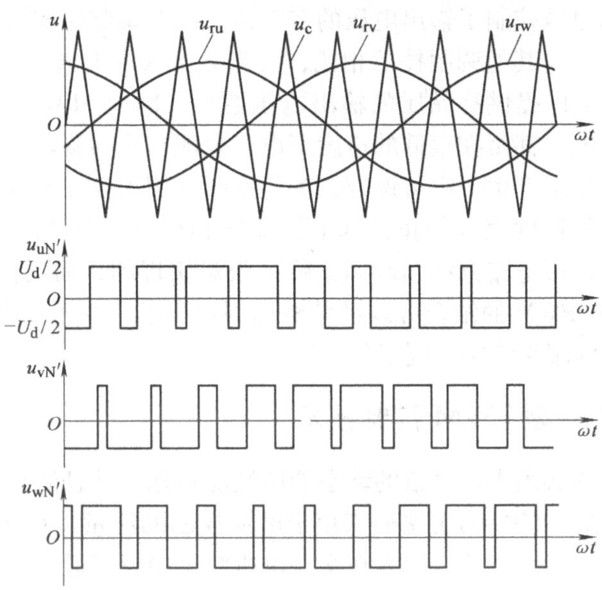

图 4-38　同步调制三相 PWM 波形

3）分段同步调制

为了扬长避短，可将同步调制和异步调制结合起来，成为分段同步调制方式，实用的 SPWM 逆变电路多采用此方式。

在一定频率范围内，采用同步调制，以保持输出波形对称的优点。当频率降低较多时，使载波比分段有级地增加，又发挥了异步调制的优势，这就是分段同步调制。具体地说，把 f_r 范围划分成若干个频段，每个频段内保持 N 恒定，不同频段 N 不同；在 f_r 高的频段采用较低的 N，使载波频率不致过高，以满足功率开关器件对开关频率的限制；在 f_r 低的频段采用较高的 N，使载波频率不致过低而对负载产生不利影响。

从上面的分析中可以看出，SPWM 信号的开关状态由正弦波（调制波）和高频三角波（载波）的比较结果来确定。它实际上就是用一组经过调制的幅值相等、宽度不等的脉冲信号代替调制信号，用开关量取代模拟量以实现功率高效变换的控制方法。其调制准则是：调制后的信号频率除含有调制信号频率、频率很高的载波以及倍频附近的谐波分量外，几乎不含有其他谐波，特别是接近基波的低次谐波。由于频率很高的谐波可以方便地滤除，因而可以很容易地重现调制信号。SPWM 逆变电路的调制系数随基准波的频率线性变化，可以使基波输出电压与输出频率成正比，可容易地提供交流伺服电机恒转矩运行需要的恒电压/频率电源。在 SPWM 中，调制波频率决定了输出电压的频率，调制波峰值确定了调制深度，从而也就控制了输出电压的有效值。改变调制深度可以改变输出电压的有效值，这样，与其他调制技术相比，失真系数大大改善。对于大的载波比，SPWM 逆变电路可以提供高品质的输出电压波形，因此 SPWM 逆变电路适于给交流伺服电机供电，甚至在很低的速度下电机也能平稳的旋转。在交流伺服电机的调速过程中，要求产生一组可调幅值和频率的三相正弦波基准电压。如果伺服电机运行在很低的速度直到停止，基准振荡器必须有相应的降到零频的低频能力，这用传统的模拟电路方法和调制策略是很难实现的，而现代数字电路技术、信号处理技术和 SPWM 的结合可以轻易地达到这一点。基于以上诸多优点，SPWM 技术在交流伺服系统中得到了较为广泛的应用。

4.4.2 电流跟踪型 PWM 控制技术

伺服驱动系统必须满足严格的动态响应性能指标，并且能够平滑地调速，甚至在零速附近，这些特性的实现都依赖于电流控制的质量。在交流伺服系统中，需要保证电机电流为正弦波，因为在交流电机绕组中只有通入三相平衡的正弦电流，才能使合成的电磁转矩为恒定值，不含脉动分量。因此，若能对电流实行闭环控制，保证其正弦波形，显然将比电压开环控制能够获得更好的性能。

电流跟踪型 PWM 逆变电路又称电流控制型电压源 PWM 逆变电路，由 PWM 电压源型逆变电路与电流控制环组成，使逆变电路输出可控的正弦波电流。其基本控制方法是，给定三相正弦电流指令 i_U^*、i_V^*、i_W^*，并分别与电流传感器实测的逆变电路三相输出电流 i_U、i_V、i_W 相比较，以其差值通过电流控制器控制 PWM 逆变电路相应的功率开关器件。如果电流实际值大于给定值，则通过逆变电路开关器件的动作使之减小；反之，则使之增加。这样，实际输出电流将基本按照给定的正弦波电流变化。与此同时，逆变电路输出的电压仍为 PWM 波形。当开关器件具有足够高的开关频率时，可以使电机的电流得到高品质的动态响应。

电流跟踪型 PWM 逆变电路兼有电压型和电流型逆变电路的优点：结构简单、工作可靠、响应快、谐波小、精度高，采用电流控制，可实现对电机定子相电流的在线自适应控制，特别适用于高性能的矢量控制系统。

通过判断逆变电路功率开关器件的开关频率是否恒定，可以把电流跟踪型 PWM 逆变电路分为电流滞环跟踪控制型和固定开关频率型两种。

(1) 电流滞环跟踪控制型

电流滞环跟踪控制型PWM逆变电路除了具有电流跟踪型PWM逆变电路的一般优点外，还因其电流动态响应快，系统运行不受负载参数的影响，实现方便，所以常用于高性能的交流伺服系统中。图4-39所示为电流滞环跟踪控制型逆变电路的结构及电流控制原理图。

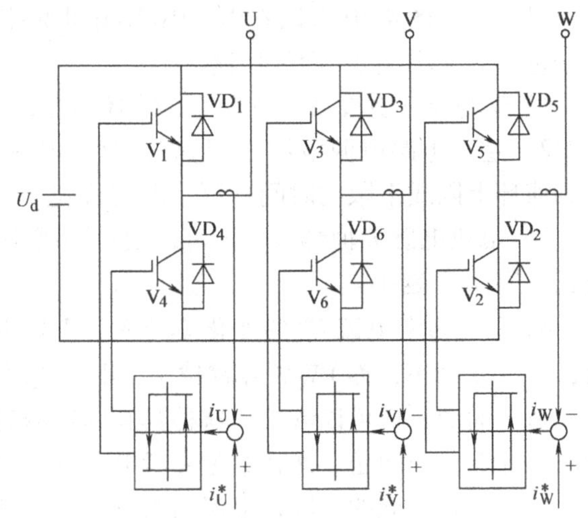

图4-39 电流滞环跟踪控制型PWM逆变电路及电流控制原理

图4-40为电流滞环跟踪控制时的电流波形与PWM电压波形。图中的上、下两条正弦曲线分别称为滞环区的上部极限和下部极限，两个极限中间的区域称为滞环区，中间的一条正弦曲线是正弦基准波，环区中的实线是实际的电流。

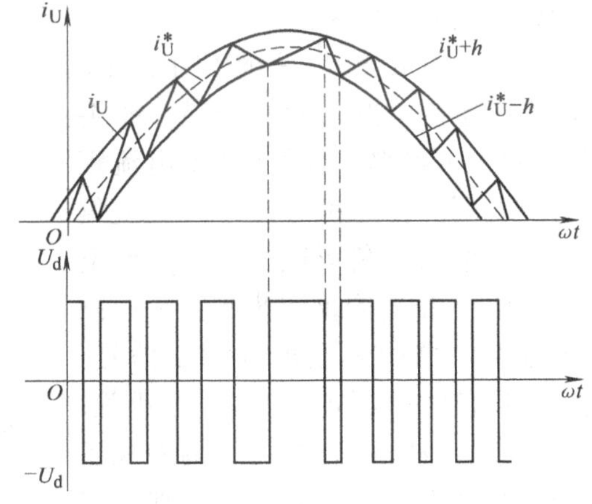

图4-40 电流滞环跟踪控制时的电流波形与PWM电压波形

在这里，电流控制器是带滞环的比较器。将给定电流 i_U^* 与输出电流 i_U 进行比较，电流偏差 Δi_U 超过 $\pm h$ 时，经滞环比较器控制逆变电路U相上（或下）桥臂的功率开关器件动作。如果，$i_U < i_U^*$，且 $i_U^* - i_U \geqslant h$，滞环比较器输出正电平，驱动上桥臂功率开关器件 V_1 导通，逆变电路输出正电压，使 i_U 增大。当 i_U 增大到与 i_U^* 相等时，虽然 $\Delta i_U = 0$，但滞环比较器仍保持正电平输出，V_1 保持导通，使 i_U 继续增大。直到达到 $i_U = i_U^* + h$，使滞环比较器翻转，输出负电平，关断 V_1，并经延时后驱动 V_4。但此时 V_4 未必能够导通，因为绕组电感的作用，电流并未反向，而是通过二极管 VD_4 续流，使 V_4 受到反向箝位而不能导通。此后，逐渐减小，到达滞环偏差的下限值，使滞环比较器再翻转，又重复使 V_1 导通。这样，V_1 与 $VD_4(V_4)$ 交替工作，使逆变电路输出电流与给定值之间

的偏差保持在 $\pm h$ 范围内，在正弦波上下作锯齿状变化。因此，输出电流十分接近正弦波。

另外，从图4-40 可以看出，PWM 脉冲频率（即功率开关管的开关频率）f_T 是变量，其大小主要与下列因素有关：

1）f_T 与滞环宽度 Δi_U 成反比，滞环越宽，f_T 越低。

2）逆变电路电源电压 U_d 越高，负载电流上升（或下降）的速度越快，i_U 达到滞环上限或下限的时间越短，因而 f_T 随 U_d 值增大而增大。

3）电机电感 L 值越大，电流的变化率越小，i_U 达到滞环上限或下限的时间越长，因而 f_T 越小。

4）f_T 与参考电流 i_U^* 的变化率有关，di_U^*/dt 越大，f_T 越小；越接近 i_U^* 的峰值，di_U^*/dt 越小，而 PWM 脉宽越小，即 f_T 越大。

由上面的分析可以看出，这种具有固定滞环宽度的电流跟踪控制型 PWM 逆变电路存在一个问题，即在给定参考电流的一个周期内的 PWM 脉冲频率差别很大，显然在频率低的一段，电流的跟踪性差于频率高的一段。而参考电流的变化率接近于零时，功率开关管的工作频率增高，加剧了开关损耗，甚至超出功率器件的安全工作区。相反地，PWM 脉冲的频率过低也不好，因为会产生低次谐波影响电机的性能。

（2）固定开关频率型

在伺服驱动系统中，一般使用固定的开关频率，这样可以消除噪声，并且能更好地预测逆变电路的开关损耗。图 4-41 是常用的一种固定开关频率型电流跟踪控制原理图。在这种方法中，电流偏差与固定频率的三角形载波比较，而电流偏差实质上就是传统同步正弦——三角波脉宽调制器中的基准或调制信号。合成 PWM 信号控制逆变电路的开关，该合成信号的占空比与电流的偏差成正比。若基准电流比实际电流大，则合成偏差为正，上部器件的导通时间超过下部器件，逆变电路桥臂主要被接通正的方向，以增加交流线电流；相反，如果电流偏差为负，逆变电路桥臂主要被接通负的方向。另外，三相系统有三个电流控制器，但高频三角载波信号对于全部三相是公用的，并且每一逆变电路桥臂在载波频率下开关，在正弦基准和高载波比下，产生接近正弦的电动机电流波形，且只包含高次谐波。

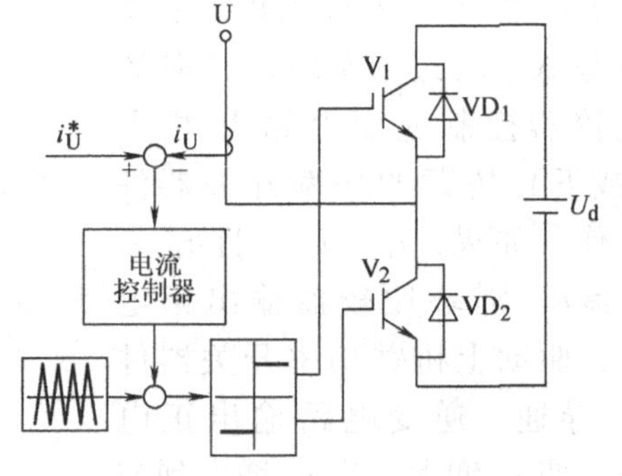

图 4-41 固定开关频率型电流跟踪 PWM 逆变电路（单相）

固定频率或通/断 PWM 电流控制方法可以提供高质量、可控电流的交流电源。不管反电动势如何，具有快速电流控制环的高频逆变电路，使电动机电流能在幅值和相位上快速调整。在稳态运行中，精确地跟踪正弦基准电流可使电动机在极低速下平滑旋转。采用 GTR、MOSFET、IGBT 等自关断、高频开关器件组成电压源型逆变电路供电，系统的动、静态性能可以大大优化。

交流伺服系统采用电流跟踪的控制方式时，输出电流的响应速度快，可以避免当负载出现低阻抗或短路时，冲击电流损坏器件。固定开关频率型与电流滞环跟踪控制型相比，可以减少跟踪误差，降低谐波电流影响，能够消除开关频率在参考电流变化率接近零时的高频开关损耗，以及频率过低时低次谐波造成的电流波形畸变。

4.4.3　电压空间矢量 PWM 控制技术

经典的 SPWM 控制主要着眼于使逆变电路的输出电压尽量接近正弦波，并未顾及输出电流的波形。而电流滞环跟踪控制则直接控制输出电流，使之逼近给定的正弦波指令，这就比只要求正弦电压前进了一步。然而交流电机需要输入三相正弦电流的最终目的是在电机内部形成圆形旋转磁场，从而产生恒定的电磁转矩。如果针对这一目标，把逆变电路和交流电机视为一体，按照跟踪圆形旋转磁场来控制逆变电路的工作，其效果应该更好。这种控制方法称作“磁链跟踪控制”，下面的讨论将表明，磁链的轨迹是交替使用不同的电压空间矢量得到的，所以又称“电压空间矢量 PWM（SVPWM，Space Vector PWM）控制”。

空间电压矢量 PWM 控制是一种优化的 PWM 控制技术，能明显减小逆变电路输出电流的谐波成分及电机的谐波损耗，降低转矩脉动，且其控制简单，数字化实现方便，电压利用率高，在交流伺服系统中得到了越来越广泛的应用。

（1）空间矢量 SVPWM 的基本概念

当用三相平衡的正弦电压向交流电动机供电时，电动机的定子磁链空间矢量幅值恒定，并以恒速旋转，磁链矢量的运动轨迹形成圆形的空间旋转磁场（磁链圆）。因此如果有一种方法，使逆变电路能向交流电动机提供可变频电源、并能保证电动机形成定子磁链圆，就可以实现交流电动机的变频调速。

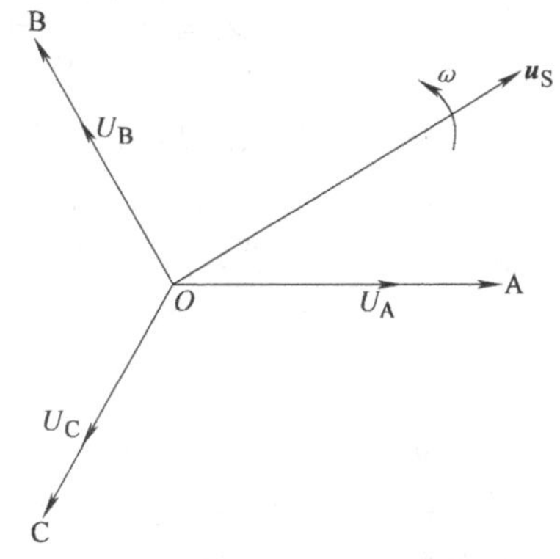

图 4-42　电压空间矢量

电压空间矢量是按照电压所加在绕组的空间位置来定义的，如图 4-42。电动机的三相定子绕组可以定义一个三相平面静止坐标系。这是一个特殊的坐标系，它有三个轴，互相间隔 120°，分别代表三个相。三相定子

相电压 U_A、U_B、U_C 分别施加在三相绕组上，形成三个相电压空间矢量 $\boldsymbol{u}_A$、$\boldsymbol{u}_B$、$\boldsymbol{u}_C$。它们的方向始终在各相的轴线上，大小则随时间按正弦规律变化。因此，三个相电压空间矢量相加所形成的一个合成电压空间矢量 $\boldsymbol{u}_S$ 是一个以电源角频率 ω 速度旋转的空间矢量。

$$\boldsymbol{u}_S = \boldsymbol{u}_A + \boldsymbol{u}_B + \boldsymbol{u}_C \tag{4-30}$$

同理，也可以定义电流和磁链的空间矢量 $\boldsymbol{I}_S$ 和 $\boldsymbol{\Psi}_S$。

用合成空间矢量表示的三相交流电机定子绕组的电压方程式为

$$\boldsymbol{u}_S = R\boldsymbol{I}_S + \frac{d\boldsymbol{\Psi}_S}{dt} \tag{4-31}$$

式中 $\boldsymbol{u}_S$——定子三相电压合成空间矢量；

$\boldsymbol{I}_S$——定子三相电流合成空间矢量；

$\boldsymbol{\Psi}_S$——定子三相磁链合成空间矢量。

通常由于定子绕组电阻 R 的压降相对较小,可以忽略不计,因此上式可简化为

$$\boldsymbol{u}_S \approx \frac{d\boldsymbol{\Psi}_S}{dt} \tag{4-32}$$

或

$$\boldsymbol{\Psi}_S \approx \int \boldsymbol{u}_S dt \tag{4-33}$$

当电动机由三相对称正弦电压供电时，其定子磁链幅值恒定，磁链空间矢量以恒速旋转，矢量顶端的运动轨迹呈圆形（一般简称为磁链圆）。这样的定子磁链旋转矢量可用下式表示：

$$\boldsymbol{\Psi}_S = \boldsymbol{\Psi}_m e^{j\omega t} \tag{4-34}$$

所以

$$\boldsymbol{u}_S = \frac{d\left(\boldsymbol{\Psi}_m e^{j\omega t}\right)}{dt} = j\omega \boldsymbol{\Psi}_m e^{j\omega t} = \omega \boldsymbol{\Psi}_m e^{j(\omega t + \pi/2)} \tag{4-35}$$

该式说明，当磁链幅值 $\boldsymbol{\Psi}_m$ 一定时，$\boldsymbol{u}_S$ 的大小与 ω 成正比，或者说供电电压与频率 f 成正比。电压矢量的相位超前于磁链 π/2 相位角，即电压矢量的方向是磁链圆轨迹的切线方向。当磁链矢量在空间旋转一周时，电压矢量也连续地按磁链圆的切线方向运动 2π 弧度，其运动轨迹与磁链圆重合。这样，电动机旋转磁场的形状问题就可转化为电压空间矢量运动轨迹的形状问题来讨论。

（2）基本电压空间矢量

图 4-43 是一个典型的电压型 PWM 逆变电路。利用这种逆变电路功率开关管的开关状态和顺序组合，以及开关时间的调整，以保证电压空间矢量圆形运行轨迹为目标，就可以得到谐波含量少、直流电源电压利用率高的输出。

图 4-43 中的 $V_1 \sim V_6$ 是 6 个功率开关管，用 a、b、c 分别代表 3 个桥臂的开关状态。规定：当上桥臂开关管“开”状态时（此时下桥臂开关管必然是“关”状态），开关状态为 1；当下桥臂开三管“开”状态时（此时上桥臂开关管必然是“关”状态），开关状态为 0。三个桥臂只有“1”或“0”两种状态，因此 a、b、c 形成 000、001、010、011、100、101、110、111 共八种（$2^3=8$）开关模式。其中 000 和 111 开关模式使逆变电路输出电压为零，所以称这两种开关模式为零状态。

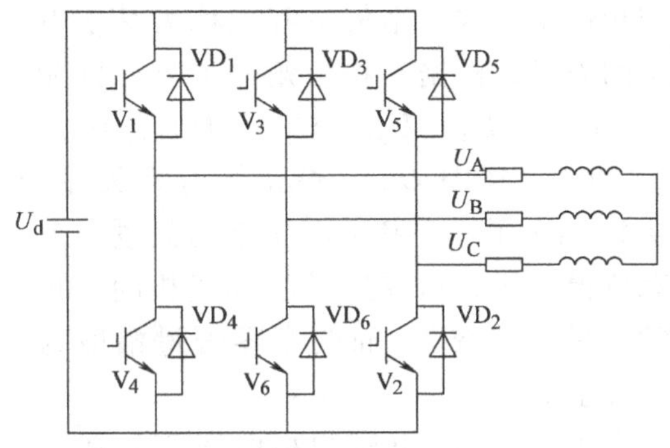

图 4-43　三相电压型逆变电路

可以推导出三相逆变电路输出的线电压矢量 $[U_{AB}\ U_{BC}\ U_{CA}]^T$ 与开关状态矢量 $[a\ b\ c]^T$ 的关系为

$$\begin{bmatrix} U_{AB} \\ U_{BC} \\ U_{CA} \end{bmatrix} = U_d \begin{bmatrix} 1 & -1 & 0 \\ 0 & 1 & -1 \\ -1 & 0 & 1 \end{bmatrix} \begin{bmatrix} a \\ b \\ c \end{bmatrix} \tag{4-36}$$

三相逆变电路输出的相电压矢量 $[U_A\ U_B\ U_C]^T$ 与开关状态矢量 $[a\ b\ c]^T$ 的关系为

$$\begin{bmatrix} U_A \\ U_B \\ U_C \end{bmatrix} = \frac{1}{3} U_d \begin{bmatrix} 2 & -1 & -1 \\ -1 & 2 & -1 \\ -1 & -1 & 2 \end{bmatrix} \begin{bmatrix} a \\ b \\ c \end{bmatrix} \tag{4-37}$$

式中　U_d——直流母线电压。

式（4-36）和（4-37）的对应关系也可用表 4-2 来表示。

表 4-2　开关状态与相电压和线电压的对应关系

a	b	c	U_A	U_B	U_C	U_{AB}	U_{BC}	U_{CA}
0	0	0	0	0	0	0	0	0
1	0	0	$2U_d/3$	$-U_d/3$	$-U_d/3$	U_d	0	$-U_d$
1	1	0	$U_d/3$	$U_d/3$	$-2U_d/3$	0	U_d	$-U_d$
0	1	0	$-U_d/3$	$2U_d/3$	$-U_d/3$	$-U_d$	U_d	0
0	1	1	$-2U_d/3$	$U_d/3$	$U_d/3$	$-U_d$	0	U_d
0	0	1	$-U_d/3$	$-U_d/3$	$2U_d/3$	0	$-U_d$	U_d
1	0	1	$U_d/3$	$-2U_d/3$	$U_d/3$	U_d	$-U_d$	0
1	1	1	0	0	0	0	0	0

将表4-2中的八组相电压值代人式（4-37），就可以求出这些相电压的矢量和与相位角。这八个矢量和就称为基本电压空间矢量，根据其相位角的特点分别命名为 $\boldsymbol{O}_{000}$、$\boldsymbol{U}_{0}$、$\boldsymbol{U}_{60}$、$\boldsymbol{U}_{120}$、$\boldsymbol{U}_{180}$、$\boldsymbol{U}_{240}$、$\boldsymbol{U}_{300}$、$\boldsymbol{O}_{111}$。其中 $\boldsymbol{O}_{000}$、$\boldsymbol{O}_{111}$ 称为零矢量。图4-44给出了八个基本电压空间矢量的大小和位置。其中非零矢量的幅值相同，相邻的矢量间隔60°，而两个零矢量幅值为零，位于中心。

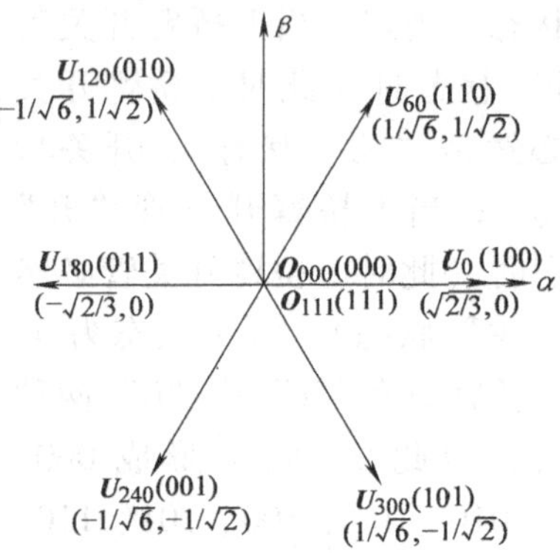

图4-44 基本电压空间矢量

表4-2中的线电压和相电压值是在三相 *ABC* 平面坐标系中的值。在控制程序计算中，为了计算方便，需要将其转换到 $\alpha\beta$ 平面直角坐标系中。$\alpha\beta$ 平面直角坐标系选择了 α 轴与A轴重合，β 轴超前 α 轴90°。如果选择在每个坐标系中电动机的总功率不变作为两个坐标系的转换原则，则变换矩阵为

$$T_{ABC-\alpha\beta}=\sqrt{\frac{2}{3}}\begin{bmatrix}1 & -\frac{1}{2} & -\frac{1}{2}\\ 0 & \frac{\sqrt{3}}{2} & -\frac{\sqrt{3}}{2}\end{bmatrix} \tag{4-38}$$

该变换矩阵的详细推导可见第2章。

利用这个变换矩阵，就可以将三相 *ABC* 平面坐标系中的相电压转换到 $\alpha\beta$ 平面直角坐标系中去。其转换式为

$$\begin{bmatrix}U_{\alpha}\\ U_{\beta}\end{bmatrix}=\sqrt{\frac{2}{3}}\begin{bmatrix}1 & -\frac{1}{2} & -\frac{1}{2}\\ 0 & \frac{\sqrt{3}}{2} & -\frac{\sqrt{3}}{2}\end{bmatrix}\begin{bmatrix}U_{A}\\ U_{B}\\ U_{C}\end{bmatrix} \tag{4-39}$$

根据式（4-39），可将表4-2中与开关状态 *a*、*b*、*c* 相对应的相电压转换成 $\alpha\beta$ 平面直角坐标系中的分量，转换结果见表4-3。

表4-3 开关状态与相电压在 $\alpha\beta$ 坐标系的分量的对应关系

a	*b*	*c*	U_{α}	U_{β}	矢量
0	0	0	0	0	$\boldsymbol{O}_{000}$
1	0	0	$\sqrt{\frac{2}{3}}U_{d}$	0	$\boldsymbol{U}_{0}$
1	1	0	$\sqrt{\frac{1}{6}}U_{d}$	$\sqrt{\frac{1}{2}}U_{d}$	$\boldsymbol{U}_{60}$

（续）

a	b	c	U_α	U_β	矢量
0	1	0	$-\sqrt{\frac{1}{6}}U_d$	$\sqrt{\frac{1}{2}}U_d$	$\boldsymbol{U}_{120}$
0	1	1	$-\sqrt{\frac{2}{3}}U_d$	0	$\boldsymbol{U}_{180}$
0	0	1	$-\sqrt{\frac{1}{6}}U_d$	$-\sqrt{\frac{1}{2}}U_d$	$\boldsymbol{U}_{240}$
1	0	1	$\sqrt{\frac{1}{6}}U_d$	$-\sqrt{\frac{1}{2}}U_d$	$\boldsymbol{U}_{300}$
1	1	1	0	0	$\boldsymbol{O}_{111}$

（3）磁链轨迹的控制

下面来看看基本电压空间矢量与磁链轨迹的关系。

当逆变电路单独输出基本电压空间矢量 $\boldsymbol{U}_0$ 时，电动机的定子磁链矢量 $\boldsymbol{\Psi}_S$ 的矢端从 A 到 B 沿平行于 $\boldsymbol{U}_0$ 方向移动，如图 4-45 所示。当移动到 B 点时，如果改基本电压空间矢量为 $\boldsymbol{U}_{60}$ 输出，则定子磁链矢量 $\boldsymbol{\Psi}_S$ 的矢端也相应改为从 B 到 C 的移动。这样下去，当全部六个非零基本电压空间矢量分别依次单独输出后，定子磁链矢量 $\boldsymbol{\Psi}_S$ 矢端的运动轨迹是一个正六边形。

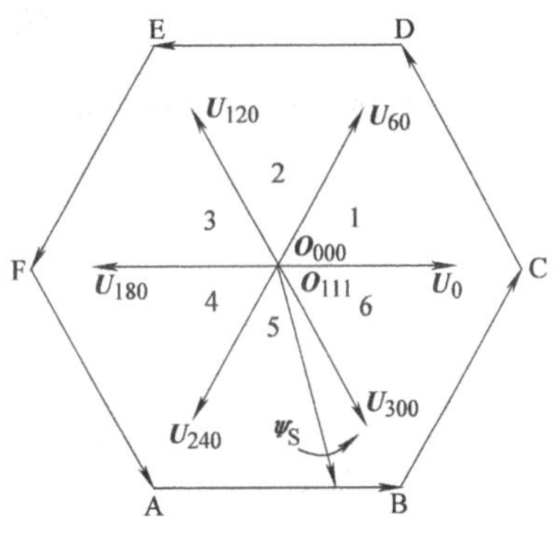

图 4-45　正六边形磁链轨迹

显然，按照这样的供电方式只能形成正六边形的旋转磁场，而不是我们希望的圆形旋转磁场。

怎样获得圆形旋转磁场呢？一个思路是，如果在定子里形成的旋转磁场不是正六边形，而是正多边形，我们就可以得到近似的圆形旋转磁场。显然，正多边形的边越多，近似程度就越好。

但是非零的基本电压空间矢量只有六个，如果想获得尽可能多的多边形旋转磁场，就必须有更多的逆变电路开关状态。一种方法是利用六个非零的基本电压空间矢量的线性时间组合来得到更多的开关状态。下面介绍这种线性时间组合的方法。

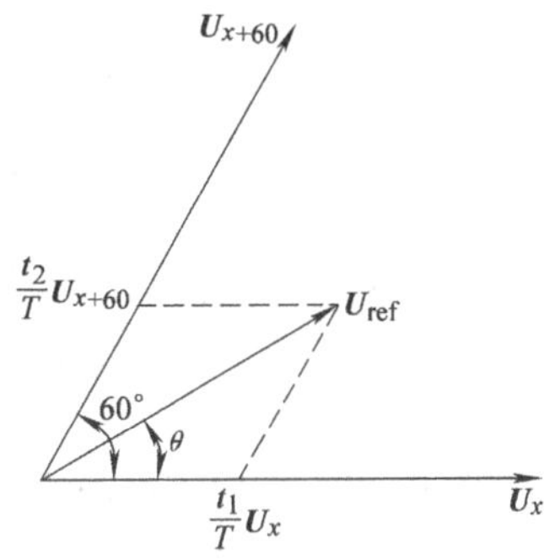

图 4-46　电压空间矢量的线性组合

在图 4-46 中，$\boldsymbol{U}_x$ 和 $\boldsymbol{U}_{x\pm60}$ 代表相邻的两个基本电压空间矢量；$\boldsymbol{U}_{ref}$ 是输出的参考相电

压矢量，其幅值代表相电压的幅值，其旋转角速度就是输出正弦电压的角频率。$\boldsymbol{U}_{\mathrm{ref}}$可由$\boldsymbol{U}_x$和$\boldsymbol{U}_{x\pm60}$线性时间组合来合成，它等于$t_1/T$倍的$\boldsymbol{U}_x$与$t_2/T$倍的$\boldsymbol{U}_{x\pm60}$的矢量和。其中$t_1$和$t_2$分别是$\boldsymbol{U}_x$和$\boldsymbol{U}_{x\pm60}$作用的时间；$T$是$\boldsymbol{U}_{\mathrm{ref}}$作用的时间。

按照这种方式，在下一个T期间，仍然用$\boldsymbol{U}_x$和$\boldsymbol{U}_{x\pm60}$的线性时间组合，但作用的时间t_1'和t_2'与上一次的不同，它们必须保证所合成的新电压空间矢量$\boldsymbol{U}'_{\mathrm{ref}}$与原来的电压空间矢量$\boldsymbol{U}_{\mathrm{ref}}$的幅值相等。

如此下去，在每一个T期间，都改变相邻基本矢量作用的时间，并保证所合成的电压空间矢量的幅值都相等，因此，当T取足够小时，电压空间矢量的轨迹是一个近似圆形的正多边形。

（4）t_1、t_2和t_0的计算

现在，我们再来看t_1和t_2的确定方法。

如上面所述，线性时间组合的电压空间矢量$\boldsymbol{U}_{\mathrm{ref}}$是$t_1/T$倍的$\boldsymbol{U}_x$与$t_2/T$倍的$\boldsymbol{U}_{x\pm60}$的矢量和，即

$$\boldsymbol{U}_{\mathrm{ref}}=\frac{t_1}{T}\boldsymbol{U}_x+\frac{t_2}{T}\boldsymbol{U}_{x\pm60} \tag{4-40}$$

由图4-46，根据三角形的正弦定理有：

$$\frac{\dfrac{t_1}{T}U_x}{\sin(60°-\theta)}=\frac{U_{\mathrm{ref}}}{\sin120°} \tag{4-41}$$

$$\frac{\dfrac{t_2}{T}U_{x\pm60}}{\sin\theta}=\frac{U_{\mathrm{ref}}}{\sin120°} \tag{4-42}$$

由式(4-41)和式(4-42)解得

$$\begin{cases} t_1=\dfrac{2U_{\mathrm{ref}}}{\sqrt{3}U_x}T\sin(60°-\theta) \\ t_2=\dfrac{2U_{\mathrm{ref}}}{\sqrt{3}U_{x\pm60}}T\sin\theta \end{cases} \tag{4-43}$$

式中　U_{ref}、U_x、$U_{x\pm60}$——电压空间矢量$\boldsymbol{U}_{\mathrm{ref}}$、$\boldsymbol{U}_x$、$\boldsymbol{U}_{x\pm60}$的模，且有$U_x=U_{x\pm60}=\dfrac{2}{3}U_{\mathrm{d}}$。

在这里，定义SVPWM的调制度M为

$$M=\frac{U_{\mathrm{ref}}}{\dfrac{U_{\mathrm{d}}}{2}} \tag{4-44}$$

根据式（4-44），可以把式（4-43）整理为

$$\begin{cases} t_1 = \dfrac{\sqrt{3}}{2} MT\sin(60° - \theta) \\ t_2 = \dfrac{\sqrt{3}}{2} MT\sin\theta \end{cases} \tag{4-45}$$

T 可事先选定；U_{ref}可由 U/f 曲线确定；θ 可由输出正弦电压角频率 ω 和 nT 的乘积确定。因此，当已知两相邻的基本电压空间矢量 $\boldsymbol{U}_x$ 和 $\boldsymbol{U}_{x \pm 60}$后，就可以根据式（4-45）确定 t_1 和 t_2。

用相同的方法可以计算出参考相电压矢量 $\boldsymbol{U}_{ref}$在其他 5 个扇区内基本空间矢量上的工作时间。

在图 4-45 中，当逆变电路单独输出零矢量 $\boldsymbol{O}_{000}$和 $\boldsymbol{O}_{111}$时，电动机的定子磁链矢量 $\boldsymbol{\Psi}_S$ 是不动的。根据这个特点，在 T 期间插入零矢量作用的时间 t_0，使

$$T = t_1 + t_2 + t_0 \tag{4-46}$$

通过这样方法，可以调整角频率 ω，从而达到变频的目的。

添加零矢量是遵循使功率开关管的开关次数最少的原则来选择 $\boldsymbol{O}_{000}$和 $\boldsymbol{O}_{111}$。

为了使磁链的运动速度平滑，零矢量一般都不是集中地加入，而是将零矢量平均分成几份，多点地插入到磁链轨迹中，但作用的时间和仍为 t_0，这样可以减少电动机的转矩脉动。

在实际系统中，应该尽量减少开关状态变化时引起的开关损耗，因此不同开关状态的顺序必须遵守下述原则：每次切换开关状态时，只切换一个功率开关器件，以满足开关损耗最小。

在每个调制周期内，为使逆变电路输出波形对称，把每个基本矢量的作用时间都一分为二，同时两个零矢量 $\boldsymbol{O}_{000}$ 和 $\boldsymbol{O}_{111}$作用时间相同。根据零矢量的分割方法的不同，可以产生多种 SVPWM 的波形。目前比较通用的是七段式 SVPWM 方法，即 SVPWM 波形由 3 段零矢量和 4 段该扇区内的两个基本空间矢量组成，3 段零矢量分别位于调制周期的开始、中间及末尾。图 4-47 为参考电压矢量位于第 1 扇区时的七段式 SVPWM 波形。调制周期内电压矢量作用的次序为 $\boldsymbol{O}_{000}$-$\boldsymbol{U}_0$-$\boldsymbol{U}_{60}$-$\boldsymbol{O}_{111}$-$\boldsymbol{U}_{60}$-$\boldsymbol{U}_0$-$\boldsymbol{O}_{000}$。用类似的方法可以计算出参考相电压矢量 $\boldsymbol{U}_{ref}$在其他 5 个扇区内时，SVPWM 控制的三相逆变电路的开关时间、电压矢量作用次序及波形。

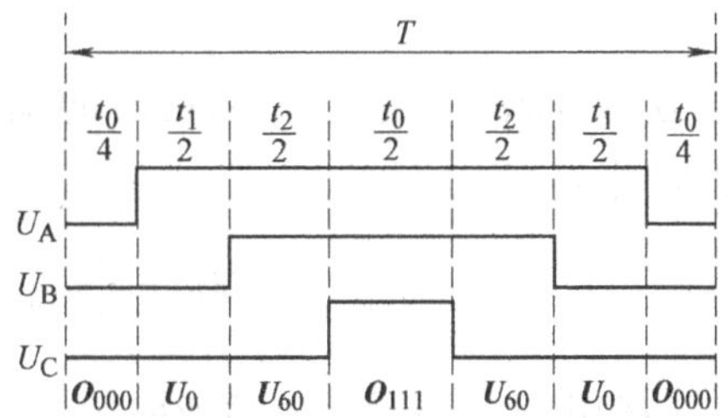

图 4-47　第 1 扇区 SVPWM 波形

（5）扇区号的确定

将图4-45划分成6个区域，称为扇区。每个区域都有一个扇区号（如图中的1、2、3、4、5、6）。确定 $\boldsymbol{U}_{\mathrm{ref}}$ 位于哪个扇区是非常重要的，因为只有知道 $\boldsymbol{U}_{\mathrm{ref}}$ 位于哪个扇区，我们才能知道用哪一对相邻的基本电压空间矢量去合成 $\boldsymbol{U}_{\mathrm{ref}}$。

确定 $\boldsymbol{U}_{\mathrm{ref}}$ 所在的扇区号的方法：

当 $\boldsymbol{U}_{\mathrm{ref}}$ 以 $\alpha\beta$ 坐标系上的分量形式 $U_{\mathrm{ref}\alpha}$、$U_{\mathrm{ref}\beta}$ 给出时，先用下式计算出辅助变量 B_0、B_1、B_2：

$$\begin{cases} B_0 = U_\beta \\ B_1 = \sin 60° U_\alpha - \sin 30° U_\beta \\ B_2 = -\sin 60° U_\alpha - \sin 30° U_\beta \end{cases} \tag{4-47}$$

再用下式计算 S 值

$$S = 4\mathrm{sign}(B_2) + 2\mathrm{sign}(B_1) + \mathrm{sign}(B_0) \tag{4-48}$$

式中　$\mathrm{sign}(x)$ ——符号函数。如果 $x>0$，$\mathrm{sign}(x)=1$；如果 $x\leqslant 0$，$\mathrm{sign}(x)=0$。

然后，根据 S 值查表4-4，即可确定扇区号。

表4-4　S 值与扇区号的对应关系

S	1	2	3	4	5	6
扇区号	2	6	1	4	3	5

当由六个基本电压空间矢量合成的 $\boldsymbol{U}_{\mathrm{ref}}$ 以近似圆形轨迹旋转时，其圆形轨迹的旋转半径受六个基本电压空间矢量幅值的限制。最大的圆形轨迹是六个基本矢量幅值所组成的正六边形的内接圆，如图4-48所示。

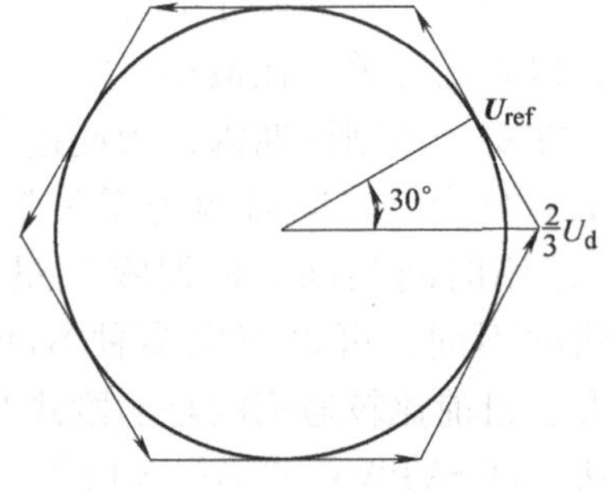

图4-48　输出电压最大轨迹圆

从图4-48可知，$\boldsymbol{U}_{\mathrm{ref}}$ 的最大幅值即为内切圆的半径：

$$|\boldsymbol{U}_{\mathrm{ref}}| = \frac{2}{3}U_{\mathrm{d}}\sin 60° = \frac{1}{\sqrt{3}}U_{\mathrm{d}} \tag{4-49}$$

即相电压的峰值 $U_{\phi\mathrm{m}}$ 与线电压的峰值 U_{lm} 分别为

$$U_{\phi\mathrm{m}} = \frac{1}{\sqrt{3}}U_{\mathrm{d}} \tag{4-50}$$

$$U_{\mathrm{lm}} = \sqrt{3}U_{\phi\mathrm{m}} = U_{\mathrm{d}} \tag{4-51}$$

常规SPWM在满调制时，输出相电压的基波峰值为 $\frac{1}{2}U_{\mathrm{d}}$，线电压的基波峰值为$\frac{\sqrt{3}}{2}U_{\mathrm{d}}$，可见 SVPWM 的线性工作区比常规 SPWM 高 15.47%，即 SVPWM 的线性调制比可达 1.1547，这意味着 SVPWM 比常规 SPWM 有更宽的线性工作范围，此时输出线电压的峰值达到直流母线电压，达到了在线性调制区的最大值。

归纳起来，SVPWM 控制模式有以下特点：

1）逆变电路的一个工作周期分成 6 个扇区，每个扇区相当于常规六拍逆变电路的一拍。为了使电动机旋转磁场逼近圆形，每个扇区再分成若干个小区间 T，T 越短，旋转磁场越接近圆形，但 T 的缩短受到功率开关器件允许开关频率的制约。

2）在每个小区间内虽有多次开关状态的切换，但每次切换都只涉及一个功率开关器件，因而开关损耗较小。

3）每个小区间均以零电压矢量开始，又以零矢量结束。

4）利用电压空间矢量直接生成三相 PWM 波，计算简便。

5）采用 SVPWM 控制时，逆变电路输出线电压基波最大值为直流母线电压，这比一般的 SPWM 逆变电路输出电压提高了 15%。

第5章　交流伺服系统常用的传感器

传感器是交流伺服电动机系统的重要组成单元。作为交流伺服电动机系统，为了实现优越的伺服性能，其传感器应能精确反映系统的运行状态，这就要求系统的传感器具有灵敏度高、动态性能好、精度高、抗干扰能力强等特点。

交流伺服系统使用的传感器主要有位置传感器、速度传感器和电流传感器。此外，还有电压传感器和温度传感器。表5-1为交流伺服系统使用传感器的主要类型。

表5-1　传感器的主要类型

<table>
<tr><td rowspan="3">位置传感器</td><td>电磁式</td><td>电磁式旋转变压器
磁阻式旋转变压器
感应同步器</td></tr>
<tr><td>光学式</td><td>增量式编码器
绝对式编码器
准绝对式编码器
混合式光学编码器</td></tr>
<tr><td>磁式</td><td>增量式编码器</td></tr>
<tr><td>速度传感器</td><td colspan="2">测速发电机
与位置传感器共用</td></tr>
<tr><td>电流传感器</td><td colspan="2">霍尔电流传感器
电流检测IC
电阻+绝缘放大器(或线性光耦)</td></tr>
<tr><td>电压传感器</td><td colspan="2">霍尔电压传感器
电阻+绝缘放大器(或线性光耦)</td></tr>
<tr><td>温度传感器</td><td colspan="2">热敏电阻</td></tr>
</table>

5.1　位置传感器

用于交流伺服系统位置检测的传感器主要有旋转变压器、感应同步器、光电编码器、磁性编码器。这些传感器既可用于转轴位置检测，也可用于速度检测。

5.1.1　旋转变压器

旋转变压器是一种利用电磁感应原理将机械转角或直线位移精确转换成电信号的精密检测和控制元件，它的功能是以转角或直线位移的一定函数的电气输入或输出来提供转角或直线位移的机械指示；或者远距离传输与复现一个角度，实现机械上不固联的两轴或多轴之间的同步旋转，即所谓的角度跟踪和伺服控制等。

旋转变压器有多种分类方法：若按有无电刷来分，可分为有刷和无刷两种；若按极对数来分，可分为单对极和多对极；若按用途来分，可分为计算用旋转变压器和数据传输用旋转变压器；若按输出电压与转子转角间的函数关系来分，可分为正余弦旋转变压器、线性旋转变压器、比例式旋转变压器以及特殊函数旋转变压器四类；若从工作原理来分，可分为电磁式旋转变压器和磁阻式旋转变压器。

1. 电磁式旋转变压器

电磁式旋转变压器从信号取出方式可分为有刷和无刷两种类型。这里主要介绍伺服系统中常用的无刷旋转变压器。它由两部分组成，如图 5-1 所示。一部分叫分解器，由定子和转子组成。它们之间有均匀气隙，定子上有两相正交的分布绕组；另一部分叫环形变压器，它的一次绕组与分解器的转子固定在一起，与转子一起旋转，二次绕组在与转子同心的定子线轴上。分解器的转子绕组为单相绕组或两相正交绕组，若是两相正交绕组，则其中一相为补偿绕组，用以消除负载时交轴磁势引起的电压畸变。

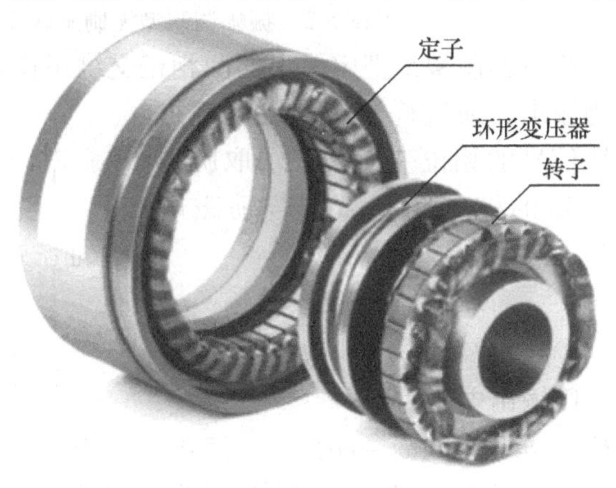

图 5-1　无刷旋转变压器的结构

根据信号处理方式的不同，可以把无刷旋转变压器分为振幅调制型和相位调制型两种。

振幅调制型是把转子上的单相绕组作为励磁输入，把定子上的两相正交绕组作为输出，通过检测两个定子绕组输出电压的振幅比，来求取旋转变压器的转子角位置。若励磁电压为

$$E_{R1\text{-}R2} = E\sin\omega t \tag{5-1}$$

则输出电压为

$$\begin{cases} E_{S1\text{-}S3} = KE\sin\omega t\cos p\theta \\ E_{S2\text{-}S4} = KE\sin\omega t\sin p\theta \end{cases} \tag{5-2}$$

式中　E——正弦波励磁电压幅值；

ω——正弦波励磁电源角频率；

K——电压比；

p——极对数；

θ——转子转角。

图 5-2 和图 5-3 分别为振幅调制型无刷旋转变压器的绕组配置和信号关系。

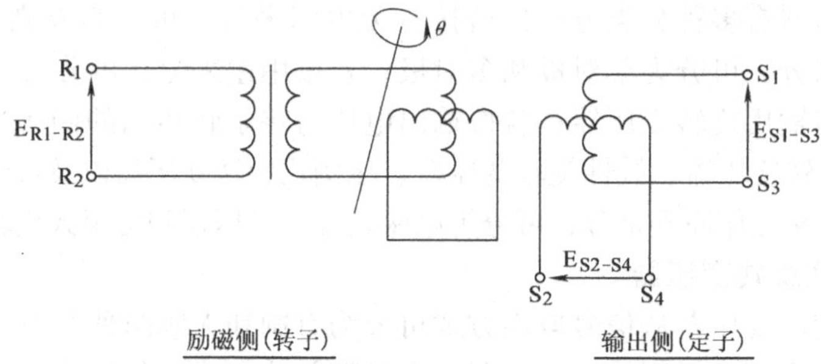

图 5-2　振幅调制型无刷旋转变压器的绕组配置

相位调制型是把定子上的两相正交绕组作为励磁输入，把转子上的单相绕组作为输出，通过检测转子绕组输出电压信号的相位变化，来求取旋转变压器的转子角位置。若励磁电压为

$$\begin{cases} E_{S1\text{-}S3} = E\sin\omega t \\ E_{S2\text{-}S4} = E\cos\omega t \end{cases} \tag{5-3}$$

则输出电压为

$$E_{R1\text{-}R2} = KE\sin(\omega t - p\theta) \tag{5-4}$$

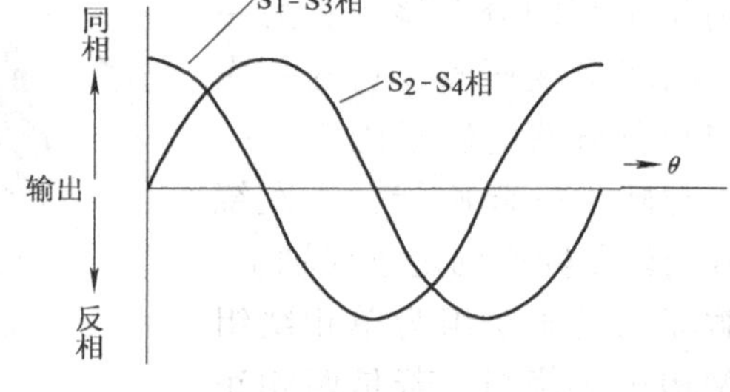

图 5-3　振幅调制型无刷旋转变压器的信号

从式(5-4)可知，分解器转子输出绕组中感应的电动势与定子 S_1-S_3 相励磁电压之间存在大小为 $p\theta$ 的相位差，只要检测出 $p\theta$，就可以确定转子的位置。分解器转子输出绕组接到环形变压器的一次绕组上，感应二次绕组的信号作为输出。

图 5-4 和图 5-5 分别为相位调制型无刷旋转变压器的绕组配置和信号关系。

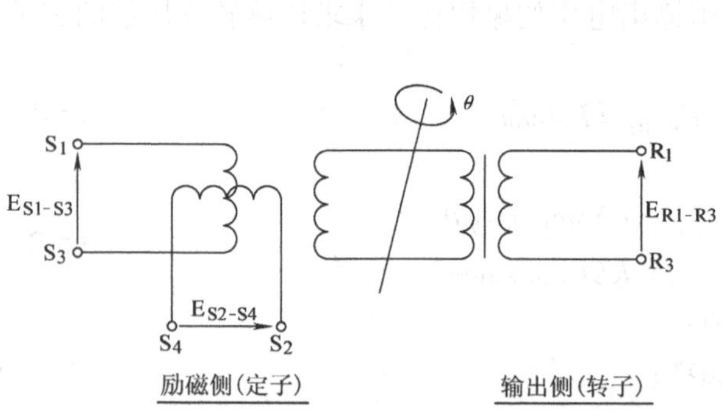

图 5-4　相位调制型无刷旋转变压器的绕组配置

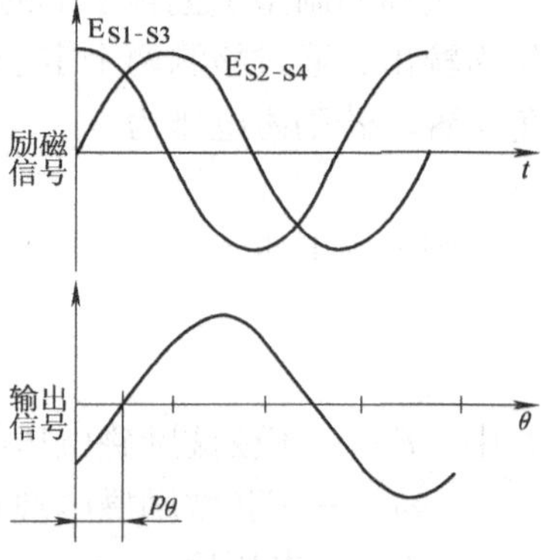

图 5-5　相位调制型无刷旋转变压器的信号

无刷旋转变压器是一种模拟式测角器件，具有寿命长、可靠性高、体积小、重量轻、成本低、编码精度高、响应速度快、抗干扰能力强等优点，能适应冲击、振动、高温、低温、交变湿热、低气压等各种恶劣环境条件。与旋转变压器/数字转换器(RDC)配合使用，可成为数字式旋转变压器，能够满足伺服系统高性能、高寿命、高可靠性的要求。

2. 磁阻式旋转变压器

磁阻式多极旋转变压器是一种基于磁阻变化原理的新型结构高精度角位置传感器，具有体积小、成本低、精度高、结构简单、可靠性高、输出电压高及适合高速运行等特点。其结构与传统多极旋变的不同之处在于，其励磁绕组和输出绕组均安置在定子铁心的槽中，转子仅由带齿的叠片叠制而成，上面不放置任何绕组。定子冲片内圆冲制有若干大齿(也称为极靴)，每个大齿上又冲制若干等分小齿，绕组安放在大齿槽中。转子外圆表面冲制有若干等分小齿，其齿数与极对数相等。输入和输出绕组均为集中绕制，其正余弦绕组的匝数按正弦规律变化，而传统结构的多极旋转变压器采用分布式绕组。

图 5-6 展示了磁阻式多极旋转变压器的冲片形状。图 5-7 为原理示意图，其中画出 5 个定子齿，4 个转子齿，定子槽内安置了逐槽反向串接的励磁输入绕组 1-1，以及两个隔槽绕制反向串接的输出绕组 2-2 和 3-3。当转子相对定子转动时，齿间气隙磁导发生变化，每转过一个转子齿距，气隙磁导变化一个周期，转动一周，则变化转子齿数个周期。气隙磁导的变化，导致输入和输出绕组之间互感的变化，输出绕组感应的电动势亦发生变化，变化的周期数为转子齿数。因此，转子齿数就相当于磁阻式旋转变压器的极对数，从而获得多极的效果。

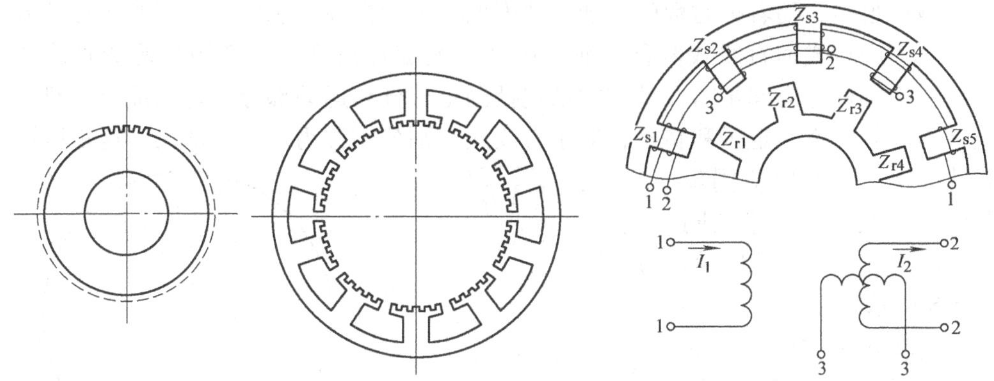

图 5-6　磁阻式旋转变压器的定、转子冲片图　　图 5-7　磁阻式旋转变压器原理示意图

磁阻式多极旋转变压器的输出电压幅值随转角变化的波形，主要取决于气隙磁导变化的波形。若只考虑气隙磁导变化中的恒定分量及基波分量，则定子各个齿的磁导随转子转角变化的规律为

$$\Lambda_{\delta i} = \Lambda_{\delta 0} + \Lambda_{\delta 1}\cos\left[Z_R\theta + (i-1)\frac{3\pi}{2}\right] \tag{5-5}$$

而各齿上输入和输出绕组之间互感抗为

$$x_{mi} = x_{m0} + x_{m1}\cos\left[Z_R\theta + (i-1)\frac{3\pi}{2}\right] \tag{5-6}$$

式中 Z_R——转子齿数，即极对数；

θ——空间转角；

i——定子大齿序号，即极靴序号 1、2、3…。

考虑到输出绕组 2-2 是由 1#齿和 3#齿上两个线圈反向串接，其输出电压应为

$$\begin{aligned} \dot{U}_{2\text{-}2} &= \dot{I}_2 j(x_{m1} - x_{m3}) \\ &= 2j\dot{I}_2 x_{m1}\cos Z_R\theta \end{aligned} \tag{5-7}$$

由于在转子转动中，励磁回路的总电抗是不变的，因此，电流 $\dot{I}_2$是个幅值不变的相量，则输出电动势的幅值为

$$\begin{cases} E_{3\text{-}3} = E_{2m}\sin Z_R\theta = E_{2m}\sin p\theta \end{cases}$$

$$\begin{cases} E_{2\text{-}2} = E_{2m}\cos Z_R\theta = E_{2m}\cos p\theta \\ E_{3\text{-}3} = E_{2m}\sin Z_R\theta = E_{2m}\sin p\theta \end{cases} \tag{5-8}$$

由此看出，输出电动势随转子转角 θ 在空间呈正弦规律变化，其极对数 p 即为转子齿数 Z_R。

5.1.2 感应同步器

感应同步器也是一种基于电磁感应原理的高精度位置检测元件，它的极对数可以做得很多，随着极对数的增加，精度响应也会提高。感应同步器按照运动方式可分为旋转式和直线式两种。前者用来检测旋转角度，后者用来检测直线位移。不论哪种感应同步器，其结构都包括固定部分和运动部分。这两部分，对于旋转式，分别称为定子和转子；对于直线式，则分别称为定尺和滑尺。这里以旋转式为例，介绍感应同步器的构成及原理。感应同步器绕组布线示意图，如图 5-8 所示。

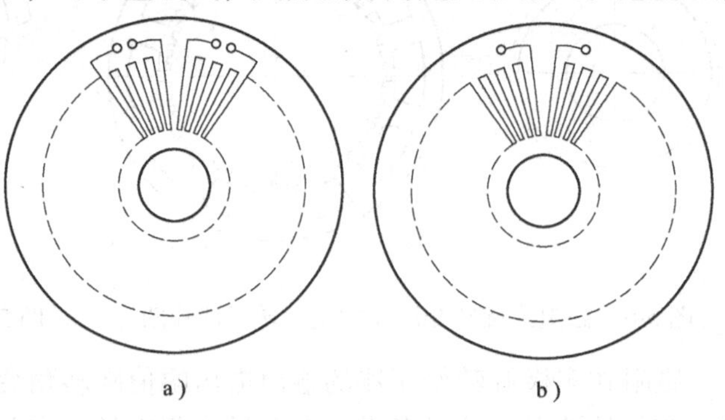

图 5-8 感应同步器绕组布线示意图

a）定子 b）转子

旋转式感应同步器的定、转子都由基板、绝缘层和绕组构成，在转子（或定子）绕组的外面包有一层与绕组绝缘的接地屏蔽层；基板呈环形，材料

为硬铝、不锈钢或玻璃；绕组用铜箔做成，厚度在 0.05mm 左右；屏蔽层用铝箔或铝膜做成。

转子绕组是连续式的，称为连续绕组，由有效导体、内端部和外端部构成。每根导体就是一个极，导体数就是极数。

定子绕组为两相正交绕组，做成分段式的，称为分段绕组。两相绕组交替分布，相差 90°电角度。属于同一相的各组绕组导体用连接线串联起来。定、转子的有效导体都呈辐射状，导体之间的间隔可以是等宽的，也可以是扁条形的。

转子绕组引线方式有三种：①直接由电缆引出；②借助电刷、集电环引出；③借助装在定、转子基板内圆处的环形变压器耦合引出。

感应同步器的工作原理和多极旋转变压器相似。连续绕组两相邻导体中心线之间的平均距离称为极距，用 τ 表示。分段绕组相邻导体之间的平均距离称为节距，用 τ_1 表示，τ_1 可以等于 τ 或其他值。定子上相邻的正弦绕组和余弦绕组之间夹角为 $(M+1/2)\tau$，其中 M 为整数，即在空间错开 $\tau/2$（电角度）。适当选择连续式绕组导体宽度与极距 τ 之间的比例关系，可以大大削弱励磁磁通的高次谐波分量；适当选择分段式绕组的导体宽度，可以大大提高两相正交绕组抑制高次谐波磁场的能力。若忽略感应电动势中的谐波分量，则当转子以任意电压励磁时，根据多极旋转变压器输出电压的计算公式，正弦绕组和余弦绕组中感应电动势的有效值为

$$\begin{cases} E_s = E_m \sin p\theta = E_m \sin \dfrac{N\theta}{2} \\ E_c = E_m \cos p\theta = E_m \cos \dfrac{N\theta}{2} \end{cases} \tag{5-9}$$

式中　E_m——感应电动势的幅值；

θ——连续式绕组和分段式绕组之间偏离的机械角度；

N——连续式绕组的有效导体数；

p——极对数，$p=N/2$。

从结构和工作原理可知，感应同步器是一种初、次级绕组通过非导磁介质中的弱磁场耦合的元件，因此与有铁心的电机在特性上存在较大差别，主要体现在：

（1）输出电压小

由于初、次级绕组的气隙较大，与极距相比，要占到 1/5 ~ 1/3，初、次级之间耦合程度非常低，通常励磁电压为伏级，而输出电压的幅值则为毫伏级。

（2）电枢反应弱

由于负载电流远比励磁电流小，且输出电动势几乎和励磁电流成 90°的正交关系，所以电枢反应可以忽略不计，分析时可以把感应同步器看作空载运行。

（3）输出电压的失真系数大于励磁电压

在相同的励磁电压下，励磁电流的大小决定于绕组电阻，而输出电压则与频率成正比，所以输出电压的失真系数要比励磁电压大。

（4）输出电压相位移接近90°

相位移是指输出电压相对于励磁电压的相位变化。由于感应同步器初、次级绕组的感抗远小于电阻，只有电阻的2%左右，所以励磁电压与励磁电流几乎同相位，因而输出电压与励磁电压相位差接近90°。

5.1.3 旋转变压器-数字转换器

旋转变压器是一种精密角度传感元件，在位置伺服系统中，完成轴角位移信息的检测功能。由于它是模拟电磁元件，在计算机控制的数字伺服系统中，就需要一定的接口电路，即旋转变压器-数字变换器(Resolver-to-Digital Converter：RDC)，以实现模拟信号到控制系统数字信号的转换。

美国AD公司最新系列的旋转变压器-数字转换器包括并行输出芯片和串行输出芯片两大类。并行输出芯片(如AD2S80、AD2S83)功能强大，可通过选择外围电路决定其工作的分辨率、带宽和动态性能。但是，功能强大的同时带来的缺点是外围电路和接口电路复杂化，而且昂贵的价格也限制了其使用。

并行输出芯片AD2S83具有下列特点：

1）提供有10位、12位、14位和16位的分辨率，用户可通过两个控制引脚自行选用不同的分辨率。

2）可将输入的模拟信号转换为并行二进制数输出，易与单片机或DSP等控制芯片接口。

3）采用比率跟踪转换方式，使之连续输出数据而没有转换延迟，并具有较强的抗干扰能力和远距离传输能力。

4）用户可通过外围元器件的选择来改变带宽、最大跟踪速度等动态性能。

5）具有很高的跟踪速度，当采用10位分辨率时，最大跟踪速度达1040r/s。

6）能产生与转速成正比的模拟信号，输出范围为±8V(DC)，线性度可达±0.1%，回差小于±0.3%，可代替传统的测速发电机，提供高精度的速度信号。

7）具有过零标志信号(RIPPLE CLOCK)和旋转方向信号(DIRECTION)。

8）正常工作的参考频率为0～20kHz。

串行输出芯片的基本工作原理与并行芯片相同，AD2S90是其中的典型。它接收旋转变压器定子边的正、余弦输出信号(2Vrms±10%、3～20kHz)和一个同步参考信号，将转子位置信号以两种方式输出：12位绝对串行二进制输出和仿1024线增量式编码器输出。还输出一个表示转轴转向的信号和一个模拟速度信号(满量程为375r/s)。它的功能虽不如并行芯片强大，但具有以下的优点：

1）轴角信息提供两种输出方式：一是绝对串行二进制输出(12 位)，最高传输速率为 12Mbps；二是模拟增量式编码器输出，A、B 和 NM 信号，相当于一个 1024 线增量式编码器。

2）分辨率固定为 12 位，外围接口电路形式多样，简单可靠。

3）方形小封装(PLCC20)，可直接安装在电机内部，使之与电机一体化。

4）串行芯片价格便宜，仅为并行芯片的 1/5 ~ 1/10。

这里以并行输出芯片 AD2S83 为例，详细说明旋转变压器-数字转换器的使用方法和周边电路等。

AD2S83 芯片的引脚功能如表 5-2 所示。

表 5-2　AD2S83 芯片引脚功能

引　脚　号	名　　称	功　　能
1	DEMOD O/P	解调器输出
2	REFERENCE I/P	参考信号输入
3	AC ERROR O/P	比率乘法器输出
4	COS	余弦信号输入
5	ANALOG GND	电源地
6	SIGNAL GND	旋变信号地
7	SIN	正弦信号输入
8	$+V_S$	正电源
10 ~ 25	DB1 ~ DB16	并行数据输出
26	+ VL	逻辑电源
27	$\overline{\text{ENABLE}}$	逻辑高——数据输出脚呈高阻状态
		逻辑低——数据脚输出有效数据
28	BYTE SELECT	逻辑高——最高有效位送 DB1 ~ DB8
		逻辑低——最低有效位送 DB1 ~ DB8
30	$\overline{\text{INHIBIT}}$	逻辑低禁止向输出锁存器送数据
31	DIGITAL GND	数字地
32 ~ 33	SC2-SC1	选择转换器分辨率
34	$\overline{\text{DATALOAD}}$	逻辑低——DB1 ~ DB16 为输入
		逻辑高——DB1 ~ DB16 为输出
35	$\overline{\text{COMPLEMENT}}$	低电平有效
36	BUSY	转换忙信号，高电平时数据无效
37	DIRECTION	输入信号旋转方向的逻辑值
38	RIPPLE CLOCK	正脉冲表示输出数据从全“1”变到全“0”或相反
39	$-V_S$	负电源
40	VCO I/P	压控振荡器输入
41	VCO O/P	压控振荡器输出
42	INTEGRATOR O/P	积分器输出
43	INTEGRATOR I/P	积分器输入
44	DEMOD I/P	解调器输入

图 5-9 给出了 AD2S83 外围电路的典型配置。图中各电阻和电容值是在参考频率为 5kHz、带宽为 520Hz、最大跟踪速度为 260r/s 条件下给出的。其中，所选择的分辨率与所能跟踪的最大转速的关系如表 5-3 所示。

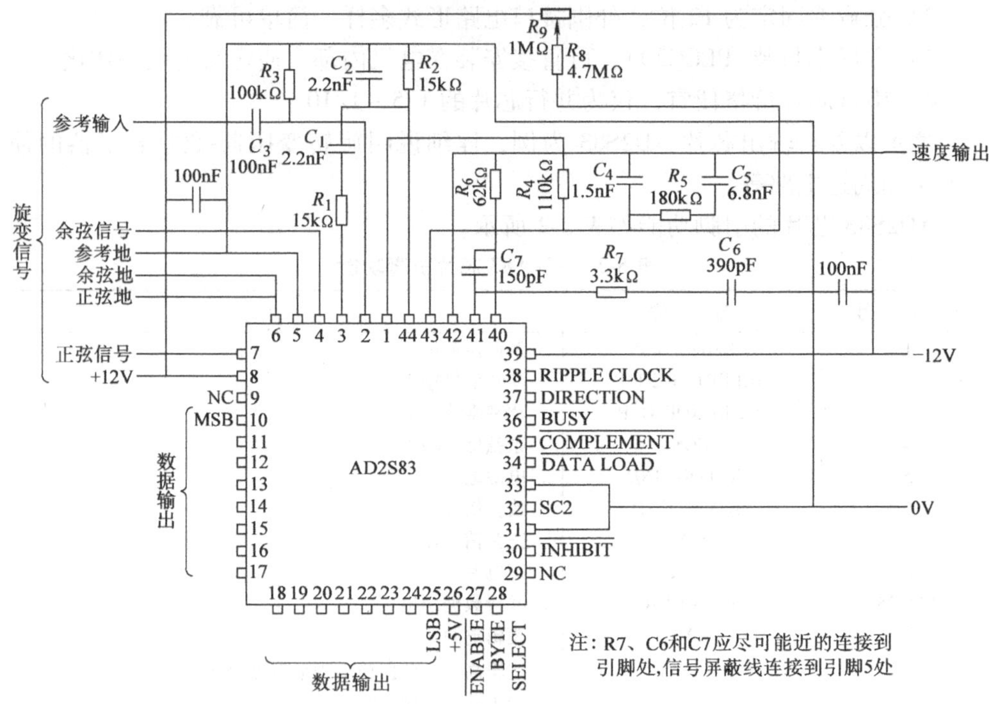

图 5-9 AD2S83 外围电路的典型配置

表 5-3 分辨率与最大跟踪转速

分辨率/bit	最大跟踪转速/(r/sec)	参考频率与闭环带宽的比率
10	1024	2. 5:1
12	260	4:1
14	65	6:1
16	16. 25	7. 5:1

速度输出与位置检测电路设计的关键，就是正确地选择 AD2S83 的外围元件。选择时应注意要选用最接近理想值的元件，并工作于允许的温度范围内。AD2S83 允许选用误差等级为 5% 的外围元件。为获得所需的带宽、最大跟踪速度等动态性能指标，可按以下方法来选择外围元器件：

（1）高频滤波器元件 R_1、R_2、C_1、C_2 的选择

高频滤波器的作用是消除直流偏置和减少进入到 AD2S83 信号中的噪声。在减

少来自开关电源和无刷电机的噪声时，其作用尤其重要。元件参数的选择如下：

$$15\text{k}\Omega \leqslant R_1 = R_2 \leqslant 56\text{k}\Omega$$

$$C_1 = C_2 = \frac{1}{2\pi R_1 f_{\text{REF}}}$$

式中　f_{REF}——参考频率。当取 $R_2 = R_3$，$C_1 = C_3$ 时，R_1、C_2 可以省略。

（2）增益比例电阻 R_4 的选择

$$R_4 = \frac{E_{\text{DC}}}{300 \times 10^{-9}}(\Omega)$$

E_{DC}的值对应于10、12、14、16位分辨率分别取 160×10^{-3}、40×10^{-3}、10×10^{-3}、2.5×10^{-3}。

（3）基准输入交流耦合参数的确定

R_3、C_3 的选取应使信号在参考频率上没有明显的相移。

$$R_3 = 100\text{k}\Omega$$

$$C_3 > \frac{1}{R_3 f_{\text{REF}}}$$

（4）最大跟踪速率的确定

VCO 的输入电阻 R_6 用来设置变换器的最大跟踪速率。若在最大跟踪转速输出为8V，则 R_6 为

$$R_6 = \frac{6.81 \times 10^{10}}{Tn}(\Omega)$$

T 不能超过最大跟踪速率（见表5-3）或参考信号频率的1/16。n 对应于10、12、14、16位分辨率，分别取1024、4096、16384、65536。

（5）闭环带宽的确定

确定闭环带宽(f_{BW})时，必须保证参考频率与闭环带宽的比率不超过下面的指标：当参考频率为400Hz时，带宽的典型值为100Hz；当参考频率为5kHz时，带宽的典型值为500Hz到1000Hz。相关阻容参数可以根据如下关系式来确定。

$$C_4 = \frac{21}{R_6 f_{\text{BW}}^2}$$

$$C_5 = 5C_4$$

$$R_5 = \frac{4}{2\pi C_5 f_{\text{BW}}}(\Omega)$$

（6）VCO 相位补偿

在电压控制振荡器中，外接元件 C_6 和 R_7 构成相位补偿电路。C_6、R_7 取以下的值：

$$C_6 = 390\text{pF};\ R_7 = 3.3\text{k}\Omega$$

调整引脚40和41之间的电容 C_7 可使 VCO 的性能达到最佳。电容 C_7 的取

值通常为

$$C_7 = 150\text{pF}$$

（7）偏置调整

积分器输入端的漂移与偏置电流会引起变换器输出端额外的位置漂移，如果能忽略漂移，则可省略 R_8、R_9，否则应取

$$R_8 = 4.7\text{M}\Omega;\ R_9 = 1\text{M}\Omega$$

（8）输出分辨率的选择

AD2S83 的输出分辨率可以通过 SC1、SC2 两个管脚的逻辑状态被用户设置为 10，12，14，16 位，具体见表 5-4。

表 5-4 SC1、SC2 与分辨率的选择

SC1	SC2	分辨率/bit
0	0	10
0	1	12
1	0	14
1	1	16

在布置电路时要注意以下事项：

1）旋变信号的正、余弦地均接在第 6 引脚(SIGNAL GND)上，该引脚与第 5 引脚(ANALOG GND)在芯片内部是相连的。且第 5 引脚和第 31 引脚(DIGITAL GND)须尽可能在靠近芯片的地方连接起来。

2）R_7、C_6 和 C_7 要尽量接在靠近芯片第 41 引脚(VCO O/P)的地方，旋变信号屏蔽线接在第 5 引脚(ANALOG GND)上。

3）最好能分别在 $\pm V_S$、$+V_L$ 与 DIGITAL GND 或 ANALOG GND 之间在靠近芯片的地方并联一个 100nF 的解耦电容。

4）选择不同的分辨率将影响电阻 R_4、R_6 的值，故当改变分辨率时必须保证新的 R_4、R_6 切换到电路中。在动态条件下，只有在 BUSY 引脚为低电平即数据转换结束时才可改变分辨率。

5）引脚 SC1、SC2、DATA LOAD、COMPLEMENT 在芯片内部经 100kΩ 电阻接在 $+V_S$ 上（+12V），故当需要这些引脚为高电平时，使其悬空即可，不需额外施加 TTL 电平。其中 COMPLEMENT 引脚通常不需要连接。

5.1.4 光电编码器

光电编码器又称光电角位置传感器，是一种集光、机、电为一体的数字式角度/速度传感器，它采用光电技术将轴角信息转换成数字信号，与计算机和显示装置连接后可实现动态测量和实时控制。它包括光学技术、精密加工技术、电子处理技术等，其技术环节直接影响编码器的综合性能。与其他同类用途的传感器相比，它具有精度高、测量范围广、体积小、重量轻、使用可靠、易于维护等优点，广泛应用于交流伺服电动机的速度和位置检测。

典型的光电编码器结构由轴系、光栅副、光源及光电接收元件组成。当主轴旋转时，与主轴相连的主光栅和指示光栅相重叠形成莫尔条纹，通过光电转换后

输出与转角相对应的光电位移信号，经过电子学处理，并与计算机和显示装置连接后，便可实现角位置的实时控制与测量。光电编码器从测角原理可分为几何光学式、激光干涉式及光纤式等；从结构形式可分为直线式和旋转式两种类型；按照代码形成方式不同可分为增量式、绝对式、准绝对式和混合式。

1. 绝对式编码器

绝对式光电编码器主要由安装在旋转轴上的编码圆盘(码盘)、狭缝以及安装在圆盘两边的光源和光敏接收元件等组成，基本结构如图 5-10 所示。码盘一般由光学玻璃制成，在其上沿径向有若干同心码道，每条道上由透光和不透光的扇形区域相间组成，相邻码道的扇区数目是双倍关系，码盘上的码道数就是它的二进制数码的位数，码盘的一侧是光源，另一侧对应每个码道有一个光敏元件。当码盘处于不同位置时，各光敏元件根据受光照与否转换出相应的电平信号，形成二进制数。这种编码器的特点是不要计数器，在转轴的任意位置都可读出一个固定的与位置相对应的数字码。

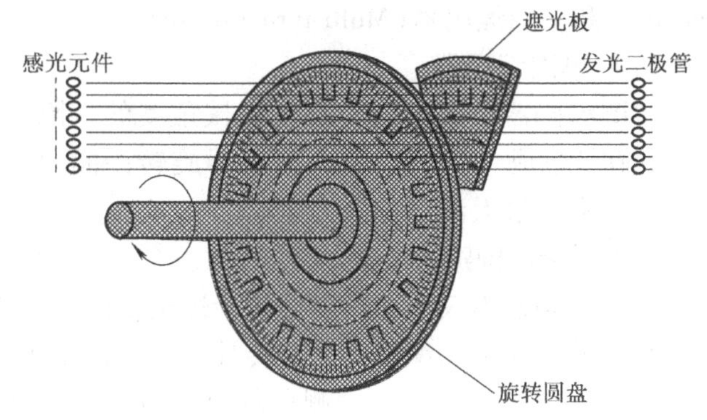

图 5-10　绝对式编码器的结构

绝对式编码器的核心部件是码盘，码盘按一定码制方式刻制，其常用的编码方式有二进制码和格雷码(循环二进制码)。二进制码盘的光学图案如图 5-11 所示，码盘上的码道按一定规律排列，对应每一分辨率区间有唯一的二进制数，因此在不同的位置，可输出不同的数字代码。二进制码是有权码，这种码制的主要缺点是当某一较高位数码改变时，所有比它低的各位数码均同时改变，造成输出的粗误差，所以在绝对式编码器中一般都采用格雷码。格雷码是无权码，其码盘具有轴对称性。格雷码从某个位置转到相邻两个位置时，编码器 N 位中只有一位发生变化，因此只要适当控制各条码道的制作误差和安装误差，读数就可以避免产生粗误差。格雷码显示精度越高，位数越多，构成码盘的码道数也越多。N 位格雷码就要有 N 条码道，码道越多，分辨率就越高，但码盘的刻划难度也越大。

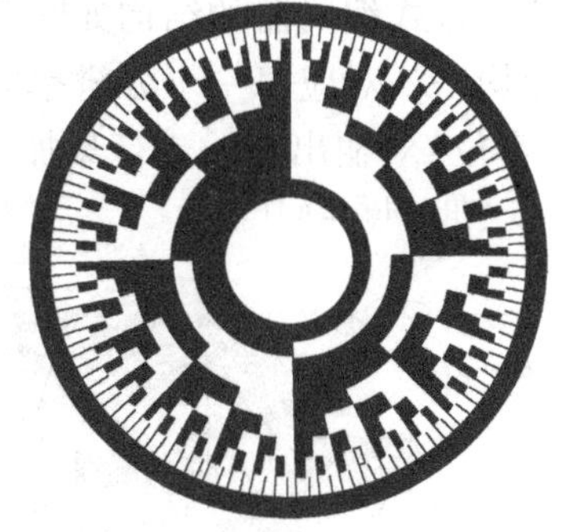

图 5-11　二进制码盘的光学图案

图5-12是一个8位格雷码码盘。该类编码器的光电接收元件是径向直线分布。由于受到光敏接收元件尺寸的影响，分辨率越高，码盘尺寸也就越大，所以格雷码编码的绝对式编码器码盘的尺寸和分辨率是矛盾的，不能同时满足精度高、轻便、小型等要求。

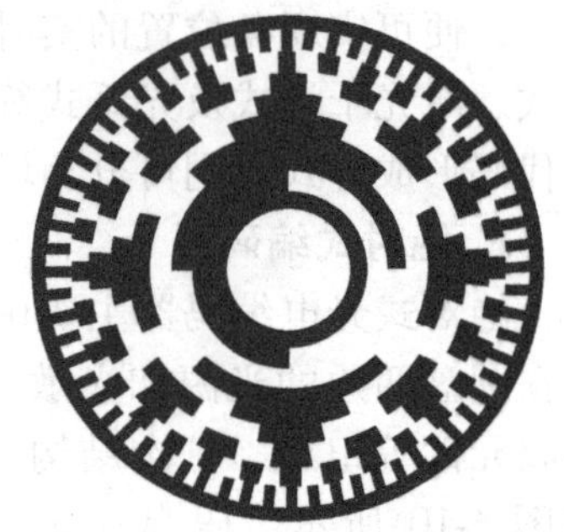

图5-12 格雷码码盘的光学图案

绝对式编码器可分为单圈编码器(Single-turn Encoder)和多圈编码器(Multi-turn Encoder)

（1）单圈编码器

单圈编码器根据测量步数将机械角度的一圈(0～360°)分成一定的数值，编码器旋转一圈以后重新记数，最大测量范围为4096。

（2）多圈编码器

多圈编码器不仅检测角度位置，还记忆圈数，为实现这些功能，需将更多的刻度盘用轴承联结在编码器的旋转轴上。其测量范围计算公式如下：

$$测量范围 = 4096s \times 4096r$$

式中 s——步数；

r——转数。

绝对式编码器具有固定零点、输出代码是轴角的单值函数、抗干扰能力强、掉电后位置信息不会丢失、无累积误差等优点，在高精度位置伺服系统中得到了广泛应用。绝对式编码器的缺点是制造工艺复杂，不易实现小型化。

2. 增量式编码器

增量式编码器的结构如图5-13所示，光学图案如图5-14所示。码盘的刻线间距均一，对应每一个分辨率区间，可输出一个增量脉冲，计数器相对于基准位置(零位)对输出脉冲进行累加计数。正转则加，反转则减。

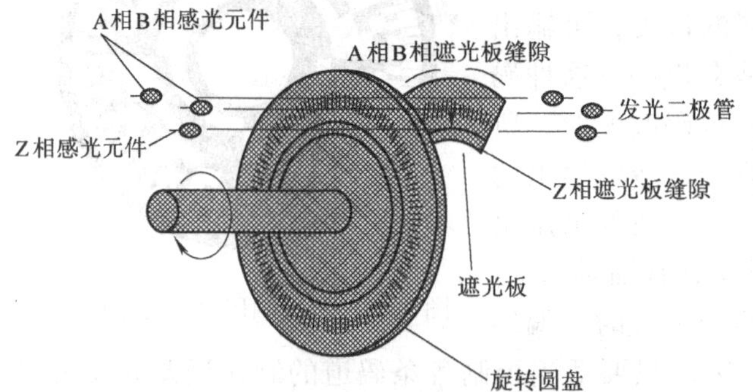

图5-13 增量式编码器的结构

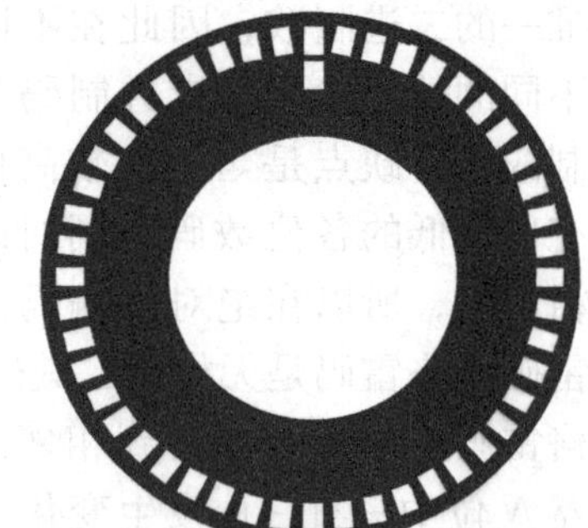

图5-14 增量式编码器光学图案

增量式编码器是以脉冲形式输出的传感器，其码盘比绝对式编码器码盘要简单得多，且分辨率更高，一般只需要三条码道。这里的码道实际上已不具有绝对式编码器码道的意义，而是产生计数脉冲。它的码盘的外道和中间道有数目相同均匀分布的透光和不透光的扇形区(光栅)，但是两道扇区相互错开半个区。扇形区的多少决定了编码器的分辨率，扇形区越多，分辨率越高。例如，一个每转5000 脉冲的增量式编码器，其码盘的增量码道上有透光和不透光的扇形区各5000 个。当码盘转动时，它的输出信号是相位差为 90°的 A 相和 B 相脉冲信号以及只有一条透光狭缝的第三码道所产生的 Z 相脉冲信号(它作为码盘的基准位置,给计数系统提供一个初始的零位信号)。从 A，B 两个输出信号的相位关系(超前或滞后)可判断旋转的方向。

增量式编码器的优点是结构简单、响应迅速、易于实现小型化、抗干扰能力强、寿命长、可靠性高、适合于长距离传输。其缺点是无法输出轴转动的绝对位置信息，掉电后容易造成数据损失，且有误差累积现象。

3. 准绝对式编码器

虽然绝对式编码器和增量式编码器各具特色，在工业、国防和科学研究上也已经获得了广泛的应用。但是，工业技术的发展对光学编码器的各项技术指标提出了更高的要求，新技术的不断出现，促成了新型光学编码器——准绝对式编码器的产生。准绝对式编码器光学图案也是由循环码道和索引码道组成的，循环码道仍然由一系列均匀交错的遮光和透光光栅线条组成，索引码道则由与每一对透光、遮光栅线位置对应的透光或遮光的窗口组成，连续的几个窗口类似于条形码，它们共同构成对某一位置的编码，即位置编码的各有效位是沿圆周(切向)连续地分布于同一个索引码道内的。与绝对式编码器和增量式编码器相比，这种光学编码器在位置的编码方式上与绝对式编码器相似，而在光学图案上又与增量式编码器相似。这种光学编码器的设计特点决定了它与两种传统编码器的工作原理不尽相同，因此，可称这种编码器为准绝对式编码器。

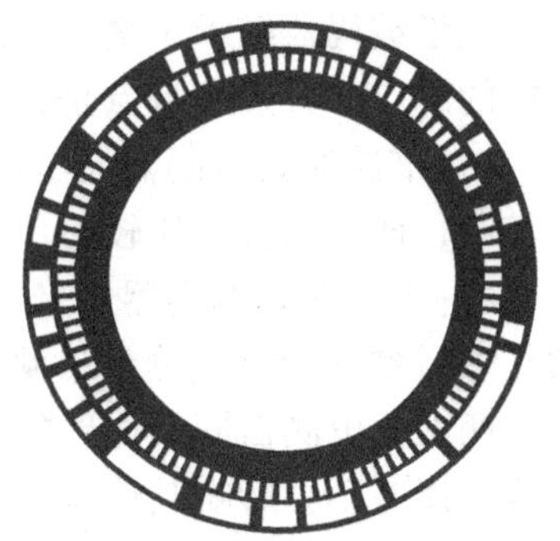

图 5-15　准绝对式编码器光学图案

准绝对式编码器的光学图案如图 5-15 所示。

准绝对式编码器的工作原理是：位置用沿切向的编码图案来表示。由于各编码图案位置之间的关系，相对于某一确定位置的编码，其他位置的编码都有其自身的序号 N。电子系统必须利用循环码道的输出信号来同步位置编码的读取，编码的各有效位可以由沿圆周方向顺序排列在索引码道上的多个光电探测器并行一次读取，也可以由位于索引码道上的一个光电探测器经多次读取而串行获得。无论采用哪种方式读取位置编码，系统启动后，都必须经过自引导过程，信号处理系统才能获得第一个位置编码，若循环码道中计量光栅的节距角为 δ，那么根据

当前检测到的位置编码的序号 N，就可得到相对该指定位置的角度测量值 θ 为

$$\theta = N\delta \tag{5-10}$$

根据准绝对式编码器光学图案的特点，位置编码的各有效位沿圆周连续分布，减少了位置编码的码道数量，因此，码盘体积得以有效缩小；但位置编码有效位沿切向分布，又使得应用系统上电后，不能立刻获得位置的编码，而要经过一个自引导的过程，即经过一个非常小的位移后才能获得位置编码数据，无论这个初始小位移方向如何，从何处开始发生，只要步长足够，应用系统都可以获知确切的绝对位置编码数据；由于关于位置的编码是用光学图案记录在盘体上的，因此，应用系统可在工作的任意时刻进行测量，而且测量到的数据都是绝对位置数据，系统掉电又重新上电后，同一位置的测量值是绝对相同的；如果某一位置的测量结果出现错误，这一错误不会影响其他位置的测量结果。

从准绝对式编码器的工作原理可知，利用位置编码获得测量值的精度有时也不能满足实际需要，也需要采用一定技术以提高准绝对式编码器的分辨率。根据光学图案的特点，技术上仍然可以采用电子技术或软件方法对循环码道输出的正弦信号进行处理，从而实现对光学最小分辨角的细分，若测得的光学最小分辨角的细分值为 δ_0，那么相对指定位置的测量值为 $\theta = N\delta + \delta_0$。这与传统光学编码器的基本测量原理是一致的。

准绝对式光学编码器与增量式编码器和绝对式编码器相比，其光学图案具有一定的特点，复杂性介于二者之间，码道数量与增量式编码器相似，位置标识方法又与绝对式编码器相似，只是位置编码各有效位的排列方式不同，因此，准绝对式光学编码器继承了增量式编码器和绝对式编码器的优点，不同程度地克服了它们的缺点，其技术特点是：

1）准绝对式编码器光学图案比较简单，因此，准绝对式编码器的机械尺寸比较小，译码系统也比较简单。

2）准绝对式编码器用光学图案对位置进行编码，因此，应用系统可在工作的任意时刻进行位置测量，测量到的数据为绝对位置数据，且测量结果不易丢失，两次上电测量同一位置的测量结果绝对一样。若某次测量结果出现误差，那么这一误差不会影响其他位置的测量，提高了系统的可靠性。

3）准绝对式编码器位置编码的各有效位沿圆周（切向）分布，因此，应用系统上电后不能立刻获得有效位置编码，而要经过一个自引导过程，但无论自引导过程的方向和起始位置如何，初始化位移都固定为几个计量光栅节距，轻微的振动就可以确定初始位置，方便了实际操作。

4）准绝对式编码器光学图案包含计量光栅，因此，可以通过电子技术或软件方法对光学最小分辨角进行细分，从而有效提高系统的测量精度。

5）准绝对式编码器输出的位置信息是全量程绝对编码，非常容易与计算

机、过程控制器和伺服控制器等数字器件相连接。

4. 混合式光电编码器

混合式光电编码器是一种既可检测转角又可检测转速的传感器，编码器测量光栅的外码道通常为增量式光电码盘，与指示光栅及光敏元件配合，在旋转时可产生伺服电动机系统的有关转速、转向、原点位置及相对角位移的数字信号 A、B、Z，测量光栅的内码道为绝对式光学码盘，与指示光栅及光敏元件配合，旋转时可产生伺服电动机系统有关转子磁极绝对位置的数字信号 U、V、W。所以，混合式光电编码器主要由测量光栅、指示光栅、发电元件、光敏探测器及信号处理电路组成，在电机旋转时，测量光栅与电机轴同步旋转，所以，又称旋转光栅，指示光栅是固定不动的，所以又称固定光栅。

在混合式光电编码器的结构中，测量光栅一般用光学玻璃制成，指示光栅一般用复合胶片制成。发光元件一般采用红外发光管，光敏探测器是由锗(Ge)、砷化铟(InAs)、锑化铟(InSb)等半导体材料在一个基片上集成的多个光电二极管，其响应速度一般为 100kHz ~ 1MHz。

下面对混合式光电编码器的输出波形及信号处理电路进行分析，图 5-16 为混合式光电编码器的输出信号波形。在转动圆盘内侧制成空间位置互成 120°的三个缝隙，感光元件接受发光元件通过缝隙的光线而产生互差 120°的三相信号，经过放大与整形后输出方波信号 U_U、$\overline{U}_U$、U_V、$\overline{U}_V$、U_W、$\overline{U}_W$，利用这些信号的不同组合状态来表示磁极在空间的不同位置。这里，每相输出信号 U_U、$\overline{U}_U$、U_V、$\overline{U}_V$、U_W、$\overline{U}_W$ 的周期为空间 360°，在每一个周期内可以组合成 6 种状态，每种状态代表的空间角度范围为 60°，即在整个磁极位置的 360°空间内，每 60°空间位置用一个三相输出信号状态表示。

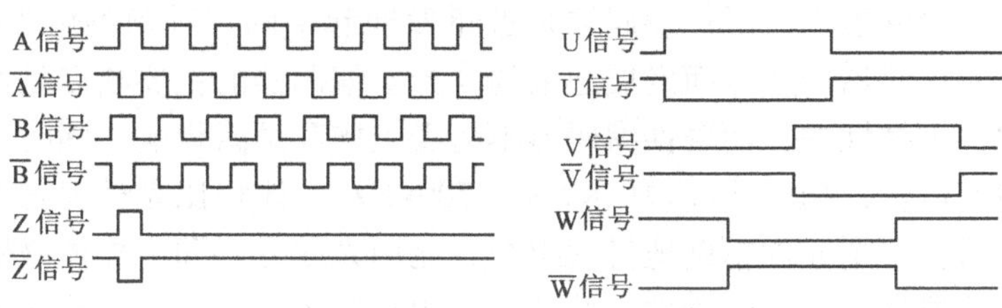

图 5-16　混合式光电编码器的输出信号波形

在编码器中，感光元件所检测出的微弱信号的处理有多种不同的方案，由于光电二极管的受光面积只有 $1mm^2$ 的数量级，在电机旋转时，其每次受光的时间又很短，所以即使光电二极管有较高的响应速度，它所产生的信号电流也只有 mA 级，并且该信号中还存在共模干扰，这就要求其处理电路应具有放大、比较整形和输出几个环节，图 5-17 是混合式光电编码器的信号处理电路框图。

在图 5-17 电路中信号的幅值放大部分采用电流-电压转换电路和差动放大电

路，整形部分采用滞回比较电路，信号输出采用长线驱动器。

需要特别加以说明的是，由于光电二极管为光伏探测元件，它在负载电阻很小的条件下具有较好的响应特性，在零负载电阻下具有最高的灵敏度，典型的 I/V 转换的电路结构如图 5-18 所示，其转换率为

$$K = \frac{V_0}{i} = R_f + R_1 \tag{5-11}$$

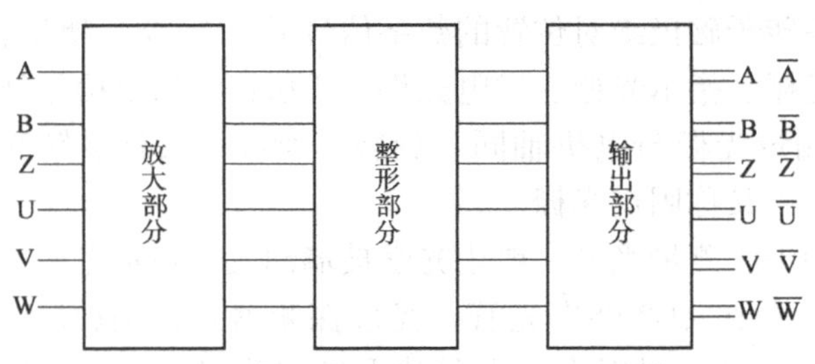

图 5-17　混合式光电编码器信号处理电路框图

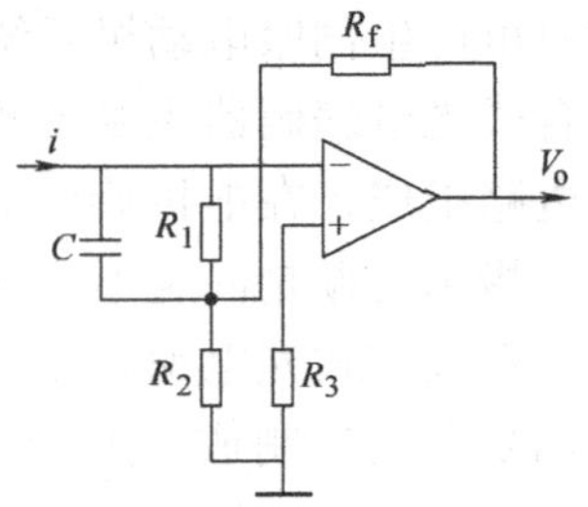

图 5-18　混合式光电编码器 I/V 转换电路

作为交流伺服电机系统的速度及位置传感器，较高的响应速度，较低的温度漂移，较大的共模抑制比和较强的抗干扰能力是混合式光电编码器信号处理电路的基本要求。另外，采用电流内插法可增加其输出脉冲，从而提高混合式光电编码器的分辨率。高分辨率的混合式光电编码器是保证交流伺服电动机系统位置控制和速度控制精度的重要条件。

5.1.5　磁性编码器

在数字式传感器中，磁性编码器是近年发展起来的一种新型电磁敏感元件，它是随着光学编码器的发展而发展起来的。光学编码器的主要缺点是对潮湿气体和污染敏感，可靠性差，而磁性编码器不易受尘埃和结露影响，同时其结构简单紧凑，可高速运转，响应速度快(达 500 ~ 700kHz)，体积比光学编码器小，而成本更低，且易将多个元件精确地排列组合，比用光学元件和半导体磁敏元件更容易构成新功能器件和多功能器件。此外，采用双层布线工艺，还能使磁性编码器不仅具有一般编码器具有的增量信号和指数信号输出，还具有绝对信号输出功能。所以，尽管目前约 90% 的编码器均为光学编码器，但毫无疑问，在未来的运动控制系统中，磁性编码器的用量将越来越多。

1. 磁性编码器的结构与工作原理

磁性编码器的基本结构如图 5-19 所示，主要部分由磁阻元件、磁鼓、信号处理电路和机械结构组成。在磁鼓旋转体上录以磁性节距相等的磁化信号，构成检测磁化信号磁通的磁性传感器。在磁阻元件中，把显示磁阻效应的 NiCo 和

NiFe 一类的金属薄膜涂敷在玻璃等绝缘基板上，一般是应用光刻法在微剖面上加工磁阻元件，磁阻元件剖面上的电阻值随外部所施加的磁场变化而变化。通常是磁阻元件上一旦受到数百安每米的磁场影响，其阻值的变化将达到数百倍以上，从而根据旋转鼓上磁化信号磁通的变化情况检出电动机的旋转位置。

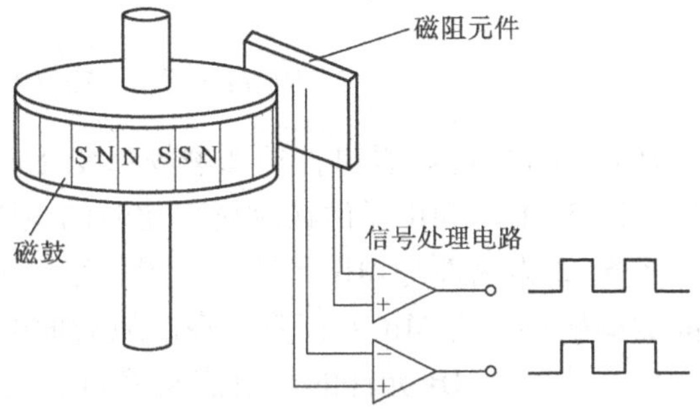

图 5-19　磁性编码器的结构

（1）磁鼓

为了使磁化信号的磁通穿过气隙到达磁阻元件上，磁性媒体层要具有良好的磁性能，一般媒体层的厚度要达到数十微米以上。通常，磁鼓表面处的气隙磁感应强度较低，一般为 0.003 ~ 0.005T，从而可以采用薄膜类磁性媒体满足其要求。磁鼓表面的磁性媒体主要有塑料永磁体、磁性薄膜、压延永磁体、氧化铝永磁体膜等。

（2）磁阻效应元件（Magnetoresistive effect：MR 元件）

磁阻效应元件主要有半导体磁阻效应元件和强磁性磁阻效应元件。二者的电阻都是随着磁场的变化而变化的，但是特性上差别较大。半导体磁阻效应元件采用 InSb、GaAs 等材料，强磁性磁阻效应元件采用 NiFe、NiCo 等材料，二者的特性正相反。施加磁场时半导体磁阻效应元件电阻增加，而强磁性磁阻效应元件电阻减小。这里主要介绍容易小型化、频率特性好、对弱磁场灵敏度高的强磁性磁阻效应元件（以下简称 MR 元件）。

MR 元件如上所述采用 NiFe、NiCo 等材料，这两种材料的电阻变化率是有差异的，NiCo 为 4 ~ 5%，NiFe 是 2 ~ 3%。但是，NiFe 的弱磁场灵敏度比 NiCo 要高，所以 MR 元件一般采用 NiFe。

图 5-20 为 MR 元件的磁场与磁化示意图。设流过 MR 元件的电流 I 的方向与被外界磁场磁化的方向所成角度为 θ，则 MR 元件的电阻值 R 为

$$R(\theta) = R_{/\!/}\cos^2\theta + R_{\perp}\sin^2\theta \quad (5\text{-}12)$$

式中　$R_{/\!/}$——电流方向与磁化方向平行时的饱和磁化电阻值；

$R_{\perp}$——电流方向与磁化方向垂直时的饱和磁化电阻值。

把式(5-12)变换为

$$R(\theta) = R_{/\!/} - \Delta R\sin^2\theta \quad (5\text{-}13)$$

式中　$\Delta R = R_{/\!/} - R_{\perp}$。

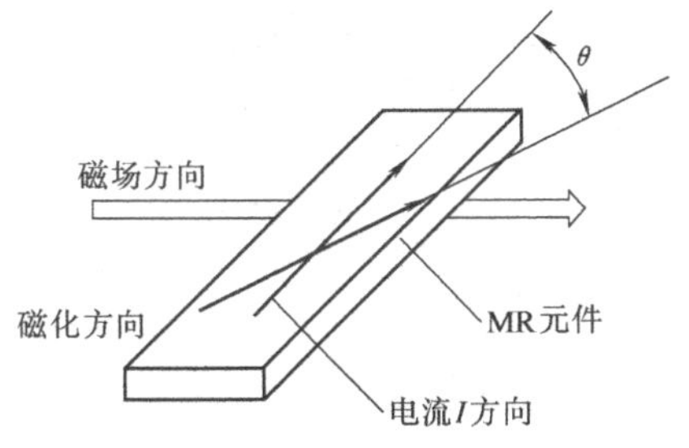

图 5-20　MR 元件的磁场与磁化

根据公式 $\sin^2\theta = \frac{1}{2}(1-\cos2\theta)$，把式(5-13)进一步变换为

$$R(\theta) = R_{/\!/} - \frac{\Delta R}{2}(1-\cos2\theta) \tag{5-14}$$

从式(5-14)可以看出，外加磁场每变化一个周期，MR 元件的电阻变化两个周期。图 5-21 为 MR 元件在磁场变化时的电阻变化率特性。

图 5-22 为磁鼓与 MR 元件的位置关系。磁鼓表面被多极充磁。并产生 N、S 相间的漏磁场，把 MR 元件安装在磁鼓对面的位置，当磁鼓与 MR 元件的相对位置发生变化时，MR 元件的电阻值会因与之交链的漏磁场的变化而改变，电阻的变化就能转换为电信号，输入到信号处理电路中。

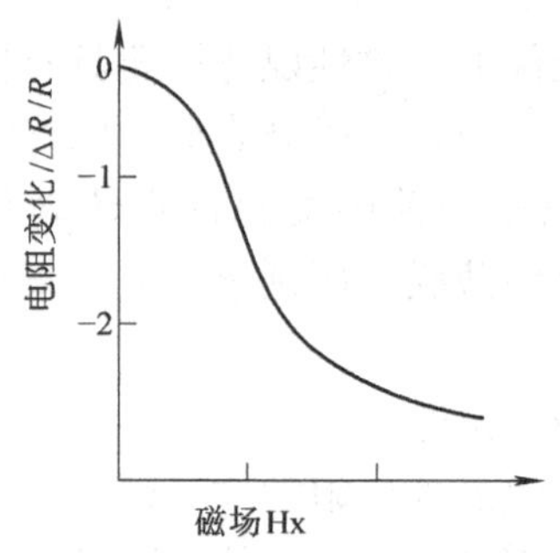

图 5-21 MR 元件的电阻变化率特性

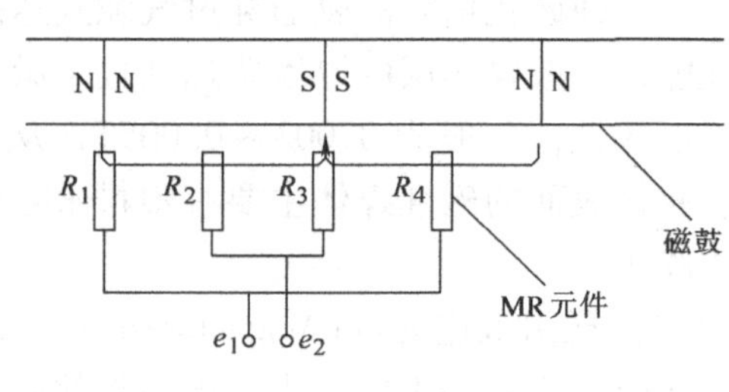

图 5-22 磁鼓与 MR 元件的位置关系

图 5-23 是 MR 元件上施加信号磁场时的输出特性。如果施加的是正弦波信号磁场，则电阻值与磁场强度成比例地发生变化，输出为如式(5-14)所表示的 2 倍频率的信号。

图 5-24 为 MR 元件的接线图。通过两组元件的三端连接，得到 e_1、e_2(或 e_3、e_4)信号，再把该信号输入到运算放大器或比较器中，即可得到 e_A(或 e_B)。

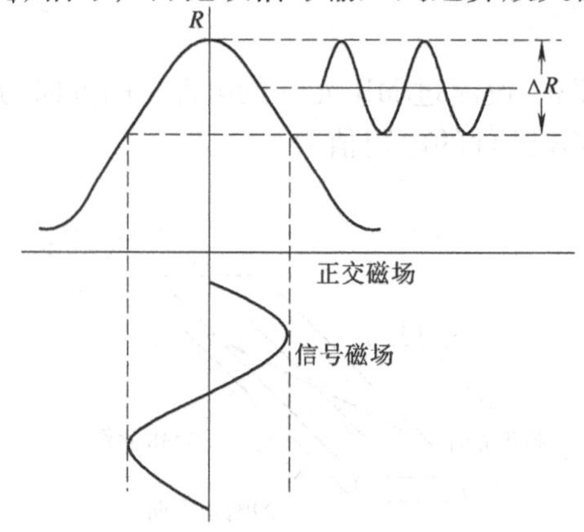

图 5-23 MR 元件的输出特性

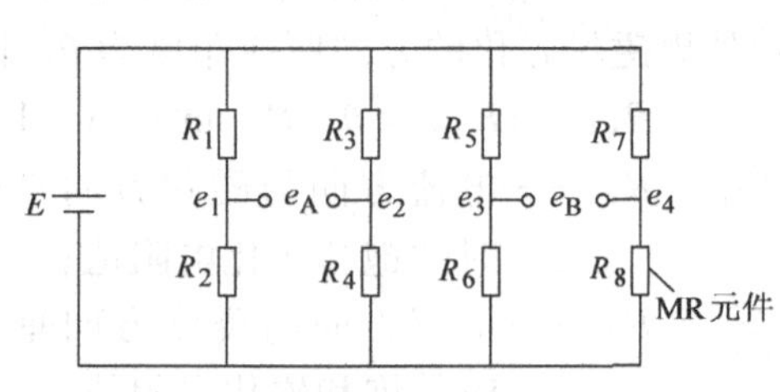

图 5-24 MR 元件的接线图

由于 MR 元件的温度系数较大（大约 +0.3%/℃），最好避免单独使用。通过三端连接，可以利用各 MR 元件之间的温度跟踪特性，进行温度补偿。

2. 采用多相形式的多脉冲化

通常，为提高磁性编码器的输出脉冲数，会把磁鼓的充磁宽度变窄，但是这样做会减弱从磁鼓发出的漏磁场。综合考虑磁鼓的抖动、可靠性和制作的工艺性等因素，一般希望间隔为 50μm 以上，从而记录媒体的宽度也不能做得过窄（50μm 及以上）。因此，这里介绍一种通过多相配置 MR 元件，把从中得到的信号利用电路进行处理，形成有 90°相位差的两相输出的提高脉冲数的方法。

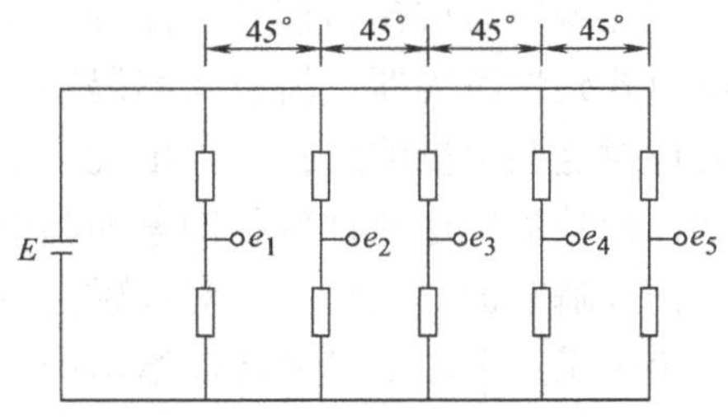

图 5-25　2 倍频时 MR 元件的接线图

图 5-25 是把输出脉冲数变为原来的 2 倍时 MR 元件的接线图。从 e_1 到 e_5，各 MR 元件按照相互之间具有 45°相位差进行配置。

图 5-26 是 MR 元件输出信号的处理电路。通过把 E_1、E_2 或 E_3、E_4 信号输入到 XOR，得到 2 倍的脉冲数。

图 5-27 是信号处理时序。从图中可以看出，由于 E_1、E_2（或 E_3、E_4）的相位差是 90°，所以 XOR 的输出 E_A（或 E_B）频率变为原来的 2 倍。由于 E_1、E_3 的相位差是 45°，2 倍频之后的 E_A、E_B 信号之间的相位差为 90°。同理，如果把各 MR 元件相互之间错开 22.5°、11.25°的相位差进行多相配置，则能够得到 4 倍、8 倍的脉冲数。

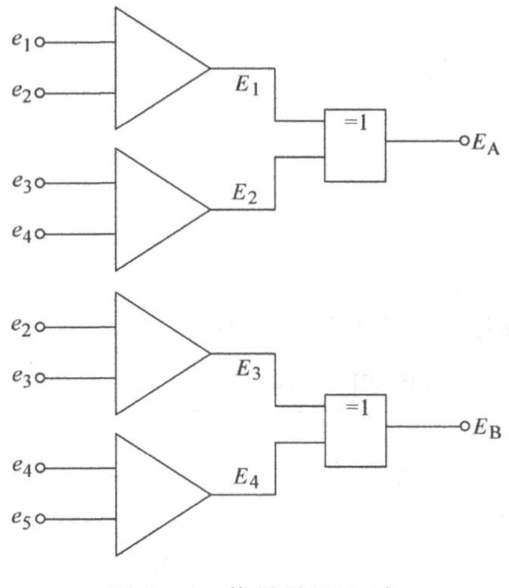

图 5-26　信号处理电路

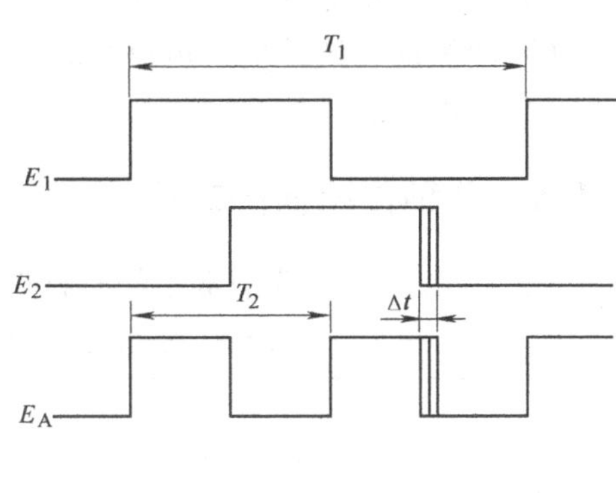

图 5-27　信号处理时序

在提高输出脉冲数时，必须注意精度问题，如果把原信号 N 倍频，则信号精度就会降低到原来的 $1/N$。在图 5-27 的时序中，如果信号误差为 Δt，相对于初始信号周期 T_1，相对误差为 $\Delta t/T_1$，可是 N 倍频后的输出 E_n 也会产生相同大小的误差 Δt，由于周期变成 T_1/N，所以相对误差为 $N\Delta t/T_1$，变成初始误差的 N 倍。因此，采用该方法很容易提高输出脉冲数，但是也要充分考虑对精度的影响。

磁性编码器按输出信号特征分类有两种不同的类型：①增量式磁性编码器；②绝对式磁性编码器。增量式编码器的输出轴转角被分为一系列的位置增量，磁阻元件对这些增量响应，每当出现一个单位增量，磁阻元件就向计数器发出一个脉冲，计数器把这些计数脉冲累加起来，并以各种进制的代码形式在输出端给出输入角度瞬时值的信息。绝对式磁性编码器也叫作直读式编码器，转角的代码是由一个记录有多圈信息的磁鼓给出的，具有固定零位，对于一个转角位置，只有一个确定的数字代码，其优点是具有固定零位、角度值的代码单值化，无累加误差、抗干扰能力强。

在结构上，增量式磁性编码器与绝对式磁性编码器的区别是：增量式磁性编码器的磁鼓仅记录一道磁极，一组磁阻元件，而绝对式磁性编码器记录有多道磁极，相对应的磁阻元件的组数也增加了。

与光电编码器相比，磁性编码器具有如下优点：

1）结构简单、紧凑。

2）灵敏度高、稳定性好、高频特性好，响应速度快。

3）高速下仍能稳定工作。

4）抗污染等恶劣环境的能力强。

5）具有多功能的特点，易于制成绝对式编码器。

6）耐振动、抗冲击、可靠性高。

7）耗电少。

5.1.6 几种传感器的对比

表 5-5 对伺服系统中常用的三种位置（速度）传感器进行了比较。

表 5-5 常用的三种位置（速度）传感器的比较

项目	旋转变压器	光电编码器	磁性编码器
特性	处理电路复杂 结构复杂 耐振动冲击 可用于高温环境 温度特性差	处理电路简单 噪声容限大 分辨率高 不耐振动冲击 不适于高温环境	处理电路简单 可多相输出 分辨率高 机械强度高 环境条件要求低

（续）

项　　目	旋转变压器	光电编码器	磁性编码器
速度元件	可模拟输出信息 单位时间相角变化 可作转速信号	可数字输出信息 可增加脉冲提高精度	同光电编码器
位置元件	可实现相角数字化	可反映磁极位置 可实现相角细分 易产生原点脉冲	同光电编码器

5.2　速度传感器

在伺服系统中，为了反馈电机的转速需要转速传感器，转速传感器是将转速转换成电信号的转换元件，按其输出电压信号的形式可分为模拟式和数字式两种。模拟式的输出电压大小为转速的连续函数，直流、交流测速发电机均属于这一类；数字式的输出信号为频率与转速成正比的脉冲信号，常用的有增量式光电编码器等。

5.2.1　测速发电机

测速发电机是一种模拟式测量转速的信号元件，它将转轴输入的机械转速变换成为模拟电压信号输出。

伺服系统对测速发电机的主要要求是：

1）输出电压与转速成正比，并保持稳定。

2）转动惯量小，以保证反应迅速。

3）灵敏度高，即输出电压对转速的变化反应灵敏，输出特性斜率大。

4）结构简单、工作可靠。

5）输出电压纹波小。

6）正、反转的输出特性应一致。

7）无线电干扰小、噪声小、体积小、重量轻。

测速发电机有许多种类，但主要有永磁直流测速发电机、永磁同步测速发电机、异步测速发电机和无刷直流测速发电机。

永磁直流测速发电机以其灵敏度高、线性误差小、极性可逆等优点而得到了广泛应用，但因电刷和换向器的存在带来了一系列的弊病，如可靠性差，使用环境条件受限制，电刷与换向器的摩擦，增加了被测电机的粘滞转矩，电刷的接触压降造成了输出低速时的不灵敏区；电刷与换向器的间断接触或不良接触引起射频噪声，产生无线电干扰，电刷压降变化引起输出电压的不稳定等，在高性能的交流伺服中较少使用。因此，这里主要介绍交流伺服系统中常用的两种交流测速发电机：无刷直流测速发电机和异步测速发电机。

1. 无刷直流测速发电机

无刷直流测速发电机是一种电机与电子电路结合的一体化元件，主要由电机本体和测速电路两部分组成，如图 5-28 所示。电机本体由一台永磁同步发电机和同轴安装的转子位置传感器组成。如果此测速发电机安装到一台交流伺服电动机上，伺服电动机的极数和相数与测速发电机相同的话，就可以共用一转子位置传感器。永磁同步发电机的定子与普通交流电机相似，嵌放有对称多相绕组，通常是星形接法；转子上的永磁体在气隙中产生多极径向磁场。电机旋转时，各相绕组的感应电动势波形呈平顶梯形波，平顶部分要有足够的宽度和尽可能小的纹波分量。转子位置传感器可以使用光电或磁性编码器(绝对型)、霍尔传感器等不同工作原理的角位置传感器构成。测速电路主要包括模拟开关电路、采样信号形成电路和运算放大器。

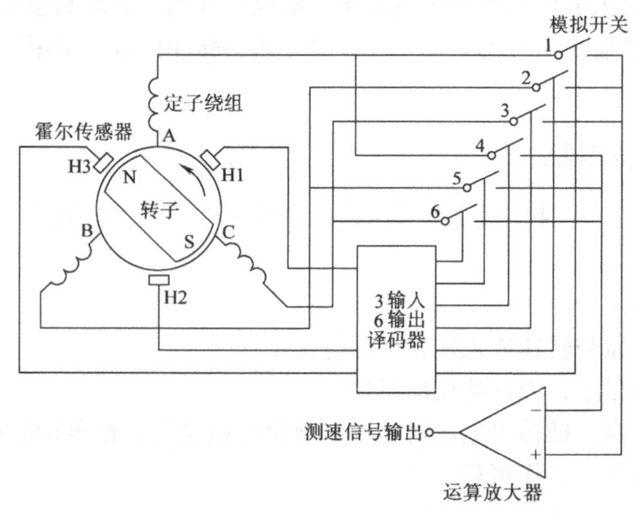

图 5-28 三相无刷直流测速发电机的构成

无刷直流测速发电机定子绕组一般采用 2 相、3 相、4 相等，对于三相无刷直流测速发电机，当电机旋转时，每一相定子绕组产生相移为 $2\pi/3$ 的梯形电动势波形，它们分别被送到电子模拟开关电路中，转子位置传感器分别对应 3 相定子绕组。当轴转动时，传感器将转子位置信号送入逻辑电路进行处理，得到 6 个占空比为 1∶5 的时序方波信号，此 6 个方波信号控制电子模拟开关，对三相交流电动势的相应平顶部分的中间 60°宽逐一进行采样，然后经运算放大器将此采样信号求和得到一个正比于转速的直流电压输出，其输出电压极性与测速发电机旋转方向相对应。图 5-29 所示为相关信号的波形图。

发电机产生的反电动势波形其平顶部分的宽度在理论上可设计成 120°，但实际上很难做到，一般其波形台肩部分有一定的弧度。基于这种因素，如果对发电机反电动势波形平顶部分 120°进行采样，那么经运算放大器将此采样信号求和得到的直流电压纹波很大，若对反电动势正、负半周的中间 60°宽的平顶部分进行采样，则可使输出电压纹波大大降低。

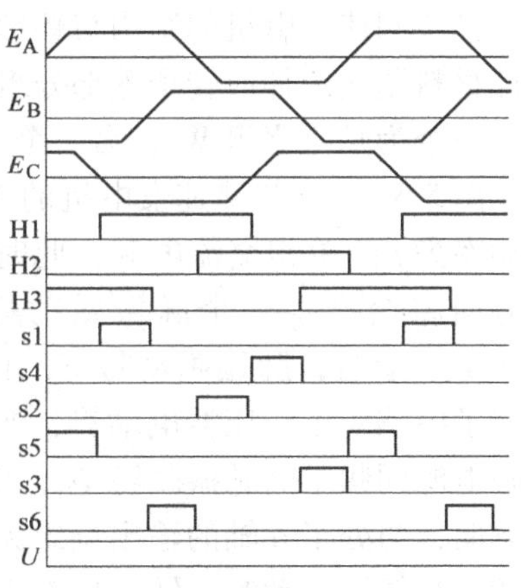

图 5-29　三相无刷直流测速发电机的信号波形

无刷直流测速发电机每匝线圈电动势为

$$E_{c1}=\frac{\pi}{60}B_{\delta}D_{i}L_{fe}n \tag{5-15}$$

式中　B_{δ}——气隙磁密；

D_{i}——电枢内径；

L_{fe}——电枢铁心有效长度；

n——测速发电机转速。

则测速发电机每相电动势为

$$E_{\varphi}=NE_{c1}=N\frac{\pi}{60}B_{\delta}D_{i}L_{fe}n=K_{e}n \tag{5-16}$$

式中　N——每相绕组匝数；

K_{e}——测速发电机电动势常数，$K_{e}=\frac{\pi}{60}NB_{\delta}D_{i}L_{fe}$。

测速发电机输出电压为

$$U(n)=K_{f}K_{e}n \tag{5-17}$$

式中　K_{f}——测速发电机电路放大倍数，$K_{f}=\frac{R_{f}}{R+R_{i}}$；

R_{f}——运算放大器反馈电阻；

R_{i}——绕组及模拟开关通路的等效电阻；

R——限流电阻。

测速发电机输出电压斜率：

$$K=K_{f}K_{e} \tag{5-18}$$

无刷直流测速发电机克服了有刷直流测速发电机的缺点，具有可靠性高、寿命长、测速范围宽、测速精度高、输出电阻小、零转速输出电压为零、输出电压死区极小、输出电压斜率可随需要改变等众多优点，可适应于所有有刷直流测速发电机使用的场合，作为速度指示、反馈和阻尼稳定元件，特别适合用于高性能伺服系统中。

2. 异步测速发电机

异步测速发电机的结构与杯形转子交流伺服电动机类似，由内、外定子、非磁性材料制成的杯形转子等部分组成。定子上放置两个在空间相互垂直的单相绕组，一个为励磁绕组 W_1，另一个为输出绕组 W_2。

图 5-30 为异步测速发电机的工作原理。异步测速发电机工作时，励磁绕组接频率为 f 的单相交流电源，此时沿直轴方向将会产生一个脉振磁动势 F_d。当转子不动时，脉振磁动势 F_d 在空心杯转子中感应出变压器电动势，产生与励磁电源同频率的脉振磁场 Φ_d，也为 d 轴方向，与处于 q 轴的输出绕组无磁通交链。当转子运动时，转子切割直轴磁通 Φ_d，在杯形转子中感应产生旋转电动势 E_r，其大小正比于转子转速 n，并以励磁磁场 Φ_d 的脉振频率 f 交变，又因空心杯转子相当于短路绕组，故旋转电动势 E_r 在杯形转子中产生交流短路电流 I_r，其大小正比于 E_r，其频率为 E_r 的交变频率 f。若忽视杯形转子漏抗的影响，那么电流 I_r 所产生的脉振磁通 Φ_q 的大小正比于 E_r，在空间位置上与输出绕组的轴线（q 轴）一致，因此转子脉振磁场 Φ_q 与输出绕组相交链而产生感应电动势 E。由以上分析可以得出如下关系

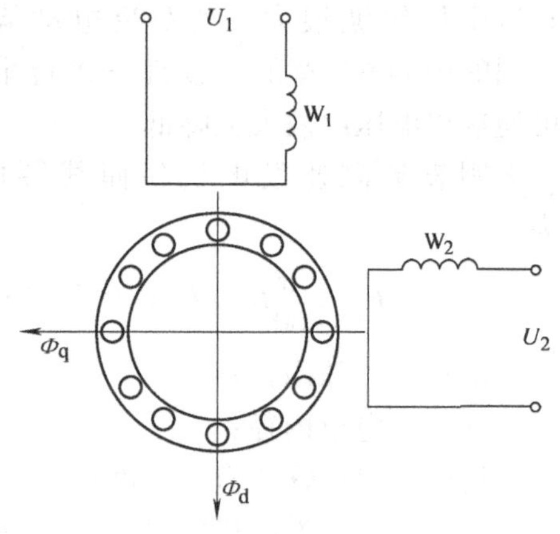

图 5-30 异步测速发电机的工作原理

$$n \propto E_r \propto I_r \propto \Phi_q \propto E \tag{5-19}$$

输出绕组感应产生的电动势 E 实际就是异步测速发电机输出的空载电压 U，其大小正比于转速 n，其频率为励磁电源的频率 f。当然，这里也存在着不可避免的误差。

异步测速发电机的误差主要有非线性误差、剩余电压和相位误差。

（1）非线性误差 只有在严格保持直轴磁通 Φ_d 不变的前提下，异步测速发电机的输出电压才与转子转速成正比。但实际上，直轴磁通 Φ_d 是变化的，为了减小转子漏抗造成的线性误差，异步测速发电机都采用非磁性空心杯转子，常用电阻率大的磷青铜制成，以增大转子电阻，从而可以忽略转子漏抗，与此同时使杯形转子转动时切割交轴磁通 Φ_q 而产生的直轴磁势明显减弱。另外，提高励磁电源频率，也就是提高电机的同步转速，也可提高线性度，减小线性误差。

（2）剩余电压

当转子静止时，异步测速发电机的输出电压应当为零，但实际上还会有一个很小的电压输出，此电压称为剩余电压。剩余电压主要是由定子两相绕组空间不

对称、气隙不均匀、杯形转子壁厚不均匀以及绕组端部漏磁不平衡等因素造成的。

（3）相位误差

相位误差是指在异步测速发电机工作转速范围内，输出电压与励磁电压之间相位移的变化量。由于速度的变化及励磁绕组的输入阻抗的不同，使得励磁绕组所产生的磁通的相位和幅值都改变，从而使输出电压与励磁电压不同相。

由于异步测速发电机结构简单，且没有机械接触，输出特性稳定，不产生无线电干扰，正、反转输出电压对称，转子惯量小、响应快，精度较高，所以在控制系统中得到广泛的应用。但是由于剩余电压对系统的影响很大，其幅值通常有几十毫伏，因而其低速时的不灵敏区较大，调速范围受到限制，且需专门的交流励磁电源，因此在高性能交流伺服系统中很少使用，但是在伺服精度要求不高，对可靠性、成本等有较高要求的小型交流伺服系统中经常用到。

5.2.2　数字转速传感器

数字转速传感器是将转轴转速直接变成数字量的一种测速装置，前面介绍的光电编码器就是一种性能优良的数字式测速元件，它具有惯量小、噪声低、精度高及分辨率高等优点，是目前数字控制系统中应用最多的一种转速传感器。

1. 数字测速的技术要求

数字测速的质量好坏除了和测速元件本身性能有关外，还和采样方法及信号处理电路有关，主要技术要求有以下三点：

（1）分辨率

它表征对速度变化的敏感度，当测量数值作最小值改变时，转速由 n_1 变化到 n_2 的差 Q(r/min)定义为分辨率。

$$Q = n_2 - n_1 \tag{5-20}$$

速度变化(Q)越小，说明对转速变化越灵敏，亦即其分辨率越高。

（2）精度

精度表示测速装置的读数偏离实际转速值的百分比，即当实际转速为 n，读数误差为 Δn 时，测速精度为

$$\varepsilon = (\Delta n/n) \times 100\% \tag{5-21}$$

在测量过程中，总会有 ±1 个脉冲的检测误差，此外还有传感器制造误差，以及安装不精确引起的误差。

（3）检测时间

这是指速度数据连续两次采样之间的间隔时间 T。T 越短，采样滞后越小，响应越快。可以看出，检测时间和分辨率之间有一定关系。如果检测时间长，分辨率可以提高，但是采样滞后加大。

2. 数字测速方法

数字测速方法可分为三种：①M 法测速：这种方法可以测量频率；②T 法测速：这种方法可以测量周期；③M/T 法测速：这种方法可以既测量频率，又测量周期。

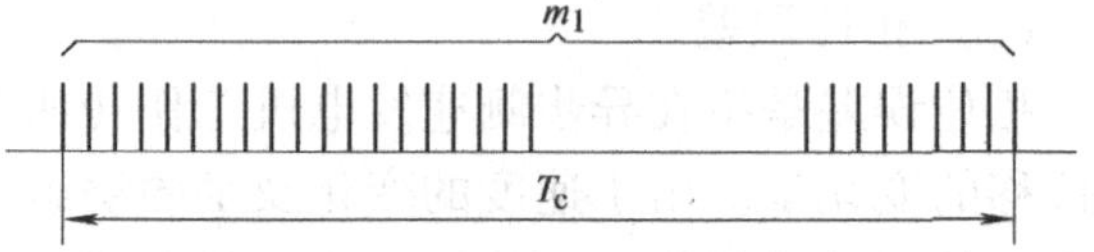

图 5-31 M 法测速原理

(1) M 法测速

M 法测速是在规定的检测时间 T_c(s)内，对传感器输出的脉冲个数 m_1 进行记数(见图 5-31)。若传感器每转产生的脉冲数为 P，则电机的转速为

$$n = \frac{60m_1}{PT_c} \tag{5-22}$$

实际上，在检测时间内的脉冲个数一般不是整数，而用微机中的定时/记数器测得的脉冲个数只是整数部分，因而存在着量化误差。故而 M 法测速适合于测量高转速，因为在 P 及 T_c 相同的条件下，高转速时 m_1 较大，量化误差较小。

(2) T 法测速

T 法测速是在传感器输出的一个脉冲周期 T_{tach} 内对高频时钟脉冲的个数 m_2 进行记数(见图 5-32)。若高频时钟脉冲的频率为 f_c，则电机的转速为

$$n = \frac{60f_c}{Pm_2} \tag{5-23}$$

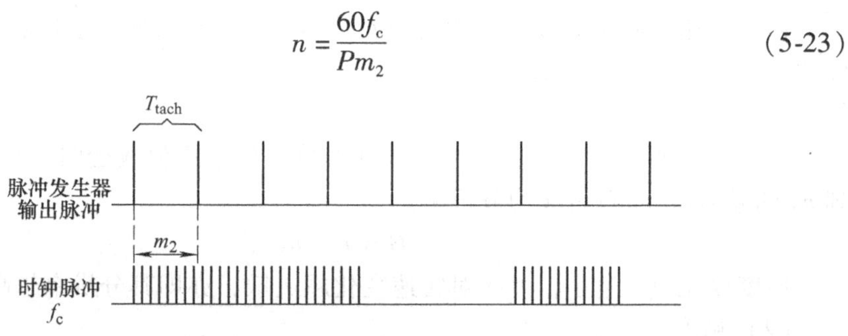

图 5-32 T 法测速原理

为了减小量化误差，m_2 不能太小，所以 T 法在测量低速时精度较高。当然转速也不宜很低，以免传感器发出一个脉冲的时间过长，影响测量的快速性。为了提高测量的快速性应选用 P 值较大的光栅。

(3) M/T 法测速

M/T 法测速原理如图 5-33 所示。M/T 法的检测时间由两部分组成，即 $T = T_c + \Delta T$，其中 T_c 是一个固定不变的时间。当 T_c 结束以后，到传感器发出第一个脉冲记为 ΔT。分别在 T_c 和 ΔT 时间内测得传感器输出脉冲数 m_1 和高频时钟脉冲数 m_2，可求出电机的转速为

$$n=\frac{60m_1f_c}{Pm_2} \tag{5-24}$$

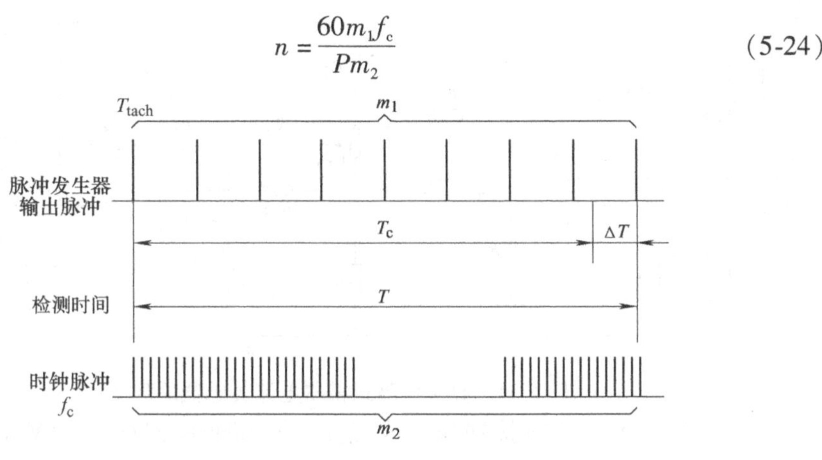

图 5-33　M/T 法测速原理

5.3　电流传感器

伺服控制系统中，电流传感器的作用是准确检测电机的绕组电流或直流母线电流，并把电流检测信号反馈到控制系统信号处理单元中，以精确控制电机电流或保护逆变器不受损坏。

5.3.1　霍尔电流传感器

霍尔电流传感器所依据的工作原理主要是霍尔效应。霍尔电流传感器由原边电路、聚磁环、霍尔器件、次级线圈和放大电路等组成。根据对霍尔输出电压处理的方式不同，霍尔电流传感器可分为直接检测式电流传感器和磁场平衡式电流传感器两种类型。

1. 直接检测式电流传感器

众所周知，当电流通过一根长导线时，在导线周围将产生一磁场，这一磁场的大小与流过导线的电流成正比。图 5-34 为霍尔电流传感器原理图，在一块环形铁磁材料上，绕一组线圈或母线直接贯穿其间，通有一定控制电流 I_C 的霍尔器件置于铁磁体的气隙中，在绕组电流产生的磁动势作用下，用霍尔器件测出气隙里磁压降，就能计算出被测电流 I_1。由于铁磁体的磁阻远小于气隙磁阻，因此铁磁体磁压降相对于气隙的磁压降小到可以忽略的程度。又因为气隙较小而均匀，所以可认为霍尔器件的磁轴方向与气隙中的磁感应强度方向一致，则霍尔器件输出的霍尔电压 U_H 正比于气隙里磁感应强度和磁场强度，即正比于气隙里的磁压降：

$$U_H=K_HI_CB \tag{5-25}$$

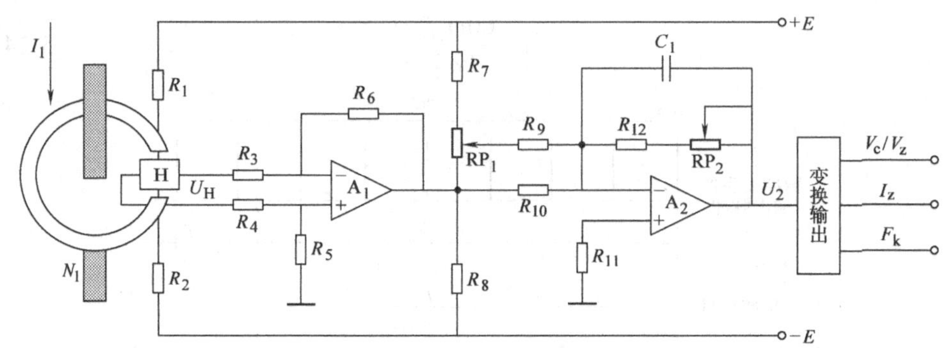

图 5-34 直接检测式霍尔电流传感器原理图

霍尔电压放大后可直接输出，或经交、直流变换器把 0～1V 的交、直流信号转换为 I_z：4～20mA 或 0～20mA、V_z：0～5V 或 1～5V 的标准直流信号输出。

直接检测式霍尔电流传感器的耐压等级高，成本低，性能稳定，但精度受温度变化影响大，动态响应特性很不理想。

2. 磁场平衡式电流传感器

磁场平衡式电流传感器如图 5-35 所示。它与直接检测式电流传感器的区别在于其铁磁体上另外加有平衡绕组，气隙里的霍尔器件仅作为检零器件，用来检测被测电流 I_1 和平衡绕组中电流 I_2 在铁磁体中所产生的磁动势的平衡状态，霍尔器件始终处于检测零磁通的工作状态。

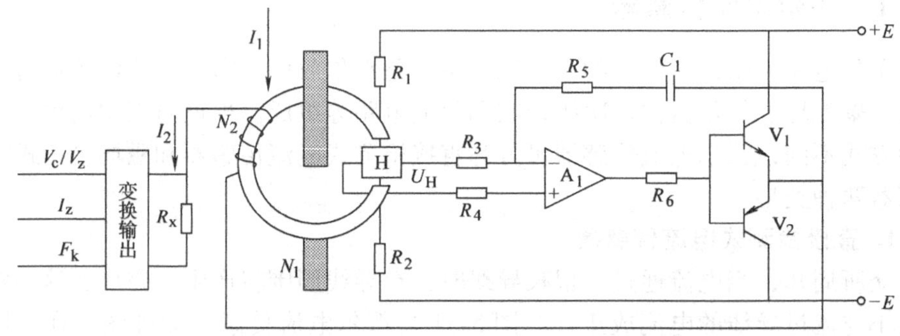

图 5-35 磁场平衡式霍尔电流传感器原理图

一次电流 I_1 流过一次绕组 N_1 产生的磁通作用于导磁体气隙中的霍尔元件，在一定的控制电流 I_c 下，其霍尔输出电压经放大器 A_1 进行电压放大，再由互补晶体管 V_1、V_2 功率放大后，输出的补偿电流 I_2 经二次(补偿)绕组 N_2 产生与一次电流相反的磁通，因而补偿了一次电流产生的磁通，使霍尔输出电压逐渐减小，直到 I_2 与匝数相乘所产生的磁场与 I_1 与匝数相乘所产生的磁场相等时，二次电流不再增加，这时霍尔器件起到指示零磁通的作用。因此从宏观上看，二次补偿电流 I_2 的安匝数在任何时间都与一次电流 I_1 的安匝数一样：

$$I_1N_1 = I_2N_2$$

即

$$I_2 = (N_1/N_2)I_1 \tag{5-26}$$

上述电流补偿的过程是一个动态平衡过程。当 I_1 通过 N_1，I_2 尚未形成时，霍尔器件 H 检测出 I_1N_1 所产生的磁场的霍尔电压，经电压、功率放大。由于 N_2 为补偿绕组，经过它的电流不会突变，I_2 只能逐渐上升，I_2N_2 产生的磁通抵消(补偿)I_1N_1 产生的磁通，霍尔输出电压降低，I_2 上升减慢。当 $I_2N_2 = I_1N_1$ 时，磁通为零，霍尔输出电压为零。由于二次绕组的缘故，I_2 还会再上升，使 $I_2N_2 > I_1N_1$，补偿过冲，霍尔输出电压改变极性，互补晶体管组成的功率放大输出级使 I_2 减少，如此反复在平衡点附近振荡。这样的动态平衡建立时间≤1μs，二次电流正比于一次被测电流。采用霍尔器件、导磁体、放大电路、补偿绕组和交、直流变换器把 0～1V 的交、直流信号转换为 I_z：4～20mA 或 0～20mA、V_z：0～5V 或 1～5V 的标准直流信号。

在实际应用磁场平衡式霍尔电流传感器时，通常是通过测量电阻 R_M 上的电压 V_M 来间接求出 I_2，从而得到电流 I_1。实际上，在一次绕组匝数 N_1、二次绕组匝数 N_2 一定的情况下，二次补偿电流的最大值 I_{2max} 即决定了一次电流(被测电流)的最大值 I_{1max}。I_{2max} 由下式计算：

$$I_{2max} = \frac{V_s - V_{CES}}{R_t + R_M} \tag{5-27}$$

式中　V_s——外接电源电压；

V_{CES}——传感器内输出功率管的饱和压降，一般 V_{CES}≤2V；

R_t——二次绕组电阻(或称副边电阻、次级电阻)；

R_M——外接测量电阻。

磁场平衡式霍尔电流传感器具有以下特点：

1）测量范围宽，可测量各种电流，如直流、交流、脉冲电流等。

2）电气隔离性能好。

3）线性度好、测量精度高。

4）抗外界电磁和温度等干扰因素的能力强。

5）电流上升率大，响应速度快，工作频带宽。

6）过载能力强、可靠性高。

7）体积小，重量轻，安装简单、方便。

磁场平衡式霍尔电流传感器是一种模块化的有源电子传感器。它的突出优点在于把普通传感器与霍尔器件、电子电路有机地结合起来，既发挥了普通传感器测量范围大的优势，又利用了电子电路反应速度快的长处。

5.3.2 电流检测 IC

通常检测电机电流时，可以在逆变器输出侧或直流母线等处设置传感器进行检测。在逆变器输出侧以外的地方检测电流时，为了与电机内实际流过的电流相同，需要对检测信号进行处理。但是如果在逆变器输出侧进行检测，则能够最准确地检测电机电流，并且不需要进行信号处理。为了能够在逆变器输出侧进行电流检测，国际整流器公司采用高压技术制造出单片电流检测 IC——IR2171。

IR2171 中集成了高精度运算放大器、A/D 变换器和电平转换器，输出信号是 40kHz 的 PWM 信号。二次侧电源可以与功率管的栅极驱动电源共用，并且由于其输出是数字量，因此可以直接送到 DSP 等数字电路或芯片中进行处理。封装有 SOIC8 脚、SOIC16 脚和 DIP8 脚三种类型。

图 5-36 是 IR2171 的内部框图。当电流流过检测电阻时，会在电阻上产生电压，把该电压输入到 IC 的 V_{in+}、V_{in-} 端，经高精度运算放大器放大之后通过 A/D 变换器，转换成 40kHz 的 PWM 信号，再经脉冲产生电路被变换成两个脉冲信号，该信号又通过两个 P 沟道电平转换器被转换为低压电平信号。两个低压电平信号在脉冲复原电路中被变换成 PWM 信号，输出到下一级信号处理电路中。

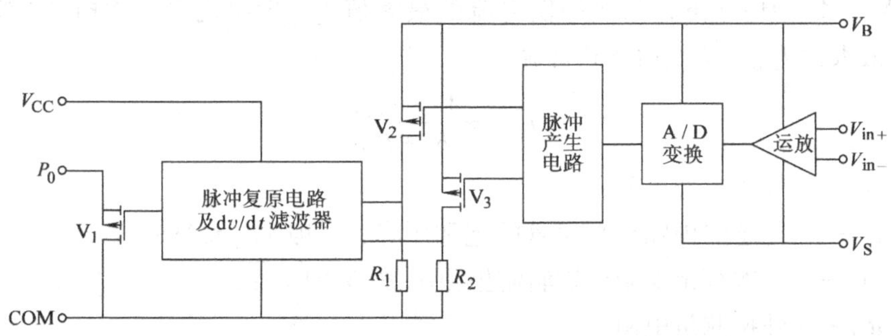

图 5-36 IR2171 的内部框图

5.3.3 电阻 + 绝缘放大器

这种方法是使要检测的电流流过电阻，把电阻上产生的电压通过绝缘放大器(或线性光耦)隔离，以达到强、弱电隔离及噪声隔离的目的。由于检测电流中含有 PWM 斩波产生的高次谐波，所以检测电阻必须采用无感电阻。图 5-37 是采用线性光耦隔离的直流电流检测电路。

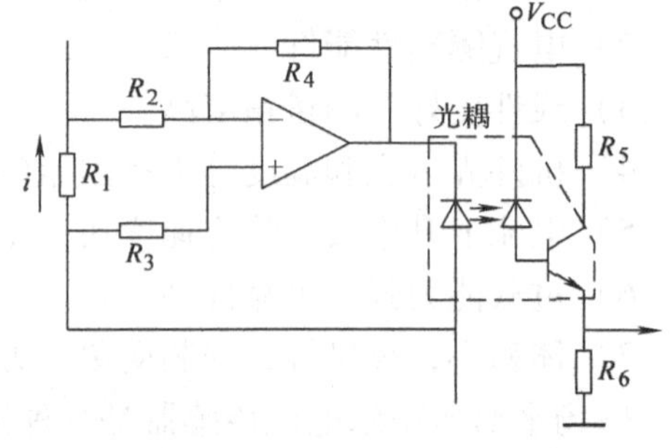

图 5-37 采用线性光耦隔离的直流电流检测电路

5.4　电压传感器

电压传感器主要用于检测逆变电路的直流母线电压。上节介绍的霍尔电流传感器可以作为电压传感器使用。也可以采用先利用采样电阻分压，再把采样电阻上的电压通过绝缘放大器(或线性光耦)隔离的电压检测方法。除此之外，还可以利用 *V/F* 变换器把直流母线电压转换成频率与该电压成正比的脉冲列，把脉冲列利用光耦隔离，并通过计数器计数，这种电压方式为数字检测方式；或把脉冲列输入到 *F/V* 变换器，把频率信号转换成直流电压信号，这种电压检测方式则为模拟检测方式。

5.5　温度传感器

温度传感器主要用于功率半导体器件在工作期间的温度检测，以防止器件因长时间过电流或过载所造成的损坏。温度传感器通常采用热敏电阻(Thermistor)，把热敏电阻安装在器件的散热器上，来检测器件的温度。

热敏电阻是其电阻值对温度极为敏感的一种电阻器，也称为半导体热敏电阻，由单晶材料、多晶材料以及玻璃、塑料等材料制成。由于热敏电阻的种类繁多，通常按阻值温度系数分为负温度系数(NTC)热敏电阻和正温度系数(PTC)热敏电阻两种。

NTC 热敏电阻的体积很小，其阻值随温度的变化比金属电阻要灵敏得多，因此，它被广泛用于温度测量、温度控制以及电路中的温度补偿、时间延迟等。

PTC 热敏电阻分为陶瓷 PTC 热敏电阻及有机材料 PTC 热敏电阻两类。PTC 热敏电阻是八十年代初发展起来的一种新型材料电阻器，它的特点是存在一个突变点温度，当这种材料的温度超过突变点温度时，其电阻可急剧增加 5 ~ 6 个数量级，(例如由 10Ω 急增到 10^7Ω 以上)，因而具有极其广泛的应用价值。

按热敏电阻阻值随温度变化的大小可分成缓变型和突变型；按其受热的方式不同可以分为直热式和旁热式；按其工作的温度范围可以分为常温、高温和超低温热敏电阻器；按其结构分类，有棒状、垫圈状、珠状、圆片、方片、线管状、薄膜和厚膜等热敏电阻器(如图 5-38 所示)。

热敏电阻主要技术参数：

(1) 电阻值：R(Ω)

热敏电阻阻值的近似值可表示为

$$R_2 = R_1 \exp\left(\frac{1}{T_2} - \frac{1}{T_1}\right) \tag{5-28}$$

式中 R_2——绝对温度为 T_2(K)时的电阻值(Ω)；

R_1——绝对温度为 T_1(K)时的电阻值(Ω)。

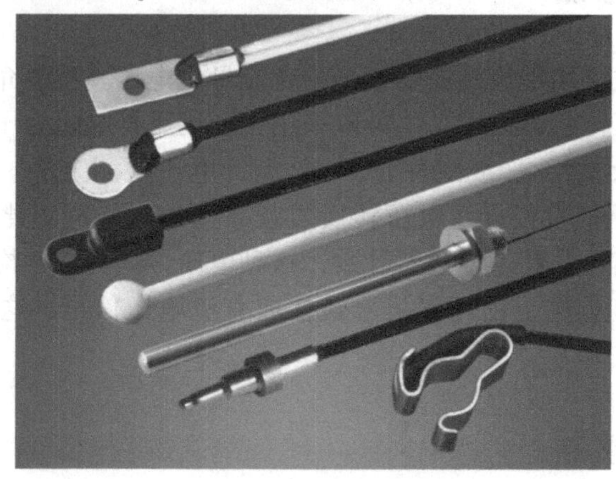

图 5-38 各种热敏电阻器

(2) B 值(热敏指数)：B(k)

B 值为两个温度下零功率电阻值的自然对数之差与这两个温度倒数之差的比值。

$$B=\frac{[\ln(R_1/R_2)]}{\frac{1}{T_1}-\frac{1}{T_2}} \tag{5-29}$$

(3) 耗散系数：δ(m·W/℃)

耗散系数是指在规定的环境温度下，热敏电阻耗散功率与电阻相应的温度变化之比。

$$\delta=\frac{W}{T-T_a}=\frac{I^2R}{T-T_a} \tag{5-30}$$

式中 W——热敏电阻消耗的电功率(mW)；

T——达到热平衡后的温度值(℃)；

T_a——环境温度(℃)；

I——在温度 T 时加在热敏电阻上的电流值(mA)；

R——在温度 T 时热敏电阻的电阻值(kΩ)。

(4) 热时间常数：τ(sec)

热敏电阻在零功率条件下，外界温度发生变化使热敏电阻本身的温度发生改变，当温度在初始值和最终值之间改变 63.2% 所需的时间就是热时间常数 τ。

(5) 电阻温度系数：α(%/℃)

α 是表示热敏电阻温度每变化 1℃，其电阻值变化程度的系数(即变化率)，

用式(5-31)表示

$$\alpha = \frac{1}{R}\frac{\mathrm{d}R}{\mathrm{d}T} \tag{5-31}$$

热敏电阻用半导体制成，与金属热电阻相比有以下特点：

1）电阻温度系数大、灵敏度高。

2）结构简单、体积小，易于点测量。

3）结构坚固，能承受较大的冲击、振动。

4）电阻率高，且适合动态测量。

5）热惯性小、响应速度快，适用于温度快速变化的测量场合。

6）资源丰富、制作简单，可方便地制成各种形状，易于大批量生产，成本和价格低。

7）阻值与温度变化的关系是非线性的。

8）元件易老化，稳定性较差。

第6章 交流伺服系统常用的控制策略

理想的控制策略不仅能满足伺服系统动态和静态控制性能的要求，而且还应该能抑制各种非线性、参数时变等因素对系统的影响即具有强的鲁棒性，并且它还应该是无需依赖控制对象的精确的数学模型。

在控制对象模型确定、不变化且为线性，以及操作条件、运行环境确定不变的条件下，采取传统控制策略是简单有效的。但是在交流伺服系统中，由于以下各种时变和不确定因素的存在会严重影响系统的控制性能，使伺服系统的高性能优势无法得到充分发挥。

1）由于电机自身固有的非线性、强耦合性，使电机精确建模困难。

2）电机参数如绕组电阻、电感测量存在误差，并且随环境温度的变化而变化。

3）电机电磁转矩脉动以及定位转矩的存在使系统内部存在固有扰动。

4）负载惯量的变化、摩擦的非线性、粘滞摩擦系数的变化、负载扰动以及存在检测噪声。

5）电源的波动、环境温度和湿度的变化引起控制器件特性的变化。

因此，必须采取有效的控制策略来抑制这些对伺服系统控制性能有影响的不利因素，从而使诸多新型控制策略如有限时间整定控制、规范模型跟踪控制、2自由度控制、2自由度PID控制、H_∞控制、自适应控制、滑模变结构控制和智能控制策略如专家控制、模糊控制、学习控制、神经网络控制、预测控制等在交流伺服电机控制系统中的应用越来越广泛。

6.1 基于滞回单元的有限时间整定控制

在伺服系统中，常常要求快速、无超调地控制电机的速度或位置。如果采用普通的PI控制，则无法同时满足快速性和无超调两个条件的要求，这时可以考虑采用有限时间整定控制。

6.1.1 基于滞回单元的有限时间整定控制的原理

采用PI控制策略的交流伺服电机速度控制系统如图6-1所示。

从输入A到输出C的传递函数为：

$$G_{AC}(s)=\frac{K(K_P T_I s+1)}{T_I T s^2+T_I(K_P K+1)s+K} \tag{6-1}$$

在输入 A 处，施加高度为 X_1 的阶跃信号时，输入输出的关系为：

$$C_{AC}(s)=G_{AC}(s)A(s), A(s)=\frac{X_1}{s} \tag{6-2}$$

这时的输出响应如图 6-2a 所示。

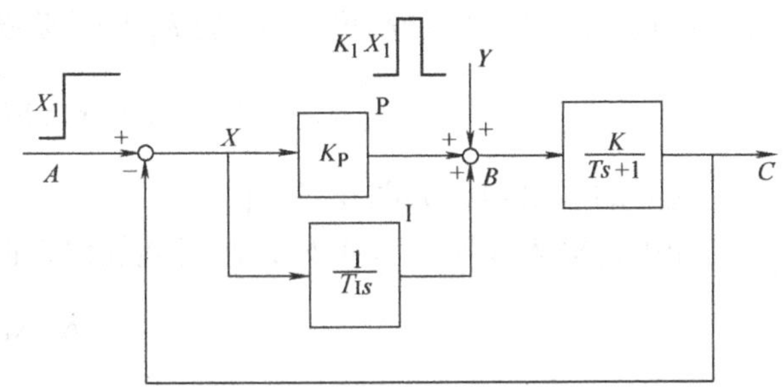

图 6-1　速度控制系统

从输入 Y 到输出 C 的传递函数为

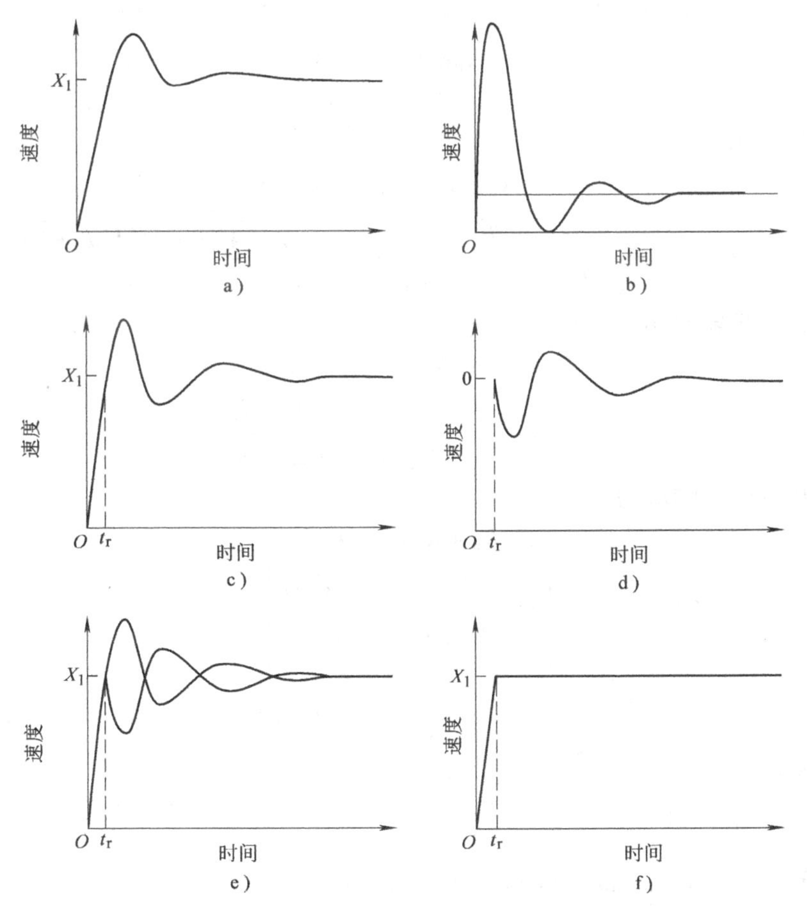

图 6-2　输出响应波形

$$G_{YC}(s)=\frac{KT_{I}s}{T_{I}Ts^{2}+T_{I}(K_{P}K+1)s+K} \tag{6-3}$$

在输入 Y 处，施加高度为 X_1 的 K_1 倍的阶跃信号时，输入输出的关系为

$$C_{YC}(s)=G_{YC}(s)Y(s),Y(s)=\frac{K_{1}X_{1}}{s} \tag{6-4}$$

这时的输出响应如图 6-2b 所示。

如果在输入 A 和输入 Y 处，同时施加以上两个阶跃信号，则输出为

$$C(s)=C_{AC}(s)+C_{YC}(s)=\frac{\dfrac{K(K_{P}+K_{1})}{T}s+\dfrac{K}{T_{I}T}}{s^{2}+\dfrac{(K_{P}K+1)}{T}s+\dfrac{K}{T_{I}T}}\frac{X_{1}}{s} \tag{6-5}$$

系统的特征方程式为

$$s^{2}+\frac{(K_{P}K+1)}{T}s+\frac{K}{T_{I}T}=0 \tag{6-6}$$

特征根为

$$s_{1,2}=(-\gamma_{0}\pm j)\omega_{0} \tag{6-7}$$

式中 $\gamma_{0}=(K_{P}K+1)\sqrt{\dfrac{T_{I}}{4KT-T_{I}(K_{P}K+1)^{2}}},\omega_{0}=\dfrac{1}{2T}\sqrt{\dfrac{4KT-T_{I}(K_{P}K+1)^{2}}{T_{I}}}$

因此，把输出用 γ_0、ω_0 来表示则为

$$C(s)=\frac{\dfrac{K(K_{P}+K_{1})}{T}s+\dfrac{K}{T_{I}T}}{(s+\gamma_{0}\omega_{0})^{2}+\omega_{0}^{2}}\frac{X_{1}}{s} \tag{6-8}$$

输出的时域响应为

$$\begin{aligned}c(t)&=L^{-1}[C(s)]=L^{-1}\left[\frac{\dfrac{K(K_{P}+K_{1})}{T}s+\dfrac{K}{T_{I}T}}{(s+\gamma_{0}\omega_{0})^{2}+\omega_{0}^{2}}\frac{X_{1}}{s}\right]\\&=X_{1}L^{-1}\left\{\frac{1}{s}-\left[\frac{s+\gamma_{0}\omega_{0}}{(s+\gamma_{0}\omega_{0})^{2}+\omega_{0}^{2}}+\frac{\gamma_{0}\omega_{0}-\dfrac{K(K_{P}+K_{1})}{T}}{\omega_{0}}\frac{\omega_{0}}{(s+\gamma_{0}\omega_{0})^{2}+\omega_{0}^{2}}\right]\right\}\\&=X_{1}\{1-\exp(-\gamma_{0}\omega_{0}t)(\cos\omega_{0}t+a\sin\omega_{0}t)\}\\&=X_{1}\{1-\sqrt{1+a^{2}}\exp(-\gamma_{0}\omega_{0}t)\cos(\omega_{0}t-\phi)\}\end{aligned} \tag{6-9}$$

式中，

$$a=\frac{\gamma_0\omega_0-\dfrac{K(K_P+K_1)}{T}}{\omega_0}=\gamma_0-T_I(K_P+K_1)(1+\gamma_0^2)\omega_0 \tag{6-10}$$

$$\tan\phi=a \tag{6-11}$$

这时的输出响应如图 6-2c 所示，该响应为 a 和 b 两个波形的迭加。当输出到达给定信号 X_1 时，即偏差等于 0 时，在输入 Y 处，施加一个高度为 $-K_1X_1$ 的阶跃信号，其响应如图 6-2d 所示。到达偏差为 0 点的时间 t_r 为

$$t_r=\frac{1}{\omega_0}\left(\frac{\pi}{2}+\phi\right) \tag{6-12}$$

该输入信号所激励的时域响应表达式为

$$c_{yc}(t-t_r)=X_1\left\{K_1(1+\gamma_0^2)\omega_0\exp\left[\gamma_0\left(\frac{\pi}{2}+\arctan(a)\right)\right]\exp(-\gamma_0\omega_0 t)\cos(\omega_0 t-\phi)\right\} \tag{6-13}$$

如果 K_1 的大小设定得适当，可以像图 6-2e 一样，使图 6-2c、图 6-2d 的响应经过时间 t_r 后，以 X_1 为轴对称，两个响应迭加后的系统响应如图 6-2f 所示，从而可以实现有限时间 t_r 内的无超调整定，而且整定时间 t_r 的长短还可以通过调整 K_P 和 T_I 来改变。K_1 的计算可以通过使式(6-9)与式(6-13)的和等于 X_1 来求得，这时可得出关系式：

$$\sqrt{1+a^2}=K_1(1+\gamma_0^2)\omega_0\exp\left[\gamma_0\left(\frac{\pi}{2}+\arctan(a)\right)\right] \tag{6-14}$$

式(6-10)与式(6-14)组成联立方程，可求得 K_1。

6.1.2　滞回(HYS)单元

通过上节的分析可知，要使有限时间整定原理成立，只要在 Y 输入处施加高度为 K_1X_1、脉宽为 t_r 的脉宽函数即可，该函数可以通过非线性的滞回单元来实现。

包含滞回单元的速度控制系统如图 6-3 所示。

图 6-3 所示的速度控制系统在稳态(偏差等于 0)时，如果在 A 输入处施加高度为 X_1 的阶跃信号，则滞回单元的动作过程如图 6-4 所示。

1) 系统输入改变的瞬间，作为滞回单元输入的速度偏差也随之变化为 X_1，从而滞回单元的输出变为 K_1X_1。

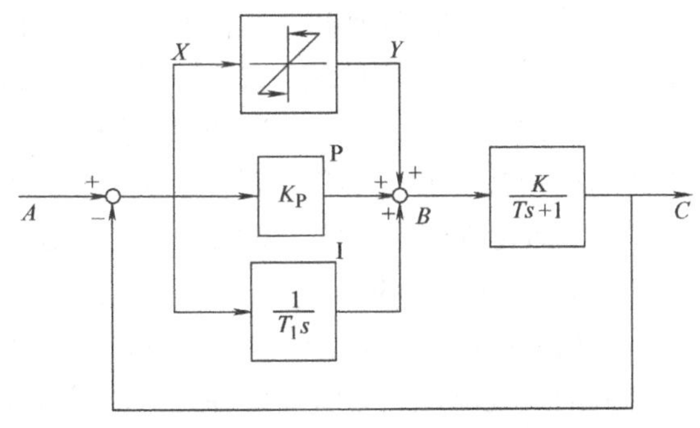

图 6-3　包含滞回单元的速度控制系统

2）随着时间的经过，速度偏差逐渐变小，滞回单元的输出保持最大值 K_1X_1。

3）当速度偏差变为0时，滞回单元的输出也切换到0，系统重新回到稳态。

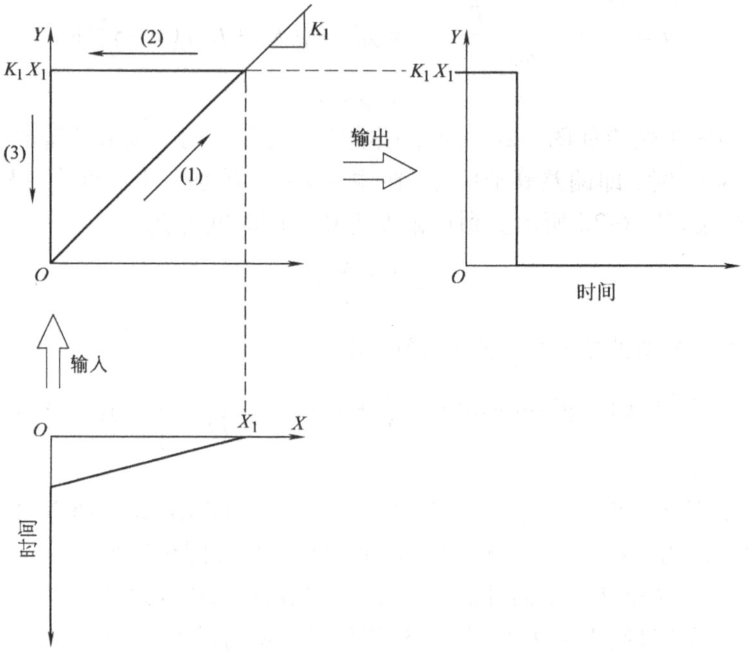

图6-4 滞回单元的动作过程

我们把这种非线性的滞回单元与PI调节器并联的控制系统称为PI+滞回(HYS)控制系统。

在速度伺服系统中，为了提高速度响应，几乎在速度环内都设有电流环。虽然作为控制对象的永磁交流伺服电机是高阶系统，但由于电流控制系统的响应快、增益大，可以认为电流环的增益为1，从而可以把控制对象的传递函数看成一阶系统，所以能够把PI+HYS的控制策略应用于速度伺服系统，只要调整滞回单元的增益 K_1，就可以使系统实现无超调的有限时间整定。

仿真结果表明，对于普通的PI速度控制系统，如果改变速度给定，则速度响应的超调量就会发生变化，而且系统的整定时间较长；可是对于PI+HYS速度控制系统，即使改变速度给定，也可以实现短时、无超调的有限时间整定。因此，PI+HYS控制与单纯的PI控制相比，控制特性大幅度地改善。

根据有限时间整定控制的原理可知：虽然采用PI+HYS控制能够实现快速、无超调的速度响应，但前提条件是忽略控制对象的参数变化，假定其为常值。然而，在实际的控制系统中，有时存在着控制对象的模型化误差，有时控制对象自身的特性随时间的推移而改变，还有时人为地改变控制对象的特性(如改变负载惯量)，因此，必须考虑控制对象参数的变化给系统带来的影响。这时可以考虑把该控制方法与智能控制相结合，根据控制对象的参数变化，来自动调整滞回单元的增益 K_1。

6.2　非线性规范模型跟踪控制

仿真结果表明:在 PI + HYS 控制的交流伺服电机速度控制系统中，如果保持控制对象的参数不变，则系统能够实现快速、无超调的良好响应；可是参数如果发生变化，则系统的响应就会恶化。而采用具有非线性规范模型的模型跟踪控制，则可以有效地抑制参数变化对系统的影响。

6.2.1　非线性规范模型跟踪控制的原理

以 PI + HYS 控制系统为规范模型的非线性规范模型跟踪控制系统的原理如图 6-5 所示。图中，P 为实际的控制对象，即交流伺服电机；P_m 为标称控制对象，即为实际控制对象 P 的标称模型；C_r 为鲁棒补偿器。该控制系统由规范模型和跟踪系统构成，规范模型由 PI + HYS 补偿器和 P 的标称模型 P_m 构成，由上节的分析可知，通过调整滞回单元的增益 K_1 和 PI 调节器的增益 K_P、积分时间常数 T_I，可以从规范模型得到我们所希望的特性输出。ω_m 和 u_m 是规范模型的输出，对应于标称控制对象的输出与输入。当实际控制对象的传递函数 P 与标称控制对象的传递函数 P_m 完全一致时，系统输出 ω 与规范模型的输出 ω_m 相同，跟踪系统的偏差 e 为 0。但是，当实际控制对象发生变化时，标称控制对象的输出和实际控制对象的输出就会不一致，这种输出偏差由跟踪系统的鲁棒补偿器来抑制。整个控制系统只要跟踪系统是稳定的，那么跟踪系统就会一边保持稳定性，一边跟踪规范模型的响应，实现鲁棒跟踪特性。

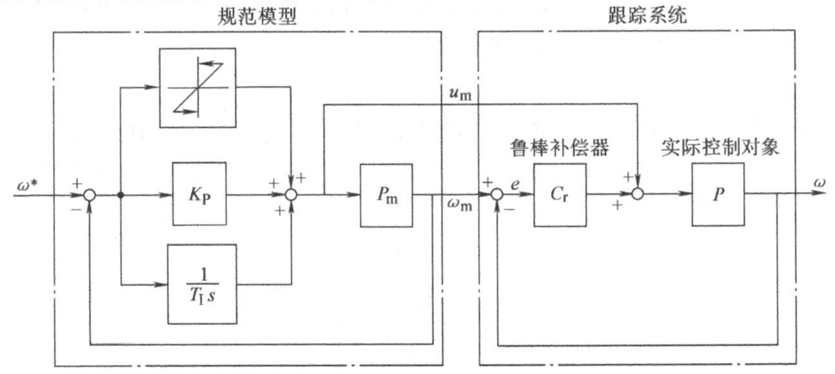

图 6-5　非线性规范模型跟踪系统

6.2.2 鲁棒补偿器的设计

把图 6-5 所示的控制系统等价变换为图 6-6 所示的控制系统。

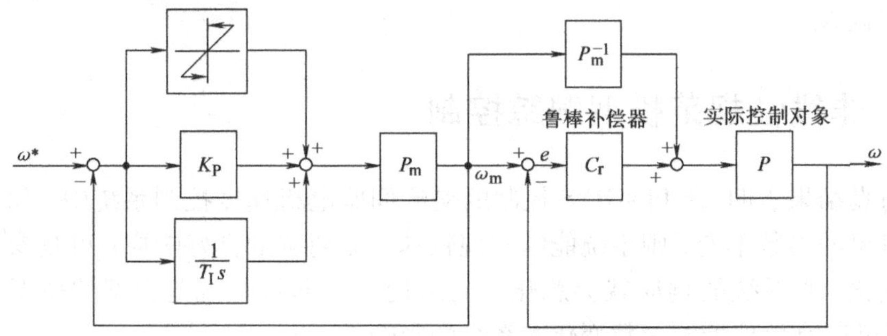

图 6-6　非线性规范模型跟踪控制系统的等价变换

图 6-6 表明：系统的反馈特性和稳定性与非线性的规范模型没有直接关系，因此在设计鲁棒补偿器 C_r 时，只要考虑图 6-7 所示的跟踪系统部分就可以了。

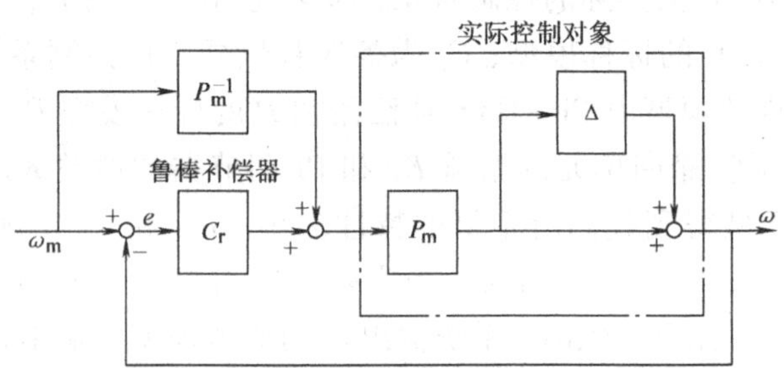

图 6-7　跟踪系统部分

在这里，控制对象以乘法摄动，$P=P_m(1+\Delta)$，Δ 为控制对象的摄动部分。由 2 自由度控制系统理论可知：任何形式的 2 自由度控制系统都可以等价变换成图 6-8 所示的前馈型 2 自由度控制系统。

在该系统中，$P=P_m(1+\Delta)$是实际控制对象，C_L 是反馈补偿器，K_F 和 $K_F P_m^{-1}$ 是前馈补偿器，C_L 和 K_F 是应该设计的控制参数。式(6-15)、式(6-16)分别为从目标值 r 到控制量 y 的传递函数 G_{yr} 和从扰动 d 到控制量 y 的传递函数 G_{yd}。

$$G_{yr}=K_F\left[1+\frac{\Delta}{1+C_L P_m(1+\Delta)}\right] \tag{6-15}$$

$$G_{yd}=\frac{P_m(1+\Delta)}{1+C_L P_m(1+\Delta)} \tag{6-16}$$

如果令 $K_F=1$，则式(6-15)的传递函数变为

$$G_{yr}=1+\frac{\Delta}{1+C_LP_m(1+\Delta)} \tag{6-17}$$

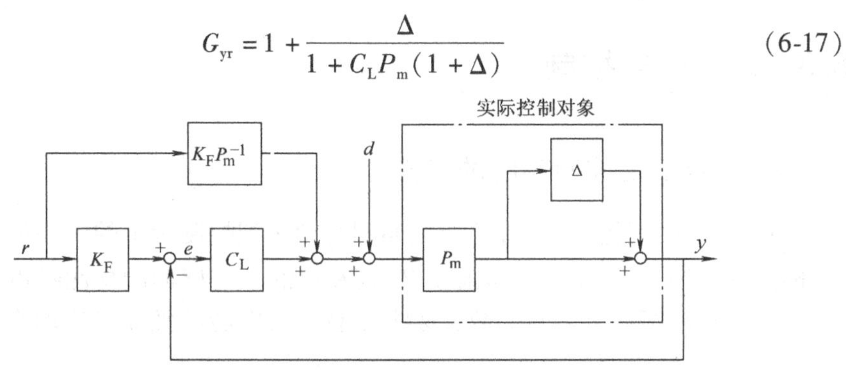

图 6-8　前馈型 2 自由度控制系统

在这里，如果 $\Delta=0$，则标称传递函数 G_{yr} 为

$$G_{yr}=1 \tag{6-18}$$

也就是说，控制量 y 与目标值 r 完全相同。

如果 $\Delta\neq0$，控制量 y 与目标值 r 不同，r 与 y 的差 $e=r-y$ 由补偿器 C_L 补偿、消除。

由式(6-16)可知，系统的反馈特性与 K_F 无关，只由补偿器 C_L 决定。这样，系统的目标值响应特性和反馈特性可以单独确定，因此具有两个设计自由度是 2 自由度控制系统的本质。

对比图 6-7 和图 6-8 可知，如果把图 6-8 中的 K_F 设为单位 1，则两个系统完全相同。也就是说，可以把图 6-7 的跟踪系统看成特殊的 2 自由度控制系统，因此它具备 2 自由度控制系统的优点，而且可以根据 2 自由度控制系统的设计理论来设计跟踪系统的补偿器 C_r。并且通过比较图 6-7 和图 6-8 可知，图 6-7 跟踪系统的目标值跟踪特性已经被确定，因此在设计补偿器 C_r 时，只考虑系统的反馈特性就可以了。这时就可以只考虑图 6-9 所示的反馈控制系统来设计补偿器 C_r。

仿真结果表明：对于采用非线性规范模型跟踪控制策略的交流伺服速度控制系统，当负载粘滞摩擦系数、负载惯量发生变化以及负载转矩发生阶跃扰动时，控制特性受这些参数变化的影响小，系统的鲁棒性好，而且系统补偿器设计简单，具有良好的实用性。

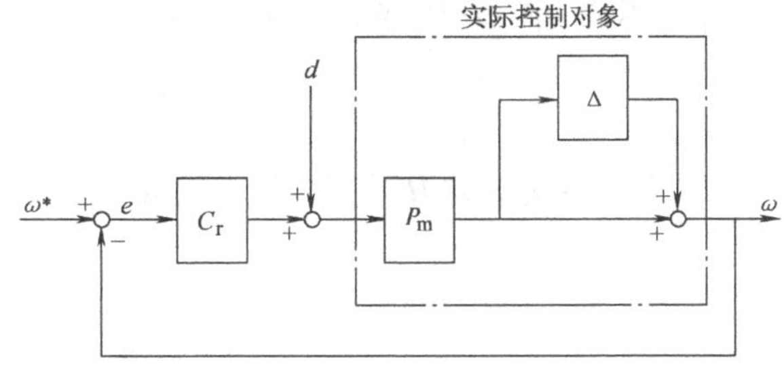

图 6-9　反馈控制系统

6.3 2自由度控制

6.3.1 2自由度控制系统的定义

对于一个闭环控制系统，存在着从目标值 r 到控制量 y 的闭环传递函数 H_{yr}，从外界干扰 d 到 y 的闭环传递函数 H_{yd} 以及从混入传感器的检测噪声 ξ 到 y 的闭环传递函数 $H_{y\xi}$ 等多个传递函数，这些传递函数中能够独立设定的个数，我们称为控制系统的自由度。

在图6-10所示的反馈串联补偿控制系统中，传递函数 H_{yr}、H_{yd} 及 $H_{y\xi}$ 分别为

$$H_{yr}=\frac{CP}{1+CP} \tag{6-19}$$

$$H_{yd}=\frac{P}{1+CP} \tag{6-20}$$

$$H_{y\xi}=-\frac{CP}{1+CP} \tag{6-21}$$

在以上3个传递函数之间存在如下关系：

$$H_{yr}=\frac{P-H_{yd}}{P} \tag{6-22}$$

$$H_{y\xi}=\frac{H_{yd}-P}{P} \tag{6-23}$$

从式(6-22)、(6-23)可以看出，3个传递函数中只要1个被确定，其他两个也就随之被确定，即图6-10所示的控制系统为单自由度控制系统。

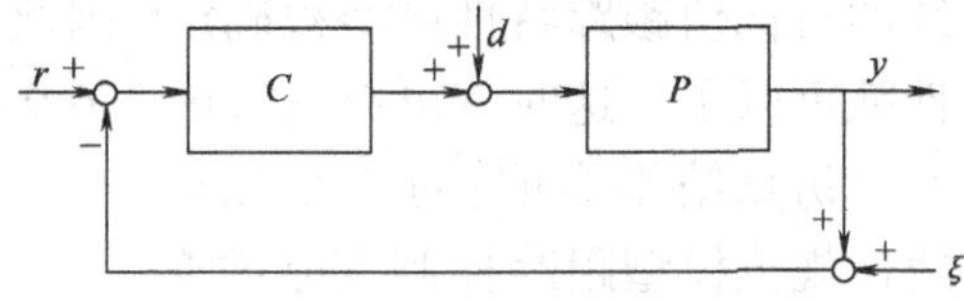

图6-10 反馈串联补偿控制系统（单自由度控制系统）

但是，在图6-11所示的具有目标值前馈的控制系统中，传递函数 H_{yd} 及 $H_{y\xi}$ 保持不变，而 H_{yr} 则变成如下形式：

$$H_{yr}=\frac{(C_1+C_2)P}{1+C_1P} \tag{6-24}$$

从而，传递函数 H_{yr} 与 H_{yd} 的关系变成

$$H_{yr}=\frac{P-H_{yd}}{P}+C_2H_{yd} \tag{6-25}$$

由于 C_2 并不影响其他的传递函数，因此即使在确定 H_{yd} 后，通过改变 C_2，也能够独立地调整 H_{yr}。可是由于 H_{yd} 与 $H_{y\xi}$ 之间的关系如式(6-23)所示保持不变，这两个传递函数就不能分别确定，即图6-11所示的控制系统为2自由度控制系

统。

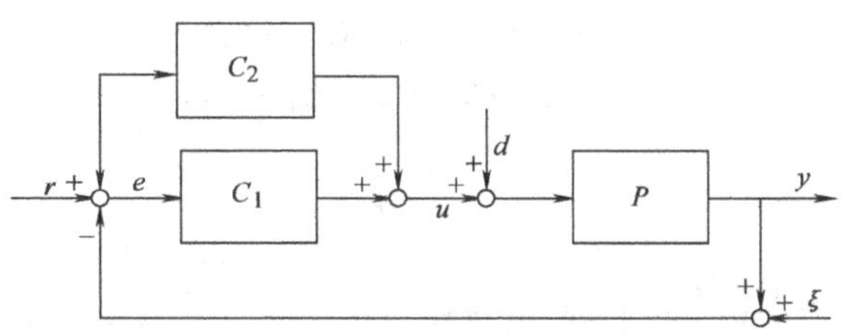

图 6-11　具有目标值前馈的控制系统
（2 自由度控制系统）

2 自由度控制的基本概念是 LM. Horotiwz 在 1963 年提出的。所谓 2 自由度控制，就是使目标值跟踪特性为最优的参数和使外扰抑制特性为最优的参数能分别独立地进行整定，使得两特性同时达到最优。这样既可以提高控制系统设计的自由度，又可以改善系统的性能，提高了控制品质。这种控制方式有两组参数可供设定，一组参数用来保证“扰动抑制性能量佳”，另一组用来保证“给定跟踪性能最佳”，也正是因为有两组参数可供用户设定，所以才称为 2 自由度控制。

6.3.2　2 自由度控制系统的结构形式

2 自由度控制系统的结构形式有多种，比较典型的为图 6-12 所示的 5 种。这些控制系统的补偿单元都为 2 个。

在图 6-12 所示的各种形式的 2 自由度控制系统之间，根据从目标值 r 到控制量 y 的闭环传递函数 H_{yr} 以及从干扰 d 到 y 的闭环传递函数 H_{yd} 各自相等的原则，可以导出如下所示的控制系统相互之间的等效变换公式，由于存在各种组合，公式太多，这里只列出目标值前馈型与其他类型之间的变换公式。

目标值前馈型←→环路补偿型：

$$\leftarrow C_1 = C_3 C_4, C_2 = C_3(1 - C_4)$$

$$\rightarrow C_3 = C_1 + C_2, C_4 = \frac{C_1}{C_1 + C_2}$$

目标值前馈型←→反馈补偿型：

$$\leftarrow C_1 = C_5 + C_6, C_2 = -C_6$$

$$\rightarrow C_5 = C_1 + C_2, C_6 = -C_2$$

目标值前馈型←→目标值滤波型：

$$\leftarrow C_1 = C_7, C_2 = C_7(C_8 - 1)$$

$$\rightarrow C_7 = C_1, C_8 = 1 + \frac{C_2}{C_1}$$

目标值前馈型⟵⟶一般型：

$$\leftarrow C_1 = C_9, C_2 = C_{10} - C_9$$

$$\rightarrow C_9 = C_1,\ C_{10} = C_1 + C_2$$

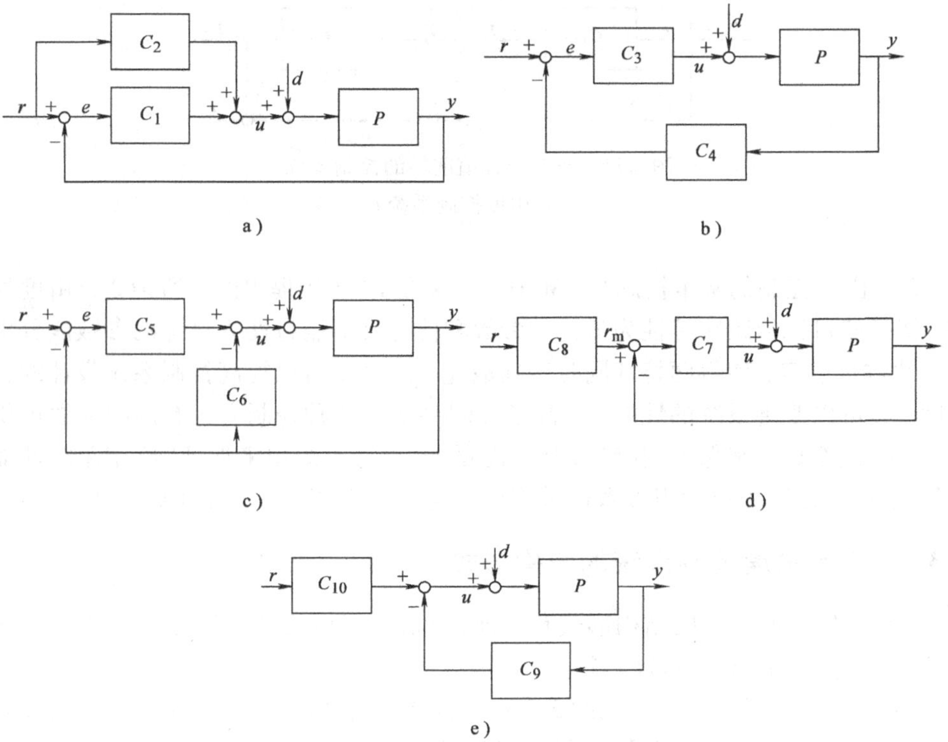

a)　　b)

c)　　d)

e)

图6-12　各种形式的2自由度控制系统

a)目标值前馈型　b)环路补偿型　c)反馈补偿型　d)目标值滤波型　e)一般型

6.3.3　2自由度控制系统的设计

（1）2自由度控制系统的参数表现

图6-13为反馈补偿型2自由度控制系统，下面分析如何设计控制器 $C_A(s)$ 和 $C_B(s)$，才能使系统具有良好的目标值跟踪特性、抗干扰特性以及鲁棒性。

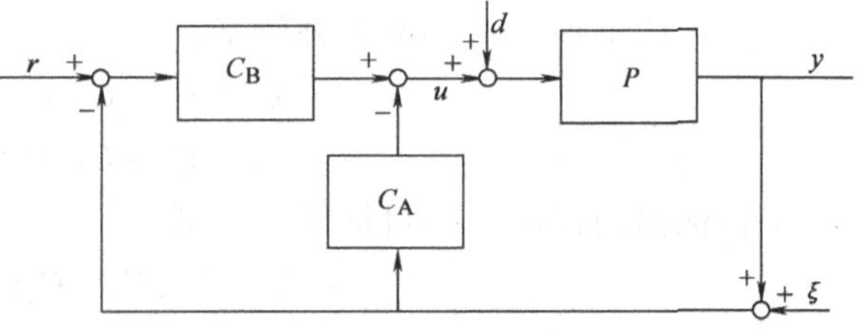

图6-13　2自由度控制系统的构成

首先，进行如下的假设和定义：

$P(s)$：实际控制对象的传递函数。

$P_n(s)$：控制对象的标称模型。

$R\_(s)$：稳定、固有的有理函数集合。

$Rs\_(s)$：稳定、严密的固有的有理函数集合（相对阶数大于控制对象）。

$P_n(s)$、$r(s)$、$d(s)$的既约分解表现定义为$P_n(s)=N_p/D_p$，$r(s)=G_r/F$，$d(s)=G_d/F$。并且，$N_p\in Rs\_(s)$，D_p、G_r、G_d、$F\in R\_(s)$。

在这里，假定$r(s)$与$d(s)$具有相同的不稳定极点（即$F(s)$的零点），具体地可以认为是阶跃与斜坡波形组合成的任意波形。而且，假定控制对象为单输入、单输出，不含有严密固有的不稳定零点。这些假定不会给控制系统设计带来大的制约，是符合实际的，这样可以非常简单地把控制器参数化。

根据上述条件，能够得到如下的 2 自由度鲁棒伺服系统的参数表现：

$$G_A(s)=\frac{1}{P_n(s)}\frac{Q(s)}{1-Q(s)} \tag{6-26}$$

$$C_B(s)=\frac{G_{ry}(s)}{1-G_{ry}(s)}\cdot\frac{1}{P_n(s)}\cdot\frac{1}{1-Q(s)} \tag{6-27}$$

其中，参数$G_{ry}(s)$与$Q(s)$在如下范围内确定：

①$G_{ry}\in Rs_(s)$，并且$(1-G_{ry})/F$为$R_(s)$的单元；②$Q\in Rs_(s)$，并且$(1-Q)/D\in R_(s)$。

①是对目标指令值$r(s)$不存在定常偏差的充分必要条件，目标值响应$G_{ry}(s)$能够在满足该条件的范围内任意确定；②是内部稳定性条件，意味着需要把控制对象的不稳定极点用$(1-Q)$的零点抵消掉。

如果根据式(6-26)和式(6-27)来设计补偿器，则作为鲁棒性指标的灵敏度函数$S(s)$以及干扰响应特性$G_{dy}(s)$（从d到y的传递函数）可以改写为(6-28)和(6-29)。

灵敏度函数

$$S(s)=(1-G_{ry})(1-Q) \tag{6-28}$$

干扰响应特性

$$G_{dy}(s)=(1-G_{ry})(1-Q)P_n \tag{6-29}$$

式(6-26)～式(6-29)表明，控制系统的目标值响应特性（从r到y的传递函数）由参数$G_{ry}(s)$，干扰响应特性由$Q(s)$基本能分别独立设定。式(6-26)和式(6-27)重要的是把复杂的控制系统的设计归结为只有一个自由参数Q的设计，$G_{ry}(s)$是我们设定的目标值响应模型，由于P_n是控制对象的标称模型，只要确定的合适就可以。Q的设计是滤波器传递函数的设计，控制器的设计被明显简单化。

(2) 鲁棒位置伺服系统的构成

把2自由度伺服控制策略应用于交流伺服电机的位置控制系统，进行实际的鲁棒位置伺服系统的设计。由于作为控制对象的伺服电机的电枢电流通过采用滞回比较器或PI控制器等电流环进行控制，可以认为电流控制是理想的(从数十微秒到数百微秒的响应速度)，因此，这时作为控制对象——交流伺服电机的标称模型可以用式(6-30)表示。

$$P_n(s)=K_{Tn}/J_n s^2 \tag{6-30}$$

式中，K_{Tn}、J_n——伺服电机转矩系数和转动惯量的标称值。

下面，假定目标指令和外界干扰为阶跃函数，来确定目标值响应特性$G_{ry}(s)$。由于$P_n(s)$的相对阶数为2，所以根据条件①，$G_{ry}(s)$也必须是2阶的，因此定为

$$G_{ry}(s)=\frac{1}{(\tau_r s)^2+2\xi\tau_r s+1} \tag{6-31}$$

在控制系统设计中最重要的步骤是自由参数$Q(s)$的确定。根据条件②，Q的相对阶数是2以上，只要满足关系$(1-Q)/s^2\in Rs_(s)$就可以。针对式(6-30)所示的位置伺服的控制对象，这里选择Q的形式为

$$Q(s)=\frac{1+\sum_{k=1}^{N-2}a_k(s\tau_N)^k}{1+\sum_{k=1}^{N}a_k(s\tau_N)^k}\in Rs\_(s) \tag{6-32}$$

其中，$N>2$。这是为了通过阶数N的增加，只用于改善灵敏度函数，使补灵敏度函数不依赖于N。利用式(6-32)来确定$Q(s)$，能够保持噪声衰减特性$Q(s)$的频降特性为-40dB/dec的下降斜率，使灵敏度函数$(1-Q(s))$的低频截止特性在阶数N的最大频升特性具有$20(N-1)$dB/dec的上升斜率。而且这时，τ_N成为灵敏度函数和补灵敏度函数的截止频率的尺度。

(3) 参数Q的设计

Q的频率特性由灵敏度函数S与补灵敏度函数$T=1-S$的折衷来决定。为了使伺服系统对外界干扰和参数变化不敏感，最低也要使灵敏度函数的截止频率充分高于目标值响应特性的截止频率。现在，如果假定满足该要求，即$\tau_r\gg\tau_N$，S、T的频率特性在截止频率附近基本满足：

$$|S(j\omega)|=|1-Q(j\omega)| \tag{6-33}$$

$$|T(j\omega)|=|Q(j\omega)| \tag{6-34}$$

从而，$S(s)$、$T(s)$可以近似地用$Q(s)$来指定。

由于灵敏度函数$S(j\omega)$是系统鲁棒性的指标，所以在低频段要选择的足够小，$T(j\omega)$在鲁棒稳定性成问题的中高频段选择要小。由于T还是从检测噪声ξ到输出y的传递函数，因此把其在认为噪声成分多的高频段选得小，也是有道理的。

从以上的分析来看，$(1-Q)$只要设计成低频截止滤波器就可以。在此，把Q

的阶数 N 取两个($N=3, 4$)，参数 $Q(s)$ 的系数 a_k 可以考虑采用两项模型法或巴特沃兹(Butterworth)模型法来确定。

具体的 $Q(s)$ 的表达式为

$$Q_1 = \frac{1+3(s\tau_1)}{1+3s\tau_1+3(s\tau_1)^2+(s\tau_1)^3} \tag{6-35}$$

$$Q_2 = \frac{1+5.1s\tau_2+7.7(s\tau_2)^2}{1+5.1s\tau_2+7.7(s\tau_2)^2+4.7(s\tau_2)^3+(s\tau_2)^4} \tag{6-36}$$

式(6-35)和式(6-36)的系数 a_k 是解增益 $|Q(j\omega)|$ 的峰值和灵敏度函数、补灵敏度函数的截止特性的最优问题而得到的结果。分析表明，随着 $|Q(j\omega)|$ 的峰值增大，系统的截止特性变好，可是会牺牲稳定性；反过来，$|Q(j\omega)|$ 的峰值减小，稳定性会变好，可是系统抗干扰能力变弱。确定系数 a_k 时，重要的是不使截止特性变坏，来如何抑制 $|Q(j\omega)|$ 的峰值。

这时的灵敏度函数 $S=1-Q$，补灵敏度函数 $T=Q$ 的频率特性如图 6-14 所示。从图中可以看出，$S(s)$ 在低频段，$T(s)$ 在高频段被控制得较小，满足前面所述的设计基准，并且，在截止频率附近的频率特性的峰值也被抑制的较小。同时可以看出，如果增加阶数 N，则截止特性曲线变陡，系统的控制特性得到改善。可是，随着阶数 N 增大，系统的响应开始出现振动，综合考虑 N 取到 4 左右比较合适。

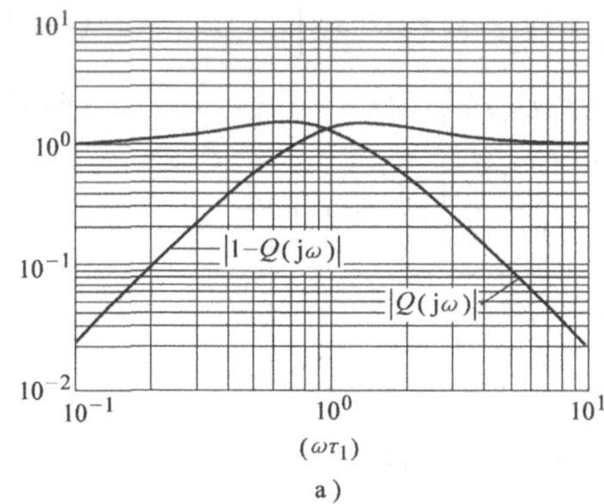

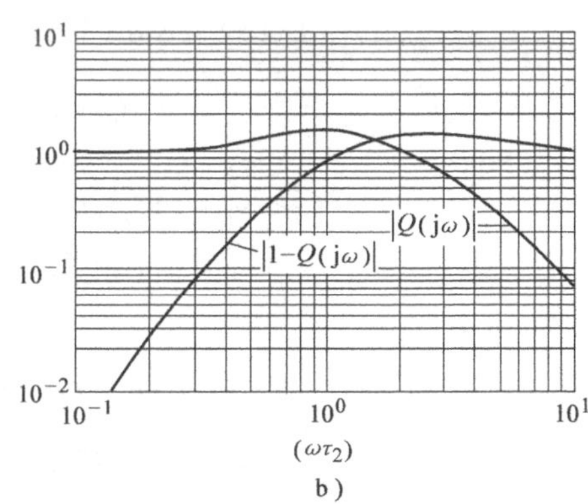

图 6-14　参数 $Q(s)$ 的频率特性

a) $N=3$　b) $N=4$

6.3.4　2 自由度 PID 控制

传统的 PID(单自由度 PID)控制器，只能通过调整一组 PID 参数满足一个方面的要求，若按干扰抑制特性确定 PID 参数，则目标值跟踪特性较差；若按目标值跟踪特性整定 PID 参数，则抗干扰特性较差，甚至很长时间难以消除偏差，所以设计传统的 PID 控制器时常采用折衷的方法整定控制器参数，因此很难得到最佳控制效果。

由前面的分析可知，采用 2 自由度控制可以使系统的目标值跟踪特性和干扰抑制特性同时达到最佳。同样可以想到，如果把 2 自由度控制思想应用于传统的 PID 控制系统，构成 2 自由度 PID 控制系统，也能够使系统特性得到较大的改善。2 自由度 PID 控制系统的常用结构形式如下。

（1）目标值前馈型

目标值前馈型 2 自由度 PID 控制系统的构成如图 6-12a 所示。这时两个控制器 C_1、C_2 的表达式为

$$C_1(s)=K_P\left[1+\frac{1}{T_I s}+T_D D(s)\right] \tag{6-37}$$

$$C_2(s)=-K_P[\alpha+\beta T_D D(s)] \tag{6-38}$$

其中，$D(s)=\dfrac{s}{1+\eta T_D s}$，$1/\eta$ 称为微分增益，取值通常在 10 左右。在控制系统中，由于完全的微分动作不可能实现，因此我们用近似微分 $T_D D(s)$ 来代替微分 $T_D s$。

（2）反馈补偿型

反馈补偿型 2 自由度 PID 控制系统的构成如图 6-15 所示。这时两个控制器 C_5、C_6 的表达式为

$$C_5(s)=K_P\left[(1-\alpha)+\frac{1}{T_I s}+(1-\beta)T_D D(s)\right] \tag{6-39}$$

$$C_6(s)=K_P[\alpha+\beta T_D D(s)] \tag{6-40}$$

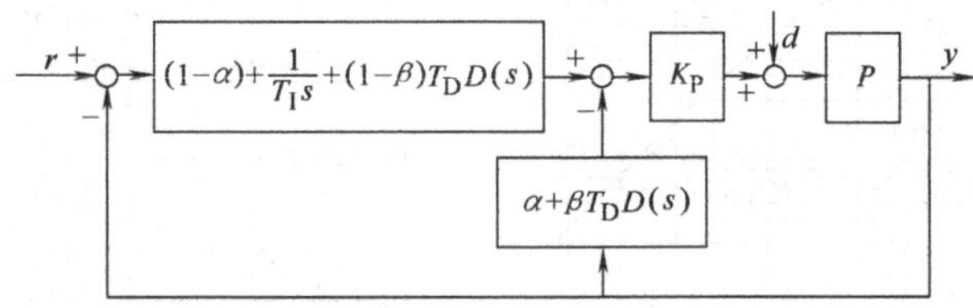

图 6-15 反馈补偿型 2 自由度 PID 控制系统

从图 6-15 可以看出，2 自由度 PID 控制系统相当于把普通型 PID 控制系统补偿单元中比例项及微分项的一部分移到了反馈补偿的位置，并且，参数 α、β 表示比例项及微分项移动的比例。当 $\alpha=\beta=0$ 时，2 自由度 PID 控制系统就变成了普通的 PID 控制系统；当 $\alpha=\beta=1$ 时，则变成了图 6-16 所示的 I-PD 控制系统；当 $\alpha=0$、$\beta=1$ 时，又变成了图 6-17 所示的微分先行型 PID 控制系统。即 2 自由度 PID 控制系统是包含了普通型 PID 控制系统、I-PD 控制系统以及微分先行型 PID 控制系统等在内的更具有一般性的控制系统，通过调整参数 α、β，可以连续地在

这些类型之间转换。称 K_P、T_I、T_D 为 PID 控制系统的基本参数，称 α、β 为2 自由度参数。

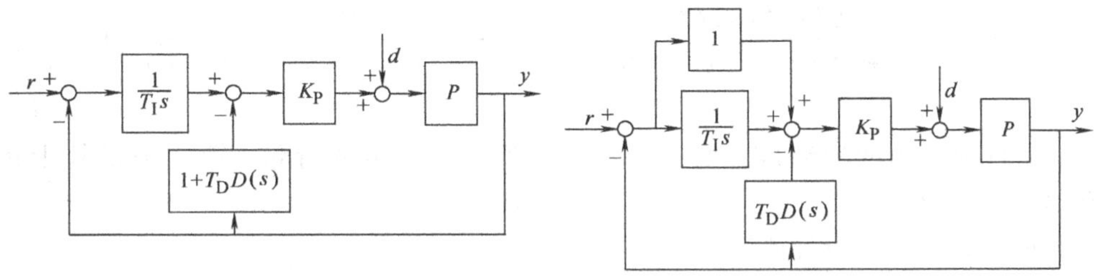

图 6-16　I-PD 控制系统　　　　图 6-17　微分先行型 PID 控制系统

在工业控制系统中，有两种常用的 2 自由度 PID 控制系统，一种结构如图 6-18 所示，由于把 P、I、D 分离开来表示，因此称之为要素分离型 PID 控制系统；另一种结构如图 6-19 所示，通常称之为滤波—微分先行型 2 自由度 PID 控制系统。

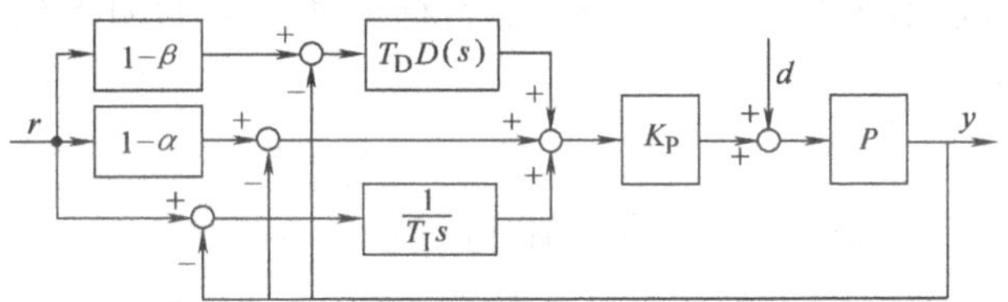

图 6-18　要素分离型 PID 控制系统

(3) 目标值滤波型

目标值滤波型 2 自由度 PID 控制系统可以认为是以普通型 PID 控制系统为基础，在其输入端加成型滤波器而形成的，因此，如果取普通型 PID 控制系统而代之以 $\alpha=0$ 时的微分先行型为基础，在其输入端加成型滤波器，则可以得到图 6-19 所示的滤波-微分先行型 2 自由度 PID 控制系统。

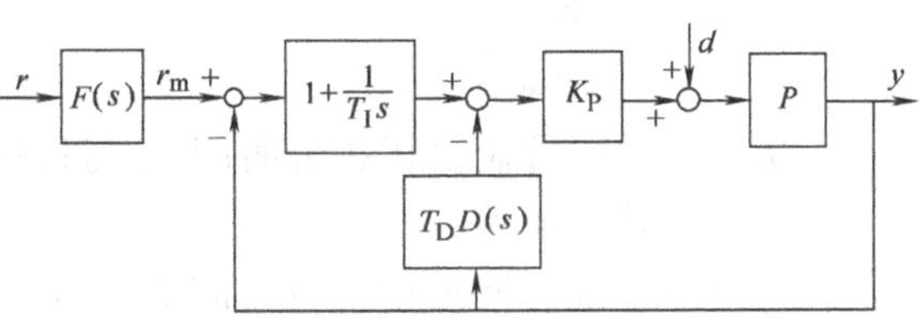

图 6-19　滤波-微分先行型 2 自由度 PID 控制系统

对于图 6-19 所示的滤波-微分先行型 2 自由度 PID 控制系统，设

$$C(s)=K_P\left(1+\frac{1}{T_I s}\right) \tag{6-41}$$

$$H(s)=K_{\mathrm{P}}T_{\mathrm{D}}D(s)=K_{\mathrm{P}}\frac{T_{\mathrm{D}}s}{1+\eta T_{\mathrm{D}}s} \tag{6-42}$$

控制量 $y(s)$ 的响应表达式为

$$y(s)=\frac{C(s)F(s)P(s)}{1+[C(s)+H(s)]P(s)}r(s)+\frac{P(s)}{1+[C(s)+H(s)]P(s)}d(s) \tag{6-43}$$

式(6-43)由两项组成：第一项是目标值 $r(s)$ 产生的分量，第二项是外干扰 $d(s)$ 产生的分量。

该控制系统的设计原则为：

(1) 由 $C(s)$ 和 $H(s)$ 来完成干扰的最佳抑制，实现干扰抑制的算法

$$C(s)+H(s)=K_{\mathrm{P}}\left(1+\frac{1}{T_{\mathrm{I}}s}+\frac{T_{\mathrm{D}}s}{1+\eta T_{\mathrm{D}}s}\right) \tag{6-44}$$

调整 T_{I}、T_{D}、K_{P} 实现干扰的最佳抑制。

(2) 由 $F(s)$ 与 $C(s)$ 实现目标值的最佳跟踪，实现目标值跟踪的算法

$$F(s)C(s)=K_{\mathrm{P}}\left[\alpha+\left(\frac{1}{T_{\mathrm{I}}s}-\frac{\beta}{1+T_{\mathrm{I}}s}\right)+\frac{\gamma T_{\mathrm{D}}s}{1+\eta T_{\mathrm{D}}s}\right] \tag{6-45}$$

为了能进行定值控制，在稳定状态，目标值滤波器的输入输出必须相等。利用终值定理，则有

$$\lim f(\underset{t\to\infty}{t})=\lim F(\underset{s\to\infty}{s})=1 \tag{6-46}$$

由式(6-41)、(6-45)可求得目标值滤波器 $F(s)$ 为

$$F(s)=\frac{1+\alpha T_{\mathrm{I}}s}{1+T_{\mathrm{I}}s}+\frac{T_{\mathrm{I}}s}{1+T_{\mathrm{I}}s}\left(-\frac{\beta}{1+T_{\mathrm{I}}s}+\frac{\gamma T_{\mathrm{D}}s}{1+\eta T_{\mathrm{D}}s}\right) \tag{6-47}$$

式中 a——干扰抑制最优增益 K_{P} 与目标值跟踪最优增益 $K_{\mathrm{P}}{}^{*}$ 之间的变换系数，$\alpha=\frac{K_{\mathrm{P}}{}^{*}}{K_{\mathrm{P}}}$；

β——干扰抑制最优积分时间 T_{I} 与目标值跟踪最优积分时间 $T_{\mathrm{I}}{}^{*}$ 之间的等效变换系数；

γ——干扰抑制最优微分时间 T_{D} 与目标值跟踪最优微分时间 $T_{\mathrm{D}}{}^{*}$ 之间的变换系数，$\gamma=\frac{\alpha T_{\mathrm{D}}{}^{*}}{T_{\mathrm{D}}}$。

确切地说，α、β、γ 的最优值随控制对象特性的不同多少有些差异，因此在对控制系统进行调节时，首先，将 α、β、γ 变化的中间值作为固定值，调整 T_{I}、T_{D}、K_{P}，使抗干扰特性为最佳，然后调整 α、β、γ，使目标跟踪特性达到最佳。表 6-1 列出了 α、β、γ 的推荐值。

表 6-1　2 自由度化系数 α、β、γ 推荐值表

类型	综合控制算法	α	β	γ
1	PI-PD 控制(仅 P 为 2 自由度)	0.4	0	0
2	PI-PID 控制(仅 PI 为 2 自由度)	0.4	0.15	0
3	PID-PID 控制(完全 2 自由度)	0.4	0.15	0.48

6.4　H_∞ 控制

在实际伺服系统的设计中，由于系统的复杂性，尤其是参数摄动和未建模的动态不确定性，对于系统的鲁捧性有很大影响。H_∞ 鲁棒控制方法作为近年来最有效应用于系统鲁棒稳定、摄动抑制以及干扰抑制的控制理论，目前已被逐渐应用于交流伺服系统。

H_∞ 鲁棒控制控制器在数学模型存在不确定性时，仍能使系统保持内稳定性和理想的性能要求，在一定程度上弥补了现代控制理论对数学模型过分依赖的缺陷。H_∞ 鲁棒控制器设计中最常见的方法是加权混合灵敏度设计方法，通过合理选择加权函数，使系统的灵敏度函数 S 和补灵敏度函数 T 按性能要求“成型”实现，寻找真实有理函数控制器 K，使闭环系统稳定，且满足一定性能指标。

6.4.1　交流伺服系统的灵敏度函数和补灵敏度函数

对于交流伺服系统，我们可以将其看成一个线性时不变 SISO(单输入单输出)的跟踪系统，如图 6-20 所示。其中 r、e、u、d 和 y 分别为参考输入、跟踪误差、控制输入、测量干扰和系统输出。其中 $K(s)$ 为 H_∞ 鲁棒控制器，$P(s)$ 为交流伺服电机系统的简化传递函数。

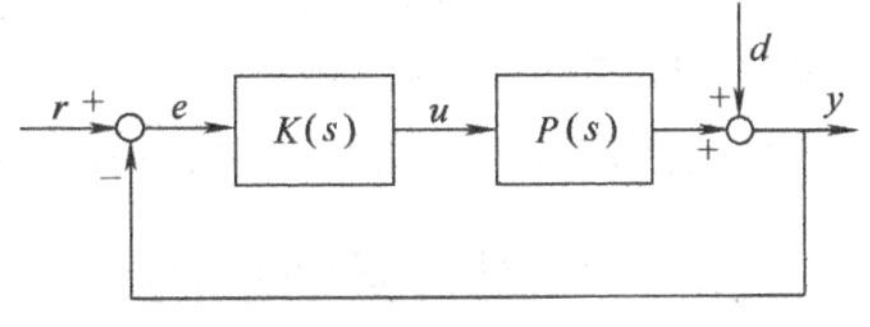

图 6-20　线性时不变 SISO 跟踪控制系统

在单输入单输出的场合，当 $d=0$ 时，由外部输入 r 到系统输出 y 的闭环传递函数为

$$T(s)=\frac{P(s)K(s)}{1+P(s)K(s)} \tag{6-48}$$

现在把 $P(s)$ 当作变化参数计算 $T(s)$ 对 $P(s)$ 变化的灵敏度函数为

$$S(s)=\frac{1}{1+P(s)K(s)} \tag{6-49}$$

可以看出，式(6-49)在 $d=0$ 时是闭环控制系统中由 r 到 e 的传递函数，在 $r=0$ 时是由 d 到 y 的传递函数。也就是说，由式(6-49)描述的灵敏度函数 $S(s)$ 既反映了外部输入 r 对误差信号的影响，也反映了测量干扰 d 对测量值 y 的影响。

式(6-49)也正是闭环控制系统的灵敏度函数。灵敏度函数 $S(s)$ 的 H_∞ 范数 $\|S\|_\infty$ 体现了闭环系统对干扰抑制能力的度量，这样，系统的低灵敏度特性、目标跟踪特性和扰动抑制特性等方面的控制性能，均可以通过将灵敏度函数变得非常小来达到。因此希望在使灵敏度函数 $S(s)$ 小的频率范围选择一个增益大的频率加权函数 $W_1(s)$，关于控制性能的要求可以表示为

$$\|W_1(s)S(s)\|_\infty<\gamma \tag{6-50}$$

式中 $W_1(s)$——稳定的有理标量函数。

由于 $T(s)+S(s)=1$，所以 $T(s)$ 即为系统的补灵敏度函数。由于 $T(s)$ 也是由测量干扰 d 到输出 y 的传递函数，所以 $T(s)$ 的 H_∞ 范数 $\|T\|_\infty$ 也反应了系统对外界干扰的抑制能力。同时结合前述系统的乘法不确定性可以看出，补灵敏度函数 $T(s)$ 的 H_∞ 范数 $\|T\|_\infty$ 是乘法摄动 $P_A=[I+\Delta(s)]P(s)$ 允许摄动 $\Delta(s)$ 幅度大小的度量，因此，关于控制性能的要求可以表示为

$$\|W_3(s)T(s)\|_\infty<\gamma \tag{6-51}$$

进一步考虑系统的另一闭环传递函数：

$$R(s)=\frac{K(s)}{1+P(s)K(s)} \tag{6-52}$$

可以看出 $R(s)$ 的 H_∞ 范数 $\|R\|_\infty$ 是对系统加法摄动 $P_A=P(s)+W_2(s)\Delta(s)$ 中允许加法摄动 $\Delta(s)$ 幅度大小的度量，因此，关于控制性能的要求可以表示为

$$\|W_2(s)R(s)\|_\infty<\gamma \tag{6-53}$$

由式(6-52)和式(6-53)可以看出灵敏度函数和补灵敏度函数都要求很小。但是，灵敏度函数和补灵敏度函数存在着关系

$$T(s)+S(s)=1$$

因而不能同时使灵敏度函数和补灵敏度函数都很小，必须作折衷处理。所要做的工作是根据系统特性和稳定性要求选择加权传递函数，根据频带来改变优先指标，即通过适当的频率加权函数 $W_1(s)$ 和 $W_3(s)$，使 $S(s)$ 和 $T(s)$ 分别在不同的频率范围内是最小的，使两种指标都能得到满足。

6.4.2 H_∞ 混合灵敏度问题

H_∞ 混合灵敏度设计问题可由图 6-21 所示系统来描述，其中 r、e、u、d 和 y 分别为参考输入，跟踪误差，控制输入，测量干扰和系统输出。其中 $K(s)$ 为 H_∞ 鲁棒控制器，$P(s)$ 为交流伺服电机简化传递函数。

考虑如下的三个闭环传递函数：

$$S=(I+PK)^{-1} \tag{6-54}$$

$$T=PK(I+PK)^{-1} \tag{6-55}$$

$$R=K(I+PK)^{-1}=KS \tag{6-56}$$

由于$\|S\|_\infty$是闭环系统对干扰抑制能力的度量，为抑制干扰信号对控制误差的影响，应尽可能的降低$S(s)$的增益。而$\|T\|_\infty$则是乘法摄动$(I+\Delta)P$中允许摄动Δ幅度大小的度量，为减少模型不确定性对系统的影响，应尽可能的降低$T(s)$的增益。在相同频段，由于受到$S+T=I$的限制，不能同时降低S和T。考虑到通常干扰多为低频信号，系统不确定性发生在高频，因此可以通过选择适当的加权函数进行分频段折中处理。而为保证工程应用中对控制器输出限幅的要求，应对$R(s)$采取一定的限制。而$\|R\|_\infty$是对加法摄动$P+\Delta P$中允许摄动ΔP幅度大小的度量。

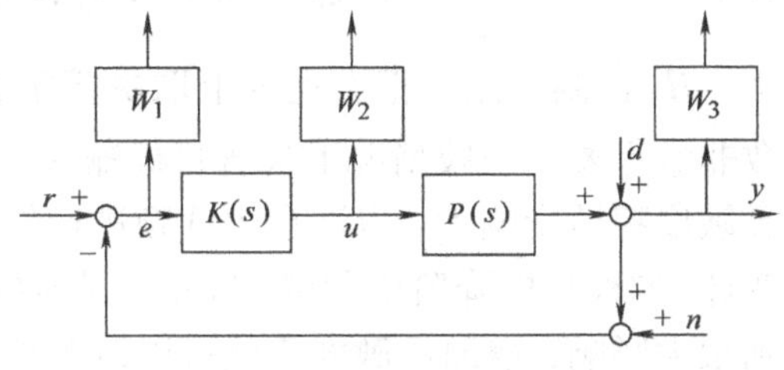

图 6-21　H_∞混合灵敏度系统

考虑加权的混合灵敏度问题的标准框架为

$$\begin{bmatrix} W_1 e \\ W_2 u \\ W_3 y \\ e \end{bmatrix} = \begin{bmatrix} W_1 & -W_1 P \\ 0 & W_2 \\ 0 & W_3 P \\ I & -P \end{bmatrix} \begin{bmatrix} r \\ u \end{bmatrix} \tag{6-57}$$

$$u = Ke \tag{6-58}$$

式中　W_1——灵敏度加权函数；

W_2——控制加权函数；

W_3——鲁棒性加权函数。

W_1、W_2、W_3、P均为真实有理函数阵。当P为严格真时，允许W_3是非真有理函数。其广义受控对象及状态空间实现表达式为

$$G_0 = \begin{bmatrix} W_1 & -W_1 P \\ 0 & W_2 \\ 0 & W_3 P \\ I & -P \end{bmatrix} = \begin{bmatrix} A & B_1 & B_2 \\ C_1 & D_{11} & D_{12} \\ C_2 & D_{21} & D_{22} \end{bmatrix} \tag{6-59}$$

则由式(6-57)、式(6-59)构成的闭环系统传递函数阵为

$$G = \begin{bmatrix} W_1 S \\ W_2 R \\ W_3 T \end{bmatrix} \tag{6-60}$$

混合灵敏度问题是：寻找真实有理函数控制器的K，使闭环系统稳定，并且满足$\min\|G\|_\infty=\gamma_0$（$H_\infty$最优化问题）或$\|G\|_\infty\leqslant\gamma(\gamma\geqslant\gamma_0)$（$H_\infty$次优化问题）。

6.4.3 加权函数的选择及 H_∞ 鲁棒控制器的设计

H_∞ 控制性能在很大程度上取决于加权函数的选择，所以选取适当的加权函数非常重要。一般情况下包含目标输入与干扰频谱的频域都在低频范围内，它对灵敏度特性影响大，也即在中低频进行低灵敏度处理。另一方面由于模型精确度变坏(如模型的降阶引起的)与外界噪声的工作区域一般在高频区，鲁棒稳定性受到很大影响，增加灵敏度量就可以改善鲁棒稳定性及抗高频噪声的特性。由这些性能要求就可以确定加权函数的选择原则：

1) 性能加权函数 $W_1(s)$ 代表了干扰的频谱特性，反映了对系统灵敏度函数 S 的形状要求，使其具有低频高增益的特性，可增强干扰的抑制能力。根据由参考输入 r 到跟踪误差 e 的传递函数阵，按照跟踪频带及跟踪误差要求，结合系统快速性要求可以确定 $W_1(s)$。

2) $W_2(s)$ 表示加法摄动的范数界，起到对控制器输出限幅的目的。在混合灵敏度设计中，$W_1(s)$、$W_3(s)$ 确定之后，$W_2(s)$ 可以作为一个加权常数进行调整，以获得中低频内有较大鲁棒稳定性的参数摄动范围。

3)鲁棒性加权函数 $W_3(s)$ 是不确定函数，由模型的非结构不确定性即高频未建模动态特性和模型参数不确定性所决定，反映了被控对象本身的固有特性。由于高频未建模动态特性和测量噪声在低频段较小，但在高频段随着频率的增高而增大，一般要求在其低频段增益小，高频段增益大，保证闭环系统对高频干扰的抑制。

由式(6-57)~式(6-59)组成的广义被控对象，可采用标准状态反馈 H_∞ 控制器的设计方法，通过求解一个 RICCATI 方程式或 RICCATI 不等式得到鲁棒控制器 $K(s)$。

6.5 自适应控制

自适应控制是在二十世纪五十年代发展起来的自动控制领域中一个新的分支。它是随着控制对象的复杂化，当动态特性不可知或发生不可预测的变化时，为得到高性能的控制器而产生的。它的控制目的是使被控对象的状态或运动轨迹满足预定要求，即被控对象动态特性满足预定的性能指标。面对客观存在的各种不确定性，自适应控制系统应能在其运行过程中，通过不断测量系统的输入、状态、输出或者性能参数，逐渐了解和掌握对象，然后根据所获得信息，按照一定的设计方法，做出控制决策去更新控制器的结构、参数和控制作用，一般在某个性能指标下，使控制效果达到最优或近似最优。自适应控制所依赖的关于模型和扰动的先验知识比较少，需要在系统的运行过程中去不断提取有关模型的信息，使模型逐渐完善。随着过程的不断进行，通过在线辨识，系统模型会变得越来越准确，基于这种模型综合出来的控制作用也随之不断改进，在这个意义下，控制系统具有一定的适应能力。一个理想的自适应控制系统应具有:适应环境变化和满足系统要求的能力；学习能力；在变化的环境中能逐渐形成所需要的控制策略和控制参数序列；在内部参数失败的时候，有恢复的能力；良好的鲁棒性。

经过近半个世纪的发展已经先后出现了许多形式的自适应控制系统，如变增益自适应控制，模型参考自适应控制，自校正控制，自学习系统等。其中，自校正控制(STC)与模型参考自适应控制(MRAC)发展的较为成熟。

6.5.1　自校正控制系统(STCS)

自校正控制系统也可以看作由两个控制回路组成:内环由被控对象和常规的控制器组成;外环由参数估计器和控制器设计计算两部分组成。参数估计和控制器设计必须在线地实现，因此参数估计必须采用递推算法，控制器设计必须采用计算尽量简单的设计方法，常用的有最小方差控制和极点配置法的设计，具有这种结构的控制系统称为自校正控制系统，这个名称强调了这种控制系统能自动校正自己的参数，以得到希望的闭环系统性能。

6.5.2　模型参考自适应控制系统(MRACS)

模型参考自适应控制是针对被控对象特性的变化、漂移和环境干扰对系统的影响而提出来的或者当对被控过程的参数了解得不多或者这些参数在正常运行期间有变化，为了设计高性能的控制系统通常需要使用模型参考自适应控制方法。

模型参考自适应控制系统由参考模型、被控对象、反馈控制器和调整控制器参数的自适应机构等部分组成。这类控制系统包含两个环路:内环和外环。内环是由被控对象和控制器组成的普通反馈回路，而控制器的参数则由外环调整。模型参考自适应控制的目标是:设计控制器和参数校正机构使得被控对象的输出尽可能的跟踪参考模型的输出，并使得闭环系统的所有信号一致有界。

尽管系统的初始参数未知，但通过对参考模型和对象输出的测量和比较，以及相应的控制器参数的自适应调整，系统初始参数不确定对系统运行性能的影响将逐步减小，经过一段时间运行，系统对输入的动态响应最终将自动调整到与所希望模型的动态响应一致。这就是模型参考自适应的基本原理。

模型参考自适应控制是对系统性能指标的要求完全通过参考模型来表达，在运行过程中，被控对象的性能指标与要求的指标相比较，自适应机构通过修改可调系统控制器的参数或者产生一个辅助输入量以保持对象的性能指标接近于要求。由于系统的设计性能指标是以参考模型的形式来表示的，简单直观，符合工程实践，容易实现、自适应速度高和应用范围广，在实际交流伺服控制系统的应用中显得十分重要。

1. 问题的提出

在最优控制理论中，通常采用二次型性能指标

$$J = \int (x^{\mathrm{T}} Q x + u^{\mathrm{T}} R u)\,\mathrm{d}t \tag{6-61}$$

为最小来作为系统设计的依据。

式中 x，u——系统的状态和输入(控制)向量；

Q，R——加权矩阵。

尽管该方法在理论上比较严谨、完整，但由上式所表示的性能指标较为抽象，且加权阵 Q，R 只能采用试凑的方法来选定，很不方便。

在经典控制理论中，系统设计常借助于希望特性的概念，即针对给定系统的不可变部分——受控对象，设计一个控制器，以保证由该控制器和受控对象共同组成的系统具有与希望特性相一致的性能，以达到设计要求。这一设计思想的实质是线性模型跟随控制系统的设计方案。

又考虑到在自适应控制系统的适用范围内都假定受控对象的参数是未知的，或是随时间缓慢变化的，因此将模型跟随控制系统的设计思想引申到自适应控制系统中。在系统设计中，先按照系统性能指标的要求确定一个理想的参考模型，然后再设计参数可调整的控制器，控制器的参数将由引入的自适应机构按照适当的规律——自适应规律来调整，以保证自适应控制系统中受控对象输出跟随参考模型的误差越小越好，直到趋于零。这就是模型参考自适应控制系统的基本原理。

2. 典型结构

模型参考自适应控制系统的首要特征就是有一个所谓参考模型构成系统的一个组成部分。它有二种结构形式：参数自适应控制系统，如图 6-22；信号自适应控制系统，如图 6-23。

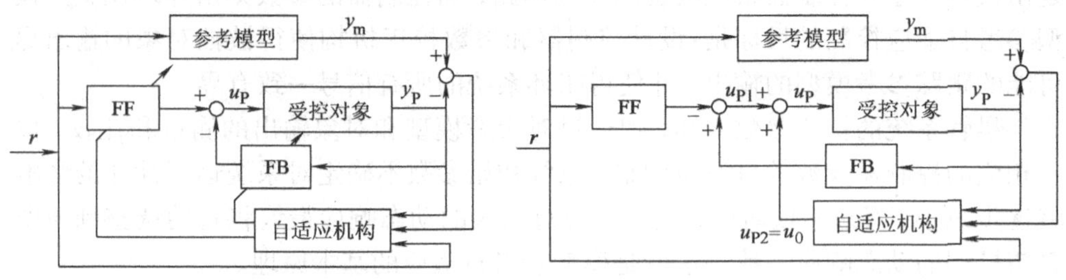

图 6-22 参数自适应控制系统　　图 6-23 信号自适应控制系统

在参数自适应控制系统中，前馈控制器 FF 和反馈控制器 FB 的参数是可变的，它由自适应机构根据参考模型与实际系统响应的差值来调整，以保证二者响应最终趋于一致。而在信号自适应控制系统中，前馈控制器 FF 和反馈控制器 FB

的参数是固定的，此时自适应机构将根据参考模型与实际系统响应的差值产生一个信号——u_0，该信号也用来使两者响应最终趋于一致。经过进一步的分析，可见二者的结构形式是等效的。

3. 模型参考自适应系统的设计思路

在模型参考自适应控制系统中，自适应机构将根据参考模型与实际系统响应之间的差值来调整控制器的参数，使二者响应趋于一致。因此，模型参考自适应控制系统的工作过程可以看成是参考模型与实际系统响应之间的调整过程。由此，其基本设计步骤如下：

（1）列写数学模型

被控对象的数学模型用状态方程表示为

$$\dot{x}_p = A_p x_p + B_p u_p \tag{6-62}$$

$$y_p = C x_p \tag{6-63}$$

式中　x_p，u_p，y_p——被控对象的状态向量、控制向量和输出向量；

A_p，B_p，C——具有相应维数的矩阵（通常认为它们的维数已知，但参数未知或随时间变化）。

在选定参考模型时，一般都令其与被控对象具有相同的结构形式，而它的参数则可以根据设计要求予以选定。由此我们可以列写出参考模型的状态方程为

$$\dot{x}_m = A_m x_m + B_m r \tag{6-64}$$

$$y_m = C x_m \tag{6-65}$$

式中　x_m，y_m——参考模型的状态向量和输出向量；

r——系统的输入向量；

A_m，B_m——具有相应维数的代表希望性能的矩阵（参数已知）。

控制器的结构形式是模型参考自适应控制系统设计的一个重要问题。由于系统是通过适当调整控制器参数，使得参数可调的控制器与不可调的受控对象所共同组成的可调系统和参考模型取得一致，从而保证系统达到模型跟随。因此控制器的结构形式就不可能是任意的，必须满足模型完全匹配条件，即能保证在结构上取得一致，才会存在一组合适的参数使得可调系统和参考模型取得一致。其中，自适应机构的任务只是实时地在线自动寻找出控制器的参数。

（2）建立等效误差系统

$$\varepsilon = y_m - y_p \tag{6-66}$$

式中　ε——系统广义输出误差，表示模型的输出 y_m 与可调系统的输出 y_p 之差的可变向量。

$$e = x_m - x_p \tag{6-67}$$

式中　e——系统的广义状态误差，表示模型的状态向量 x_m，与可调系统状态向量 x_p 之差的可变向量。那么，由上式可求得广义误差运动方程为

$$\dot{e}=A_{m}e+(A_{m}-A_{p})+B_{m}r-B_{p}u_{p} \tag{6-68}$$

按照系统的工作原理，表征可调系统和参考模型之间差异的广义误差完全代表了模型参考自适应控制系统运动状态，因此上述方程称为与原系统等效的误差系统。

(3) 推导自适应控制规律

设计自适应控制系统的核心问题是如何综合自适应律，即自适应机构所应遵循的算法。目前自适应律的设计有两种不同的设计方法。一种设计方法为局部参数最优化方法，即利用最优化技术搜索到一组控制器的参数，使得预定的性能指标达到最小，这种方法的缺点是不能保证参数调整过程中，系统总是稳定的。另一种设计方法是基于稳定性理论的方法，其基本思想是保证控制器参数自适应调节过程是稳定的，然后再尽量使这个过程收敛快一些。

自适应控制规律使等效误差系统的解 e 越小越好，或随时间趋于零。对于不同的性能指标，如：

$$\min J = \min \frac{1}{2}\int_{t_0}^{t_1}\varepsilon^{T}\varepsilon \mathrm{d}t \tag{6-69}$$

或$\lim\limits_{t\to 0} e=0$ 等，可以采用不同的设计方法，如参数局部优化、稳定性及超稳定性设计法，求得响应的自适应控制规律。

6.6 滑模变结构控制

滑模变结构控制本质上是一类特殊的非线性控制，其非线性表现为控制的不连续性，即一种使系统“结构”随时间变化的开关特性。该控制特性可以迫使系统在一定条件下沿规定的状态轨迹作小幅度、高频率的上下运动，即所谓的“滑动模态”或“滑模”运动。开关切换使得系统在整个过程中不断地改变其结构，而开关的切换动作则受“滑动模态”的控制。滑动模态是可以设计的，且与系统的参数及扰动无关。滑模变结构控制的优点是不需对系统的精确观测、控制律整定的方法简单、当扰动出现时系统响应和调整速度快，具有很好的鲁棒性。因此，滑模变结构控制在交流伺服系统中得到了深入的研究并获得了许多成功的应用。

6.6.1 滑模变结构控制原理

1. 滑动模态定义及数学表达

设有一非线性控制系统

$$\dot{x}=f(x,u,t) \tag{6-70}$$

式中 x——系统的状态变量；

u——系统的控制向量；

$$x \in R^n,\ u \in R^m,\ t \in R$$

在该系统的状态空间中，有一个切换面 $s(x)=s(x_1,x_2,\cdots,x_n)=0$，它将状态空间分成 $s>0$、$s<0$ 上下两部分，切换面上三种点的特性如图 6-24 所示。

在切换面上的运动点可能出现三种情况：

通常点：系统运动点到达切换面 $s=0$ 附近时，穿越此点而过（如图 6-24 中的 A 点）。

起始点：系统运动点到达切换面 $s=0$ 附近时，从切换面的两边离开该点（如图 6-24 中的 B 点）。

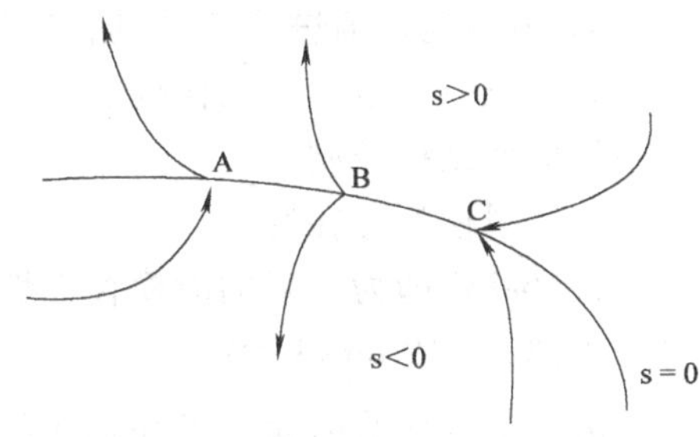

图 6-24　切换面上三种点的特性

终止点：系统运动点到达切换面 $s=0$ 附近时，从切换面的两边趋向于该点（如图 6-24 中的 C 点）。

在滑模变结构控制中，通常点与起始点无多大意义，而终止点却有特殊的含义。若在切换面上某一区域内所有点都是终止点的话，则一旦运动点趋近于该区域时，就被“吸引”在该区域内运动。此时，称在切换面 $s=0$ 上所有点都是终止点的区域为“滑模区”。系统在滑模区中的运动就叫做“滑模运动”。

按照滑模区上的运动点都必须是终止点这一要求，当运动点到达切换面 $s(x)=0$ 附近时，必有

$$\lim_{s\to 0^+} \dot{s} \leqslant 0 \text{ 及 } \lim_{s\to 0^-} \dot{s} \geqslant 0 \tag{6-71}$$

或者

$$\lim_{s\to 0^+} \dot{s} \leqslant 0 \leqslant \lim_{s\to 0^-} \dot{s} \tag{6-72}$$

式(6-71)也可以表示为

$$\lim_{s\to 0} s\dot{s} \leqslant 0 \tag{6-73}$$

2. 滑模变结构控制的基本问题

对于系统

$$\begin{cases} \dot{x}=f(x,u,t) & x\in R^n, u\in R^m, t\in R \\ y=h(x) & y\in R^L, n\geqslant m\geqslant L \end{cases} \tag{6-74}$$

确定切换函数 $s(x)(s\in R^m)$，并求解控制函数

$$u=\begin{cases} u^+(x) & s(x)>0 \\ u^-(x) & s(x)<0 \end{cases} \tag{6-75}$$

这里的变结构控制体现在 $u^+(x)\neq u^-(x)$ 上，控制量按一定的逻辑进行切换，即系统的结构按一定的规律变化。通过系统结构的变化，达到以下设计目

标：

1）滑动模态的存在性。状态轨迹能够运行在滑模面并至平衡点。

2）滑动模态的可达性。在滑模面以外的状态点都将于有限的时间内到达滑模面。

3）滑模运动渐进稳态并具有良好的动态品质。

以上三点是滑模变结构控制的三个基本问题，只有满足了这三个条件的控制才叫滑模变结构控制。

(1) 滑模的存在性

式(6-73)即为一般的滑模存在性的条件。但在实际应用中常将式(6-73)中的等号去掉，写成 $\lim_{s\to 0} s\dot{s}<0$。

因为 $s\dot{s}=0$ 的运动点正好是在滑模面上，实际上此时的连续控制 $u(x)$ 并不存在。换言之，按照式(6-75)只能分别找出连续控制 $u^{+}(x)$ 及 $u^{-}(x)$，而找不出一个统一的实际的连续控制 $u(x)$，使得运动点连续地沿 $s=0$ 运动。当然可以采用适当的趋近率控制，使系统运动点在无限接近于 $s=0$ 时 $\dot{s}=0$。此时，滑模的存在条件就是式(6-73)。

(2) 滑模的可达性及广义滑模

一般来说，系统的初始状态 $x(0)$ 未必在 $s=0$ 区域内，而是在状态空间的任意位置，此时要求系统的运动必须趋向于切换面 $s=0$，即必须满足可达性条件，否则系统无法起动滑模运动。一般可以把式(6-73)的极限符号去掉，变成：

$$s\dot{s}<0 \tag{6-76}$$

此式表示了状态空间中的任意点必将向切换面 $s=0$ 靠近（或无限靠近）的趋势。称式(6-76)为“广义滑动模态”的存在条件。系统在此条件下的运动叫做“广义滑模”运动。显然，系统满足广义滑模条件必然同时满足滑模存在性及可达性条件。在实际设计过程中，常用式(6-76)作为设计依据。

(3) 滑模运动的稳定性

系统运动进入滑模区后，就开始做滑模运动。对通常的反馈控制系统而言，除滑模的存在性和可达性外，还要求系统的滑动模态是渐进稳定的且具有良好的动态品质。为研究这一问题，需要建立滑动模态的微分方程，对非线性系统来说，这是一个比较复杂而困难的问题。

系统处于滑模运动时，有 $s=0$、$\dot{s}=0$。在实际系统中，这种情况是无法用连续控制来实现的。当采用滑模变结构的非连续性控制时，也只有在“理想开关”（无时间和空间滞后）的作用下才能实现，然而对于现实的“非理想开关”，可以设想一种“等效”的平均控制，以帮助对处于滑模运动情况下的系统运动进行分析。因此，我们可以利用等效控制的概念来求得滑模运动方程。

设系统的状态方程为

$$\frac{\mathrm{d}x}{\mathrm{d}t}=f(x,u,t) \quad x\in R^n \quad u\in R \tag{6-77}$$

$$s(x)=0 \tag{6-78}$$

当系统处于滑模运动时，$\dot{s}=0$，则

$$\frac{\mathrm{d}s}{\mathrm{d}t}=\frac{\partial s}{\partial x}\frac{\mathrm{d}x}{\mathrm{d}t}=0 \tag{6-79}$$

或

$$\frac{\partial s}{\partial x}f(x,u,t)=0 \tag{6-80}$$

式(6-80)是一个代数方程，设 u 的解(若存在)为

$$u^*=u^*(x)$$

则 u^* 就是能够保证滑动模态存在，即强迫系统沿切换面运动所需要的控制力，常称之为系统在滑模区的“等效控制”。

因此，滑动模态的运动微分方程为

$$\frac{\mathrm{d}x}{\mathrm{d}t}=f(x,u^*(x))=f^*(x) \quad x\in R^n \tag{6-81}$$

$$s(x)=0 \tag{6-82}$$

为了使滑模运动通过原点，令

$$s(0,\cdots,0)=0 \tag{6-83}$$

由于约束条件式(6-82)的存在，上述微分方程只有 $n-1$ 个是独立的，因此，式(6-81)和式(6-82)的联合仅可得 $n-1$ 个独立的微分方程

$$\frac{\mathrm{d}x_i}{\mathrm{d}t}=g_i(x_1,\cdots,x_{n-1}) \quad i=1,\cdots,n-1 \tag{6-84}$$

如果微分方程式(6-84)中的状态变量 x_i 是以偏差形式写出的，而且 $x_i=0(i=1,\cdots,n-1)$ 是式(6-84)的一个平衡点，则有

$$g_i(0,\cdots,0)=0$$

将 $g_i(x_1,\cdots,x_{n-1})$ 在原点附近展开成泰勒级数

$$\frac{\mathrm{d}x_i}{\mathrm{d}t}=\sum_{j=1}^{n-1}a_{ij}+g_i(x_1,\cdots,x_{n-1}) \quad i=1,\cdots,n-1 \tag{6-85}$$

其中，g_i 只含有二次及二次以上的项。根据李雅普诺夫第一近似定理，当

$$\boldsymbol{A}=\begin{bmatrix} a_{11} & a_{12} & \cdots & a_{1(n-1)} \\ a_{21} & a_{22} & \cdots & a_{2(n-1)} \\ \cdots & \cdots & \cdots & \cdots \\ a_{(n-1)1} & a_{(n-1)2} & \cdots & a_{(n-1)(n-1)} \end{bmatrix} \tag{6-86}$$

为$(n-1)(n-1)$的满秩矩阵时，如果 $\boldsymbol{A}$ 的特征根都具有负实部，则方程式

(6-84)在原点是渐进稳定的。

所以，只要适当的选定切换函数 $s(x)=s(x_1,\cdots,x_n)$，使其满足

$$\lim_{s\to 0} s\frac{\mathrm{d}s}{\mathrm{d}t}=0, s(0,\cdots,0)=0 \tag{6-87}$$

然后取微分方程式(6-84)的泰勒级数一阶线性近似，求出 $a_{ij}(i,j=1,\cdots,n-1)$，即可确定滑动模态渐进稳定于原点 $x=0$ 的必要条件。

(4) 滑模运动及其动态品质

滑模变结构控制系统的运动由两部分组成:趋近运动和滑模运动。

第一部分是系统在连续控制 $u^+(x)$，$s(x)>0$，或者 $u^-(x)$，$s(x)<0$ 作用下进行趋近运动，它在状态空间中的运动轨迹全部位于切换面以外，或者有限地穿过切换面。

按照滑模变结构原理，趋近运动段必须满足滑动模态的可达性条件。滑模可达性条件 $s\dot{s}<0$ 仅实现了在状态空间任意位置的运动点必然于有限时间内达到切换面的要求。至于这段时间内，对运动点的具体轨迹未作任何规定。在远离切换面时，如果 $\dot{s}$ 过小，会使系统动态响应过慢；而在接近切换面时，如果 $\dot{s}$ 过大，往往会引起较强烈的抖振。为了改善这段运动的动态品质，一定程度上可用规定“趋近率”的方法加以控制。在广义滑模的条件下，可按需要规定如下趋近率:

$$\frac{\mathrm{d}s}{\mathrm{d}t}=-\varepsilon \mathrm{sgn}s(x)-f(s) \tag{6-88}$$

式中 ε——趋近速度。

当上式中 ε 与函数 $f(x)$ 取不同值时,可获得等速趋近率、指数趋近率、幂次趋近率等不同的趋近率。

第二部分是系统在切换面附近并且沿切换面 $s(x)=0$ 的滑模运动。

滑模运动段系统的运动由系统运动点在切换面 $s=0$ 附近上下穿行和系统沿滑动模态的极限运动两部分构成。滑模运动段的运动微分方程同时满足条件: $s=0$ 及 $\dot{s}=0$。可以利用等效控制来求得该微分方程，有时也称它为滑模变结构控制系统在滑动模态附近的平均运动方程。这种平均运动方程描述了系统在滑动模态下的主要动态特性。通常希望这个动态特性既是渐进稳定的，又具有优良的动态品质。此时滑模运动的微分方程必须取决于式(6-87)。显然，滑模运动的动态品质(包括渐进稳定性)取决于切换函数 $s(x)$ 及其参数的选择。

6.6.2 滑模变结构控制的基本设计方法

滑模变结构控制系统运动分为两个阶段，因此滑模变结构控制器也可分为两个阶段进行研究设计。首先是设计适当的开关函数，使系统稳定，并在进入滑模

运动后具有良好的动态特性；其次是设计变结构控制律，使系统可以在有限时间内到达开关面，并保持在开关面运动。

滑模变结构控制器设计的基本步骤分为以下两步：

1. 设计切换函数 $s(x)$，要求不仅滑模运动渐进稳定，而且动态品质良好

一般来说，我们应当根据期望的控制目标，合理地选择切换函数(即确定切换面)，配置正确的系数以保证滑动模态的渐近稳定性和良好的动态品质。切换面的设计方法很多，例如极点配置法、特征向量配置法、二次型优化法、H_∞ 优化法、系统零点设计法等。

一般情况下，先按稳定条件选择切换面，即选择系数 c_i，所选的系数 c_i 只是一个范围；再按存在条件求取控制量，考虑系统的进入条件。这时前面所选的 c_i 才能最后确定，保证了系数的滑动模态存在,且保证了系统的进入条件。

对于单输入的情况，取滑模切换函数

$$s(x) = cx = \sum_{i=1}^{n-1} c_i x_i + x_n \tag{6-89}$$

其中 $x_i = x^{(i-1)}(i=1,2,\cdots,n)$ 为系统状态及其各阶导数，选取常数 $c_1,c_2,\cdots,c_{n-1}$，使得多项式 $p^{n-1}+c_{n-1}p^{n-2}+\cdots+c_2p+c_1$ 为霍尔维茨(Hurwitz)稳定，p 为 Laplace 算子。由于多项式 $p^{n-1}+c_{n-1}p^{n-2}+\cdots+c_2p+c_1$ 为 Hurwitz 稳定多项式，故滑模运动是渐进稳定的。

对于多输入的情况，切换函数构成一向量

$$s = \begin{bmatrix} s_1 \\ s_2 \\ \vdots \\ s_m \end{bmatrix}, c \text{ 是 } m\times n \text{ 矩阵，其元为 } c_{ij}(i=1,2,\cdots,m \quad j=1,2,\cdots,n) \tag{6-90}$$

2. 求取滑动模态控制律 $u^{\pm}(x)$，使到达条件得到满足，从而在切换面上形成滑动模态区

滑模变结构的基本控制策略有以下几种方法：

(1) 常值切换控制

$$u_i = \begin{cases} k_i^+ & s_i(x) > 0 \\ k_i^- & s_i(x) < 0 \end{cases} \tag{6-91}$$

其中，k_i^+、$k_i^-(i=1,2,\cdots,m)$ 均为实数。

(2) 函数切换控制

$$u_i = \begin{cases} u_i^+(x) & s_i(x) > 0 \\ u_i^-(x) & s_i(x) < 0 \end{cases} \tag{6-92}$$

其中，$u_i^+(x)$、$u_i^-(x)(i=1,2,\cdots,m)$ 均为连续函数。

（3）比例切换控制

$$u_j = \psi_{ij} x_i \tag{6-93}$$

$$\psi_{ij} = \begin{cases} \alpha_{ij} & x_i s_j(x) > 0 \\ \beta_{ij} & x_i s_j(x) < 0 \end{cases} \tag{6-94}$$

其中，α_{ij}、$\beta_{ij}(i=1,2,\cdots,n \quad j=1,2,\cdots,m)$均为实数。

切换函数$s(x)$和滑动模态控制律$u^{\pm}(x)$都确定以后，滑动模态控制系统就能完全建立起来。理想的滑模变结构控制可以使对象在滑动面上平滑运动，只要使开关频率达到无限大即可。但是滑模变结构控制本质上的不连续开关特性使系统存在抖振问题，主要原因是：

1）时间滞后开关。

2）空间滞后开关。

3）系统惯性的影响。

4）系统时间纯滞后和空间“死区”的影响。

5）状态测量误差的影响。

6）离散化采样产生的抖振。

滑模变结构控制的机理决定了其输出必然存在抖振，正是这种开关模式实现了系统的鲁棒性。完全消除抖振也就消除了变结构控制的可贵的抗摄动、抗外扰的强鲁棒性。因此，对于变结构控制出现的抖振现象，正确的处理方法应该是削弱或抑制。目前，消除和削弱抖振主要有以下几种方法：

1）对符号函数的各种平滑。

2）连续二阶滑模的方法。

3）积分滑模面方法。

4）基于各种智能控制系统理论的智能控制法。

6.7 智能控制

智能控制理论是自动控制理论发展里程中的一个崭新阶段，与传统的经典、现代控制方法相比，具有一系列独到之处。首先，它突破了传统控制理论中必须基于数学模型的框架，不依赖或不完全依赖于控制对象的数学模型，只按实际效果进行控制。其次，继承了人脑思维的非线性，智能控制器也具有非线性特征；同时，利用计算机控制的便利，可以根据当前状态切换控制器的结构，用变结构的方法改善系统的性能。在复杂系统中，智能控制还具有分层信息处理和决策的功能。利用智能控制的非线性、变结构、自寻优等各种功能来克服交流伺服系统模型不确定性、变参数及非线性等不利因素，可以提高系统的鲁棒性。目前智能控制在交流伺服系统应用中较为成熟的，当首推模糊控制和神经网络控制，而且大多是在模型控制基础上增加一定的智能控制手段，以消除参数变化和扰动的影响。

智能控制不同于经典控制理论和现代控制理论的处理方法，它研究的主要目标不再是被控对象，而是控制器本身。控制器不再是单一的数学模型解析型，而是数学解析和知识系统相结合的广义模型，是多种学科知识相结合的控制系统。智能控制理论是建立被控动态过程的特征模式识别，基于知识、经验的推理及智能决策基础上的控制。一个好的智能控制器本身应具有多模式、变结构、变参数等特点，可根据被控动态过程特征识别、学习、自组织自身的控制模式，自适应地改变控制器结构和自调整参数，以获得最佳地控制效果。

目前智能控制在交流伺服系统应用中较多的，主要包括:专家控制、模糊控制、学习控制、神经网络控制、预测控制等控制方法。

6.7.1 专家系统及专家控制

专家系统是人工智能应用领域的一个重要分支，人工智能的理论和方法(如知识表示、搜索策略)，主要是以专家系统的形式得到实际应用。一般认为专家系统是一种计算机程序，它在某些特定领域中，能以人类专家的水平去解决问题，在某些方面甚至可能超过人类专家。

专家控制器的工作过程就是将给定值、测量数据、波形特征等作为当前事实，与控制规则相匹配，从而得到控制量。控制规则体现的是专家的专门知识和经验，为了使控制器能随着对象特性的变化自动调整控制参数，不断改善系统性能，一般还可以给它设置学习环节。目前，人们已经开始进行将专家控制应用于交流伺服系统的研究。

6.7.2 模糊控制

模糊控制是利用模糊集合来刻画人们日常所使用的概念中的模糊性，使控制器能更逼真地模仿熟练操作人员和专家的控制经验与方法，它包括精确量的模糊化、模糊推理、模糊判决三部分。

许多工业被控对象或过程往往具有非线性、时变性、变结构、多层次、多因素等各种不确定性，难于建立精确的数学模型。模糊控制属于智能控制的范畴，它的最大优势在于它不需要对象的精确数学模型。由于模糊控制本质上是非线性和自适应控制，对于具有参数波动或者检测信号不太精确的复杂非线性多变量模糊控制也能很好的处理，对参数波动和负载干扰的影响具有很强的鲁棒性。但是，单纯地将一个简单的传统模糊控制器用于高精度伺服驱动系统，还不能得到令人十分满意的性能。模糊控制系统只有与其他控制方法相结合，才能获得优良的性能。

6.7.3 神经网络控制

神经网络则是多个神经元通过互联构成的网络，常见的神经网络交接结构包括无反馈前向多层网络、有反馈前向多层网络、层内有互联的多层前馈网络、任意元可能有连接的相互结合型网络等。

神经网络的特点包括：信息存储是分布式的（这使得网络具有很强的信息容错性、鲁棒性和联想记忆功能）；具有自适应性和自组织性（来源于连接的多样性及连接强度的可塑性）；采用并行处理方式（这使得处理速度变得非常优越）；层次性（这是由网络的互联结构决定的）。

神经网络既具有非线性映射的能力，可逼近任何线性和非线性模型，又具有自学习、自收敛性；神经网络控制既可用于线性对象，也可用于非线性对象，对被控对象无须精确建模，对参数变化有较强的鲁棒性。神经网络一般和模糊控制相结合，通常有两种结合方式：一种是在大误差范围内采用模糊控制器来改善性能，提高快速性，同时在小误差范围内采用神经网络控制器达到精确定位的目的；另一种是利用神经网络来实现模糊控制规则的映射。

神经网络控制在伺服系统中的应用主要有下面几个方面：①代替传统的 PID 控制；②用于伺服电机参数的在线辨识、跟踪，并对磁通及转速控制器进行自适应调整；③结合模型参考自适应控制，将神经网络控制器用于自适应速度控制器。

6.7.4 学习控制

学习控制是日本学者 S. Arimoto 等人于 1986 年提出的。学习控制是对系统运行的未知信息进行学习，并把学习的信息作为一种经验运用到未来的决策和控制之中去。

学习控制对于具有可重复性运动的工业机器人、数控机床等被控对象有着广泛的应用前景，而它们又都包含有多个满足一定动、静态性能指标的位置伺服系统。因此，研究位置伺服系统的学习控制具有一定的典型性。不过应该指出，学习控制本身不能克服系统的随机干扰。一般来说，自学习控制也常是与其他控制方法结合在一起的。例如，目前模糊控制的一个引人注目的研究方向就是自学习模糊控制，这种控制是走向更高层次智能控制的一种过渡。

6.7.5 预测控制

预测控制将人类能通过对未来情况的把握来确定当前行动的能力引入了控制

领域。在控制领域，如何恰当地利用未来信息，并因此而提高控制系统的性能方面，已经在理论上取得了许多引人注目的进展。

在机器人、数控机床等机电领域中，可以利用的未来目标值等未来信息是很多的。在这种情况下，根据当前目标值，以及未来目标值和未来外部干扰等信息来共同确定当前的控制方案，无疑是一个很有价值的思路。预测伺服系统就是希望通过对目标信号及干扰信号的未来信息的利用来改善系统的控制性能。从结构上来看，采用预测控制的伺服系统就是在采用通常控制策略的伺服系统上加一个利用未来信息的前馈预测补偿环节所构成。因此，可望使系统在保持原有的稳定性和鲁棒性的同时，通过对未来信息的利用使得系统的性能指标得到进一步地改善。

6.8　交流伺服电机的高性能控制——机械谐振系统的振动控制

所谓的机械谐振系统是指电动机与负载之间通过旋转弹性系数小的轴来联接，具有比较低的谐振频率的机械系统。

近年来，随着机械装置、制造设备性能的提高及功能的高度集成，对机械谐振系统的振动控制的快速性以及控制精度的提高，提出了更高的要求。原来由质量和弹性单元构成的机械装置，在机械部分有自身操作力或有外力作用时，会产生机械振动。如果振动衰减特性不好的话，会妨碍高速响应和高速运行性能的提高。因此以性能提高为目标的新机械系统的开发，其振动控制成为重要的研究课题。

本节以机械谐振系统中典型的两惯量谐振系统为例，介绍其振动控制用各种先进的控制策略以及控制策略所具有的特性。

6.8.1　控制对象及问题的提出

两个惯量以低刚性轴联接的两惯量谐振系统，作为轧钢机、机器人的柔性关节以及柔性臂等的第一近似模型很重要，其振动控制是近年来的重要研究课题。如果采用普通控制策略的 PI 速度控制，则速度响应会存在振动。

两惯量谐振系统的模型及其方框图如图 6-25 及图 6-26 所示。

这时系统的状态方程及输出方程为

$$[\dot{\omega}_M \quad \dot{T}_R \quad \dot{\omega}_L]^T = A_p[\omega_M \quad T_R \quad \omega_L]^T + B_p i_T + B_d T_L \tag{6-95}$$

$$\omega_M = C_p[\omega_M \quad T_R \quad \omega_L]^T \tag{6-96}$$

式中，$A_p=\begin{bmatrix} -D_M/J_M & -1/J_M & 0 \\ K_R & 0 & -K_R \\ 0 & 1/J_L & -D_L/J_L \end{bmatrix}$

$B_p=[K_T/J_M \quad 0 \quad 0]^T$

$B_d=[0 \quad 0 \quad -1/J_L]^T$

$C_p=[1 \quad 0 \quad 0]^T$

式中　J_M, J_L——电动机及负载的转动惯量；

K_R——联接轴的旋转弹性系数；

D_M, D_L——电动机及负载的旋转粘滞系数；

ω_M, ω_L——电动机及负载的旋转角速度；

T_R——联接轴的扭转转矩；

i_T——电动机的转矩电流；

T_L——负载转矩。

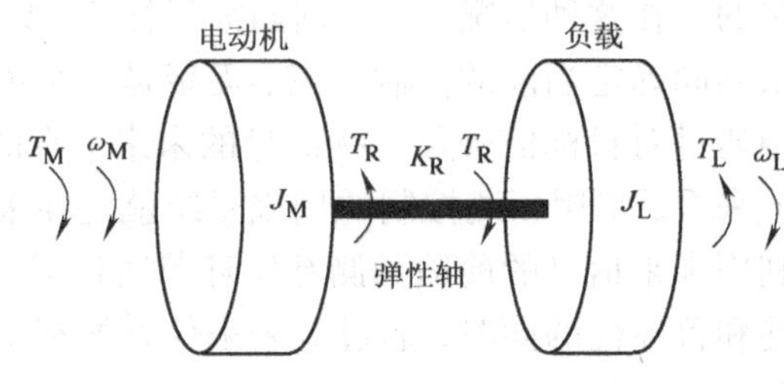

图 6-25　两惯量谐振系统模型

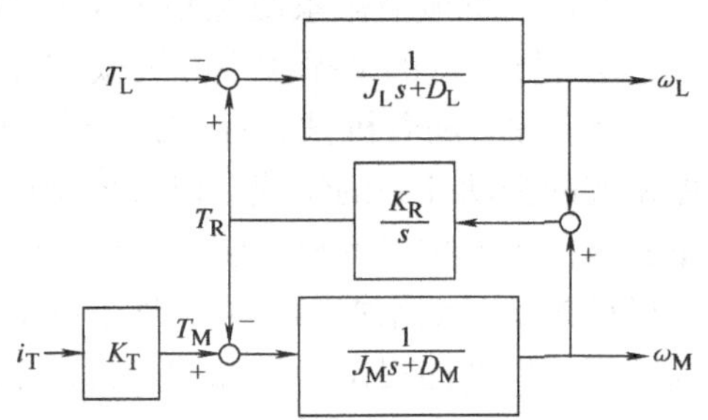

图 6-26　两惯量谐振系统的方框图

这时，闭环特性中具有重要意义的从 i_T 到 ω_M 的传递函数为

$$P(s)=\frac{\omega_M}{i_T}\cong\frac{(K_T/J_M)(s^2+K_R/J_L)}{s(s^2+K_R/J_M+K_R/J_L)}=\frac{K_T/J_M}{s}\cdot\frac{s^2+\omega_a^2}{s^2+\omega_r^2} \tag{6-97}$$

这时的波特图如图 6-27 所示，在系统的谐振角频率 ω_r 及反谐振角频率 ω_a 处，相位特性变化很大。

$$\omega_r=\sqrt{K_R\left(\frac{1}{J_M}+\frac{1}{J_L}\right)} \tag{6-98}$$

$$\omega_a=\sqrt{\frac{K_R}{J_L}} \tag{6-99}$$

6.8.2　谐振的各种控制方法

控制谐振的目的是通过只观测电动机速度 ω_M 来控制电动机的转矩，使负载速度 ω_L 无振动地跟踪速度指令。控制的难度及方法因惯量比 J_L/J_M 的不同而存在差异，特别是 $J_L/J_M<1$ 时，振动更加明显，控制难度更大。下面简要介绍各种

控制方法的概要。

(1) 一阶滞后滤波控制

本控制法是通过在传统的 PI 控制器加一阶滞后单元而构成的，其控制器的传递函数为

$$C(s) = K_P\left(1 + \frac{1}{T_I s}\right)\frac{1}{T_F s + 1} \tag{6-100}$$

这时，控制系统的极点与 PI 控制器相比，由 4 个增加到 5 个，但是，各极点都移动到了制动特性好的位置。图 6-28 为包含式(6-100)的一阶滞后滤波控制框图。

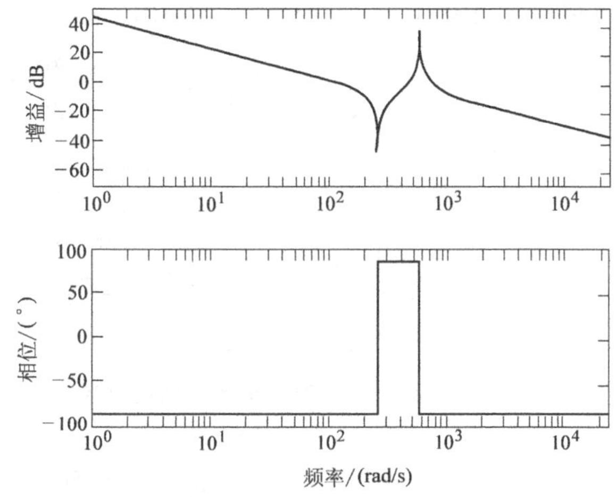

图 6-27　ω_M/i_M 的波特图

采用本控制法，扭转振动几乎能够完全被抑制，而且本控制法构成非常简单，控制器的增益确定也容易，即使是运行中的设备也容易适用，而且由于微分环节完全不使用，因此检测噪声的影响也小，通过追加一阶滞后环节就可以降低高频段的增益，因此也能够提高系统的鲁棒性。但是，本系统的振动抑制性能依赖于惯量比，只限于电机侧与负载侧的惯量大致相同的场合。

(2) 附加干扰观测器控制

干扰观测器的功能在于补偿单惯量系统的干扰转矩及参数变动，如果原封不动地应用于两惯量谐振系统，则会诱发由负载惯量和轴弹性引起的较大振动。可是，如果经 1 以下的增益反馈推测干扰，或者控制观测器的截止频率，则也会对振动有良好的抑制效果。在这里介绍的是把截止频率设定得比反谐振频率低的低速干扰观测器，而在下面要介绍的谐振比控制中，所采用的是把截止频率设定得比反谐振频率高的快速干扰观测器。

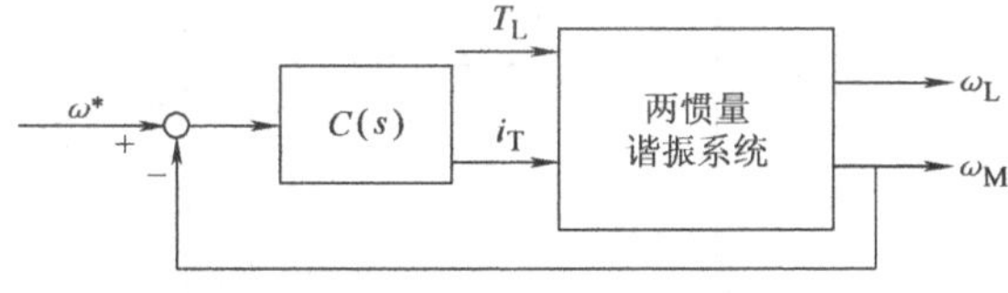

图 6-28　一阶滞后滤波控制

低速干扰观测器是由转矩电流的一阶滞后补偿与电动机旋转角速度的微分补偿的差来推测干扰转矩。图 6-29 为基于低速干扰观测器补偿的两惯量系统的方框图。

本控制法根据谐振模态，通过调整观测器的增益，就可以简单地抑制振动。

(3) 谐振比控制

正如前面所述，在两惯量谐振系统中，通过反馈由观测器推定的轴扭转转矩，能够得到振动抑制效果。尤其是通过导入谐振比的概念，能够按照所希望的

极点配置来设定控制系统的各个增益。谐振比为谐振频率与反谐振频率之比，可以根据式(6-98)、式(6-99)由式(6-101)来确定。

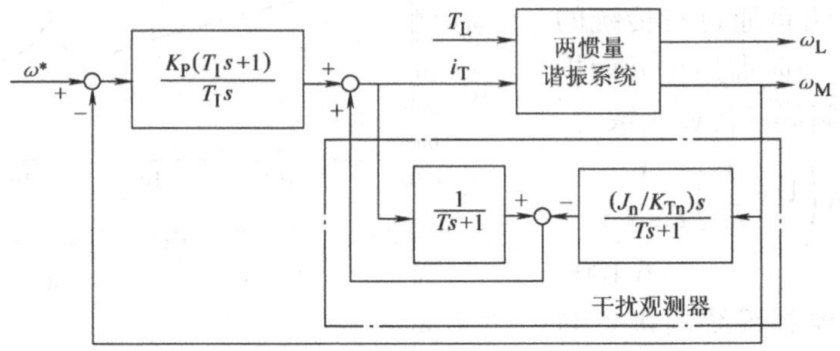

图 6-29 基于低速干扰观测器补偿的两惯量系统的方框图

$$H = \frac{\omega_r}{\omega_a} = \sqrt{1 + \frac{J_L}{J_M}} = \sqrt{1 + R} \tag{6-101}$$

这里，R 为负载与电动机的惯量之比。

在通常的干扰抑制控制中，干扰观测器的推定值被100%加到电动机转矩上，但是在谐振比控制中，是要乘上系数$(1-K)$之后再反馈的。谐振比控制的方框图如图6-30所示。

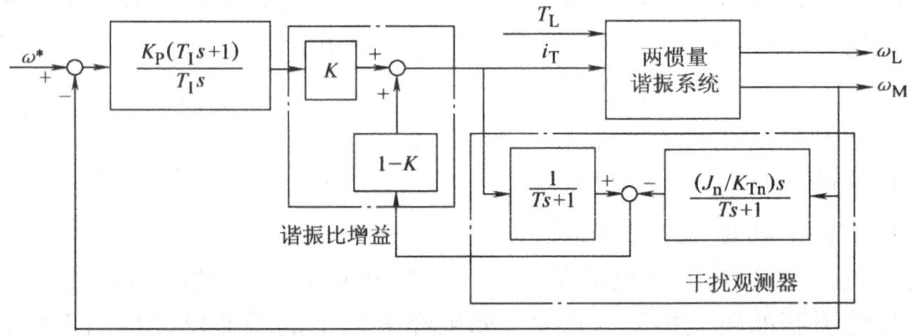

图 6-30 谐振比控制的方框图

谐振比控制的结果是通过 K，使电动机侧的惯量变为

$$J_M' = J_M / K \tag{6-102}$$

能够如式(6-103)所示改变谐振频率

$$\omega_r = \sqrt{K_R\left(\frac{1}{J_M'} + \frac{1}{J_L}\right)} \tag{6-103}$$

由于反谐振频率并不改变，因此这就意味着通过改变 K，能够如式(6-104)所示来改变谐振比。从而把这种控制方法称为谐振比控制。

$$H = \sqrt{1 + R'} = \sqrt{1 + \frac{J_L}{J_M'}} = \sqrt{1 + \frac{J_L}{J_M / K}} = \sqrt{1 + RK} \tag{6-104}$$

在这里，H 的最佳值为 $2 \sim \sqrt{5}$ 左右，由式(6-104)可求得

$$K = \frac{H^2 - 1}{R} \tag{6-105}$$

利用所求得的 K 值，就能够进行图 6-30 所示的谐振比控制。

本控制系统设计的条理清晰，而且虽然阶数仅为 2 阶(PI 速度控制器的阶数为 1，干扰观测器的阶数为 1)，但是对于具有宽范围惯量比的两惯量谐振系统，具有优异的振动抑制效果。只是中间的计算稍微复杂一些，而且由于通过干扰观测器强制地进行谐振比控制，因此在惯量比极端小的场合，对建模误差的鲁棒性会恶化。况且本控制法需要快速的轴转矩观测器，如果要考虑速度检测噪声等因素，则其实现会变得困难。

（4）低惯量化控制

图 6-31 为低惯量化控制的系统构成。本控制法是把电动机和负载作为单惯量系统来处理，从表面上看是把惯量降低的一种控制方法，在把干扰观测器的电动机模型时间常数作为单惯量系统来设计，以及在为补偿转矩增益降低而在补偿增益环路中插入一阶滞后滤波器这两点上与谐振比控制不同。而且通过优化设计一阶滞后滤波器的时间常数，即使采用低速的轴转矩观测器，也能够有效地抑制振动。

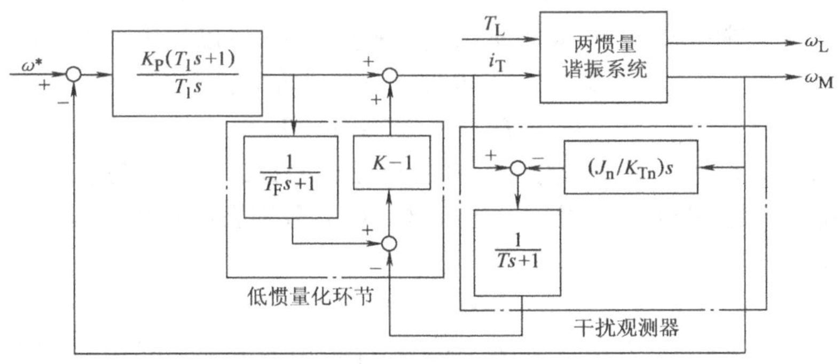

图 6-31　低惯量化控制的系统构成

（5）推定转矩反馈控制

推定转矩反馈控制与图 6-29 ~ 图 6-31 的通过附加观测器来抑制振动不同，它是通过附加轴扭转转矩推定器来抑制振动的。

图 6-32 是推定转矩反馈控制的系统方框图。为了推定轴扭转转矩，设置了与速度控制器并联的模拟电流控制系统以及电动机惯量的模拟器，其输出与电动

机反馈速度的偏差乘以调整增益后，叠加到速度控制器的输出上。

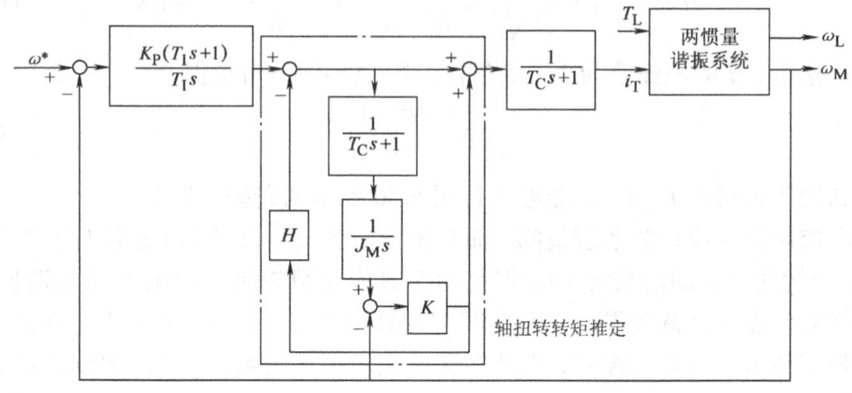

图 6-32　推定转矩反馈控制的系统方框图

由于本控制法不需要特殊的传感器，利用软件就可以实现，因此适合用于轧钢机上。另外，由于轴扭转转矩推定器不采用近似微分，因此与干扰观测器相比，抗噪声能力强，更为实用。

(6) 基于互质分解表现控制

所谓的基于互质分解表现控制就是把控制对象 P 用固有稳定的实有理函数(以下简记为 RH_∞)表示,其表达式为

$$P = C_P(sI - A_P)^{-1}B_P = N_R D_R^{-1} = D_L^{-1}N_L \tag{6-106}$$

这时，稳定补偿器 C_1 以及目标值响应补偿器 C_2 可以利用下式表示：

$$C_1 = (Y_L - RN_L)^{-1}(X_L + RD_L) \tag{6-107}$$

$$C_2 = D_L M + C_1(N_L M - 1) \tag{6-108}$$

这里，R、M 为在 RH_∞ 域内可以自由选择的参数，X_L、Y_L 为满足 bezout 等式的 RH_∞ 域内参数，$\det(Y_L - RN_L) \neq 0$，下标 R、L 分别表示右互质及左互质。

bezout 等式为

$$X_L N_R + Y_L D_R = 1 \tag{6-109}$$

以上各式中的 N_R、D_R、N_L、D_L、X_L 及 Y_L 可以根据式(6-110)、式(6-111)计算得到。

$$\begin{bmatrix} D_K & -X_R \\ N_R & Y_R \end{bmatrix} = \begin{bmatrix} 1 & 0 \\ 0 & 1 \end{bmatrix} + \begin{bmatrix} -K \\ C \end{bmatrix}(sI - A + BK)^{-1}[B \quad F] \tag{6-110}$$

$$\begin{bmatrix} Y_L & X_L \\ -N_L & D_L \end{bmatrix} = \begin{bmatrix} 1 & 0 \\ 0 & 1 \end{bmatrix} - \begin{bmatrix} -K \\ C \end{bmatrix}(sI - A + FC)^{-1}[B \quad F] \tag{6-111}$$

这里，K 表示反馈增益，F 表示观测器增益，都是可以自由选择的参数。

基于互质分解表现控制的系统如图 6-33 所示。利用本控制法，可以求得三

阶的 C_1 和二阶的 C_2。本控制系统设计方法简单，控制器可自然地求得，自由参数也丰富。可是正因为自由度大，所以给参数的确定增加了难度。

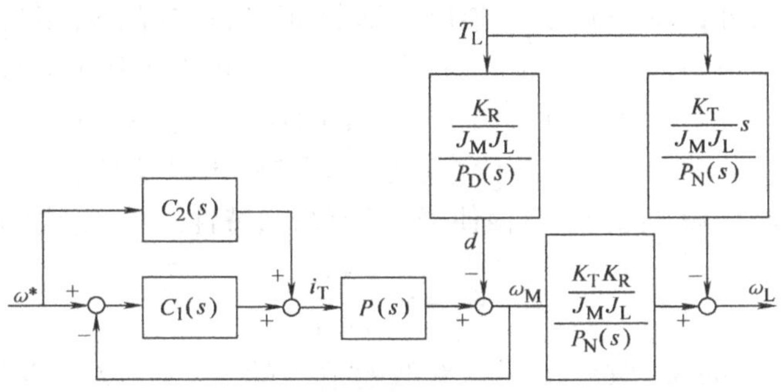

图 6-33　基于互质分解表现控制的系统方框图

(7) H_∞ 控制

正因为 H_∞ 控制是一种把所给定的传递函数的范数最小化的极为朴素的设计方法，所以能够把鲁棒稳定、干扰抑制等问题以自然的形式定式化。首先，根据 H_∞ 控制理论，设定广义受控对象，如图 6-34 所示。图中的 C_z、z_x 由式(6-112)给出：

$$C_z = \begin{bmatrix} C_P \\ C_P - C_1 \\ C_1 \end{bmatrix}, z_x = \begin{bmatrix} z_1 \\ z_2 \\ z_3 \end{bmatrix} = \begin{bmatrix} \omega_M \\ \omega_M - \omega_L \\ \omega_L \end{bmatrix} \tag{6-112}$$

式中，$C_1 = [0 \quad 0 \quad 1]$。

为了直接评价转矩 T_L 的干扰特性，把外界输入 w_2 乘以权函数 W_d 后作为实际施加到负载侧的干扰转矩。从而权函数 W_d 成为指定从 T_L 到 z_x 闭环特性的权。为了使两惯量谐振系统的闭环频率特性与不产生扭振的单惯量系统的特性相同，用式(6-113)来表示 W_d，进行环路整形。

$$W_d = \gamma_d \frac{(s+\omega_d)^2}{(s+\omega_{d1})(s+\omega_{d2})} \tag{6-113}$$

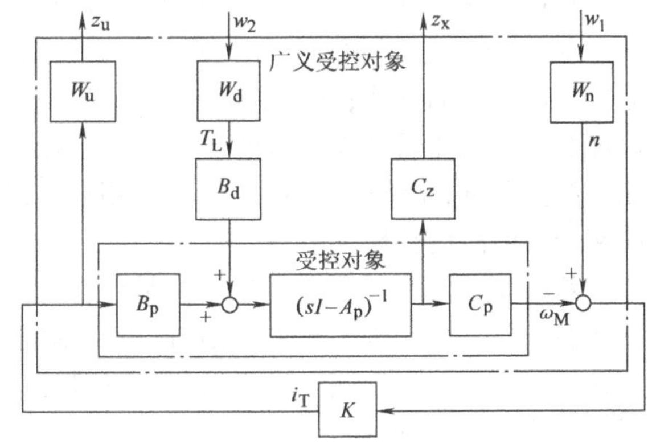

图 6-34　H_∞ 控制系统

从而，W_d 可以抑制在谐振频率附近的谐振峰值以及在低频段的干扰。此外，为了抑制低频段的干扰，式(6-113)分母上的 ω_{d1} 要设定得足够小，ω_{d2} 要设定得比谐振频率大。另外，外界输入 w_1 乘以权函数 W_n 后得到的 n，相当于叠加到检测速度上的观测噪声。而且，从 n 到 ω_M 的传递函数相当于补灵敏度函数，因此成为鲁棒稳定性指标。从而通过把从 n 到 z_x 的闭环特性整形，就可以确保对于观测噪声以及受控对象建模误差的鲁棒稳定性。观测噪声以及受控对象建模误差的影响主要出现在高频段，因此，应该使 W_n 具有高通特性。W_n 由式(6-114)给出。

$$W_n = \gamma_n \frac{s + \omega_{n1}}{s + \omega_{n2}} \tag{6-114}$$

式(6-114)中的 ω_{n1} 取比谐振频率低的适当的值，ω_{n2} 取足够大的适当的值。另外，为了解 H_∞ 控制问题，需要控制量 z_n，可是如果把 W_n 设定得非常小，就可以使其与控制器设计无关。于是，只要利用控制器设计仿真软件，设定式(6-113)、式(6-114)所给出权函数中的 γ_d、ω_d 和 γ_n，就能够导出控制器 K。

利用本控制法，能够得到优异的响应特性和鲁棒稳定性。而且，即使惯量比为 1 或 1 以下时，也能够得到良好的控制性能。但是，本控制法需要反复多次调整权函数，而且由于所设计出的控制器为高阶，要付诸实施，需要进行降阶。

各种控制法的特性比较

为了进行特性比较，把利用各种控制方法进行控制的各系统变换为图 6-33 所示的具有稳定补偿器 C_1 以及目标值响应补偿器 C_2 的 2 自由度控制系统。在这里，认为电流控制系统的响应足够快，忽略电流控制对系统特性的影响。

表 6-2 为比较结果。根据该表，首先关于 C_1，最为简单的是一阶滞后滤波控制，为 PI 控制器追加一阶滞后补偿环节的形式；附加干扰观测器控制为具有 2 重 PI 控制器的形式；谐振比控制与推定转矩反馈控制为在 PI 控制器上追加一个超前滞后补偿环节的形式；低惯量化控制以及基于互质分解表现控制为在 PI 控制器上追加两个超前滞后补偿环节的形式；H_∞ 控制则随着降阶方法的不同而不同，但是在一般情况下，控制器中都具有 PI 控制环节以及一阶滞后环节，也需要追加一个或两个超前滞后补偿环节。

其次关于 C_2，一阶滞后滤波控制和 H_∞ 控制没有 C_2；附加干扰观测器控制只有增益；谐振比控制、低惯量化控制以及推定转矩反馈控制为一阶/一阶的形式，尤其是谐振比控制和低惯量化控制 C_2 的形式完全相同；基于互质分解表现控制则为二阶/二阶的形式。

通过上面的分析表明，如果把本节所列举的各种控制系统都变换成图 6-33 所示的系统，则各系统都具有相似的形式，尤其是关于 C_1，都存在 PI 控制器，在此基础上，追加若干个一阶滞后补偿环节或超前滞后环节，所不同的是如何选择、确定各系统补偿器参数的方法。

表 6-2　各种控制方法的特性比较

控制法	$C_1(s)$	$C_2(s)$
一阶滞后滤波控制	$\dfrac{K_P/T_F(s+1/T_I)}{s(s+1/T_F)}$	无
附加干扰观测器控制	$\dfrac{(J_n/K_{Tn}T+K_P)s^2+K_P(1/T+1/T_I)s+K_P/TT_I}{s^2}$	$-J_n/K_{Tn}T$
谐振比控制	$\dfrac{[(1-K)J_n/K_{Tn}T+KK_P]s^2+KK_P(1/T+1/T_I)s+KK_P/TT_I}{s(s+K/T)}$	$-\dfrac{(1-K)(J_n/K_{Tn}T)s}{s+K/T}$
低惯量化控制	$\dfrac{[(1-K)J_n/K_{Tn}T+K_P]s^3+[K_P(1/T+1/T_I+K/T_F)+(1-K)J_n}{s(s+K/T)(s+1/T_F)}$ $\dfrac{/K_{Tn}TT_F]s^2+K_P(1/TT_I+K/T_IT_F+K/TT_F)s+KK_P/TT_IT_F}{}$	$-\dfrac{(1-K)(J_n/K_{Tn}T)s}{s+K/T}$
推定转矩反馈控制	$\dfrac{(K_P+K-HK)s^2+(K_P/T_I+KK_PK_T/J_M)s+KK_PK_T/J_MT_I}{s(s+HKK_T/T_M)}$	$-\dfrac{(1-H)Ks}{s+HKK_T/J_M}$
基于互质分解表现控制	$\dfrac{C_1(N_3s^3+N_2s^2+N_1s+N_0)}{s(s^2+C_1D_2s+C_1D_1)}$	$\dfrac{C_2(N_2s^2+N_1s+N_0)}{s^2+C_1D_2s+C_1D_1}$
H_∞ 控制	随降阶方法的不同而不同， 有：一阶/二阶；二阶/三阶；三阶/四阶	无

第7章　直接驱动交流伺服系统

7.1　概述

随着FA技术、FMS技术和机器人技术的发展，电动机驱动系统对性能的要求越来越高，在许多场合下，传统的驱动方式已经不能满足高精度、高速度、无污染、免维护的要求，从而促使人们不断去探索新的驱动方式，直接驱动系统就是在这样的形式下产生和发展起来的。

所谓直接驱动系统，顾名思义，就是电动机与其所驱动的负载直接耦合在一起，中间不存在任何减速机构。因此，驱动系统具有较高的系统刚度，可实现高精度的位置控制。回顾驱动系统的发展历史，可以说直接驱动系统是伺服系统发展的必然趋势，是一种较为理想的驱动方式，可以满足现代技术发展对驱动系统的诸多要求。从目前国内外直接驱动系统的研究进展和应用效果来看，这种系统已经显示出巨大的潜力和广阔的应用前景。

直接驱动电机最初用于机器人的驱动，同传统的电动机伺服驱动相比，直接驱动减少了减速机构，从而减少了系统传动过程中减速机构所产生的间隙和松动，极大地提高了机器人的精度，同时也解决了由于减速机构的摩擦及传送转矩波动所造成的机器人控制精度降低问题。除此之外，直接驱动电动机还被成功地应用于精密分度装置、半导体制造装置、精密转台、精密机床、医疗仪器、精密测试等领域中，使这些系统的性能有了较大幅度的提高。

7.2　直接驱动伺服系统

7.2.1　直接驱动伺服系统的特点

直接驱动伺服系统的优势:

(1) 位置控制与速度控制精度高

直接驱动实现了电机与负载间的刚性耦合，因此消除了原来中间传动机构产生的传动误差，例如齿轮误差、丝杠螺母误差等，提高了传动精度，从根本上消除了非线性摩擦力和弹性形变的影响，也不再存有爬行现象，既可使系统的放大倍数做得很高，又能保持系统的稳定，提高了定位精度和可重复性能。

（2）动态响应能力高

由于电动机直接驱动负载，电机轴与负载轴相联，省掉机械减速装置，因而减少了整个运转部分的干摩擦，消除系统的低速跳动现象，对改善系统低速跟踪的平滑性十分有利。

直接驱动的响应能力可高出机械变速驱动的 100 倍以上。这意味着直接驱动可具有更大的加减速度和更短的定位时间，以及更高的控制精度。采用传统驱动方式，由于受到制造精度的限制，中间传动环节会不可避免地存在间隙死区、弹性形变、非线性摩擦力等，这些都使系统的阶次变高，增加了非线性因素，限制了系统的带宽，降低了系统的动态性能，严重时可能产生机械谐振。在传统的驱动系统中，通常要求负载惯量与电机转子惯量相匹配，这是因为中间传动环节的存在，增加了运动体的惯量。

（3）高速度和高加速度

为了提高生产率、改善零件的加工质量，超高速加工是目前普遍采用的先进制造技术。它不但要求数控机床具有超高速运转的大功率精密主轴，而且要有一个反应快速灵敏、高速轻便的驱动系统。因为数控机床进给行程较短，只有具有很高的加速度，才能瞬时达到设定的高速状态，以及在高速状态下瞬时准确停止，以保证加工要求的定位精度。此外，为实现曲线或曲面的精密加工，在运动轨迹的拐弯处也要求很高的加速度。然而，这都要求电机和伺服系统能够快速生成和提供较大的加减速转矩。

（4）机械耦合刚度高

由于取消了中间传动环节，不存在滞后问题；另外由于直接驱动电机转子与负载传动轴直接耦合，轴径粗、动力传递距离短，耦合稳定性好，机械共振频率高，因此传动刚度可大大提高，这就能够保证系统的传动精度和定位精度。

（5）可连续运行于堵转状态

直接驱动电机能长期处于堵转状态下工作，但是要注意的是电枢电流不能超过峰值堵转电流。

除了以上特点之外，直接驱动伺服系统还具有运行可靠、维护简便、振动小、机械噪声低、结构紧凑、绿色环保等优点。

虽然直接驱动伺服系统具有诸多优点，但也同时存在如下缺点：

1）控制性能容易受系统自身参数变化及负载特性变化的影响，控制难度大；

2）需要高精度的电机与位置传感器，系统成本较高。

7.2.2　直接驱动伺服电机应具备的特性

直接驱动电机的性能直接影响到直接驱动机器人主要性能指标的好坏，是机器人直接驱动技术的关键。具体地说，设计者期望直接驱动电机必须具备以下特性：

（1）高输出转矩

要使直接驱动方式成为可能，直接驱动电动机必须能够输出足够大的转矩。例如，应用于机器人驱动时，电动机的输出转矩应为传统驱动方式中伺服电动机输出转矩的50~100倍。

（2）低转矩波动

在直接驱动方式中，电动机输出转矩的波动被直接传递到负载，有时会产生意想不到的振动、导致控制性能降低。特别是低速驱动时的速度波动和转矩控制时的误差，一般都与电动机的转矩波动有关。引起输出转矩波动的原因主要是由于定、转子间的气隙磁导不均匀，致使输出转矩随转子位置的不同而不同（对永磁电动机而言，即定位转矩）。另外，功率放大器的非线性，特别是电流过零点附近的死区，会使转矩产生周期性的波动。通常作为直接驱动电动机使用时，希望将转矩波动控制在尽可能低的范围内。

（3）高效率、低发热

对于直接驱动系统而言，希望消耗少的电能，尽可能获得大的输出转矩。与阻抗匹配的电动机（传统驱动方式）相比，直接驱动电动机有时是在电能效率较差的条件下工作的，因此，为保证系统的控制精度，需要提高电机的效率，抑制电机的温升。

（4）线性特性好

速度与转矩间的线性特性以及转矩与输入电流间的线性特性是决定控制和使用容易程度的重要特性。尽管电动机本身具有较高的非线性，但是可以通过在功率放大器中采用各种补偿措施加以改善，或在电动机的结构上进行深入研究，以改善其线性特性。

（5）高转矩/重量比

在机器人等多自由度系统中应用直接驱动电动机时，电动机自身的重量将成为下一个关节的电动机的负载的一部分，因此直接驱动电动机的小型轻量化尤为重要。除了把电动机集中于机座上以外，直接驱动电动机的转矩/重量比都将给机器人的设计带来制约。

7.2.3 直接驱动伺服电机的结构及安装形式

直接驱动伺服电机与负载的连接主要有两种方式：一种是带有中空轴的有框架电机结构，如图7-1所示，负载轴直接插入电机的中空轴，或者电机为实心轴结构，如图7-2所示，负载轴与电机轴通过联轴器连接；另一种是无框架（分装式）电机结构，如图7-3所示，定子安装在负载的框架上，转子直接安装在负载轴上，使电机转子成为负载的一部分，可以为用户提供十分紧凑的机械设计解决方案。

图 7-1　中空轴框架型直接驱动电机

图 7-2　实心轴框架型直接驱动电机

模块化有框架直接驱动电机是近年来发展起来的一种新型安装结构形式，它将无框架电机技术的节省空间与性能优势和有框架电机的便捷安装融为一体。电机内没有轴承，利用负载轴的轴承支撑电机转子，类似无框架电机；定子框架通过法兰和止口与负载连接，类似有框架电机。转子与负载通过一种新颖的压缩连接结构与负载轴紧密地连接到一起，使电机转子和负载成为整体，消除了电机与负载之间的间隙和柔性，连接刚性得到极大地提高，不再需要像传统电机那样要求惯量匹配，通常允许有 250:1 的惯量失配，最高可达 800:1，使得系统可以获得较高的增益而不会振荡，系统带宽得到极大地提高；因电机内没有精密轴承而降低了成本，比有框架电机具有更高的性价比；与无框架电机相比，无需考虑电机结构设计，简化了机械设计和安装；电机可以在任何方向上安装，可以水平安装或竖直安装，但用户需要选择相应的转子负载轴承。

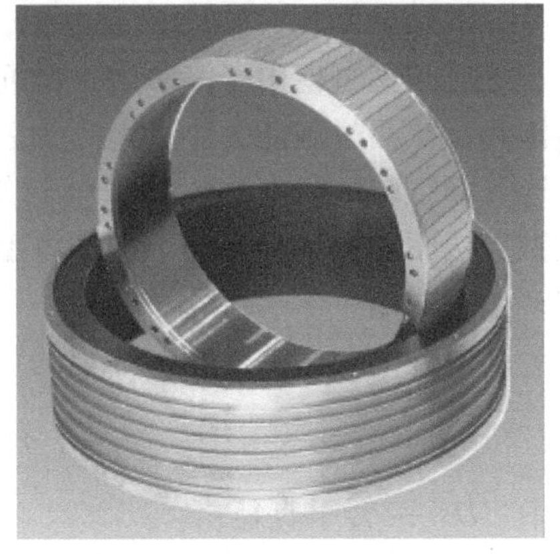
图 7-3　无框架直接驱动电机

7.2.4　直接驱动伺服电机的分类

对于电动机可以从各个方面进行分类，如果从转矩产生的原理和结构来看，可以把电动机分成以下五类，分别用符号 E/E、E/P、E/T、P/T、T/T 来表示。其中，E 表示电枢；P 表示永磁体；T 表示感应子齿；/表示气隙。与电动机的转矩产生直接关联的是定、转子之间气隙所面向的两个电磁要素。我们把电枢直接面向气隙的 E/E、E/P，E/T 型电动机称为动电型电动机；把非此种类型的 P/T、T/T 型电动机狭义地称为电磁型电动机。一直作为驱动动力被广泛应用的感应电动机、同步电动机、直流电动机、交流整流子电动机等属于动电型电动机，而步进电动机则属于电磁型电动机。

无刷结构（在转子上不含有 E）的电磁型电动机共有六种：P/T 型中包括 EP/T、ET/P，T/T 型中包括 ET/T、ET/TP、PET/T、EPT/T。

在步进电动机中，把 ET/T 型称为 VR 型步进电动机；把 ET/TP 型称为 HB 型步进电动机；把 ET/P 型称为 PM 型步进电动机，而 PET/T 型一直被作为 HB 型直线步进电动机应用。EP/T 型和 EPT/T 型电动机是在矫顽力大的稀土永磁出现后才得以实现的新型电动机，在结构上，由于永磁体 P 直接受到电枢 E 的去磁磁势的作用，因此使用铝镍钴、铁氧体永磁体则难以实现。

在电磁型电动机中，电枢 E 的磁势受到感应子 T 的调制后才到达气隙，感应子的作用可以说是把电枢的磁极数等价地增大了数倍、数十倍。电磁型电动机的特征就是全部具有感应子型电枢，而动电型电动机则具有与此完全相反的特征。感应子型电枢由于漏磁大，因而阻抗高，功率因数不太高。由于齿部容易产生饱和，从而过载能力小，但因为感应子电磁减速的减速比能够设计得很大，因此连续额定转矩和电动机常数（转矩与铜损的二次方根之比）很高。之所以电磁型直接驱动电动机逐渐取代动电型直接驱动电动机就是因为电磁型体积小、能够产生大转矩。

动电型电动机的尺寸与转矩的关系可用式（7-1）来表示。

$$\tau \propto AB_g D^2 L \tag{7-1}$$

式中 D——转子直径；

L——电枢铁心的轴向有效长度；

A——电负荷；

B_g——气隙磁密。

而电磁型电动机的尺寸与转矩的关系为

$$\tau \propto \gamma_M k A B_g D^2 L \tag{7-2}$$

式中 γ_M——电磁减速的减速比，是感应子的齿数与电枢磁势极对数的比。电枢产生的旋转磁场的速度为转子同步速度的 γ_M 倍。k 是表示感应子齿作用效果的磁场调制率。

在实用的电动机中，γ_M 能够设计成 20～30，k 能够设计成 1/2～1/3，因此，$\gamma_M k$ 为 10 以上的数值。而动电型电动机的 $\gamma_M k$ 为 1，因此，电磁型电动机的转矩可达到相同尺寸动电型电动机的 10 倍左右。但是，动电型电动机的 A 是直接沿着气隙被给定，因此转矩 τ 与 A 成比例地增加。而电磁型电动机的电负荷 A 是通过感应子齿被施加于气隙，感应子齿的磁密一饱和，A 就不能到达气隙，即 A 存在极限。因此，$\gamma_M kAB_g=\sigma$（称 σ 为切线应力）的最大值 σ_{max} 不能太大。在电磁型电动机中，能够使 σ 达到多大程度是一个重要问题。

图 7-4 是关于动电型电动机中的 E/P 型和电磁型电动机中的 PET/T 型和 EP/T 型，求其 σ_{max} 和 σ/A，而得到的推力特性曲线。该特性的电动机已经过优化设计，所用的永磁体是最大磁能积为 278.5kJ/m^3 的钕铁硼，绕组为各相独立集中绕组。

该推力特性曲线的直线部分的斜率就是 σ/A，该数值是与每单位体积所用电磁材料的电动机常数成比例的量。在这里，所谓的电动机常数是指用转矩除以输入铜损的二次方根而得到的数值。在直流电动机中，用 $K_T/\sqrt{R}$（K_T 为转矩常数；R 为电枢电阻）来表示。效率如果一定，则电动机的输出与电动机常数的二次方成正比。

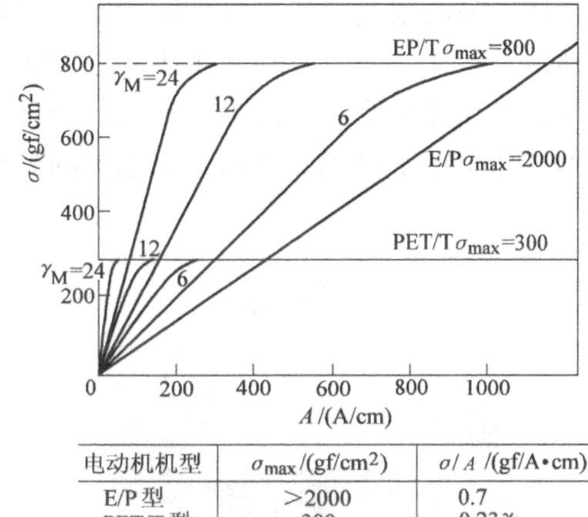

电动机机型	σ_{max}/(gf/cm^2)	σ/A/(gf/A·cm)
E/P 型	>2000	0.7
PET/T 型	300	0.23γ_M
EP/T 型	800	0.154γ_M

(注) γ_M= 6,12,24

图 7-4　各种电动机的基本推力特性的比较

小型电动机的 A 通常为 200A/cm 以下，在这个范围内，动电型电动机的 σ 与电磁型电动机相比，非常小。图 7-4 所示的 E/P 型在动电型电动机中，σ/A 是最大的。假设 $B_g=1$T，则属于 E/E 型的感应电动机以及有励磁绕组和补偿绕组的直流电动机的 σ/A 为 E/T 型的 $1/\sqrt{2}$ 以下。而且，像开关磁阻电动机这样的 E/T 型的 σ/A，也只与 $B_g=1$T 的 E/E 型同样大小。因此，在小型电动机中，可以说电磁型电动机的电动机常数数倍优于动电型电动机。

7.3　直接驱动交流伺服电机的研究与发展

7.3.1　电磁型直接驱动交流伺服电机

1. Megatorque 电动机

Megatorque 电动机是一种变磁阻型的直接驱动电动机，这种电机在国外率先发展，美国的Motornetics公司和日本的精工公司（NSK）都先后生产了该种电机及其控制系统并已形成系列。在Megatorque电动机杯形转子的内侧和外侧各有一个定子，通过双定子同时驱动来得到高转矩；小型、低成本的磁阻型旋转变压器与电机同轴连接，能够进行高精度的转矩控制、速度控制与位置控制。由于不使用高价的稀土永磁体，因此该电机有成本优势。图7-5所示的是Megatorque电动机的外观图。

该电机绕组励磁时产生磁通的路径如图7-6所示。由于转子的径向厚度很薄，与传统电机磁路不同的是，磁通由外定子径向通过薄壁转子横截面再到内定子，转子磁路很短，磁路的磁阻很低，这样电机每安匝具有高磁通，电机具有高的转矩重量比，而且不存在由于多边励磁引起的磁干涉问题。由于内、外定子同时与转子相互作用，在磁路不饱和的条件下，使单位铁心重量的转矩增大为相同外形尺寸单定子电机的2倍。该电机的高输出转矩使得直接驱动首次用于机器人技术。

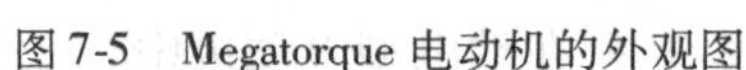

图7-5　Megatorque电动机的外观图

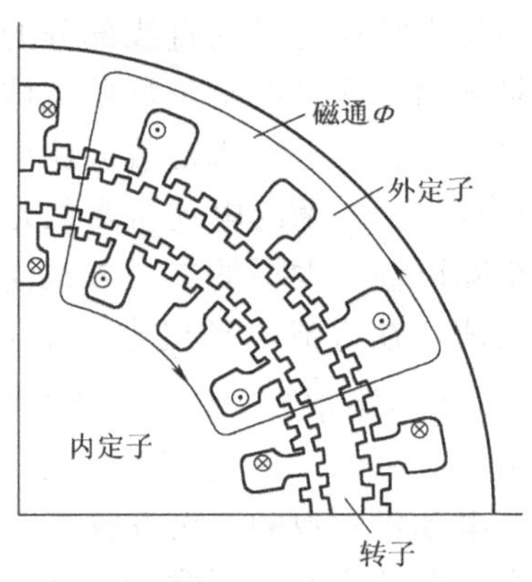

图7-6　Megatorque电动机的局部结构及磁路

该电机的转子为薄壁环形结构，安放在两个同心定子之间。在转子的内外两侧，各有150个小齿且等间距排列；在内外定子上，各有18个大极，每个大极上有8个小齿且与转子上小齿等齿距。各相绕组（即大极）之间相差1/3小齿齿距。通过对大极上的绕组依次通电，定、转子齿相互作用产生转矩。该电机产生的转矩可通过式（7-3）进行计算。

$$\tau = \frac{1}{2}\frac{dL_a}{d\theta}i_a^2 + \frac{1}{2}\frac{dL_b}{d\theta}i_b^2 + \frac{1}{2}\frac{dL_c}{d\theta}i_c^2 + \frac{dM_{ab}}{d\theta}i_a i_b + \frac{dM_{bc}}{d\theta}i_b i_c + \frac{dM_{ca}}{d\theta}i_c i_a \tag{7-3}$$

在上式中，互感相对于位置的变化与自感相比，只有百分之几左右，因此可以认为转矩主要是由前三项产生的。该电机采用单极性桥式主电路，以180度通电、1-2相励磁方式进行驱动。电动机的转矩虽然与电流的二次方成正比，但是当电流较大时，磁路会达到饱和，这时上述比例关系便不成立。由于要根据转矩指令值来调整电流值，因此当转矩指令值为零即静止时，没有必要像步进电动机那样通电，从而可以有效地抑制电动机的发热。并且对各相绕组中的电流通过位置传感器的信号进行闭环控制，从而不会产生类似步进电动机的失步现象。图 7-7 所示的是 Megatorque 电动机的机械特性。可以看出，电动机在低速时是恒转矩输出，高速时是恒功率输出，而且电压越高，运行的范围越宽。

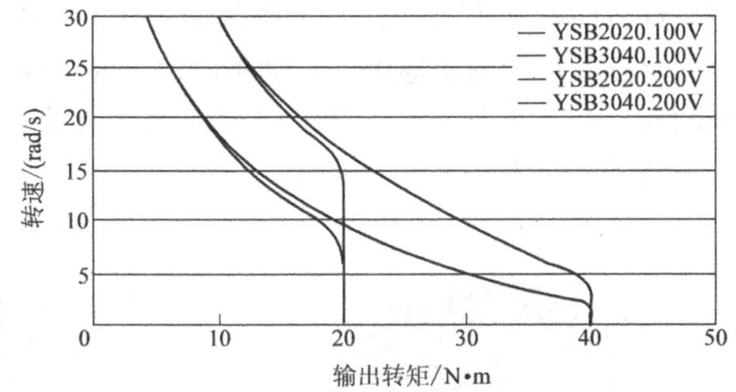

图 7-7　Megatorque 电动机的机械特性

2. Vernier 电动机

Vernier 电动机是由日本东京电机大学石崎彰教授提出的一种新型结构的直接驱动电动机（见图 7-8）。

在该电机的定子上，除了具有嵌放三相交流绕组的槽外，在定子齿上还开有小槽，绕组槽的开口部分与齿上小槽的宽度相等，两者加在一起共有 Z_1 个，沿圆周等间距分布。在转子上等间距地分布着 Z_2 个槽，这些槽数与极对数 P 之间具有 $Z_2 = Z_1 \pm P$ 的关系。在各个小槽中，嵌入永磁体，如果定子上永磁体面向气隙的极性全都为 N 极，则转子上永磁体面向气隙的极性全都为 S 极。当定转子之间有相对运动时，定转子的齿层及气隙磁导发生变化，槽中的永磁体作用于变化的磁导上便产生基波磁通，该磁通与定子绕组基波电流作用就会产生所需要的电磁转矩。

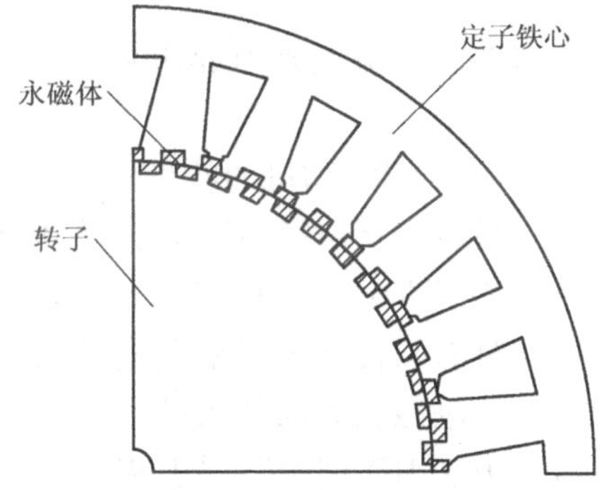

图 7-8　Vernier 电动机的定、转子结构

3. HD（High Density）电动机

HD 电动机是日本神钢电机公司制造的一种新型磁路结构的直接驱动电动机（见图 7-9）。该电机通过采用新型磁路结构，大幅提高了电动机的转矩/体积。

（1）HD 电动机的运行原理

图 7-10 展示了外转子型 HD 电动机的局部结构及其磁路。在转子内侧等间距地开槽，槽中嵌有稀土永磁体，永磁体沿切向充磁，相邻永磁体的极性相反。当绕组中没有励磁电流时，由于永磁体被嵌入铁心中，因此永磁体产生的磁通几

乎都被短路，磁通只在铁心中通过，气隙中的漏磁很少。若给绕组通电，产生一个逆时针方向的励磁磁通，则永磁体磁通通过的路径就会发生如下变化：极 A 面对的永磁体产生的磁通中，与励磁磁通方向相同的部分被加强，方向相反的部分被削弱，在极 $\overline{A}$ 处也是一样。结果，主磁通就会在如图 7-10 所示的磁路中通过，在转子上产生一个顺时针方向的转矩。

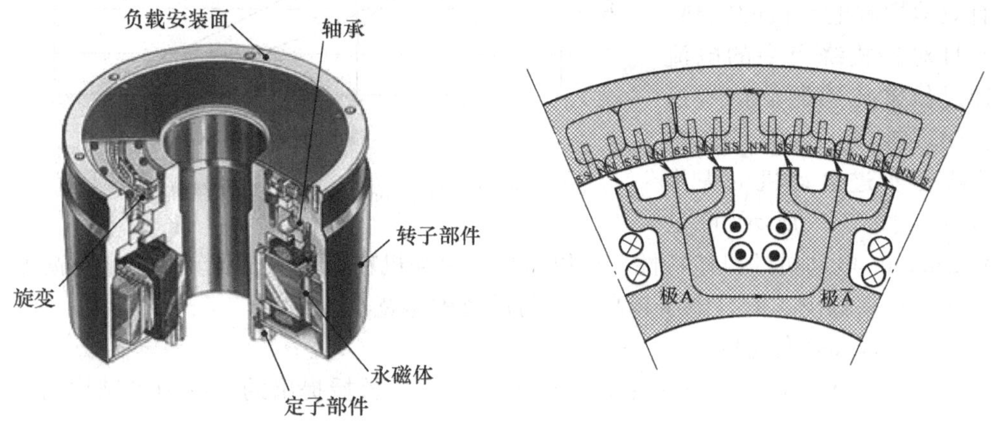

图 7-9 HD 电动机的结构图

图 7-10 HD 电动机的磁路

（2）HD 型电动机的特点

1）最大转矩/体积比约为传统电机的 2 倍。

2）HD 型磁路既适合于旋转电动机，也适合于直线电动机。

3）具有与传统电机磁路同样的结构自由度。

4）非励磁状态时的磁拉力小，电动机的装配容易。

5）由于 HD 型磁路属于感应子型磁路，因此电枢磁势小，能够连续输出大转矩。

6）由于驱动频率高，所以不利于高速运行。

从以上 HD 型电动机的特点可知，该电动机适合用于直接驱动。

4. Magnagap 电动机

Magnagap 电动机是日本安川电机公司提出并已形成产品的新型结构直接驱动电动机。图 7-11 是该电动机及其控制器的外观图，图 7-12 是该电动机的磁路结构。定子采用集中绕组，在定子大极的内侧贴有高磁能积的片状稀土永磁体，永磁体径向充磁，相邻的永磁体极性相反。由于该电机的转子与磁阻型步进电动机的转子相类似，能够把电枢磁势进行调制，相当于把电枢的极对数增加数倍到数十倍。该电机的特点是电动机常数密度大，适合于需要低损耗、高效率连续运行的场合。

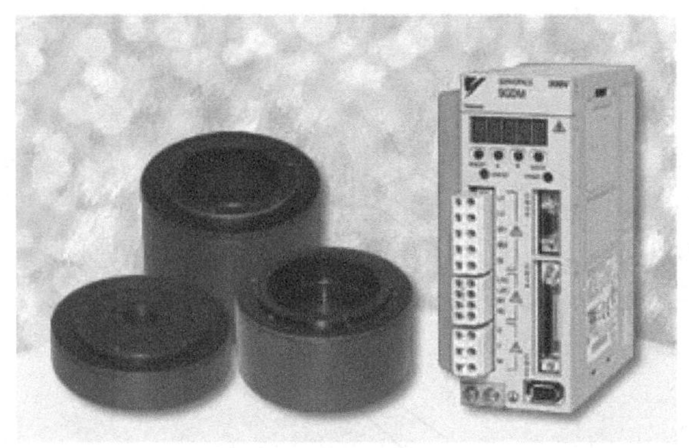

图 7-11　Magnagap 电动机及其控制器的外观图

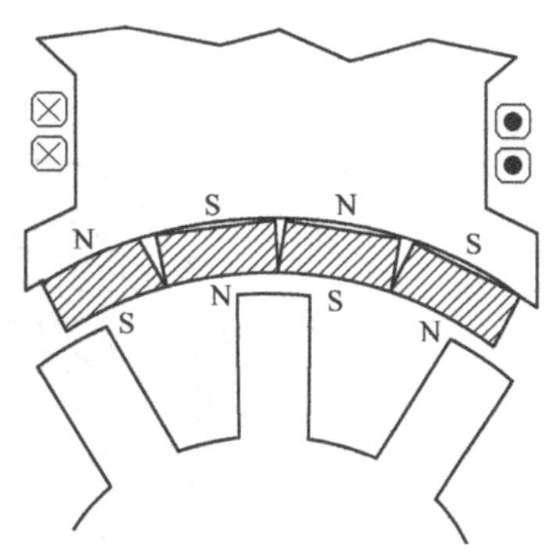

图 7-12　Magnagap 电动机的磁路结构

5. Dynaserv 电动机

Dynaserv 电动机是日本横河电机公司制造的一种混合式直接驱动电动机。该电机的结构如图 7-13 所示，电机的磁路如图 7-14 所示。该电机为外转子结构，在转子的内侧开有 124 个小齿。转子沿轴向分成两段，两段之间错开半个小齿齿距。定子上有 12 个大极，每个大极上开有与转子齿距相同的小齿。定子铁心沿轴向分成两段，中间夹有稀土永磁体。输出转矩与永磁体产生的磁通 Φ_m、励磁绕组产生的磁通 Φ_c 之和的二次方成正比。通过应用 CAE 优化定、转子齿层的磁密分布以及采用转矩半径大的外转子结构，实现了电动机的高转矩化。

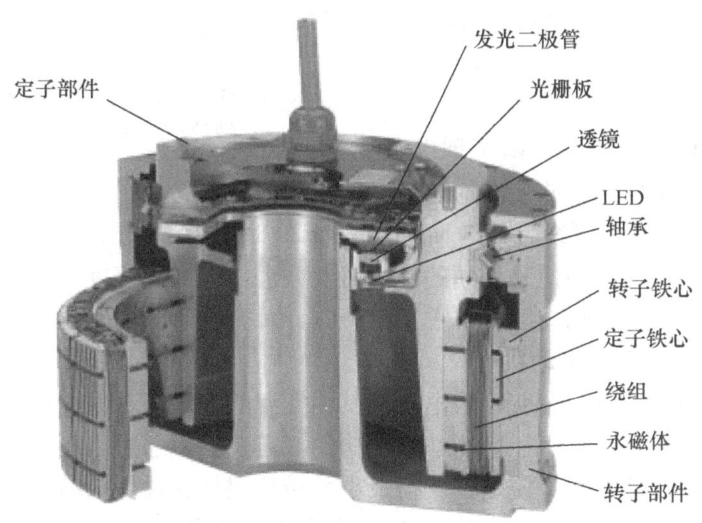

图 7-13　Dynaserv 电动机的结构图

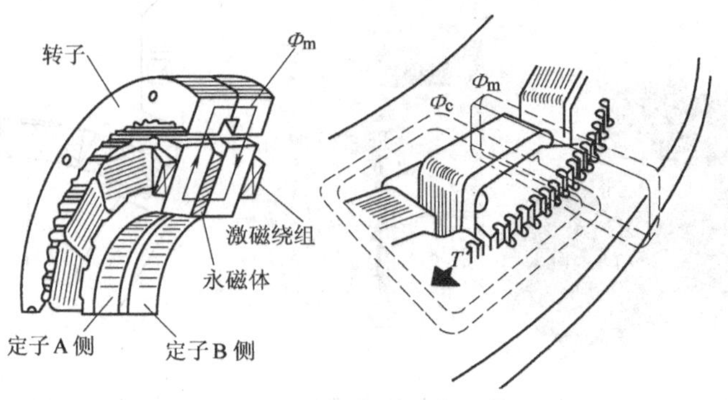

图 7-14 Dynaserv 电动机的磁路

Dynaserv 电动机通过采用特殊推力滚动轴承，提高了刚度，把电机变成扁平结构，实现了结构的简单化。通过进行 FEM、模态解析，实现了壳体部分的轻量化，再加上前面所述的高转矩化，可以使电动机的转矩/重量比达到 5 ~ 6N · m/kg。图 7-15 是 Dynaserv 电动机的转速-转矩特性曲线。电机驱动系统通过采用横河电机公司独自开发的高速采样保持型电流检测方式，施加稳定、深度的定电流负反馈，以消除绕组电感的影响，即使在高速运行区域，转矩的下降也很小。从而可以实现电动机良好的加速性能，并使高速运行时的控制变得容易。

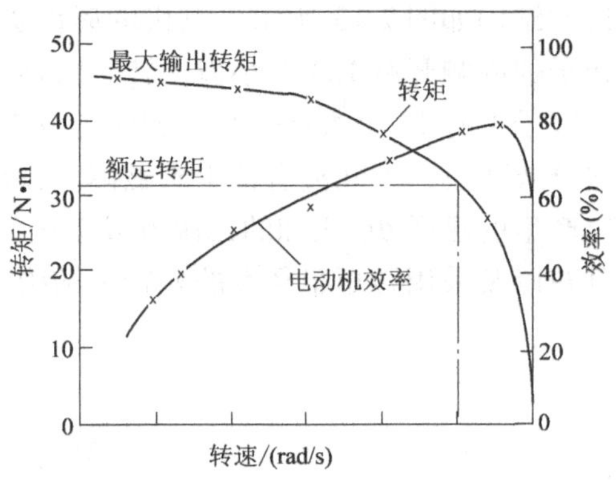

图 7-15 Dynaserv 电动机的转速-转矩特性曲线

Dynaserv 电动机系统采用 3 阶伺服系统 I-PD 控制，把比例、微分、积分系数进行了优化，从而即使是相同的幅值裕度，也能得到大幅度的直流增益，对于负载的变动和干扰，响应频率几乎不受影响，对调整时间的影响也减小了。

6. 双定子混合式电动机

在电磁型电动机中，变磁阻电机同其他类型的直接驱动电机相比，具有相对高的功率密度和效率；而径向同心式结构的双定子电机通过采用径向气隙、双定子、杯形转子之结构，可使电机获得最小的转动惯量和最优的散热条件，具有大的性能体积比和转矩重量比，而且在与性能有关的参数选择上也有更大的自由度，于是在总结以往多气隙电机和双定子电机研究成果的基础上，作者提出了串联磁路结构双定子混合式直接驱动电动机（dual-stator hybrid direct-drive motor, DSHBDDM）方案。如图 7-16 为研制样机的定、转子的部件。

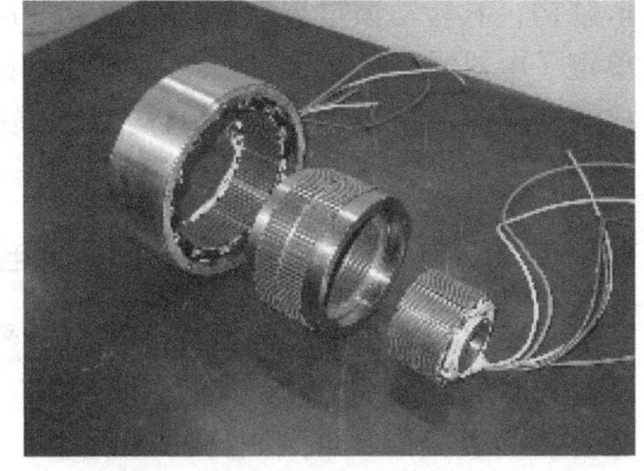

图 7-16　研制样机的定、转子的部件

该电机的齿层结构和永磁体轴向磁路如图 7-17 和图 7-18 所示。它相当于把两台电动机的永磁体磁路串联到一起而组成一个共用转子，转子永磁体为径向充磁，沿径向嵌入两个杯形感应子部件之间。转子铁心沿轴向分成两段，两段之间相差半个齿距。电机的内外两个定子共用一个主磁路，因此设计时应充分考虑永磁体磁势的合理配置。

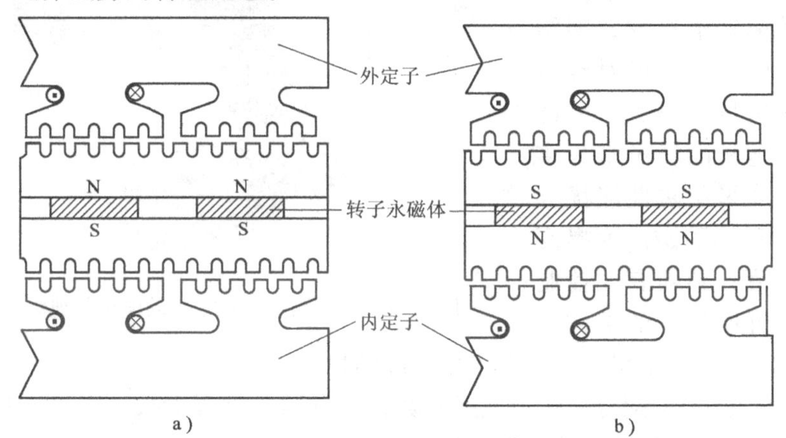

图 7-17　串联磁路结构 DSHBDDM 的定、转子齿层结构
a）N 段定转子齿层结构　b）S 段定转子齿层结构

对于串联磁路结构的电机，永磁体发出磁通的有效面积不会受到导磁轭高度的限制，而且气隙磁密沿轴向分布均匀，所以这种结构不仅电机的输出转矩大，而且设计电机时参数的选择也更加容易。

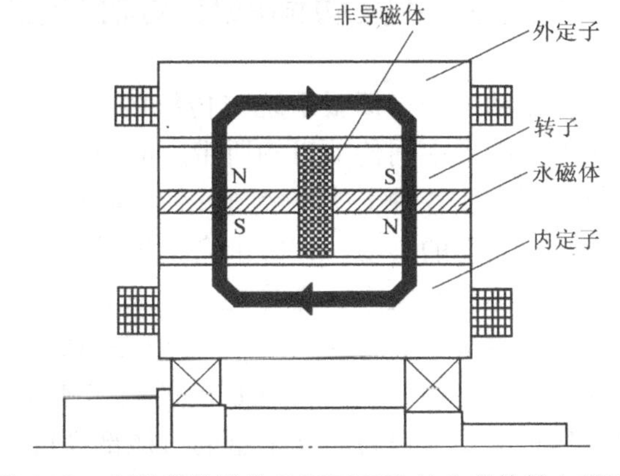

图 7-18　串联磁路结构 DSHBDDM 的永磁体轴向磁路

理论分析与实验结果表明，串联磁路结构 DSHBDDM 与相同外形尺寸普通的单定

子结构混合式电动机相比，输出转矩可提高40%左右。由于该电机的转子为杯形结构，其转动惯量要比相同外形尺寸的实心转子小，而整个电机输出的转矩比单定子电机大，系统的动态响应特性要比相同外形尺寸的单定子电机好，因此直接驱动伺服电机采用双定子结构对于提高电机性能体积比无疑是一种有效的方法。

7.3.2 动电型直接驱动交流伺服电机

由于永磁同步电机具有效率高、功率因数高、过载能力强以及转矩特性线性度好等优点，因此国内外许多公司的直接驱动伺服电机产品都采用动电型中的永磁同步电机。图7-19为永磁同步型直接驱动电机的典型结构。由于电机的磁极对数越多，转矩密度就越大，因此直接驱动电机的转子都为多极结构，并采用磁性能优异的稀土永磁体励磁。为提高电机的精度，必须有效控制因电枢温升所带来的结构变形，因此直接驱动电机的定子多采用水冷结构。

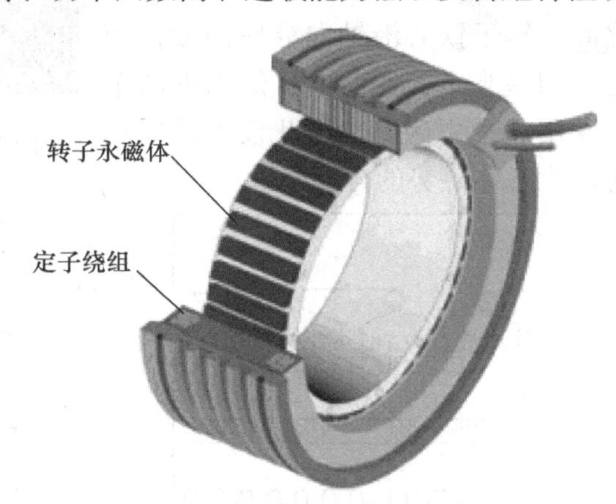

图7-19 永磁同步型直接驱动电机的典型结构

通过优化极/槽配合、转子极弧系数以及气隙长度等参数，同时有良好的加工工艺保证，可以把转矩波动降到最低。

7.4 关于直接驱动伺服电动机的控制策略

直接驱动电动机伺服系统与传统的“旋转电动机+减速机构”驱动方式相比，虽然消除了中间传动机构所带来的弹性变形、间隙、摩擦等因素对系统精度的影响，但也使各种干扰不经过任何中间环节的衰减而直接传到电机上，增加了电气电子控制上的难度。在要求高精度转矩控制、速度控制和位置控制的场合，必须站在更高的层次上，考虑更多的摄动与扰动等不确定因素对控制系统的影响，否则，直接驱动将失去原来所希冀的意义。这种机械上的简化，导致增加控制上的难度。这种“转嫁”在目前的技术水平下看是合理的。用软件和微电子器件取代精度要求很高而又笨重的机械部件可以获得更高的性能，无论如何这是值得的。

但直接驱动电动机驱动系统与传统的带有减速装置的伺服电动机驱动系统相比，直接驱动电动机驱动系统由于是电动机直接驱动负载，来自外界的扰动，如系统转动惯量、电机参数以及负载转矩的变化等，都直接作用在电动机上，其控制性能更易受到转矩扰动和参数变化的影响，而且大功率的直接驱动电动机通常会产生较大的转矩波动，在无减速装置的情况下，大的转矩波动会引起直接驱动伺服系统的控制性能严重下降。因此，在控制上对系统的刚性、抗干扰能力和鲁棒性等方面提出了更高的要求，所以必须针对直接驱动系统的具体特点，采用相对先进的、复杂的而且更有效的控制算法。由于直接驱动电机的特殊性，在电机的设计过程中不可能完全消除转矩的波动，因此其控制方法主要集中在抵消电机非线性、抑制转矩波动以及提高系统鲁棒性等方面。

7.5　直接驱动伺服电机的发展方向分析

在直接驱动电动机中，动电型电动机中的 E/P 型（SM 型和 DC 型）与电磁型电动机中的 ET/T 型（VR 型）和 ET/TP 型（HB 型）已被开发，开始应用于机器人手臂的驱动。并且电磁型电动机中的 EP/T 型的开发研究也在进行。究竟哪种类型的电动机作为直接驱动电动机最适合呢，从图 7-4 便可判断出来。小容量的直接驱动电动机应采用与步进电动机相同的结构；大容量的直接驱动电动机应采用能够把 A 取得很大的 SM 型结构。

图 7-4 中的 σ/A 与直线电动机的电动机常数 $F/\sqrt{P_{cu}}[\mathrm{N}/\sqrt{\mathrm{W}}]$ 的密度成比例。在这里，F 为气隙处产生的全部切向力[N]，P_{cu} 为输入铜损[W]。旋转型直接驱动电动机的电动机常数为 $\tau/\sqrt{P_{cu}}[\mathrm{Nm}/\sqrt{\mathrm{W}}]$，由于 $\tau=F(D/2)$，因此，$\tau/\sqrt{P_{cu}}=(D/2)F/\sqrt{P_{cu}}$ 的关系存在。在这里，D 为电动机的气隙直径。

如果把电动机电磁材料的体积用 $V[\mathrm{m}^3]$ 来表示，由于 $F^2/P_{cu}\propto V$ 的关系存在，而 $\tau^2/P_{cu}=(D/2)^2F^2/P_{cu}\propto D^2V$，所以有：

$$\tau/\sqrt{P_{cu}}\propto D\sqrt{V} \tag{7-4}$$

式（7-4）表明：为了能够把直接驱动电动机的电动机常数设计得较大，尽量增大气隙直径为有效的措施。因此，采取外转子结构，或采用盘式转子结构比较合理。

并且从 $F^2/P_{cu}\propto V$，可得 $F^2\propto P_{cu}V=(P_{cu}/V)V^2$，所以有：

$$F\propto V\sqrt{P_{cu}/V} \tag{7-5}$$

在这里，P_{cu}/V 是输入铜损密度，所以如果铜损密度一定，则力 F 与电磁材料的使用量成正比。因此，对于轴向气隙电动机采用轴向多个盘式转子重叠，对于径向气隙电动机采用同心的多个杯形转子重叠的多气隙结构比较有利。总之，设计时，应充分利用所给定的电动机体积，以获得最大的输出转矩。

综上所述，对于动电型电动机，要想提高电动机常数密度，增大气隙磁通密度 B_g 可以说是唯一的途径，但限于现阶段电磁材料的性能，提高的幅度不会太大。而对于电磁型电动机，由于感应子的电磁减速作用，本质上具有低速大转矩的特征，通过优化设计可以大大提高电动机常数密度，但这需要以微小气隙的精密保持机构、高精度的感应子齿形、薄而强力的永磁材料和微小的充磁宽度等作为保证。

第 8 章　直线交流伺服系统

8.1　概述

随着超高速切削、超精密加工等先进制造技术的发展，机床的各项性能指标又被付与了更高的要求。特别是对机床进给系统的伺服性能提出了更高的要求：要有很高的驱动推力、快速进给速度和极高的快速定位精度。尽管当前世界先进的交直流伺服（旋转电动机）系统性能已大有改进，但由于受到传统机械结构（即旋转电动机 + 滚珠丝杠）进给传动方式的限制，其有关伺服性能指标（特别是快速响应性）难以突破提高。于是，一种崭新的进给传动方式——直线电动机直接驱动方式应运而生。由于它取消了源动力和工作台部件之间的一切中间传动环节，使得机床进给传动链的长度为零，所以这种传动方式也称为“直接驱动”方式或“零传动”方式。

8.2　直线电动机的工作原理

直线电动机是一种将电能直接转换成直线运动机械能、而不需要任何中间转换机构的传动装置。它可以看成是将一台旋转电机沿径向剖开，并展成平面而成，其演变过程如图 8-1 所示。所以，每种旋转电动机都有相对应的直线电动机，但直线电动机的结构形式比旋转电动机更灵活（以永磁同步旋转电机演变为永磁同步直线电机为例）。由定子演变而来的一侧称为初级，由转子演变而来的一侧称为次级。在实际应用时，将初级和次级制造成不同的长度，以保证在所需行程范围内初级与次级之间的耦合保持不变。直线电动机可以是短初级长次级，也可以是长初级短次级。考虑到制造成本、运行费用，目前一般均采用短初级长次级的结构。

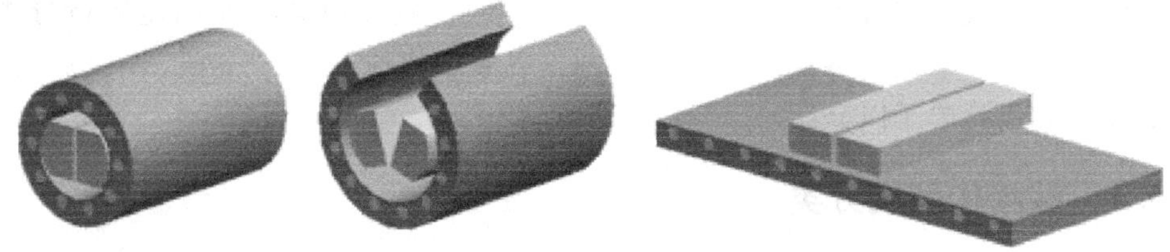

图 8-1　从旋转电机到直线电机的演变

当在旋转电机定子的三相对称绕组中通入三相对称正弦电流后，便会在气隙中产生一个旋转磁场。它可看成沿气隙圆周呈正弦分布，电流变化一个周期，磁场转过一对极。其旋转速度称为同步速度，用 n_s 表示，它与电流的频率 f 成正比，与电机的极对数 p 成反比。它与转子永磁磁场相互作用，带动转子最终以同步转速旋转。

$$n_s = \frac{60f}{p} \tag{8-1}$$

式中 f——交流电源频率（Hz）。

如用 v_s 表示在定子内圆表面上磁场运动的线速度，则有

$$v_s = \frac{n_s}{60}2p\tau \tag{8-2}$$

式中 τ——极距（m）。

直线电机可以认为是旋转电机在结构方面的变形，其工作原理如图 8-2 所示。当在直线电机的初级绕组中通入三相对称电流时，便会在气隙中产生磁场，当不考虑由于铁心两端开断而引起的纵向边缘效应时，这个气隙磁场的分布情况与旋转电机相似，即可看成沿展开的直线方向呈正弦分布。当三相电流随时间变化时，气隙磁场沿直线移动，这种磁场称为“行波磁场”。显然，行波磁场的移动速度与旋转磁场在定子内圆表面上的线速度是一样的，即为 v_s

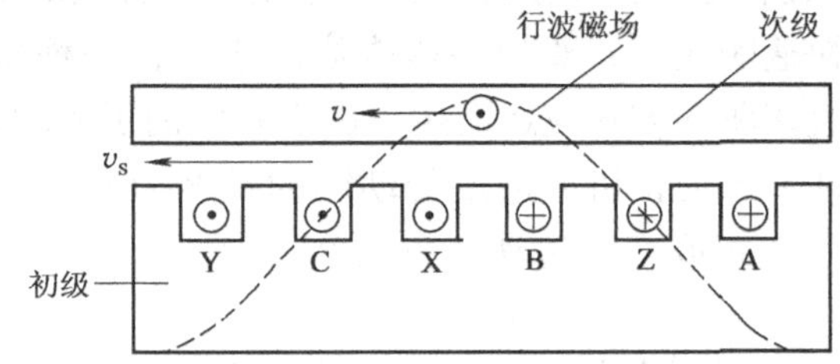

图 8-2 直线电机的基本工作原理

$$v_s = 2f\tau \tag{8-3}$$

它与次级相互作用，最终，拖动次级沿行波磁场的运动方向作直线运动。

8.3 直线电动机的分类

直线电动机在不同的场合有不同的分类方法。例如在考虑外形结构时，往往以结构型式将其进行分类；当考虑其功能用途时，则又以其功能用途进行分类；而在分析或阐述电机的性能或机理时，则是以其工作原理进行分类。下文就几种主要分类方式简单予以介绍。

8.3.1 按结构型式分类

直线电机按其结构型式主要可分为平板型、圆筒型（或管型）、圆弧型和圆

盘型四种。

所谓平板型直线电机就是一种扁平的矩形结构的直线电机，它有单边型和双边型，每种型式下又分别有短初级、长次级或长初级、短次级。

由于在运行时初级与次级之间要做相对运动，假定在运动开始时，初级和次级正好对齐，那么在运动过程中，初级和次级之间相互电磁耦合的部分就越来越少，影响正常的运行。为了保证在所需的行程范围内，初级和次级之间的电磁耦合始终不变，实际应用时，必须把初级和次级制造成不同长度。当然既可以是初级短、次级长，也可以是初级长、次级短。前者称为短初级，后者称为长初级，单边型直线电机如图 8-3 所示。由于短初级结构比较简单，制造成本和运行费用均较低，所以除特殊场合外，一般均采用短初级。

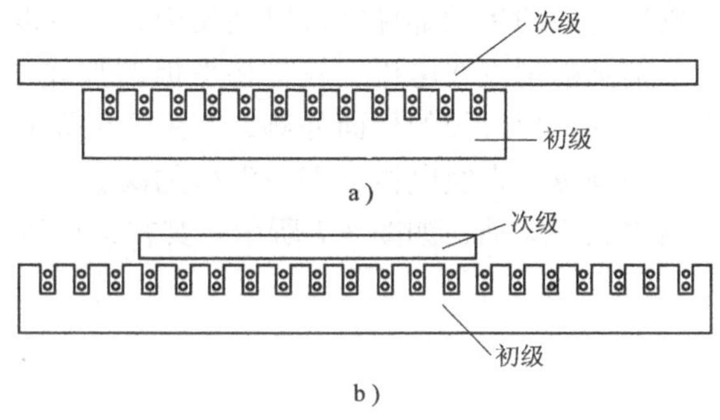

图 8-3　单边型直线电机

a）短初级　b）短次级

图 8-3 所示的平板型直线感应电动机，仅在次级的一边具有初级，这种结构型式称为单边型。它的最大特点是在初级和次级之间存在着较大的法向磁拉力，这在大多数场合下是不希望的。若在次级的两边都装上初级，那么这个法向磁拉力就可以互相抵消，这种结构型式称为双边型，如图 8-4 所示。

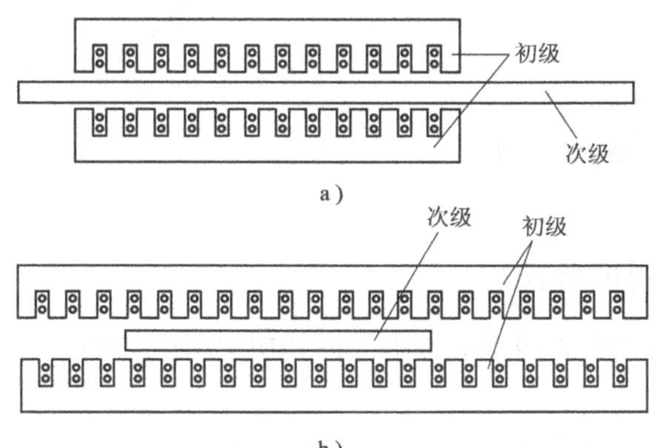

图 8-4　双边型直线电机

a）短初级　b）短次级

所谓圆筒型直线电机，即为一种外形如旋转电机的圆柱形的直线电机，其结构如图 8-5 所示。这种直线电机一般均为短初级、长次级型式。在需要的场合，我们还要将这种电机做成既有旋转运动又有直线运动的旋转直线电机，至于旋转直线的运动部件既可以是初级，也可以是次级。

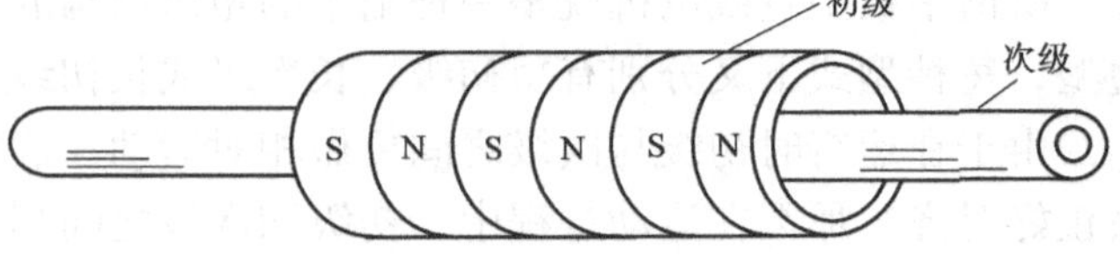

图 8-5　圆筒型直线电机

所谓圆弧型直线电机，就是将平板型直线电机的初级沿运动方向改成弧型，并安放于圆柱形次级的柱面外侧，如图 8-6 所示。

所谓圆盘型直线电机，即该电机的次级是一个圆盘，不同型式的初级驱动圆盘次级作圆周运动，如图 8-7 所示。其初级可以是单边型，也可以是双边型。

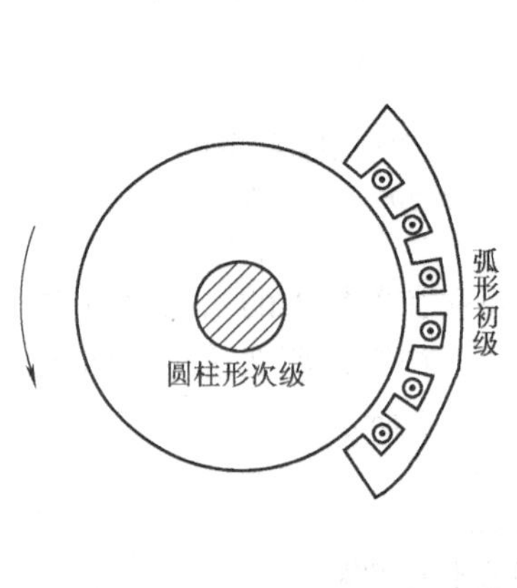

图 8-6　弧型直线电机

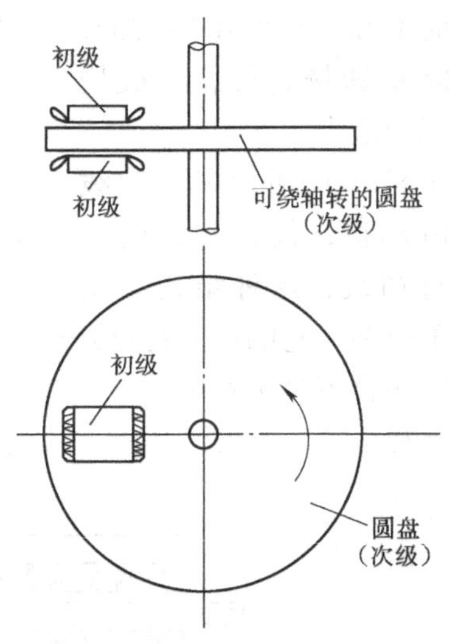

图 8-7　圆盘型直线电机

8.3.2　按功能用途分类

直线电机，特别是直线感应电机，按其功能用途主要可分为力电机、功电机和能电机。

力电机主要用于在静止物体上或低速的设备上施加一定推力的直线电机。它以短时运行、低速运行为主，例如阀门的开闭，门窗的移动，机械手的操作、推车等。

功电机主要作为长期连续运行的直线电机，其性能衡量的指标与旋转电机基本一样，即可用效率、功率因数等指标来衡量其电机性能的优劣。例如高速磁悬浮列车用直线电机，各种高速运行的输送线等。

能电机是指运动构件在短时间内能产生极高能量的驱动电机，它主要是在短时间、短距离内提供巨大的直线运动能，例如导弹、鱼雷的发射，飞机的起飞、冲击和碰撞，试验机的驱动等。

8.3.3　按工作原理分类

从原理上讲，每种旋转电机都有相应的直线电机，直线电机按其工作原理主要可分为直线感应电机、直线同步电机、直线直流电机、直线步进电机以及直线复合型电机等，这些电机都是基于电磁感应原理工作的，属于电磁型直线驱动装置。图 8-8 表示了直线电机的分类。

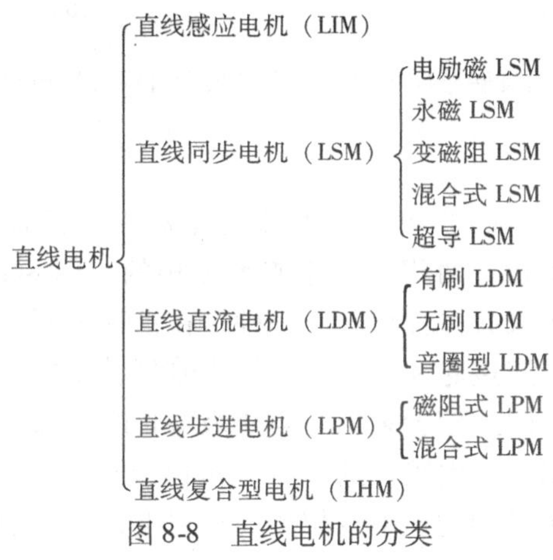

图 8-8　直线电机的分类

8.4　直线感应电机技术

8.4.1　直线感应电动机的基本结构

直线电机可以看作是由旋转电机演变而来的。设想把图 8-9a 所示的旋转的感应电机沿径向剖开，并将圆周展开成直线，即可得到图 8-9b 所示的平板型直线感应电机。在直线感应电机中，装有三相绕组并与电源相接的一侧称为初级，另一侧称为次级。初级既可作为定子，也可以作为运动的“动子”。在实际应用时，将初级和次级制造成不同的长度，以保证其在所需行程范围内初级与次级之间的耦合保持不变。直线电动机可以是短初级长次级，也可以是长初级短次级。从降低制造成本和运行费用考虑，直线感应电机通常采用短初级的形式。

在直线伺服系统中，常用的直线感应电机形状多为平板型和圆筒型。较长行程的直线感应电机通常采用平板型结构，平板型结构又分为单边或双边初级形式。单边型结构的初、次级之间具有很大的法向磁拉力；如果将它改成双边型结构，两边的法向磁拉力将相互抵消。

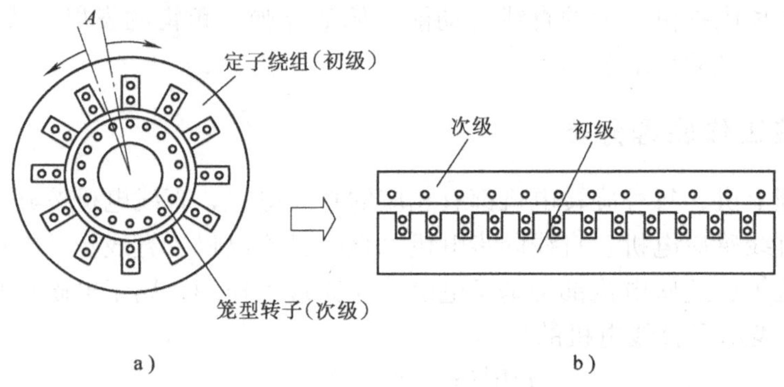

图 8-9　由旋转感应电机演变为平板型直线感应电机的过程
a）沿径向剖开　b）把圆周展成直线

平板型直线感应电机的初级铁心由硅钢片叠成，表面开槽，绕组嵌放在槽内。初级绕组可以是单相、两相、三相或者多相的。图 8-10 为已完成嵌线的直线感应电机的初级。次级有多种形式，一种是在钢板上开槽，槽内嵌入铜条或铝条，两侧用铜带或铝带连接起来，形成类似于笼型转子的短路绕组。这种结构性能较好，但制造复杂，因此较少采用。当初级较长时，通常采用整块钢板或在钢板上复合铜或铝等金属作为次级。此外，也可以仅用铜或铝构成的非磁性次级。为保证长距离运动中定子和动子不致相擦，直线电机的气隙一般要比普通的感应电机大得多。

图 8-10　直线感应电机的初级

图 8-11a 为平板型直线感应电动机。将其沿着和直线运动相垂直的方向卷成

筒形，就形成了圆筒型直线感应电动机，如图 8-11b 所示。在某些特殊的场合，这种电机还可以做成既有旋转运动又有直线运动的旋转直线电动机，旋转直线的运动体既可以是初级，也可以是次级。

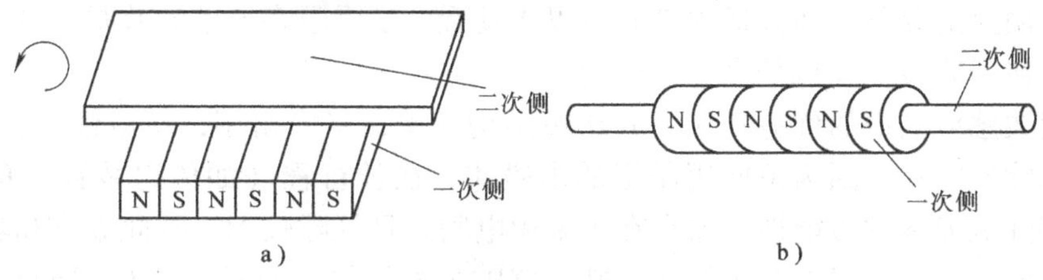

图 8-11　圆筒型直线感应电动机的形成
a）平板型　b）圆筒型

8.4.2　直线感应电动机的基本工作原理

直线感应电动机的工作原理如图 8-12 所示。当直线感应电动机的初级三相（或多相）绕组通入对称正弦交流电时，会产生气隙磁场。当不考虑由于铁心两端开断而引起的纵向边缘效应时，这个气隙磁场的分布情况与旋转电动机相似，沿着直线方向按正弦规律分布，但它不是旋转而是沿着直线平移，因此称为行波磁场，如图 8-12 中曲线 1 所示。显然，行波磁场的移动速度与旋转磁场在定子内圆表面上的线速度是一样的。行波磁场移动的速度称为同步速度，即：

$$v_s = \frac{D}{2}\frac{2\pi}{60}\frac{60f_1}{p} = 2f_1\tau \tag{8-4}$$

式中　D——旋转电动机定子内圆周的直径；

τ——极距，$\tau = \pi D/2p$；

p——极对数；

f——电源频率。

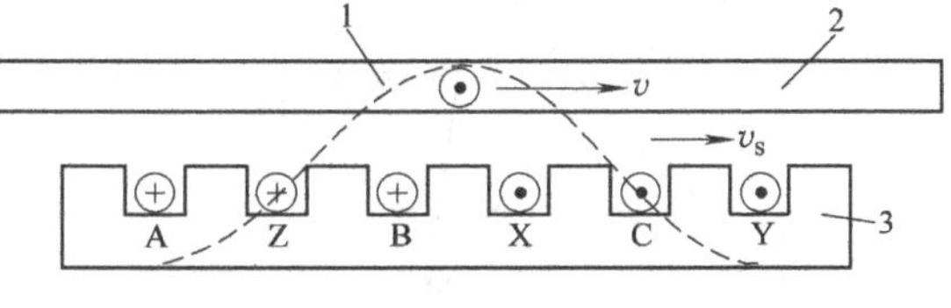

图 8-12　直线感应电动机的工作原理

行波磁场切割次级导条，将在导条中产生感应电动势和电流，所有导条的电流（图中只画出其中一根导条）和气隙磁场相互作用，产生切向电磁力。如果初级是固定不动的，那么次级便在这个电磁力的作用下，顺着行波磁场的移动方向作直线运动。若次级移动的速度用 v 表示，滑差率用 s 表示，则有

$$s = \frac{v_s - v}{v_s} \tag{8-5}$$

在电动运行状态时，s 在 0 和 1 之间。

次级的移动速度

$$v = (1 - s)v_s = 2\tau f_1(1 - s) \tag{8-6}$$

由式（8-6）可见，改变极距或电源频率，均可改变次级移动的速度。改变初级绕组中通电相序，可改变次级移动的方向。

此外，由于直线感应电动机的次级大多数用整块金属板或复合金属板制成，不存在明显的导条，在分析原理时可以将其看成是无限多导条的并联，这与分析空心杯转子旋转电动机是完全一样的。

直线感应电机的优势在于：其次级结构简单，坚固耐用，适应性强，安装、维修和除屑容易。因为不使用昂贵的永磁体，在长行程（如传送装置）的应用场合有降低成本的可能性。缺点在于采用电励磁且气隙较大，因此效率和功率因数低，发热大，次级有时也需要冷却；气隙公差严格，通常只有 0.01mm，工艺性较差，加工成本高；需要复杂的矢量变换技术，控制算法比永磁直线同步电机的控制算法复杂。

8.4.3 直线感应电机的基本特性

（1）推力-速度特性

图 8-13 分别表示了直线感应电动机与旋转感应电动机的推力-速度特性，图中的 s 为滑差率。从图中可以看出，旋转感应电动机电磁转矩的最大值发生在较低的滑差率处，即 $s=0.2$ 附近。与此相比，直线感应电动机的最大推力在高滑差率处，即 $s=1$ 附近。由此可知，直线感应电动机的起动推力大，在高速区域推力小，它的推力-速度特性近似地成一直线，如图 8-14 所示，具有较好的控制品质。

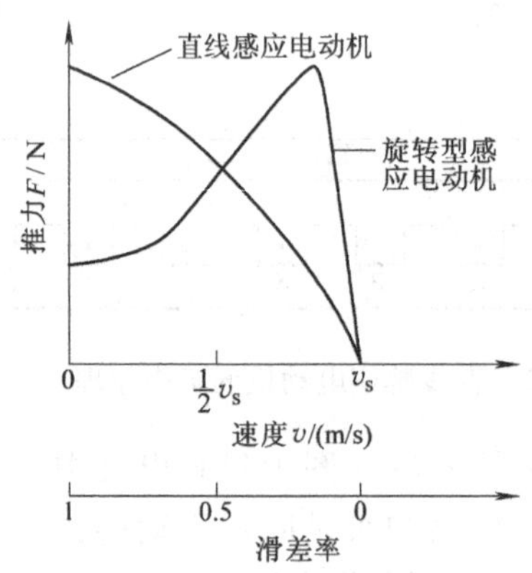

图 8-13 直线感应电动机与旋转感应电动机的推力-速度特性的比较

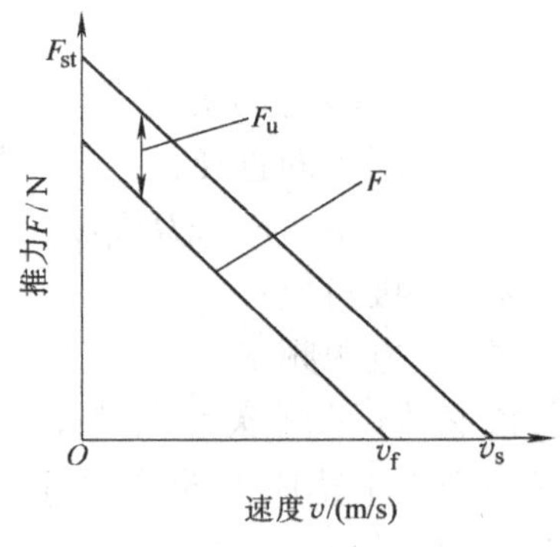

图 8-14 近似直线的推力-速度特性

F_{st}—起动推力 v_s—同步速度

F_u—摩擦力 v_f—空载速度

直线感应电动机的推力可根据下式计算求得

$$F=(F_{st}-F_u)\left(1-\frac{v}{v_f}\right) \tag{8-7}$$

式中　F_{st}——起动推力（N）；

F_u——摩擦力（N）；

v_f——空载速度（m/s）（LIM 克服摩擦力所能达到的最高速度）。

（2）推力（电流）-气隙特性

图 8-15 表示了直线感应电动机的推力 F 随气隙长度改变而变化的依赖关系。通常，直线感应电动机的气隙长度比旋转电机大，因此其功率因数和效率就要低一些，如减小气隙，其特性就会得到改善，图 8-16 表示了输入电流随气隙的增大而增大的线性关系。

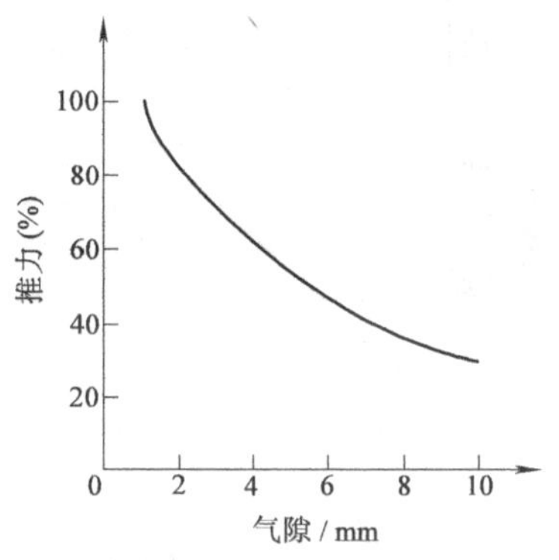

图 8-15　推力-气隙特性

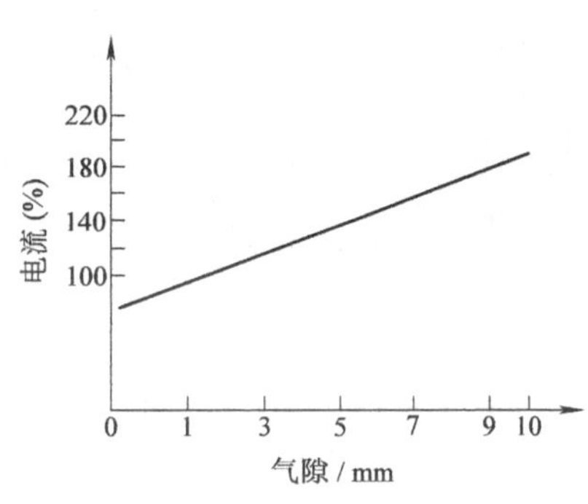

图 8-16　电流-气隙特性

（3）推力-负荷因数（Duty Factor，简写 DF）特性

图 8-17 表示了推力-负荷因数特性，有时也称推力-持续率特性，负荷因数的决定方法如图 8-18 所示。其值由下式得出。

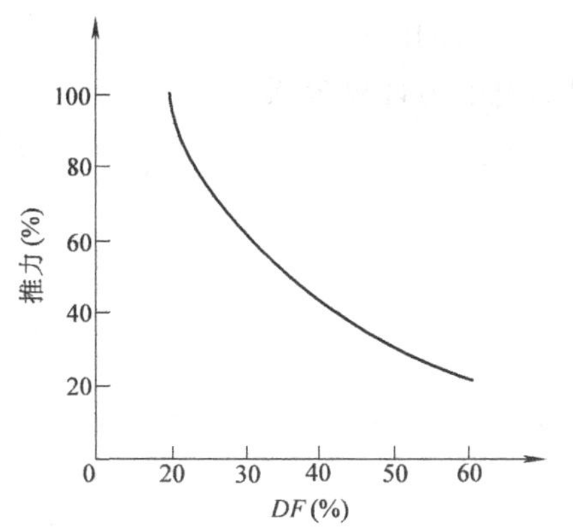

图 8-17　推力-负荷因数特性

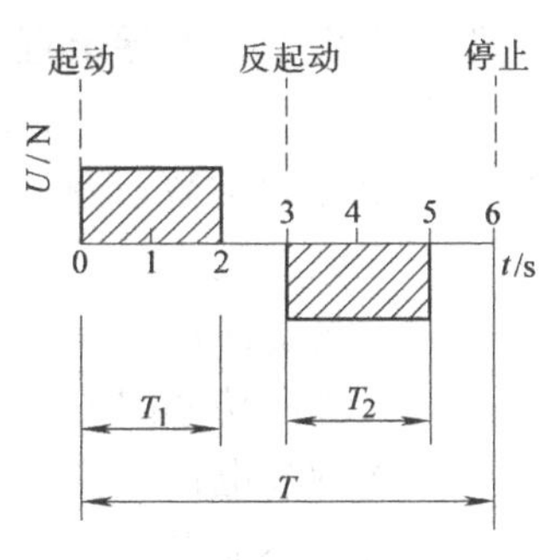

图 8-18　负荷因数的决定方法

$$DF = \frac{T_1 + T_2}{T} \times 100\% \tag{8-8}$$

式中　T——1个周期的时间（s）；

$T_1 + T_2$——整个通电时间（s）。

（4）推力-线电压特性、推力-输入功率特性

图8-19表示直线感应电动机的输出推力随线电压的增加而增加的特性，图8-20表示电机推力随输入功率的增加而增大的特性。

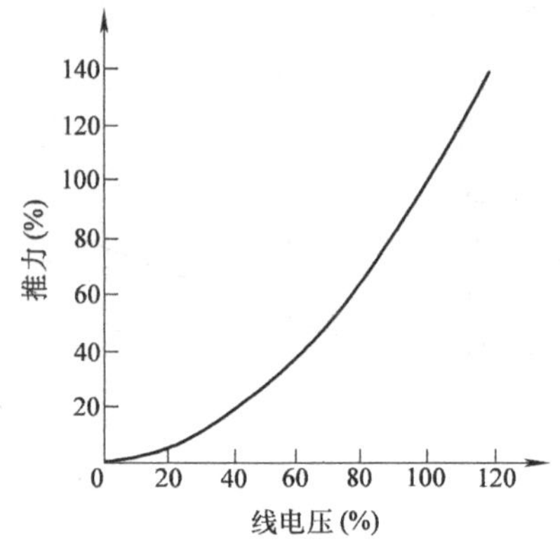

图8-19　推力-线电压特性

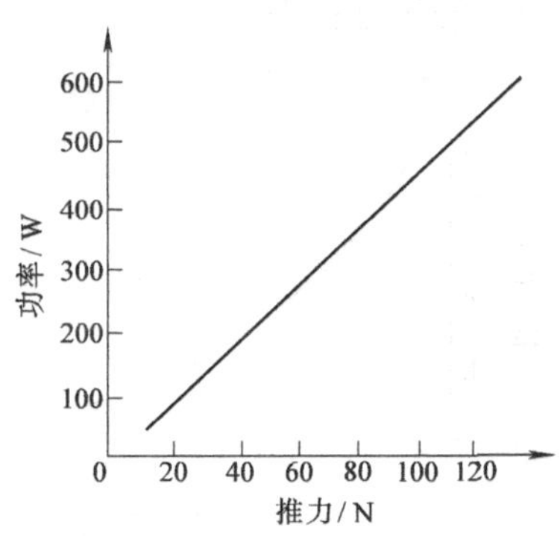

图8-20　推力-输入功率特性

8.4.4　直线感应电机的矢量控制

要实现直线感应电机伺服系统的高速运行、精确定位以及电磁力的精密控制，充分体现其优越性，除了电机结构设计合理、参数优化、制造工艺先进等因素外，控制方法的先进、合理、有效也是非常重要的因素。

根据电机学理论，可导出直线感应电机的电磁力计算公式

$$F_e = C_F \Phi_m I_2 \cos\varphi_2 \tag{8-9}$$

式中　C_F——电磁力常数；

Φ_m——气隙主磁通；

I_2——次级电流；

φ_2——次级内功率因数角。

同直线永磁同步电机一样，电磁力控制亦是直线感应电机驱动系统控制的基本问题。由于直线感应电机的动子上存在绕组并且其动子运动与定子行波磁场的运动间不存在严格的同步关系，因此直线感应电机电磁力的控制不能象直线永磁同步电机那样通过简单的磁场定向控制来实现。通过分析可以发现，直线感应电机电磁力控制的主要难点是：电磁力公式（8-9）中的 Φ_m、I_2 和 φ_2 都是难以精

确测量和直接调节的，从而造成难以对电磁力进行直接快速控制。因此为解决直线感应电机的电磁力控制问题，必须采取新的方法，如矢量变换控制方法、电磁力直接控制方法等。

矢量变换控制的基本思想是：在产生相同的运动（行波）磁场这一等效原则下，将直线感应电机的三相绕组 A、B、C 与两个正交并以同步速度运动的直流绕组 M、T 相等效，从而将三相交流量（电压、电流等）变换为 M、T 坐标系下的直流量。在此基础上，即可仿照直流直线电机实现对电磁力的快速精确控制，从而使直线感应电机达到与直流直线电机相同的动态性能。

具体实现矢量变换时，需先将三相交流绕组等效为二相交流绕组，由此实现三相交流量（电压、电流等）到二相交流量的变换，其变换矩阵如下：

$$C_{3/2} = \sqrt{\frac{2}{3}}\begin{bmatrix} 1 & -\frac{1}{2} & -\frac{1}{2} \\ 0 & \frac{\sqrt{3}}{2} & -\frac{\sqrt{3}}{2} \\ \frac{1}{\sqrt{2}} & \frac{1}{\sqrt{2}} & \frac{1}{\sqrt{2}} \end{bmatrix} \tag{8-10}$$

再进一步将二相交流绕组等效为运动坐标系下的正交直流绕组 M、T，由此可导出二相交流到正交直流的变换矩阵，如下式所示：

$$C_{2r/2s} = \begin{bmatrix} \cos\varphi & -\sin\varphi \\ \sin\varphi & \cos\varphi \end{bmatrix} \tag{8-11}$$

经过上述变换后，站到运动坐标系的框架上看，M 绕组就相当于直流电机的励磁绕组，T 绕组就相当于直流电机的电枢绕组，由此即可导出类似于直流直线电机的电磁力公式。

在上述坐标变换的基础上，进一步通过磁场定向使动子磁链（与动子绕组交链的磁链）的方向与 M 轴的正方向一致，即可得到矢量变换后的直线感应电机电磁力公式：

$$F_e = K\frac{L_m}{L_r}\psi_2 i_{T1} \tag{8-12}$$

式中　K——电磁力常数；

L_m——绕组互感；

L_r——次级绕组自感；

ψ_2——次级磁链；

i_{T1}——初级 T 轴绕组电流。

在式（8-12）中，K、L_m、L_r 由电机结构决定，一般为常数。因此可通过合理的控制，使 ψ_2 保持恒定，保证电磁力 F_e 与电流 i_{T1} 成正比，从而可象直流直线电机一样实现对直线感应电机电磁力的准确快速控制。

矢量变换控制系统如图 8-21 所示。该系统通过检测装置状态和状态观测器获取电机电磁力和次级磁通的反馈值。磁通控制器根据磁通给定值（一般为常量）与磁通反馈值之差对 M 轴电流 i_{M1} 进行调节，从而使次级实际磁通维持恒定。在此基础上，根据电磁力给定值（由外环控制器给出）与力反馈值之差，通过电流控制器对 T 轴电流 i_{T1} 进行调节，使电机实际输出力与给定值相一致，从而实现直线感应电机电磁力的快速、准确控制。

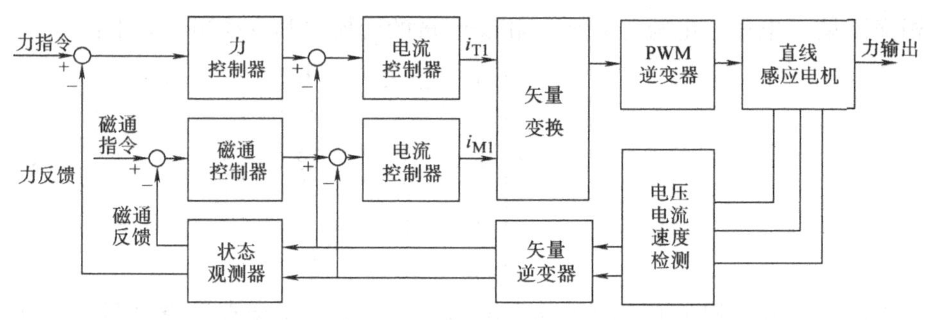

图 8-21 直线感应电机的矢量控制系统框图

在上述矢量变换控制系统对直线感应电机电磁力进行有效控制的基础上，可进一步构成直线感应电机的速度、位置控制系统。系统的速度控制环以上述基于矢量变换的力控制系统为被控对象，通过检测装置获取直线电机的实际运动速度，实现对电机速度的快速、准确控制。该系统的外环为位置控制环，它以整个速度内环为被控对象，通过线位移检测装置获取电机实际位置信息，最终实现对直线电机运动的精确、快速控制。

8.5 直线永磁同步电机

8.5.1 直线永磁同步电机的基本结构

（1）直线永磁同步电机的初级（以图 8-22 所示的单边平板型为例）

直线电机的初级由多相绕组和铁心构成。多相绕组由在同一平面上按照一定规律沿纵向排列并互连在一起的多组线圈构成；铁心通常由冷轧无取向硅钢片叠成，在面向气隙侧开有齿槽，绕组按照某种规律嵌放在铁心槽中；铁心既是绕组的支撑结构，也是电机的磁路组成部分，具有汇聚磁通，减少漏磁，提高气隙磁密、推力及推力密度的作用。

（2）直线永磁同步电机的次级

次级采用永磁体励磁，根据直线电机初级的宽度，永磁体可以单排，也可多排。永磁体在同一平面上极性交替地沿纵向以一定间隔排列，并贴装在导磁轭板上，且充磁方向垂直于贴装平面。导磁轭板既是贴装永磁体的结构件，也是直线电机磁路的重要组成部分，通常采用高磁导率的电工钢板。

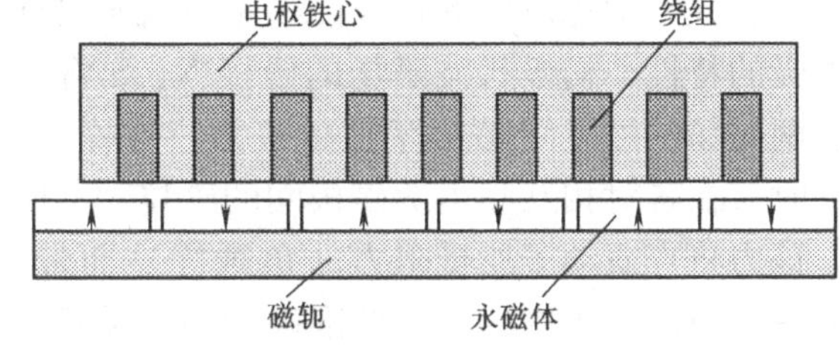

图 8-22　直线永磁同步电机的基本结构

8.5.2　直线永磁同步电机的基本工作原理

直线电机不仅在结构上与旋转电动机相类似，而且工作原理也是相似的。图 8-23 为一直线永磁同步电机的工作原理示意图。

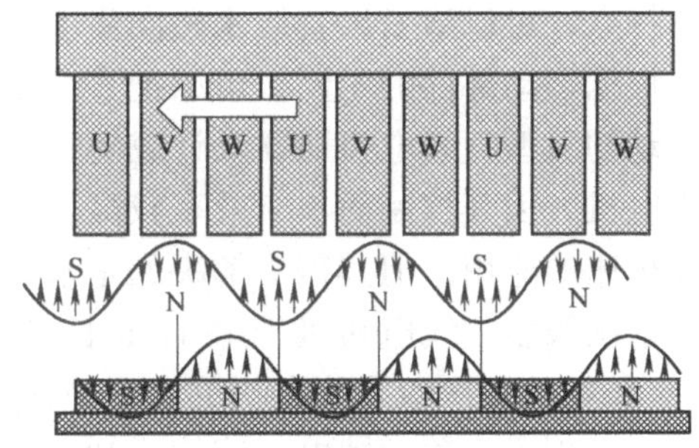

图 8-23　直线永磁同步电机工作原理

直线永磁同步电机的定子铁心中嵌有三相对称绕组，因此，如果由逆变器向此绕组中通入三相交流电流

$$\begin{cases} i_U = \sqrt{2}I\cos\omega t \\ i_V = \sqrt{2}I\cos(\omega t - 120°) \\ i_W = \sqrt{2}I\cos(\omega t - 240°) \end{cases} \tag{8-13}$$

将产生如下合成磁动势

$$f_1(\theta_s, t) = F_1\cos(\omega t - \theta_s) \tag{8-14}$$

式中　F_1——绕组基波磁动势幅值；

θ_s——空间位置角。

由式（8-14）和电机结构可知，合成磁动势是一沿电机运动方向移动的行波，其移动速度为

$$v_s = \frac{\omega}{\pi}\tau = 2f\tau \tag{8-15}$$

式中　f——逆变器输出电流的频率；

τ——直线电机极距。

当不考虑由于铁心两端开断而引起的纵向边端效应时，这个气隙磁场的分布

情况与旋转电动机相似，即可以看成沿展开的直线方向呈正弦分布。

此合成磁动势产生的行波磁场是直线永磁同步电机的根本动力。根据磁极异性相吸的特性，初级行波磁场的磁极 N、S 将分别与次级永磁体的磁极 S、N 相吸，两磁场的磁极间必然存在磁拉力。这样，当定子行波磁场的磁极以速度 v_s 运动时，在各对相互吸引的磁极间的磁拉力共同作用下，次级将得到一合成作用力，该力将克服动子所受阻力（负载等）而带动次级做直线运动。直线同步电机的速度与电源频率始终保持准确的同步关系，控制电源的频率就能控制电机的速度。

直线永磁同步电机具有结构简单、运行可靠；推力密度高、响应快；体积小、重量轻；效率高、易冷却；电机的形状和尺寸灵活多样，可控性好、精度高等显著优点，因此成为直线交流伺服电机中的主流。

8.5.3 直线永磁同步电机的分类

根据永磁同步电机电枢的绕组型式、齿槽结构与转子结构，加之直线电机的具体特点，可以演变出直线永磁同步电机的众多分类方式。

根据运动部件的不同，可以把直线永磁同步电机分为动初级型和动次级型。

动初级型直线电机通常设计成短初级长次级结构。短初级长次级的直线永磁同步电机，因其控制简单、效率较高，加之其加长行程的成本较低，适合于多数数控机床的应用，但其需要解决的是永磁体的防护问题。

动次级型直线电机通常设计成长初级短次级结构（也有短初级长次级结构）。长初级短次级直线电机的永磁体用量少，动子质量轻，边端效应小，加速度大，实现了非移动馈电与液体冷却。但其初级需要整体通电，损耗大，或者根据次级的运行位置，控制电枢绕组分段通电，控制较为复杂，且因需要较多的功率器件使系统成本增加。

根据动子结构形状的不同，可以把直线永磁同步电机分为平板型直线永磁同步电机和圆筒型直线永磁同步电机，而平板型又可分为单边型与双边型两种。

图 8-24 为圆筒型直线永磁同步电机的两种典型外形结构，其中长方形的外壳上装有散热器，采用自然通风冷却；而圆柱形结构多采用液体冷却。

圆筒型直线永磁同步电机的优点是结构简单、紧凑，漏磁少，防护容易，可靠性高，适应性强；初级绕组的利用率高；推力密度大；无横向边端效应；容易克服单边磁拉力。缺点是长行程或高速运行时，动初级型电机的馈电比较复杂；因结构紧凑，自然散热条件较差。因此，圆筒型直线电机适合用于小功率、短行程、往复运动的场合。

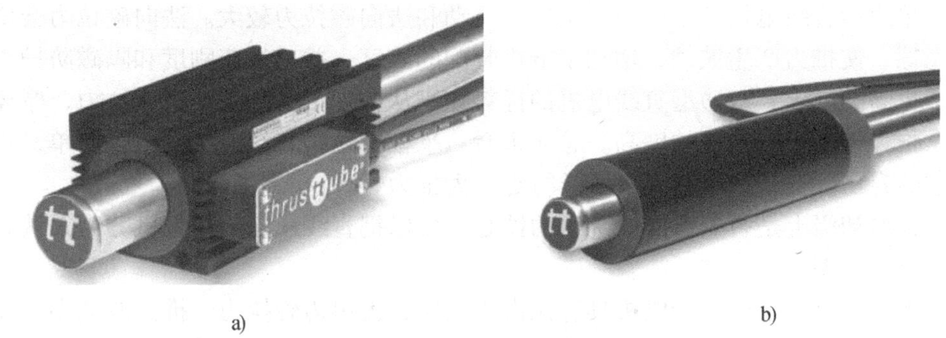

a)　　b)

图 8-24　圆筒型直线永磁同步电机

a）长方形　b）圆柱形

图 8-25 与图 8-26 分别为单边平板型与双边平板型直线永磁同步电机的初级和次级。

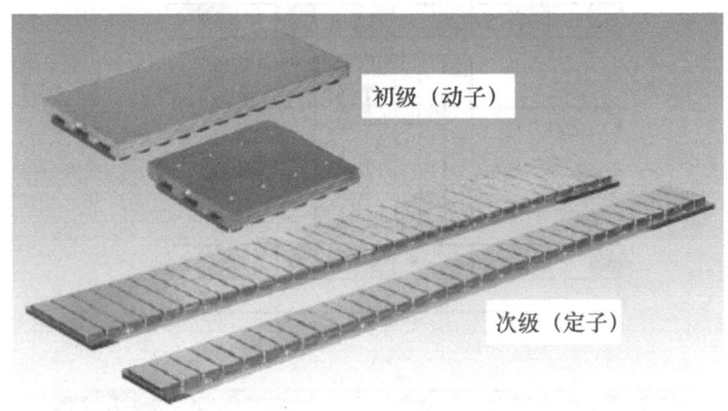

图 8-25　单边平板型直线永磁同步电机的初级和次级

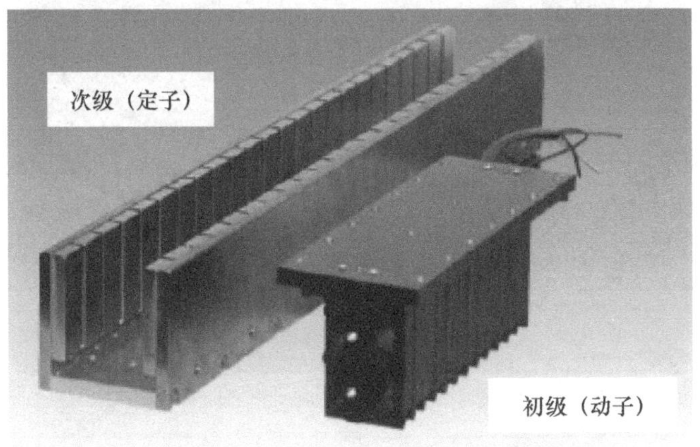

图 8-26　双边平板型直线永磁同步电机的初级和次级

单边型直线电机的主要缺点是推力波动和法向磁拉力较大。法向磁拉力会增大摩擦、使推力产生波动，增加了电机装配的难度，并对机床刚度和隔磁防护提出了更高的要求。双边型直线电机的优势在于从原理上消除了单边磁拉力，摩擦小、推力密度大、控制精度高。总体来看，平板型结构直线电机的制造简单，自然散热容易，适合用于高速度、长行程、大推力领域。

根据初级上是否具有嵌放绕组的铁心，可以把直线永磁同步电机分为无铁心型和有铁心型。

无铁心直线永磁同步电机具有无齿槽效应、无单边磁拉力、推力波动小、加速度大的优点，在极低速度时仍能平滑运动，定位精度高、重复定位误差小，超精密控制容易。图 8-27 所示为东芝公司生产的高刚度型无铁心直线永磁同步电

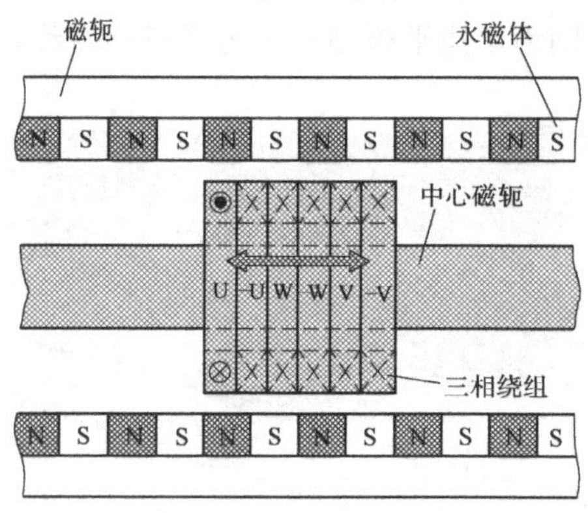

a）

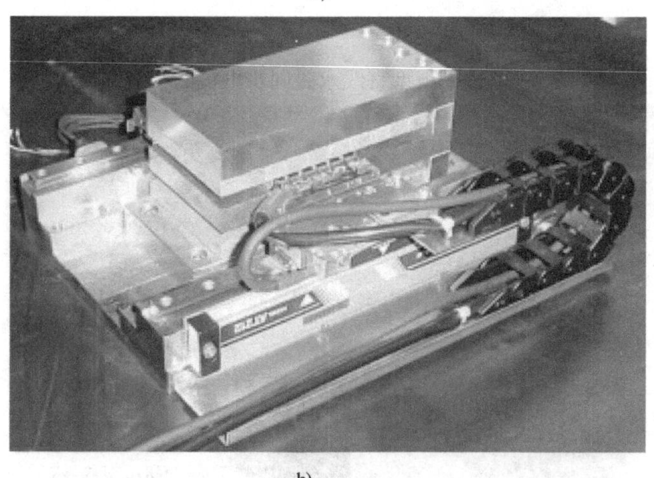

b)

图 8-27 高刚度型无铁心直线永磁同步电机
a）结构示意图 b）外观图

机，该系列直线电机的最大推力为 10000N，最大行程为 2m，重复定位精度为 1nm，能够输出与有铁心直线电机同样大的推力，可实现无推力波动、速度波动的平滑控制。图 8-28 为东芝公司生产的高效率型无铁心直线永磁同步电机，它通过采用最新的线圈成型技术和环氧树脂填充技术，大大提高了绕组的槽满率，从而有效地提高了电机的效率，实现了小型化；通过采用模块化设计，提高了推力和行程选择的自由度。该系列直线电机的最大推力为 3000N，最大行程为 10m，重复定位精度为 0.1μm。由于该类电机结构特殊，绕组冷却困难，所以最大推力有限。

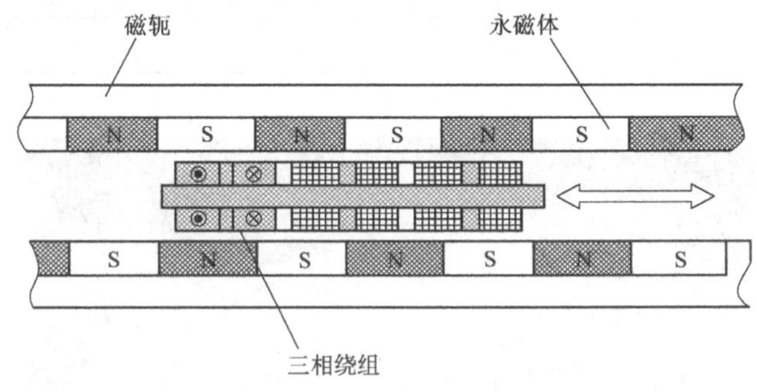

a)

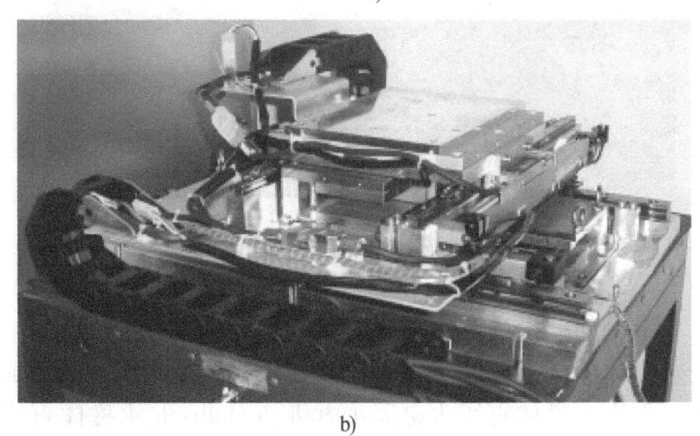

b)

图 8-28　高效率型无铁心直线永磁同步电机

a）结构示意图　b）外观图

有铁心直线电机的初级上有电枢铁心，铁心上开有齿槽，绕组按一定规律嵌放在槽中。该类结构直线电机的优势体现在以下几个方面：①由于铁心的聚磁、导磁作用，气隙磁密较高，产生的推力密度较大；②散热性能比较好：③动子刚度比较高。不足之处在于：①法向磁拉力比较大；②动电枢型的动子质量大；③

齿槽效应、边端效应会引起推力波动；④存在铁心的磁饱和问题等。

图 8-29 所示为日本精工公司生产的有铁心直线永磁同步电机，它具有很高的推力密度和电动机常数，其峰值推力和连续推力均可达到 1200N，最大速度为 2m/s，重复定位精度为 1μm。

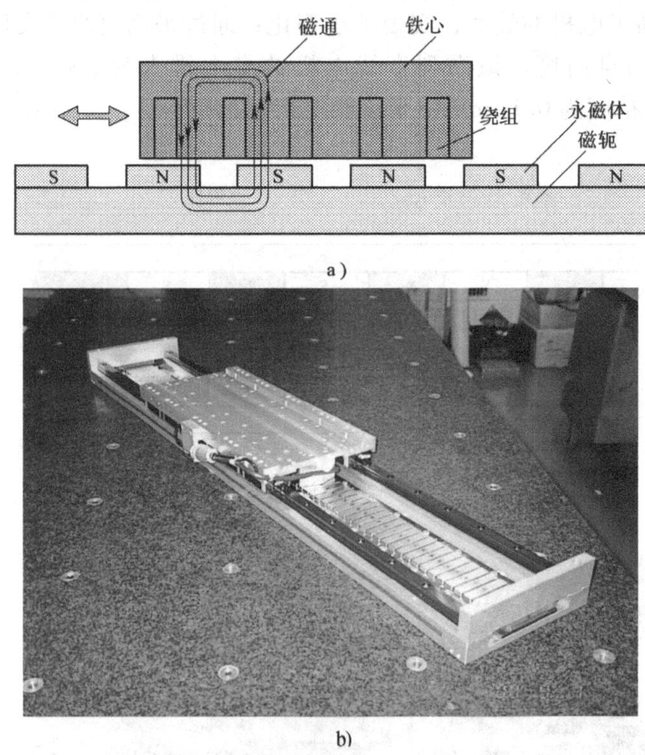

图 8-29　有铁心直线永磁同步电机
a）结构示意图　b）外观图

根据次级永磁体的排列方式，可以把直线永磁同步电机分为表面永磁体直线永磁同步电机、内嵌永磁体直线永磁同步电机和 Halbach 永磁体直线永磁同步电机。图 8-30 中 a、b、c 分别表示出了圆筒型直线永磁同步电机的三种永磁体次级形式。

表面永磁体直线永磁同步电机的次级永磁体为圆环形，径向充磁，沿轴向依次均匀排列在导磁轭上，每相邻两永磁体的磁化方向相反。该结构的优点是推力控制简单，动态特性好，推力的线性度高，适合用于伺服系统。缺点是推力密度低于其他两种次级形式。

内嵌永磁体直线永磁同步电机的次级永磁体也为圆环形，轴向充磁，每相邻两永磁体的磁化方向相反。永磁体与环形导磁轭沿轴向依次间隔均匀排列在不导磁筒形轴上，形成磁极，在圆柱形气隙空间产生磁场。该结构的优点是次级结构简单，工艺性好；采用矢量控制还可以有效地利用磁阻推力，因此能够增大电机的输出推力。缺点是定位力较其他两种次级形式的稍大。

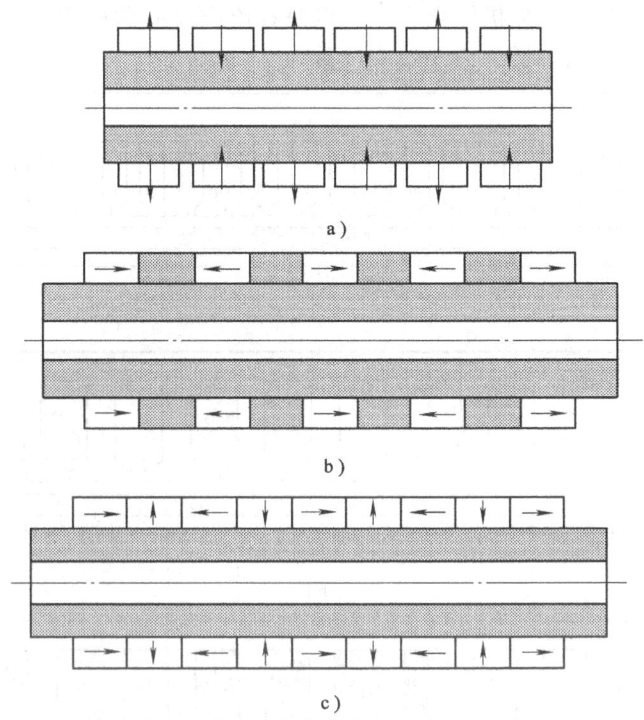

图 8-30　圆筒型直线永磁同步电机的三种次级形式

a）表面永磁体次级　b）内嵌永磁体次级　c）Halbach 永磁体阵列次级

Halbach 永磁体直线永磁同步电机的次级圆环形永磁体既有径向充磁，又有轴向充磁，每个磁极由多个按特定充磁方向顺序排列的永磁体圆环组成。直线永磁同步电机采用 Halbach 永磁体结构提高了其气隙磁密的正弦性，增大了气隙磁通，减小了推力波动，提高了电机的推力密度和效率；减小了电机次级轭部厚度以及次级质量，提高了系统的动态特性。缺点是电机的制造工艺复杂，成本高。

根据初级绕组的结构形式，可以把直线永磁同步电机分为整数槽绕组直线永磁同步电机和分数槽集中绕组直线永磁同步电机。

直线永磁同步电机的整数槽绕组多采用双层短距分布绕组和单层绕组。

图 8-31a 所示为采用双层短距分布绕组的直线永磁同步电机的结构示意图。双层短距分布绕组的每个槽内有上下两个线圈边。线圈的一条边放在某一槽的上

层，另一条边则放在相隔 y_1 槽的下层，整个绕组的线圈数正好等于槽数。双层短距分布绕组的主要优点是可以选择最有利的节距，并同时采用分布的方法，来改善电动势和磁动势波形；所有线圈具有同样的尺寸，便于制造；端部形状排列整齐，有利于散热和增强机械强度。缺点是在电枢铁心前后两端不可避免地存在半填槽，铁心的利用率低，边端效应严重。

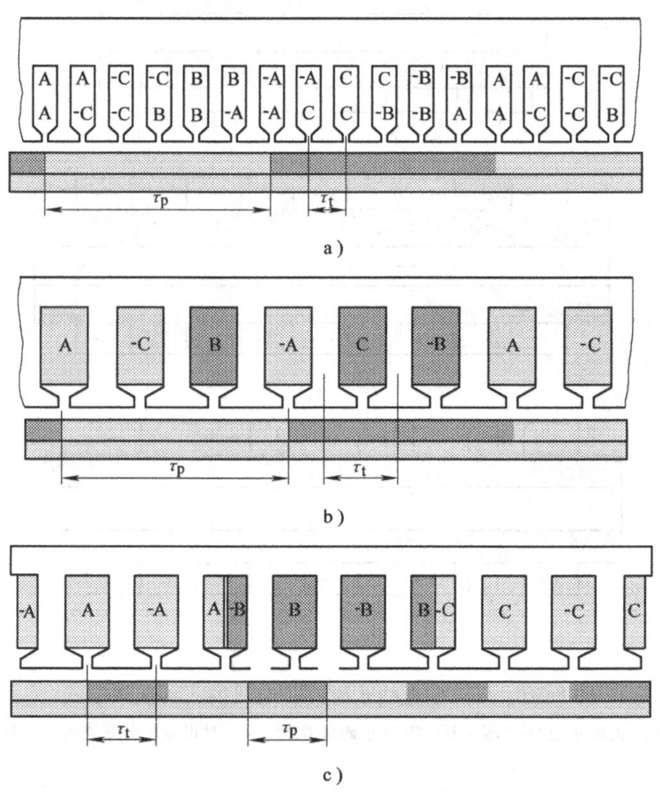

图 8-31 直线永磁同步电机的主要绕组形式

a）整数槽双层绕组 b）整数槽单层绕组 c）分数槽集中绕组

图 8-31b 所示为采用单层绕组的直线永磁同步电机的结构示意图。单层绕组的优点是嵌线比较方便，铁心利用率好，而且没有层间绝缘，槽的利用率较高，在直线电机中可以最大限度地克服边端效应的影响，提高电机的推力密度。缺点是绕组端部长，电动势和磁动势波形比双层短距绕组差，高次谐波含量较大，无法消除 5、7 次谐波。

整数槽绕组结构的优点是电机的驱动频率低，铁损及逆变电路的损耗小，适合用于高速直线电机；缺点是绕组的结构复杂、端部长，推力波动大，电机的效率与推力密度低。

图 8-31c 所示的分数槽集中绕组是近几年在永磁同步电机中应用最为广泛的一种绕组结构形式。绕组为集中绕组，构成每相绕组的各个线圈直接绕在电枢铁心的齿上（线圈的节距与铁心齿距相同），动子永磁体的极数与初级铁心的齿数相近，二者的最小公倍数通常取得较大。

分数槽集中绕组结构可以减小由齿槽效应引起的定位力，提高直线电机的推力密度；同时，电机的制造工艺简单，绕组的端部短、槽满率高、绝缘容易，电机的效率高、成本低。缺点是电机的极数多，驱动频率高，不适合高速运行。

根据电枢齿槽与绕组有效边配置方向的不同，可以把直线永磁同步电机分为径向磁通直线永磁同步电机与横向磁通直线永磁同步电机。

常规的径向磁通直线永磁同步电机的电枢齿槽方向与电枢绕组的有效边方向在空间上相互平行，二者依次间隔排列，改变一方，另一方必然要受到影响，即二者之间相互耦合，无法实现电负荷与磁负荷在空间上的解耦。

而横向磁通直线永磁同步电机的电枢齿槽方向与电枢绕组的有效边方向在空间上相互垂直，电枢齿槽尺寸与电枢绕组的尺寸相互独立，在一定范围内可任意选取，从而实现了电负荷与磁负荷在空间上的解耦。

图 8-32 是一种平板型横向磁通直线永磁同步电机的结构示意图。该结构是一种聚磁式动子结构，图中只示出了多相中的一相。电机的定子由均匀分布的 U 形的定子铁心元件构成，U 形定子铁心元件的两个齿沿动子运动方向扭斜，错开一个极距。动子由永磁体和动子导磁轭均匀分布组成。相邻的永磁体极性相反，使得动子内的磁场方向与运动方向相同。定子 U 形铁的槽中嵌放线圈。当定子中的线圈通电后，U 形定子元件中会产生横向的磁场，通过定子元件的一个齿部

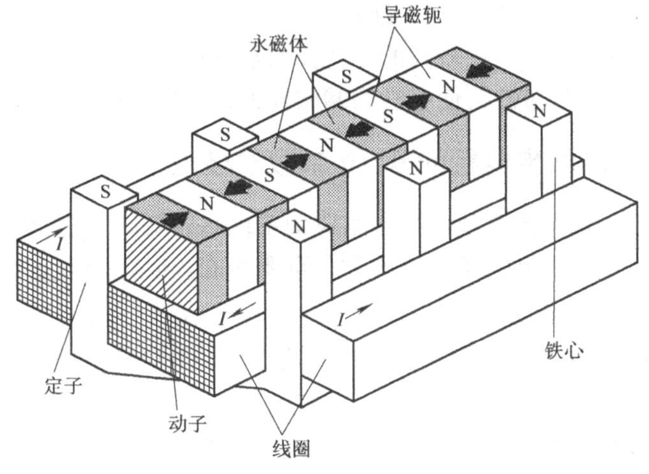

图 8-32　平板型横向磁通直线永磁同步电机的结构示意图

穿过动子到达它的另一个齿部，形成回路。定子的两个齿部可以被看成是两个极性不同的磁极。齿部的磁场和动子中永磁体产生的磁场相互作用，使得动子朝一个方向运动，每当动子走过一个极的距离后，相应地改变线圈中电流的通电方向，这样动子就可以连续地做直线运动。通过把单相结构串联或并联，就可以组成具有起动能力、推力波动小的多相直线电机。

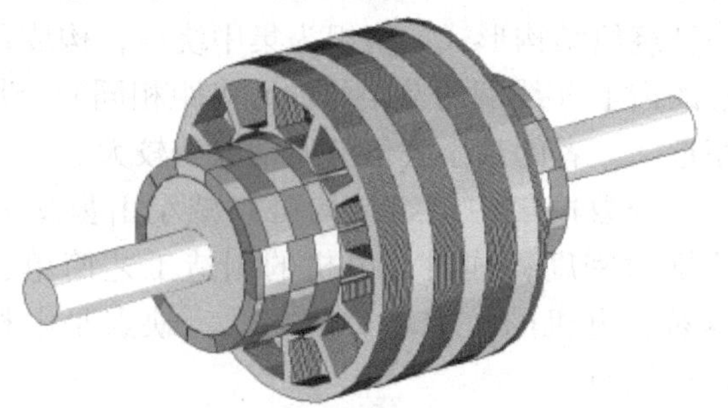

图 8-33 圆筒型横向磁通直线永磁同步电机的结构示意图

图 8-33 为一种圆筒型横向磁通直线永磁同步电机的结构示意图。

该电机的绕组为沿圆周三相分布排列的集中绕组，定子铁心以双极距间隔沿轴向多段均匀排列，各段铁心的极性相同；动子由沿轴向 N、S 极性交替排列的永磁体组成，永磁体沿圆周按三相互差 120°排列，各相间互差 120°电角度。

通过以上的分析可知，与传统的直线电机相比，横向磁通直线永磁同步电机具有以下特点：

1）电路结构和磁路结构不在同一平面内，不存在相互制约关系。

2）各相之间没有耦合，便于独立分析和控制。

3）许多参数彼此相互独立，设计灵活。

4）各相均采用集中绕组，绕组端部小，电机的结构紧凑。

5）电机的推力密度和功率密度大。

当然，该类型电机也存在如下缺点：

1）结构比较复杂，没有较高的工艺技术水平很难制造。

2）由于磁路的分布性，使电机的漏磁较大，电机功率因数偏低。

8.5.4 直线永磁同步电机的 d、q 轴数学模型

电磁力控制是使交流直线电机进给驱动系统达到高动态性能的基础，也是直线永磁同步电机驱动控制系统最基本和最重要功能。但在交流直线电机中，电磁力的控制比直流直线电机复杂。

直线永磁同步电机数学模型的建立是电磁力控制和仿真的前提。为简单起见，假设：

1）忽略铁心饱和。

2）不计涡流和磁滞损耗。

3）次级上没有阻尼绕组，永磁体也没有阻尼作用。

4）反电动势是正弦的。

取永磁体基波磁场的方向为 d 轴，而 q 轴顺着旋转方向超前 d 轴 90 度电角度。因为由永磁体产生的磁动势为常值，在次级上无阻尼绕组，所以，直线永磁同步电机的 d、q 轴模型电压方程式与旋转永磁同步电机相似，为

$$\begin{cases} v_d = R_s i_d + p\psi_d - \dfrac{\pi}{\tau} v_r \psi_q \\ v_q = R_s i_q + p\psi_q + \dfrac{\pi}{\tau} v_r \psi_d \end{cases} \tag{8-16}$$

式中　v_d，v_q——初级 d 轴和 q 轴电压；

R_s——电枢绕组电阻；

p——微分算子，$p = d/dt$；

τ——永磁体极距；

v_r——动子速度；

i_d，i_q——d 轴和 q 轴电流；

ψ_d，ψ_q——d 轴和 q 轴磁链；

$$\begin{cases} \psi_d = L_d i_d + \psi_f \\ \psi_q = L_q i_q \end{cases} \tag{8-17}$$

L_d，L_q——d 轴和 q 轴电感；

ψ_f——永磁体励磁基波磁链。

根据双轴理论，可导出直线永磁同步电机电磁力的基本公式如下式所示

$$F_e = \frac{3\pi}{2\tau}(\psi_d i_d - \psi_q i_q) \tag{8-18}$$

将式（8-17）代入式（8-18）有

$$F_e = \frac{3\pi}{2\tau}[\psi_f i_q + (L_d - L_q) i_d i_q] \tag{8-19}$$

上式即为直线永磁同步电机控制中所用的电磁力的表达式。

根据式（8-19）给出的电磁力公式可知，对于表面永磁体的直线同步电机，其 d 轴和 q 轴电感相等，即 $L_d = L_q$；即使是内嵌永磁体结构的直线同步电机，虽然 $L_d \neq L_q$，但若采用 $i_d = 0$ 的控制策略，也存在

$$F_e = \frac{3\pi}{2\tau}\psi_f i_q \tag{8-20}$$

由于永磁体励磁基波磁链 ψ_f 为常数，因此，此时电机输出的电磁力将与 q 轴电流 i_q 成正比。这意味着控制 i_q 就可以象控制直流直线电机一样实现对直线永磁同步电机电磁力的直接控制。按照上述思路所进行的控制即为动子磁场定向控制。其实现要点是保证次级永磁体励磁磁链的方向与 d 轴方向一致，同时使初级电流矢量在 d 轴方向的投影为零。

8.6 高频响、短行程直线伺服电机

近年来，随着对高速、高精度定位系统性能要求的提高和直线电机技术的迅速发展，高频响、短行程直线伺服电机不仅被广泛用在磁盘、激光唱片定位等精密定位系统中，在许多不同形式的高加速、高频激励上也得到广泛应用。如，光学系统中透镜的定位；半导体加工设备中的XY坐标型精密定位工作台；非圆数控加工中的非圆生成伺服机构；医学装置中精密电子管、真空管控制；在柔性机器人中，为使末端执行器快速、精确定位，还可以用高频响、短行程直线伺服电机来有效地抑制振动。

高频响、短行程直线伺服电机具有结构简单、体积小、质量轻、高频响、高加速度、高速度、短行程、大推力、力特性平滑、结构刚度高、控制方便以及在理论上具有无限分辨率等优点，被广泛地应用于要求高加速度、高频激励、快速、高精度和短行程定位运动的系统中。

高频响、短行程直线伺服电机主要包括直流型高频响、短行程直线伺服电机（音圈电机）和磁阻型高频响、短行程直线伺服电机两种类型。由于高频响、短行程直线伺服电机不需要换相控制以及控制电流为具有正负极性的单相电流，因此本书将其作为直线交流伺服电机来介绍。

8.6.1 直流型高频响、短行程直线伺服电机

音圈电机主要由定子和动子两部分组成，励磁大多采用高性能的稀土永磁体，永磁体与线圈分别位于定子及动子（或动子及定子）上。按照音圈电机的基本工作原理，音圈电机的结构有多种类型。根据运动部件的不同，音圈电机可分为动圈型和动磁型两大类。动圈型音圈电机是线圈可动，永磁体固定，根据永磁体的形状又可分为矩形永磁体音圈电机与环形永磁体音圈电机。而动磁型音圈电机为线圈在定子上，永磁体为运动部件，根据磁路的结构形式，又可以把动磁型分为开磁路与闭磁路两种。音圈电机的基本结构分类如图8-34所示。

- 音圈电机
  - 动圈型
    - 矩形永磁体
    - 环形永磁体
  - 动磁型
    - 开磁路
    - 闭磁路

图8-34 音圈电机的基本结构分类

图8-35为矩形永磁体音圈电机的结构示意图。电机的结构简单，但线圈总体没有得到充分利用；在小气隙中，运动系统的定位较困难；漏磁通大，即永磁体未得到充分利用。

图8-36为环形永磁体音圈电机的结构示意图。电机的径向磁化环形永磁体通过安置在外部的同心圆筒形磁轭和内部圆柱形磁轭形成闭合磁路。线圈可在圆筒形磁轭和环形永磁体之间的气隙中沿着电机的轴向自由地移动。这类电机的主要优点是结构简单、推力/体积比大，永磁体

与线圈导体都得到了充分利用。

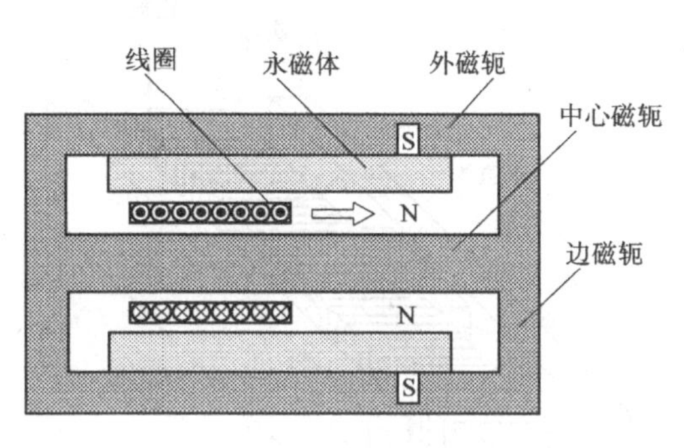

图 8-35 矩形永磁体音圈电机的结构示意图

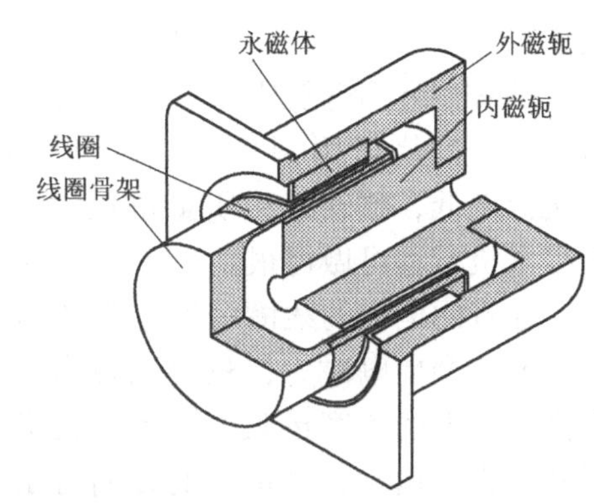

图 8-36 环形永磁体音圈电机的结构示意图

图 8-37 为东芝产业机械系统公司制造的一种动圈型音圈电机，它的最大推力为 1500N，最大行程为 300mm，重复定位精度可达 1nm。

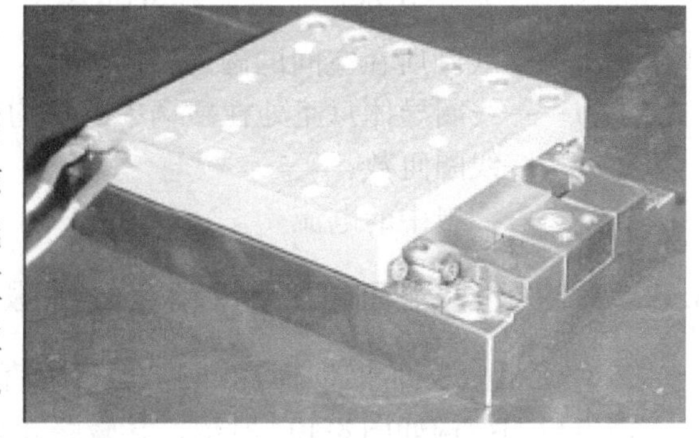

图 8-37 动圈型音圈电机

图 8-38 为闭磁路动磁型音圈电机。对于动圈型音圈电机，永磁体安装在定子上固定不动，载流线圈在磁场中受到洛仑兹力而产生直线运动，而动磁型和动圈型结构位置正好相反，线圈绕在定子铁心上，线圈产生的磁通在定子的铁心磁路中闭合。动子永磁体置于定子闭合磁路框内，动子与定子铁心之间存在着永磁体产生的磁场，这个磁场与定子线圈载流导体之间相互作用产生电磁力，使动子产生直线运动。

闭磁路音圈电机的主要缺点是平均推力低，推力大小随位置不同而不同，这是由于定子铁心饱和引起的。饱和的主要原因是定子线圈产生的磁通经过闭合的定子铁心磁路的磁阻太小，增加定子磁路磁阻可避免定子磁路饱和。

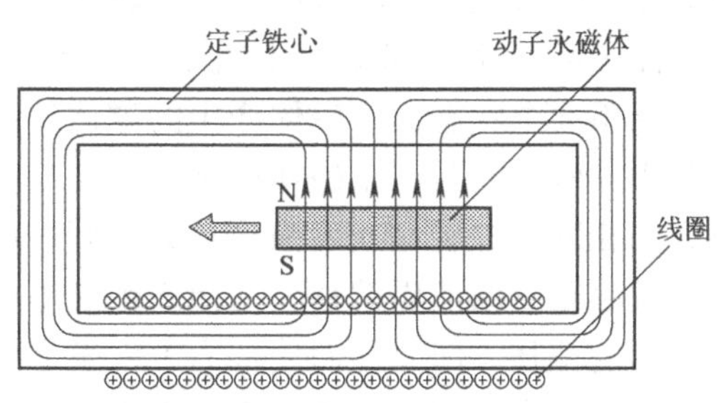

图 8-38 闭磁路动磁型音圈电机

增加定子磁路磁阻的有效措施是去掉定子铁心二个端部的铁心段

磁路，这就变成了所谓开磁路动磁型音圈电机，其结构如图 8-39 所示。开磁路允许的定子电流比闭磁路音圈电机大得多。因此，电机的出力也比闭磁路音圈电机大。

动磁型音圈电机需要一个固定的长电枢，电枢绕组用铜量大，结构复杂，系统效率低，移动系统质量也较大；优点是电机行程可做得很长。

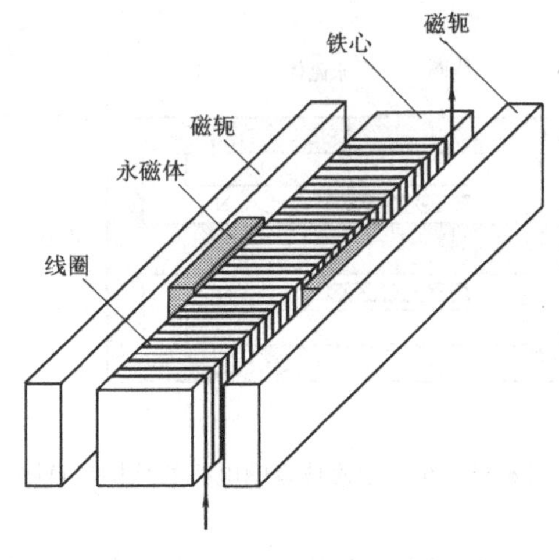

图 8-39　开磁路动磁型音圈电机

在音圈电机的线圈中通入直流电流时，便会产生电磁力，只要电磁力大于支撑滑轨上的静摩擦阻力，动子就沿着滑轨作直线运动，其运动的方向可由左手定则确定。改变线圈中直流电流的大小和方向，即可改变电磁力的大小和方向。电磁力的大小为

$$F = B_\delta l N I_a \tag{8-21}$$

式中　B_δ——线圈所在空间的磁通密度；

l——线圈导体每匝处在磁场中的平均有效长度；

N——线圈匝数；

I_a——绕组中的电流。

8.6.2　磁阻型高频响、短行程直线伺服电机

（1）磁阻型表面永磁体高频响、短行程直线伺服电机

该电机的结构如图 8-40a 所示，其磁路如图 8-40b、c 所示。定子铁心与电励磁直流旋转电机的定子铁心结构类似，通常做成 2 极或 4 极结构，在主极的内表面上，贴有瓦片形的稀土永磁体，每极永磁体沿轴向平均分成两段，永磁体为径向充磁，两段永磁体的充磁方向相反；绕组为集中绕组，绕在定子铁心主极上，空间相对位置主极上的绕组正向串联在一起；动子铁心为圆筒形，可由硅钢片叠成。图 8-41 为磁阻型表面永磁体高频响、短行程直线伺服电动机产品的外观。

在不通电状态，永磁体产生的磁通使动子静止在电机轴向的中间位置上；当线圈中流有电流时，永磁体产生的磁通与线圈产生的磁通的方向在电机轴向的一侧方向相同，二者相互增强，在另一侧方向相反，二者相互削弱，使与动子交链的合成磁通方向产生偏移，从而产生磁阻推力。改变电流的方向，就可以改变合成磁通的偏移方向，从而使推力方向发生改变。因此电机的推力与线圈电流大小成正比，推力方向则由电流方向决定。

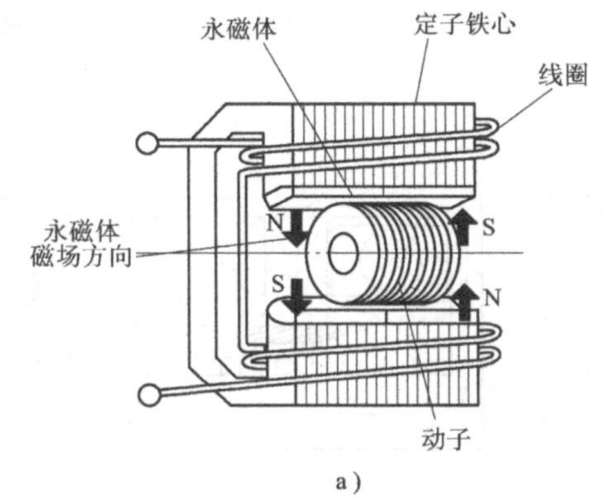

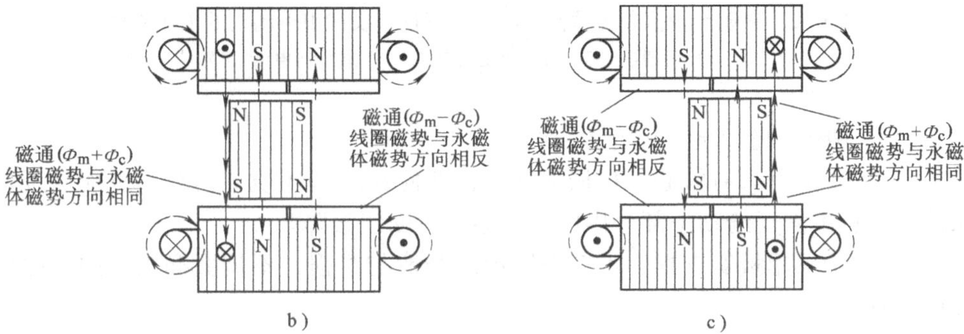

图 8-40　电机结构和磁路

a）电机的结构示意图　b）电流方向为正时的磁路　c）电流方向为负时的磁路

（2）磁阻型内嵌永磁体高频响、短行程直线伺服电机

该电机的工作原理如图 8-42 所示。图中外磁轭与动子铁心均为圆筒形；内磁轭为圆柱形；线圈为圆环形；永磁体也为圆环形，轴向充磁，与线圈一起都在定子上。主磁路由定子磁极、外气隙、动子铁心、内气隙、内磁轭、端盖以及外磁轭构成。当线圈不通电时，永磁体产生的磁通主要沿外磁轭及动子铁心等漏磁路闭合，在漏磁通的作用下，动子停止在轴向中间平衡位置上；当线圈通电时，永磁体磁势与线圈磁动势串联，永磁体产生的磁通主要沿上述主磁路闭合，根据磁力线沿磁阻最小路径闭合原理，在动子铁心上会产生

图 8-41　磁阻型表面永磁体高频响、短行程直线伺服电动机

一个沿轴向的磁阻推力。分析可知，改变电流的方向，则磁阻推力的方向也会随之改变。

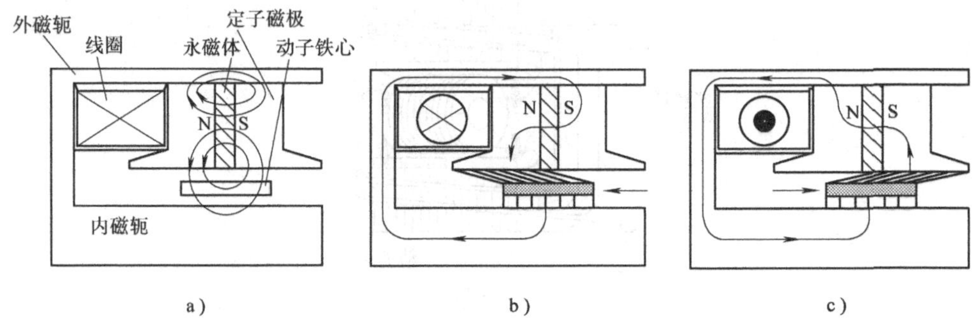

图 8-42 磁阻型内嵌永磁体高频响、短行程直线伺服电动机的工作原理
a）不通电状态 b）通正向电流 c）通负向电流

（3）磁阻型高频响、短行程直线伺服电动机的特点：

1）动子部分只有铁心，机械强度高，即使在恶劣环境中运行，也能保证可靠性，并且不需要给动子部分供电，不会产生断线故障。

2）动子采用板簧支撑，不存在轴承的摩擦与磨损，不需要润滑，因此绿色环保且寿命长。

3）采用独特的磁路结构，产生的推力与电流的大小成正比，通过改变电流的方向，能够产生双方向的推力。

4）定子铁心可采用硅钢片，电机损耗小、效率高。

5）动子铁心为中空结构，电机的推力/质量比大，动态响应特性好。

8.7 直线步进电动机

旋转式步进电动机由于具有诸多优点，已成为除了直流伺服电动机和交流伺服电动机以外的第三大类执行电动机。但在许多自动装置中，要求某些机构（如自动绘图机、自动打印机等）能够快速地作直线或平面运动，而且要保证精确的定位。在这种场合下，使用直线步进电动机最为合适。

直线步进电动机是将输入的电脉冲信号转换成相应直线位移的机电元件。当这种电机外加一个电脉冲时，就会沿直线运动一步。因为其运动形式是直线步进的，因而称为直线步进电动机。动子运动的速度由输入脉冲的频率决定，移动的距离由脉冲的个数和步进位移的乘积决定。在某些需要直线驱动的场合，采用直线电动机省去了将旋转运动转换成直线运动的中间转换装置，简化了结构。而且直线步进电动机在开环伺服控制条件下，能够提供一定精度的位置和速度控制，具有结构简单、成本低、容易实现数字控制、无累积定位误差、互换性强和可靠性高等明显优点，在绘图仪、计算机设备、机器人、精密仪表、传输设备、自动开门以及检测控制等领域已得到广泛的应用。

随着工业应用的不断深入和相关技术的发展，人们对直线步进电动机应用系统提出了越来越高的性能要求。闭环伺服控制运行方式从根本上解决了直线步进电动机系统的振荡与失步问题，实现了绕组电流的有效控制，提高了效率。随着无传感器控制、内置传感器控制、矢量控制以及高频响、低超调控制策略等相关技术的成熟与实用化，将会大大拓宽直线步进电动机伺服系统的应用领域。

8.7.1　直线步进电动机的工作原理

直线步进电动机（Linear Stepping Motor）有多种结构类型，按其电磁推力产生的原理主要可分为磁阻式和混合式两种。

1. 磁阻式直线步进电动机

图 8-43 为一台三相磁阻式直线步进电动机的结构原理图。它的定子和动子铁心都由硅钢片叠成，定子上、下表面都有均匀的齿，动子极上套有三相控制绕组，每个极面也有均匀的齿，动子与定子的齿距相同。为了避免槽中积聚异物，在槽中填满非磁性材料（如塑料或环氧树脂等），使定子和动子表面平滑。磁阻式直线步进电动机的工作原理与旋转步进电动机完全相同。当某相控制绕组通电时，该相动子的齿与定子齿对齐，使磁路的磁阻最小，相邻相的动子齿轴线与定子齿轴线错开 1/3 齿距。显然，当控制绕组按 A—B—C—A 的顺序轮流通电时，动子将以 1/3 齿距的步距移动。当通电顺序改为 A—C—B—A 时，动子则向相反方向步进移动。若为六拍则步距减小一半。

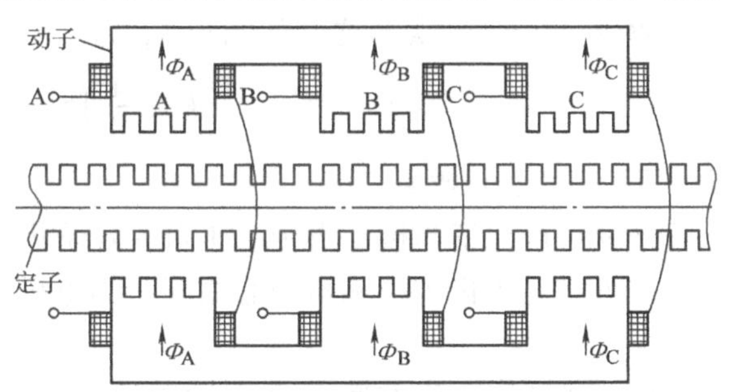

图 8-43　三相磁阻式直线步进电动机

2. 混合式直线步进电动机

混合式直线步进电动机的电磁推力不仅和各相控制绕组通入的脉冲电流大小有关，而且还和永磁体所产生磁场的大小有关。当各相控制绕组中的电流按某一规律变化时，使各极下磁场位置发生变化，从而产生电磁推力，使步进电动机的动子在某个方向上产生直线运动。

两相平板型混合式直线步进电动机结构如图 8-44 所示。定子是由开有等距齿槽的叠片铁心组成，齿距（或槽距）为 τ_t。动子是由永磁体再加上Π形的电磁铁 A 和 B 组成。电磁铁 A 上具有磁极 1 和 2；电磁铁 B 上具有磁极 3 和 4。每个极上一般都有几个齿（如图中每极上有三个齿）。其齿距要求和定子（次级）的齿距相等，均为 τ_t。电磁铁的铁心是由硅钢片叠成。磁极 1 和 2（或3 和 4）之间的距离 S_K 要求为

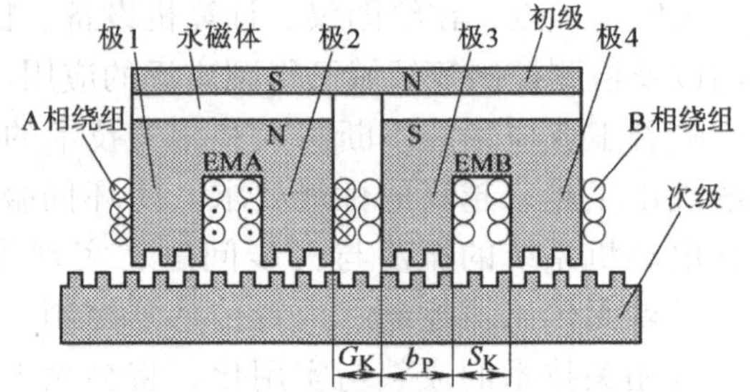

图 8-44 两相平板型混合式直线步进电动机

$$S_K = \left(M + \frac{1}{2}\right)\tau_t - b_p \tag{8-22}$$

式中 M——任意可选的正整数；

b_p——极宽。

这样就可保证极 1 的齿和定子的齿对齐时，极 2 的齿中心正好对着定子槽中心。电磁铁 A 和电磁铁 B 之间的间距 G_K 为

$$G_K = \left(K + \frac{1}{4}\right)\tau_t - b_p \tag{8-23}$$

式中 K——任意正整数。

这样就可以保证当极 1 齿中心正对着定子齿中心时，极 3 和极 4 的齿中心分别都正好处在定子齿中心和槽中心之间，为电机下一步的步进运动做好位置准备工作。

当电磁铁绕组中没有通电时，永磁体向所有的磁极提供大致相等的磁通，即 $\phi_m/2$（ϕ_m 是永磁体的总磁通），其磁通的方向如图 8-45a 中的虚线所示，此时动子上没有水平推力，动子可以稳定在任何随机位置上。

当 A 相绕组中通入正向电流 I_A 时，电流方向和磁通的路径如图 8-45a 中的实线所示，这时在磁极 1 中的磁通和永磁体的磁通同方向，使磁极 1 的磁通为最大。而在磁极 2 中的磁通和永磁体的磁通反方向，二者相互抵消，接近于零。显然，此时磁极 1 所受的电磁力最大，磁极 2 所受的电磁力几乎为零。由于 B 相绕组没有通电，磁极 3 和磁极 4 在水平方向的分力大致为大小相等、方向相反，相互抵消。因此，动子的运动由磁极 1 所受的电磁力决定。最后，磁极 1 必然要运动到和定子齿 1 对齐的位置，如图 8-45b 所示。因为在只有齿对齿的情况下，磁路的磁导才最大，动子所受的水平电磁力为零，所以动子就处在稳定平衡的位置上。当 A 相绕组断电时，B 相绕组通入正向电流 I_B，其方向如图 8-45c 所示。同理，磁极 4 的磁通为最大，磁极 3 中的磁通接近于零，磁极 4 所受的电磁力最

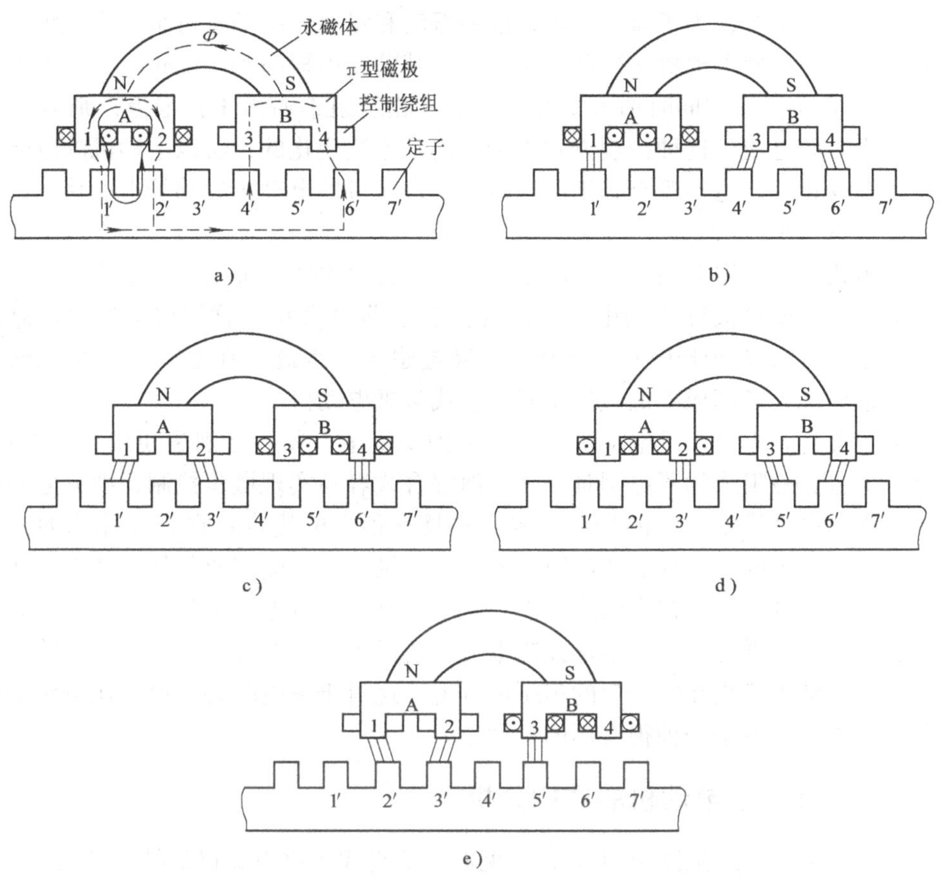

图 8-45　混合式直线步进电动机的工作原理图

a) 电枢绕组不通电流　b) A 相通正向电流　c) B 相通正向电流
d) A 相通反向电流　e) B 相通反向电流

大，使磁极 4 对准定子齿 6，动子由图 8-45b 所示的位置移动到 8-45c 所示的位置，即动子在水平电磁力的作用下向右移动了 1/4 齿距。

当 B 相绕组断电，给 A 相绕组通入反向电流 I_A，如图 8-45d 所示。这时磁极 2 的磁通为最大，磁极 1 中的磁通接近于零，磁极 2 所受的电磁力最大，使磁极 2 对准定子齿 3，动子沿着水平方向向右又移动 1/4 齿距。

同理，A 相绕组断电，B 相绕组通入反方向电流 I_B，动子沿水平方向再向右移动 1/4 齿距，使磁极 3 和定子齿 5 对齐，如图 8-45e 所示。依次类推，这种情况犹如两相单四拍的运行方式，即经过四拍，动子沿水平方向向右移动了一个定子齿距。若要使动子沿水平方向向左移动，只要将以上四个阶段的通电顺序倒过来即可。

在实际使用中，为了减小步距，削弱振动和噪声，电动机可采用类似细分电路的电源供电，使电动机实现微步距移动，其精度可提高到 10μm 以上。也可以在 A 相和 B 相绕组中同时加入交流电，若 A 相绕组中通入正弦电流，则 B 相绕组中通入余弦电流。这种控制方式由于电流是连续变化的，所以电动机的电磁力也是逐渐变化的。这样既有利于电动机起动，又可使电动机的动子平滑移动，振动和噪声也很小。

磁阻式直线步进电动机结构简单，由于没有永磁体，加工工艺也简单，在控制方面，只需要单极性驱动电源，因此控制电路也简易，总的成本低，可靠性高，由于电机始终处于开关运行状态，耗电也少。因此，在不需要微步距的场合，通常要优先考虑成本低廉的磁阻式直线步进电动机。

对于混合式直线步进电动机，虽然结构要复杂一些，特别是使用永磁材料，在加工上也比磁阻式的要更困难一些，但混合式容易实现微步控制，细分电路简单，当需要高分辨率定位的场合，混合式具有很大的优点。在相同体积的情况下，混合式产生的最大推力比磁阻式的大。可见，在空间有限制的条件下，在需要小步距、大推力、高精度的应用中，混合式直线步进电动机是必需的选择。永磁混合式直线步进电动机在不加控制电流的情况下，永磁体磁通产生一定的锁定力，能够使动子静止在所希望的步距位置上，这对于失电时必须保持在所希望位置的用户来说，也是一种很有用的特性。

8.7.2 直线步进电动机的结构分析

图 8-46 所示为伺服系统中五种常见混合式直线步进电动机的结构型式。

图 8-46a 是单边平板型结构。这种结构的定子常是一块开有平行槽的条形铁心平板，动子常是由一块条形永磁体和放在它两端的两个Π形铁心的电磁铁装配而成的矩形滑块。铁心均可采用硅钢片叠压而成，铁心损耗小，但漏磁比较大。很难保证定、动子之间的气隙像圆筒型一样小而均匀。由于结构是单边型，定、动子之间存在着很大的单边磁拉力，通常比水平推力的 10 倍还要大，因而会造成较大的阻力、振动和噪声。这种结构型式的主要优点是结构简单，零部件少，动子惯性小，铁心可用硅钢片叠压而成，涡流损耗小，电气阻尼小，高速能力强。

图 8-46b 为圆筒型结构。磁路对称性好，容易做到基本上没有单边磁拉力，漏磁少，铁心和线圈的利用率高，所以推力对动子重量比值最大。圆筒型结构的平行槽用普通车床就可以加工成形，不像平板型结构必须要用铣床铣槽，加工成本低。

图 8-46c 为图 8-46b 的改进型，是一种内嵌永磁体圆筒型混合式直线步进电动机。对于图 8-46b 的结构，由于永磁体磁通沿轴向分布不均匀，靠近永磁体的

铁心中磁密高，磁路饱和；而远离永磁体的铁心中的磁密低，从而造成永磁体磁场的利用率低，限制了电机的输出推力。而对于图8-46c的结构，条形的永磁体沿轴向嵌入次级的铁心中，充磁方向为与运动方向垂直的方向，因此，永磁体磁场沿轴向分布均匀，从而可以提高电机的输出推力。

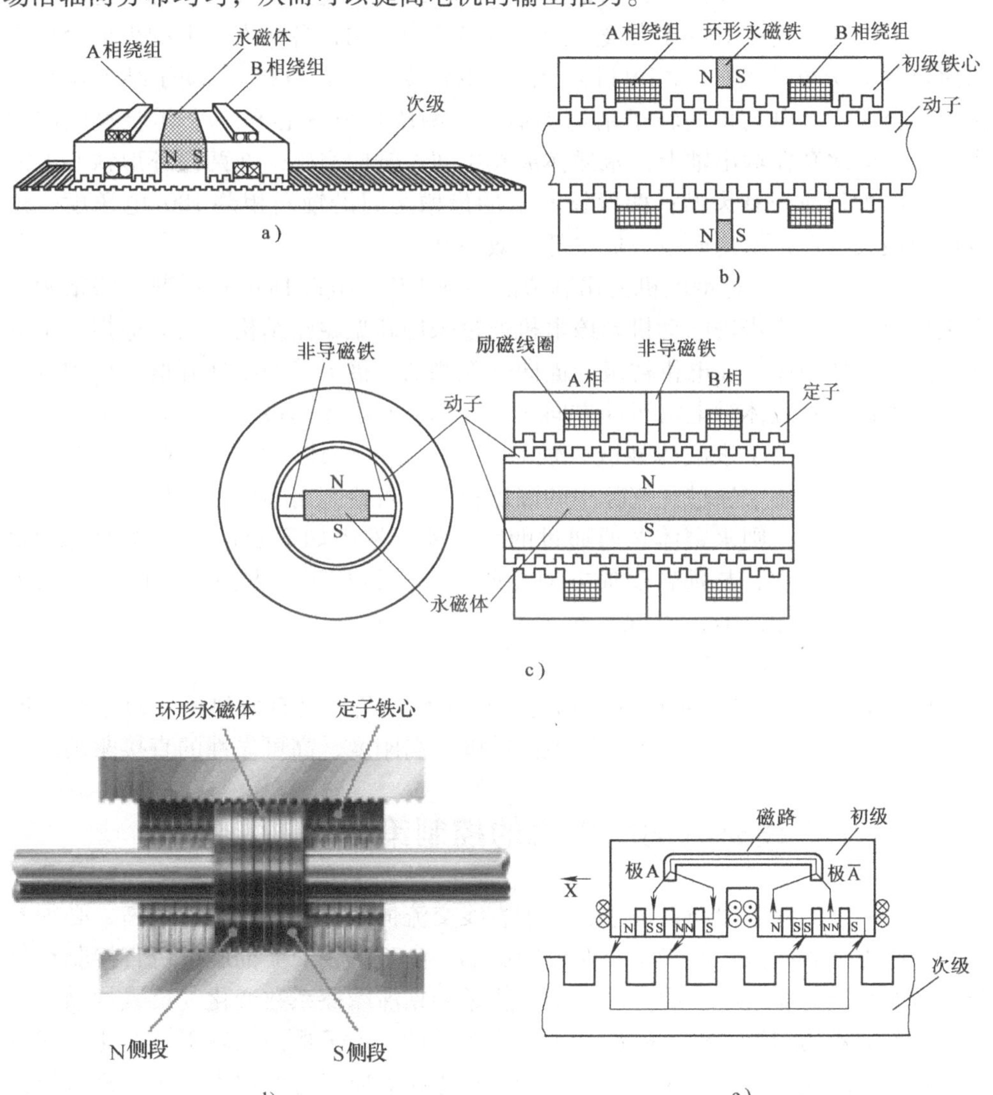

图8-46 不同结构型式的混合式直线步进电动机

a）单边平板型结构 b）圆筒型结构 c）内嵌永磁体圆筒型结构

d）横向磁场圆筒型结构 e）HD（High Density）型磁路结构

图 8-46d 为日本东方电机公司制造的一种横向磁场圆筒型结构混合式直线步进电动机。

该电机的定子铁心、电枢绕组都与旋转型混合式步进电动机类似，只是在铁心大极内表面上所开齿槽的方向是圆周方向；绕组也是集中绕组，绕在定子铁心的大极上，在圆周相对位置大极上的绕组串联为一相，各相大极上的齿槽沿轴向依次错开 120°电角度（三相电机）或 72°电角度（五相电机）。动子结构也与旋转型混合式步进电动机的转子结构类似，由两段环形铁心和一个环形永磁体构成，三者依次套在输出轴上，永磁体夹在中间，轴向充磁。在两段环形铁心上沿圆周方向均匀地开有齿槽；两段铁心上的齿槽之间沿轴向相差 180°电角度。该电机的最大特点是结构简单、成本低、效率高。

图 8-46e 为日本神钢电机公司制造的一种 HD（High Density）型磁路结构的平板型混合式直线步进电动机。该电机通过采用新型磁路结构，大大地提高了电动机的推力体积比。在电机初级的面向气隙侧的大极上等间距地开槽，槽中嵌有稀土永磁体，永磁体沿电机运动方向充磁，相邻永磁体的极性相反。当绕组中没有励磁电流时，由于永磁体被嵌入铁心中，因此永磁体产生的磁通几乎都被短路，磁通只在铁心中通过，气隙中的漏磁很少。若给绕组通电，产生一个逆时针方向的励磁磁通，则永磁体磁通通过的路径就会发生如下变化：极 A 面对的永磁体产生的磁通中，与励磁磁通方向相同的部分被加强，方向相反的部分被削弱，在极 $\overline{\text{A}}$ 处也是一样。结果，主磁通就会在图中所示的磁路中通过，在动子上产生一个向左方向的推力。

HD 型混合式直线步进电动机通过采用新型磁路，具有发热低、效率高、能够连续输出大推力等特点，可以实现高精度、高刚度、高可靠性的直接驱动。

8.8 关于直线交流伺服电机的控制策略

在高精度的伺服驱动系统中，对于直线交流伺服电机控制要求很高，必须考虑到一些更细微的因素对于系统性能的影响。由于直线交流伺服电机直接驱动负载，诸如系统的非线性、耦合性、动子质量和粘滞摩擦系数变化、负载扰动、永磁体充磁的不均匀性、动子磁链分布的非正弦性、动子槽内的磁阻的变化、环境温度和湿度的变化、电流时滞谐波，特别是边端效应引起的推力变化，都将使伺服系统性能变坏，难以满足高精度的要求。因此必须采取有效的控制策略抑制这些扰动。一个成功的控制策略总是基于对对象模型结构基本清楚的认识，从某一具体对象的特性出发，针对产生扰动的不同原因，采取相应的控制技术，实现有效控制。在满足主要要求的同时，兼顾伺服系统对指令的跟踪能力和抗干扰能力。总体来说，控制器的设计要达到以下要求：稳态跟踪精度高、动态响应快、抗干扰能力强、鲁棒性好。

在直线交流伺服控制系统中采用的控制策略主要包括：

8.8.1　传统的控制策略

在对象模型确定、不变化且为线性，操作条件、运动环境不变的情况下，采用传统控制策略是一种有效的控制方法。传统的控制策略如 PID 反馈控制、解耦控制、Smith 预估控制算法等，在交流伺服系统中得到了广泛的应用。其中 PID 控制算法包含了动态控制过程中的过去、现在和将来的信息，而且其配置几乎为最优，具有较强的鲁棒性，与其他新型控制思想相结合，可形成许多有价值的控制策略，是交流伺服电动机驱动系统中最基本的控制形式，控制应用广泛。Smith 预估计器与控制器并联，对解决伺服系统中逆变器电力传输延迟和速度测量滞后所造成的速度反馈滞后影响十分有效，与其他控制算法结合，可形成更有效的控制策略。而针对直线伺服电机系统中存在的多个电磁变量和机械变量之间较强的耦合作用，利用矢量控制，用动态解耦控制算法，可使各变量间的耦合减小到最低限度，从而使各变量都能得到单独的控制。

8.8.2　现代控制策略

在高精度微进给的加工领域，必须考虑控制对象的结构和参数变化、各种非线性的影响、运行环境的改变和干扰等时变和不确定因素，才能得到满意的控制结果。因此，将现代控制技术应用于直线伺服电机的控制研究得到了专家学者的高度重视。

（1） 自适应控制

对于直线交流伺服电机和特性参数的缓慢变化的这一类扰动及其他外界干扰对系统伺服性能的影响，可以采用自适应控制策略加以降低或消除。自适应控制大体可分为模型参考自适应和自校正控制两种类型。模型参考自适应控制的基本思想是在控制器——控制对象组成的基本回路外，还建立一个由参考模型和自适应机构组成的一个附加调节回路。自适应机构的输出可以改变控制器的参数或对控制对象产生附加的控制作用，使伺服电机的输出（如速度）和参考模型的输出保持一致。自校正器的附加调节回路由辨识器和控制器设计组成。辨识器根据对象从输入和输出信号在线估计对象的参数，以其对象参数的估计值作为对象的真值送入控制器的设计机构，按设计好的控制规律进行计算，计算结果送入可调控制器，形成新的控制输出，以补偿对象的特性变化。

（2）变结构控制

变结构控制本质上是一类特殊的非线性控制，其非线性表现为控制的不连续性。由于滑动模态可以进行设计，且与控制对象参数和扰动无关，这就使得变结构控制具有快速的响应，对参数及扰动变化不敏感，无需在线辨识与设计等优点，因而在直线交流伺服系统中得到了成功的应用。但抖振问题限制了它在某些场合的应用。

（3）鲁棒控制

针对伺服系统中控制对象模型存在的不确定性（包括模型不确定性、降阶近似、非线性的线性化、参数与特性的时变、漂移、外界扰动等），设法保持系统的稳定鲁棒性和品质鲁棒性。主要方法有代数方法和频域方法。频域方法是从系统的传递函数矩阵出发设计系统，H_∞控制是其中较为成熟的方法，其实质是通过使系统由扰动至偏差的传递函数矩阵的H_∞范数取极小或小于某一给定值，并据此来设计控制器，对抑制扰动具有良好的效果。

（4）预见控制

预见控制不但根据当前目标值，而且根据未来目标值及未来干扰来决定当前的控制方案，使目标值与受控量间偏差整体最小。这是属于全过程控制期间某一评价函数取最小值的最优控制理论框架。预见控制伺服系统是在普通伺服系统的基础上，附加了使用未来信息的前馈补偿环节构成，它能极大地减小目标值与被控制量的相位延迟，从而使预见控制成为伺服系统真正实用的控制方法。

8.8.3 智能控制策略

对控制对象、环境与任务复杂的伺服系统宜采用智能控制方法。模糊逻辑控制、神经网络和专家控制是当前比较典型的智能控制策略。其中，模糊控制器已有商品化的专用芯片，因其实时性好、控制精度高，在伺服系统中已得到应用。神经网络从理论上讲具有很强的信息综合能力，在计算速度能够保证的情况下，可以解决任意复杂的控制问题。但目前缺乏相应的神经网络计算机的硬件支持，在直线伺服中的应用有待于神经网络集成电路芯片生产的成熟，而专家控制一般用于复杂的过程控制中，在伺服系统中的研究较少。可以预计，未来智能控制策略必将成为直线伺服驱动控制系统中重要的控制方法之一。

8.9 高速机床直线电机进给伺服系统

提高主轴速度（切削速度）的同时，必须提高进给速度和进给的加速度，否则，不但无法发挥高速切削的优势，而且会使刀具处于恶劣的工作条件下，基于这种要求，直线电机直接驱动技术迅速发展并推向工业应用。

8.9.1 直线电机直接驱动的优点

（1）控制特性好、动态响应快、定位精度高直线电机直接驱动系统由于取消了机械中间传动环节，消除了反向间隙和机械摩擦，系统的弹性变形大大减少，运动惯量也减少，使整个闭环控制系统动态响应性能和定位精度大大提高，目前定位精度最高可达 ±1nm。

（2）速度范围宽，具有高运动速度

由于是直接驱动，又没有任何旋转元件，零部件不受离心力作用及电机自身转动惯量的影响，因而直线运动速度可不受限制。

（3）高加速度

由于系统中取消了一些响应时间常数较大的机械传动件（如丝杠），加上直线电机起动推力大，结构简单，质量轻，因而反应极其灵活快捷，使其加减速过程大大缩短。加速度一般可达$(2\sim10)g(g=9.8\mathrm{m/s^2})$，而滚珠丝杠传动的最大加速度只有（0.1 ~0.5）g。

（4）运动长度不受限制

在导轨上通过串联直线电机，就可以无限延长其行程，而且性能不会因为行程的改变而受到影响。

（5）推力范围宽

目前直线电动机的最大推力已达 20000N，从理论上讲，直线电动机不存在任何推力极限。

（6）运行噪声低、传动效率高

由于取消了传动丝杠等部件的机械摩擦，且导轨又可采用滚动导轨或磁垫悬浮导轨（无机械接触），其运动时噪音可大为降低。由于无中间传动环节，大大减少了由摩擦、弹性变形所引起的能量损耗。

（7）有较大的静、动态刚度

由于“直接驱动”，避免了起动、变速和换向时因中间传动环节的弹性变形、摩擦磨损和反向间隙造成的运动滞后现象，大大提高了传动刚度。

（8）结构简单，体积小

由于直线电机不需要把旋转运动变成直线运动的附加装置，以最少的零部件数量实现直线驱动，而且只有一个运动的部件，因而使得系统本身的结构大为简化，重量和体积大大地下降。

（9）维护简单，使用寿命长

由于直线电机可以实现无接触传递力，而且部件少，从而大大降低了零部件的磨损，只需很少甚至无需维护，工作安全可靠、寿命长。

直线电动机与“旋转电机 + 滚珠丝杠”两种传动方式的传动性能比较如表 8-1 所示。

表 8-1 直线电动机与“旋转电机 + 滚珠丝杠”传动性能比较

性能	旋转电机 + 滚珠丝杠	直线电动机
精度/μm/300mm	10	0.5
重复精度/μm	2	0.1
最高速度/(m/min)	90 ~ 120	60 ~ 200
最大加速度/g	1.5	2 ~ 10
静态刚度/(N/μm)	90 ~ 180	70 ~ 270
动态刚度/(N/μm)	90 ~ 180	160 ~ 210
平稳性(%速度)	10	1
调整时间/ms	100	10 ~ 20
寿命/h	6000 ~ 10000	50000

8.9.2 直线电机直接驱动存在的关键技术问题

直线电机的发展与应用促进了现代机床技术的发展，在其设计、制造、控制、装配过程中，要特别注意解决好以下几个方面的关键技术问题：

(1) 控制问题

采用直线电动机直接驱动方式时，工作台负载（工件重量、切削力等）的变化、系统参数摄动和各种干扰（如摩擦力等），包括边端效应都将毫无缓冲地作用在直线伺服系统上，影响系统的伺服性能，这对控制系统的鲁棒性提出了更高的要求。

(2) 发热问题

直线电机本身由于结构简单，其散热效果较好。但是，当直线电动机安装在散热条件较差的机床内部时，极易使温度升高。同时直线电动机的绕组、铁心贴在机床导轨上，温升严重时将引起机床导轨的热变形。所以在直线电动机驱动的机床进给系统中，解决好散热问题至关重要。机床进给系统采用直线电机驱动后，有时需要采取风冷（自然风或压缩空气）或循环水冷等冷却措施。

(3) 隔磁与防护问题

由于直线电动机磁场是敞开式的，而且电动机安装在机床工作台附近，工件、铁屑和工具等磁性材料很容易被该磁场吸住，而妨碍正常工作。因此，隔磁防护仍不能忽视。

(4) 垂直进给时的自重问题

当直线电动机用于垂直进给机构时，由于存在动子自重，必须解决好直线电动机断电时的自锁问题和通电工作时重力加速度的影响。

(5) 边端效应问题

边端效应会使直线电动机损耗增加，推力减小，而且存在较大的推力波动。

(6) 初、次级之间的法向磁拉力问题

由于在机床上所使用的直线电动机大都无法做成双边型，因而存在着垂直于进给方向的磁拉力，这就对机床结构刚度提出了更高的要求。

8.9.3　直线交流伺服电机系统的主要指标及参数

（1）定位力（Cogging force）

因边端效应及齿槽效应，会使有铁心的直线永磁同步电机产生定位力。该定位力必须降至额定推力的 2% 以下，才可实现快速定位及低速稳定运行。因此一个好的直线电机必须使定位力越小越好。

（2）推力波动（Force ripple）

推力波动与定位力不同，但表现的结果类似，其产生原因是电机电流控制精度差及永磁体磁场的非理想分布。即使是无铁心电机亦有此现象，其将影响快速定位及低速稳定运行。

（3）推力/动子质量比

推力/动子质量比决定了该直线电机的负载能力，小的动子质量代表更高的额外负载能力。此外，高的动子质量在高加减速运行时，将对机器产生大的振动，也可能导致不可预测的共振，因此，一个好的直线电机必须使其动子质量越小越好。

（4）解耦机构

在某些应用中，双轴同时高加减速运行是基本的要求，大部分的运动组态仅是将一轴直接叠在另一轴之上，这将导致两轴的频宽差异非常大，例如，将 X 轴叠在 Y 轴上，X 轴的电机只需负载其本身的动子质量，而 Y 轴除了必须负载本身的动子质量之外，还需负担整个 X 轴平台的质量，这种组态称为“叠加式 XY 平台”，为了使两轴的频宽相近，必须利用解耦机构将两轴的移动质量隔离。由此，各轴电机仅需负担本身的移动质量及共用滑台，这种组态称为“解耦式 XY 平台”。

（5）工作制

工作制在决定直线电机的额定输出时非常重要，在大多数场合，直线电机不可能全时间都在运动，直线电机的大小与它的额定输出有关，而与最大输出无关。所以必须根据工作制来选用电机，否则直线电机将因过大而占用空间、增加成本，或因过小而造成电机过热烧毁。

（6）移动电缆

除了导引用的直线导轨，移动电缆是影响直线电机平台寿命的一个重要因素，好的直线电机平台必须使它的移动电缆越少越好。

8.9.4　直线电机伺服系统的发展趋势

直线电机作为一种机电系统，将机械结构简单化，电气控制复杂化，符合现代机电技术的发展趋势。目前直线电机直接驱动技术的发展呈现以下趋势：

1）部件模块化：包括初级、次级、控制器、反馈元件、导轨等部件模块化，用户可以根据需要（如推力、行程、精度、价格等）自由组合。

2）性能系列化：由于直接驱动不像旋转电机那样可以通过减速器的减速比、丝杠螺距等环节调节性能，单一性能的直线电机应用范围比较窄，因此性能的系列化需更丰富，直线电机在向着长行程、大推力、高精度、高速度、高加速度方向发展。

3）结构多样化：直线电机一般直接和被驱动部件连接，为适应不同的安装要求，结构必须多样化。

4）控制数字化：直线电机的控制是直接驱动技术的一个难点，全数字控制技术是解决这一难点的有效方案。

5）应用多元化：直线电机的应用范围在不断拓展，不仅在机械加工与自动化方面，在电子制造装备、办公自动化等领域的应用也在迅速普及。

附　　录

附录 A　直流伺服电机的主要用语与定义

在使用伺服电机或分析伺服电机的特性及性能时，会经常用到关于直流伺服电机的各种用语与定义，为了避免出现混乱，下面对这些用语和定义加以明确。对于交流伺服电机的各相关参数，可以根据附录 B 的公式换算成直流电机的参数。

1）额定输出功率 P_N(kW)：在额定工作点的电机输出功率。

$$P_N = T_N n_N \frac{2\pi}{60} \times 10^{-3}$$

2）额定转速 n_N(r/min)：作为基准的额定工作点的电机转速。

3）空载转速 n_0(r/min)：施加额定电枢电压，空载时电机到达的转速。

4）最高转速 n_{max}(r/min)：能够使用的电机最高转速。这时的连续负载转矩、瞬时转矩受到限制。

5）超速 n_{ov}(r/min)：进行超速试验时的空载最高转速。

6）额定电枢电压 U_N(V)：作为基准的额定工作点的电枢电压。

$$U_N = K_E n_N + R_a I_N + U_b$$

式中　R_a——电枢绕组电阻；

　　U_b——电刷压降。

7）额定电枢电流 I_N(A)：作为基准的额定工作点的电枢电流。

8）瞬时最大电枢电流 I_{PN}(A)：电枢瞬时能够流过的最大电流，是电机转速的函数，受永磁体去磁特性、电机的机械强度、整流特性以及各部分温升允许值的限制。

9）瞬时最大堵转电枢电流 I_P(A)：在堵转状态，电枢瞬时能够流过的最大电流。在电机冷态和热态时，I_P 的值不同，取其中较小值。

10）额定功率比 Q_N(kW/s)：以额定转矩加速电机自身转子时，电机的输出功率的时间变化率。

$$Q_N = \frac{T_N^2}{J_M} \times 10^{-3}$$

11）转矩波动 K_{Tr}(%)：电机在极低转速时，通额定电流时输出转矩的波动分量与平均转矩的比值，用百分数表示。

$$K_{\mathrm{Tr}}=\frac{\Delta T_{\mathrm{P-P}}}{T_{\mathrm{Navg}}}\times 100\%$$

12）转子惯量 $J_{\mathrm{M}}(\mathrm{kg}\cdot\mathrm{m}\cdot\mathrm{s}^2)$：转子以轴为回转中心的惯量值。

13）机械时间常数 $\tau_{\mathrm{m}}(\mathrm{ms})$：在与负载脱离开的电机上，施加一定的电压之后，电机的转速达到稳态值的 63.2% 所需要的时间。

$$\tau_{\mathrm{m}}=\frac{2\pi J_{\mathrm{M}}R_{\mathrm{a}}}{60K_{\mathrm{T}}K_{\mathrm{E}}}\times 10^3$$

$$n=n_{\infty}(1-\mathrm{e}^{-t/\tau_{\mathrm{m}}})$$

14）电气时间常数 $\tau_{\mathrm{e}}(\mathrm{ms})$：电机在堵转状态，在电枢上施加额定电压之后，电流达到稳态值的 63.2% 所需要的时间。

$$\tau_{\mathrm{e}}=\frac{L_{\mathrm{a}}}{R_{\mathrm{a}}}$$

$$I=I_{\infty}(1-\mathrm{e}^{-t/\tau_{\mathrm{e}}})$$

15）额定转矩 $T_{\mathrm{N}}(\mathrm{Nm})$：额定工作点的电机输出转矩。

16）连续堵转转矩 $T_{\mathrm{S}}(\mathrm{Nm})$：在堵转状态，通堵转电流，电机温度达到稳态后的输出转矩。

17）瞬时最大转矩 $T_{\mathrm{PN}}(\mathrm{Nm})$：由瞬时最大电枢电流产生的输出转矩。

18）转矩系数 $K_{\mathrm{T}}(\mathrm{Nm/A})$：单位电枢电流产生的转矩。

19）电动势系数 $K_{\mathrm{E}}(\mathrm{V/(r/min)})$：单位转子转速产生的电动势。

20）动作特性：主要是指速度-转矩特性以及电流-转矩特性。

21）额定连续运行区域：在最高转速以下连续运行，电机各部分温升不超过允许值时的转矩和转速范围。

22）额定重复运行区域：在最高转速以下，以各种负载率重复连续运行，在电机各部分温升不超过允许值时的转矩和转速范围内，考虑整流特性和永磁体不去磁而确定的区域。

23）加减速区域：加速、减速时，过渡性穿过的转矩和转速区域，电机各部分温升在允许值以下，考虑整流特性、永磁体不去磁所确定的区域。

附录 B　永磁同步伺服电机参数的等效直流电机换算

直流伺服电机的传递函数简单，参数的物理概念容易理解，电机的性能以及特性容易把握，而永磁同步电机属于交流电机，因此电机的性能、特性等参数通常都用有效值或峰值表示，为了能够使交流伺服电机与直流伺服电机相互对比以及对交流伺服电机有一个更清晰的认识，可以把交流伺服电机的参数换算为直流伺服电机的参数。第 2 章介绍的伺服控制感应电机也可以先把其等效成永磁同步电机，然后再利用附表 1，把其参数换算为直流伺服电机的参数。

附表 1　交流电机参数的等效直流机换算表

	等效直流电机	永磁同步电机			
		电流基准型		电压基准型	
		峰值	有效值	峰值	有效值
电流	I_a	$I_{\phi P}$	$I_{\phi R}$	$\frac{n}{2}I_{\phi P}$	$nI_{\phi R}$
电动势	E_a	$\frac{m}{2}E_{\phi P}$	$mE_{\phi R}$	$E_{\phi P}$	$E_{\phi R}$
功率	E_aI_a	$\frac{m}{2}E_{\phi P}I_{\phi P}$	$mE_{\phi R}I_{\phi R}$	$\frac{m}{2}E_{\phi P}I_{\phi P}$	$mE_{\phi R}I_{\phi R}$
转矩系数	K_a	$\frac{m}{2}K_{\phi P}$	$mK_{\phi R}$	$K_{\phi P}$	$K_{\phi R}$
电阻	R_a	$\frac{m}{2}R_{\phi}$	mR_{ϕ}	$\frac{2}{m}R_{\phi}$	$\frac{1}{m}R_{\phi}$
电感	L_a	$\frac{m}{2}L_{\phi}$	mL_{ϕ}	$\frac{2}{m}L_{\phi}$	$\frac{1}{m}L_{\phi}$
转矩	K_aI_a	$\frac{m}{2}K_{\phi P}I_{\phi P}$	$mK_{\phi R}I_{\phi R}$	$\frac{m}{2}K_{\phi P}I_{\phi P}$	$mK_{\phi R}I_{\phi R}$
机械时间常数	R_aJ_M/K_a^2	$\frac{2}{m}R_{\phi}J_M/K_{\phi P}^2$	$\frac{1}{m}R_{\phi}J_M/K_{\phi R}^2$	$\frac{2}{m}R_{\phi}J_M/K_{\phi P}^2$	$\frac{1}{m}R_{\phi}J_M/K_{\phi R}^2$
电气时间常数	L_a/R_a	L_{ϕ}/R_{ϕ}	L_{ϕ}/R_{ϕ}	L_{ϕ}/R_{ϕ}	L_{ϕ}/R_{ϕ}
铜损	$I_a^2R_a$	$\frac{m}{2}I_{\phi P}^2R_{\phi}$	$mI_{\phi R}^2R_{\phi}$	$\frac{m}{2}I_{\phi P}^2R_{\phi}$	$mI_{\phi R}^2R_{\phi}$
电磁能量	$\frac{1}{2}I_a^2L_a$	$\frac{1}{2}\ \frac{m}{2}I_{\phi P}^2L_{\phi}$	$\frac{1}{2}mI_{\phi R}^2L_{\phi}$	$\frac{1}{2}\ \frac{m}{2}I_{\phi P}^2L_{\phi}$	$\frac{1}{2}mI_{\phi R}^2L_{\phi}$

上表中，m 表示电机的相数，下标 ϕ 代表每相的值，下标 P 代表峰值，下标 R 代表有效值。

对于电流基准型交流电机，$I_{\phi}=I_a$；对于电压基准型交流电机，$E_{\phi}=E_a$。

参考文献

［1］ 骆再飞，蒋静坪，许振伟．交流伺服系统及其先进控制策略综述［J］．机床与液压，2002（6）：7～10

［2］ 张宏波．交流伺服系统的发展和展望［OL］．2006. http：//ca. nstl. gov. cn/commChannel/content. asp？ contentid＝117636.

［3］ 王成元，周美文，郭庆鼎．矢量控制交流伺服驱动电动机［M］．北京：机械工业出版社，1995.

［4］ 杉本英彦，小山正人，玉井伸三．ACサーボシステムの理論と設計の実際［M］．东京：総合電子出版社，1990.

［5］ IMサーボモータの用語と定義［S］．日本電機工業会技術資料第175号，1991.

［6］ 郭庆鼎，王成元．交流伺服系统［M］．北京：机械工业出版社，1994.

［7］ 武田洋次，松井信行，森本茂雄，本田幸夫．埋込磁石同期モータの設計と制御［M］．东京：株式会社オーム社，2001.

［8］ 唐任远，等．现代永磁电机——理论与设计［M］．北京：机械工业出版社，1997.

［9］ 王秀和，等．永磁电机［M］．北京：中国电力出版社，2007.

［10］ 李钟明等．稀土永磁电机［M］．北京：国防工业出版社，1999.

［11］ 王晓明，王玲．电动机的DSP控制：TI公司DSP应用［M］．北京：北京航空航天大学出版社，2004.

［12］ 周志敏，周继海，纪爱华．IGBT和IPM及其应用电路［M］．北京：人民邮电出版社，2006.

［13］ 陈伯时，陈敏逊．交流调速系统［M］．北京：机械工业出版社，1998.

［14］ 张乃国．电源技术［M］．北京：中国电力出版社，1998.

［15］ 孙立志．PWM与数字化电动机控制技术应用［M］．北京：中国电力出版社，2008.

［16］ 胡崇岳．现代交流调速技术［M］．北京：机械工业出版社，1998.

［17］ 曲家骐，王季秩．伺服控制系统中的传感器［M］．北京：机械工业出版社，1999.

［18］ 强曼君．磁阻式多极旋转变压器的误差分析［J］．微特电机，2000，（1）：9～12.

［19］ 陆永平，岑文远．感应同步器及其系统［M］．北京：国防工业出版社，1985.

［20］ 孟凡涛，梁淼，张广栋，胜晓松．全数字交流伺服系统中旋转变压器信号的处理［J］．电力电子技术，2002，36（1）：51～53.

［21］ 郁有文．单道绝对式光电轴角编码器．南京师范大学学报［J］．2003，3（1）：34～37.

［22］ 罗长洲，陈良益，等．一种新型光学编码器［J］．光学精密工程，2003，11（1）：104～108.

［23］ 関口時雄．磁気エンコーダとその応用［J］．機械設計，1990，34（17）：97～104.

［24］ 张侠．爪极式无刷直流测速发电机［J］．微电机，1999，32（4）：8～10.

［25］ 陈隆昌，阎治安，刘新正．控制电机［M］．西安：西安电子科技大学出版社，2000.

[26] 中野，長谷川等．非線形要素を用いた制御系の有限時間整定補償［J］．電学論 D，1994，114（2）：179～184.

[27] 寇宝泉．ヒステリシス要素による電動機速度制御系の特性改善［D］．习志野：千葉工業大学，1995：1～18.

[28] 龚邦信．有限時間整定系におけるモデル追従システムの設計［D］．东京：東京工業大学，1994：16～33.

[29] 木村英紀，藤井隆雄，森武宏．ロバスト制御［M］．东京：株式会社コロナ社，1994.

[30] 土手康彦，原島文雄．モーションコントロール［M］．东京：株式会社コロナ社，1993.

[31] 須田信英．PID 制御［M］．东京：株式会社朝倉書店，1994.

[32] 曹健，李尚义，赵克定．电液伺服系统的二自由度 PID 控制［J］．机床与液压，2001（16）：54～55.

[33] 屈百达，夏怡．基于混合灵敏度永磁同步电机伺服系统 H_∞ 鲁棒控制［J］．电机与控制应用，2006，33（4）：30～33.

[34] 董明晓，郑康平，姜虹，王小椿．交流位置伺服系统的 H_∞ 鲁棒控制研究［J］．机械科学与技术，2004，23（5）：517～518.

[35] 樊娜．潜器直流永磁电机推进系统的自适应控制［D］．哈尔滨：哈尔滨工程大学，2005.

[36] 葛宝明，林飞，李国国编著．先进控制理论及其应用［M］．北京：机械工业出版社，2007.

[37] 王芙蓉．PMSM 伺服系统滑模变结构控制研究［D］．武汉：武汉理工大学，2006.

[38] 刘栋良，赵光宙．交流伺服系统及其控制策略综述［J］．电气时代，2006（2）：38～41.

[39] 骆再飞．滑模变结构理论及其在交流伺服系统中的应用研究［D］．杭州：浙江大学，2003.

[40] 長坂．DDモータとはどのようなモータか［J］．省力と自動化，1989，(1)：34～38.

[41] 加藤．ダイレクトドライブモータの技術動向［J］．NSK Technical Journal，1997，664：25～35.

[42] 石崎，田中等．PMバーニアモータトルクの理論とトルク特性［J］．電学論 D，1993，113（10）：1192～1199.

[43] 前田，松吉等．回転形 HDモータシリーズ［J］．神鋼電機技報，1995，40（3）：22～26.

[44] 鹿山，筒井．マグナギャップリニアモータ［J］．安川電機，2000，64（3）：177～181.

[45] 村松．DYNASERVの特性と応用［J］．机械設計，1987，31（13）：30～37.

[46] 山本．永久磁石同期機型ブラシレスDCモータの特性とDDへの応用［J］．机械設計，1987，31（13）：46～52.

[47] Frank J Bartos. 永磁无刷转矩电机［OL］. 常嘉佳，译. 2007-12-10. http：//www. cechinamag. com/Article/html/2007-12/2007129084100. htm.

[48] 寇宝泉. 串联磁路结构双定子混合式直接驱动电动机系统的基础研究［D］. 哈尔滨：哈尔滨工业大学，2004.

[49] 郭庆鼎，王成元，周美文，孙廷玉. 直线交流伺服系统的精密控制技术［M］. 北京：机械工业出版社，2000.

[50] Jiabin Wang. Design Optimization of Radially Magnetized，Iron-Cored，Tubular Permanent-Magnet Machines and Drive Systems［J］. IEEE TRANSACTIONS ON MAGNETICS，2004，40（5）：3262～3277.

[51] 邹继斌，王骞，张洪亮. 横向磁场永磁直线电动机电磁力的分析与计算［J］. 电工技术学报，2007，22（8）：126～130.

[52] 周凯，赵景山，谭仲毅. 高速机床的交流直线电机进给驱动系统［J］. 机械制造，2003，41（461）：17～19.

[53] 王先逵，陈定积，吴丹. 机床进给系统用直线电动机综述［J］. 制造技术与机床，2001（8）：18～21.

[54] 叶云岳. 直线电机原理与应用［M］. 北京：机械工业出版社，2000.

[55] 叶云岳等. 直线电机技术手册［M］. 北京：机械工业出版社，2003.

[56] 程明. 微特电机及系统［M］. 北京：中国电力出版社，2004.

[57] 直线电机为数控机床注入活力［OL］，2006-7-19. http：//www. hanslaser. com/hanspme/bbsarticle _ detail. asp？articleid＝26.

[58] 直流サーボモータ，ブラシレス直流サーボモータ及び直流タコジェネレータの用語と定義［S］. 日本電機工業会技術資料第145号，1986.